U0281835

现代采矿理论及技术研究进展

XIANDAI CAIKUANG LILUN JI JISHU YANJIU JINZHAN

——主 编◎曹树刚

重庆大学出版社

内容提要

本书按照安全、科学、高效、低耗、环保的理念,依据综合性原则、先进性原则和与采矿工艺密切相关原则,选取了 30 余篇博士研究生的专题读书报告编写而成。全书共 5 个篇章,内容涉及地下开采工艺与技术、矿山岩层控制、煤矿瓦斯治理及抽采、页岩气开发、矿山环境保护和前沿采矿技术相关领域大量的基础知识和研究成果,体现了几十年来采矿工程理论与技术的积累,对于现代采矿工程的研究及矿床安全高效开采具有较大的参考价值。

本书可供从事采矿工程的科研、设计和施工建设等相关工程技术人员使用,亦可为科技工作者、教师和学生的学习和工作提供参考。

图书在版编目(CIP)数据

现代采矿理论及技术研究进展/曹树刚主编. -- 重庆:重庆大学出版社,2020.12
ISBN 978-7-5689-2288-3

Ⅰ.①现… Ⅱ.①曹… Ⅲ.①矿山开采 Ⅳ.①TD8

中国版本图书馆 CIP 数据核字(2020)第 259632 号

现代采矿理论及技术研究进展
主 编 曹树刚
责任编辑:鲁 黎 苟荟羽 版式设计:鲁 黎
责任校对:谢 芳 责任印制:张 策

*

重庆大学出版社出版发行
出版人:饶帮华
社址:重庆市沙坪坝区大学城西路 21 号
邮编:401331
电话:(023)88617190 88617185(中小学)
传真:(023)88617186 88617166
网址:http://www.cqup.com.cn
邮箱:fxk@cqup.com.cn(营销中心)
全国新华书店经销
重庆华林天美印务有限公司印刷

*

开本:787mm×1092mm 1/16 印张:18.75 字数:483 千
2020 年 12 月第 1 版 2020 年 12 月第 1 次印刷
ISBN 978-7-5689-2288-3 定价:58.00 元

前 言

长期以来,重庆大学矿业工程学科开设了博士研究生课程《现代固体矿床开采理论及方法》。2011—2019 年,共有 76 名博士研究生选修了该课程。由于该课程面对的学历层次高,学生已经具有比较丰富的基础理论和专门知识,具有较强的学习能力和科研能力,并将在不同的研究方向进行深入的研究,却一直没有合适的教材或教学参考书。本次按照安全、科学、高效、低耗、环保的理念,依据综合性原则、先进性原则和与采矿工艺密切相关原则,选取了 30 名博士研究生的专题读书报告,经过整理、修改,编辑成《现代采矿理论及技术研究进展》一书。

在这些报告中,或对某研究方向的研究成果进行了系统的总结,或在系统总结某研究方向现有研究成果基础之上,再利用自己的研究成果进行验证,或系统地总结某领域现有的研究成果,再依据他人的研究成果进行验证。有的报告在系统反映现有研究成果之后,还针对某些研究结论提出了质疑。有的报告实质上是一份科学研究方案,在总结前人研究成果基础之上,提出了自己的疑问,是需要进一步研究的问题或需要实施的研究计划。

本书涉及了地下开采工艺与技术、矿山岩层控制、煤矿瓦斯治理及抽采、页岩气开发、矿山环境保护和前沿采矿技术等领域大量的基础科学知识和科学研究成果,实际上是一个综合性的科技文献资料,可以为采矿工程及相关领域的工程技术人员、科技工作者、教师和学生的学习和工作提供参考。

本书引用了大量的研究成果和文献资料,在相关部分也进行了标注,难免存在漏注。在此,谨向本书涉及的所有的相关研究单位、人员和文献作者表示衷心的感谢。另外,本书的出版得到了煤矿灾害动力学与控制国家重点实验室、重庆大学资源与安全学院的资金支持,特此感谢。

由于近几十年来采矿工程理论、技术与装备的新成果层出不穷，本书可能存在挂一漏万之嫌，加之编者知识水平有限，在学术认识、文字表达等方面难免存在疏漏和不足，恳请广大读者提出宝贵的批评意见。

编　者
2020 年 1 月

目　录

第一篇 | 地下开采工艺与技术

煤矿安全高效生产技术

郭　平

摘要：随着采矿科学技术的进步和我国现代化矿井大规模建设的开展，矿井正朝着综合机械化、自动化和大型化发展，煤矿的安全高产高效将成为煤炭产业发展的必由之路。本文对国内外煤矿安全高效的生产现状和技术进步进行了总结，并以寺河煤矿和权台煤矿安全高效矿井为实例，对比分析了矿井技改前后的回采工艺等。在此基础上，探讨了我国煤矿安全高效建设的发展方向。

关键词：现代化矿井；安全；高效；科技发展

煤炭是世界上蕴藏量最丰富的化石资源，被称为工业的粮食。目前，在我国一次能源生产和消费结构中，煤炭占 65% 左右。富煤、少气、贫油的能源结构在短期内不会有大的改变，决定了我国的能源发展以煤为主、大力发展清洁能源的综合发展道路。目前，煤炭是我国供应最可靠、开发利用最经济的能源，具有不可替代性。根据煤炭工业"十一五"发展规划，全国在煤炭资源富集区加快大型煤炭基地建设，建成 13 个亿吨级煤炭生产基地，形成稳定的煤炭供应骨干企业，采煤机械化水平达到 80% 以上，建立一批世界一流的安全、高产、高效、环保型现代化矿井，不但可以缓解当前能源供应紧张局面，还可以保障经济长期稳定发展，这对于我国国民经济发展和建设和谐社会都有举足轻重的作用。

随着科学技术的进步和我国现代化矿井大规模建设的开展，矿井正朝着综合机械化、自动化、大型化发展，煤矿的安全高产高效将成为煤炭产业的发展之路。所谓煤矿的安全高产高效（以下简称"高产高效"或"高效"），是通过现代高新技术对传统采煤技术进行改造，采用新的采煤工艺和新的技术装备，运用新的生产控制系统、安全监测系统和科学管理技术及方法，使煤矿生产达到安全、高产量、高效率、高效益的生产目标。

1　高效矿井在国内外的发展和应用

1.1　国外高产高效矿井的发展及应用

综采工作面自 1954 年在英国诞生以来，经过多年的完善提高，综采技术和装备日益成熟。从 20 世纪 80 年代初开始研制使用高产高效机械化、自动化的新一代生产技术装备，国外涌现了一批日产万吨以上的综采工作面，出现了"一井一面"或"一井两面"的高度集约化生产矿井。通过高产高效矿井建设，矿井开采强度日益增大，生产线路大为缩短，煤炭开采高度集中，人员大幅度减少，工效成倍提高，安全生产状况越来越好。据美国煤炭协会统计，自 1980—1993 年的 14a 间，美国煤炭产量从 7.6 亿 t 上升到 9.1 亿 t，增加了 19.7%；煤矿职工人数从 22.5 万人减少到 10.7 万人，减少了 52.4%；全员工效从 14.8 t/工提高到 21.7 t/工，提高了 46.6%；事故死亡率从 0.17/Mt 下降到 0.069/Mt，降低了 59.4%，矿井生产成本降低 35% 以上。截至 1996 年底，综采工作面最高工效达 1 200 t/工以上。

以美国、澳大利亚为代表的世界先进采煤国家，其高产高效矿井地质与技术的主要特点如下：

①煤层赋存条件好，开采煤层绝大部分为水平煤层，以中厚煤层居多，煤层埋藏浅。

②绝大多数为单一长壁工作面综采，多是"一井一面"，日产万吨以上，年产 200 万 t 以上，工作面效率 150 t/工以上，矿井全员效率 30 t/工以上。

③广泛采用大功率高效能重型成套综采设备，可靠性高。采煤机总装机功率都在 1 000 kW 以上，最大已达 1 530 kW，采高 5 m，大修周期 2a，可以开采煤 400 万～600 万 t；工作面刮板输送机装机功率已达 2 250 kW，槽宽达 1.2 m，最大输送能力达 4 000 t/h，运煤量 600 万 t/a 以上；平巷带式输送机装机功率(2～4)×(250～300)kW，并装有中间驱动装置，最大运输能力达 3 500 t/h，铺设长度 2 000 m 以上；液压支架普遍采用电液控制和高压大流量供液系统，支架架型向两柱掩护式发展，最大工作阻力已达 9 800 kN/架；采、装、运和支护设备综合开机率达 90% 以上。美国高产高效设备可用率已达 97%，英国 E-lectra1000 型采煤机平均采煤量达 320 万 t，支架使用寿命一般在 8～10a。

④工作面设备配套合理。美国综采工作面刮板输送机、转载机、平巷带式输送机的生产能力一般大于采煤机最大生产能力的 20%，为工作面稳定高产创造了条件。

⑤工作面上、下平巷多巷布置，且掘进采用连续采煤机，支护使用锚杆或锚网联合支护技术。

⑥矿井生产规模向大型化发展，矿井开拓方式、运输和通风系统进一步合理化、简单化，采区范围进一步加大，提高了采区综合生产能力。

⑦矿井生产强度及安全状况实时监控。

⑧辅助运输多采用无轨胶轮车，实现了工作面快速搬家。

美国井工采煤在 1993—1997 年，因采用了现代化的综采装备，生产矿井个数、综采面个数减少，工作面单产和工效、"一矿一面"的矿井数量则不断增加。

1.2　国内高产高效矿井的发展及应用

1.2.1　国内高产高效矿井现状

我国煤田地质条件比较复杂。据初步统计，适宜露天开采的储量只有 641 亿 t，分布在内蒙古、山西、云南、新疆、黑龙江和辽宁 6 个省区。经过多年的努力和探索，我国在建设高产高效矿井方面也取得了不少成就。目前，高产高效矿井的技术现状如下：

①采煤工艺。以机械化采煤为主要采煤工艺的有 117 处，占 95.12%；炮采仅有 6 处，占 4.88%。在 117 处机械化采煤工艺中，综采 95 处，占 81.20%；普采 19 处，占 16.24%；水采 2 处，占 1.70%；连续采煤机采煤 1 处，占 0.85%。由此可见，已建成的高产高效矿井主要是机械化采煤矿井，其综采产量、效率、效益也是最高的。所以，建设高产高效煤矿一定要致力于发展机械化采煤。

②煤层倾角。缓倾斜煤层有 120 处，占 97.44%；急倾斜煤层为 2 处，占 1.63%；倾斜煤层为 1 处，占 0.81%。可见，当前的高产高效矿井主要开采缓倾斜煤层。

③煤层厚度。中厚煤层 61 处，占 49.59%；厚煤层 45 处，占 36.59%；特厚煤层 16 处，占 13.01%；薄煤层 1 处，占 0.81%。在我国目前已探明的煤炭储量中，中厚煤层占 37.84%，厚煤层及特厚煤层占 44.8%，薄煤层占 17.36%。所以，从我国煤层厚度条件看，多数煤层也是适宜发展高产高效矿井的。

④生产能力。年生产能力为 45 万～120 万 t 的中型矿井有 47 处，占 38.21%；设计能力为 45 万 t/a 以下的矿井 22 处，占 17.89%；设计能力在 120 万 t/a 以上的矿井 54 处，占 43.90%。

由此可见,当前高产高效矿井绝大多数是大、中型和特大型矿井。

1.2.2 我国煤种结构分布特点

我国煤炭种类齐全,但储量分布不平衡,其中褐煤占已探明资源总量的12.68%。在硬煤中,低变质烟煤占42.45%,贫煤和无烟煤占17.28%,中变质烟煤占27.58%。

2 大采高一次采全高长壁采煤法高产高效煤矿的实践

2.1 寺河煤矿基本概况

寺河煤矿隶属山西晋城煤业集团,井田位于沁水煤田东南部,跨阳城、沁水两县。煤矿地面工业场地位于沁水县嘉峰镇殷庄村,紧邻嘉峰车站,公路、铁路交通方便。全井田面积为91.2 km²,可采煤层3层,即3号、9号、15号煤层。井田地质储量为11.93亿t,工业储量为8.46亿t,可采储量为5.45亿t,其中3号煤可采储量为4.32亿t。煤层瓦斯平均含量是东区为9.03 m³/t,西区为16.6 m³/t;矿井瓦斯储量为597.95亿m³,属于高瓦斯矿井。井田均为变质程度单一的无烟煤。主采煤层3号的平均厚度为6.42 m,赋存稳定,开采条件优越。总体而言,井田地质构造简单,煤层赋存条件较好,具备建设高产高效现代化特大型矿井条件。

经过论证,矿井设计能力为400万t/a,矿井服务年限为97.2a,其中3号煤服务年限为77.2a;采用斜井盘区开拓方式;采用大采高一次采全高长壁采煤法,综合机械化开采,全部冒落法管理采空区顶板;采用分区抽出式通风方式;建设有处理能力为400万t/a的选煤厂。

2.2 寺河煤矿井田开拓方式

矿井在技术改造之前,采用平硐开拓、分区通风方式,如图1所示;主平硐采用胶带输送机

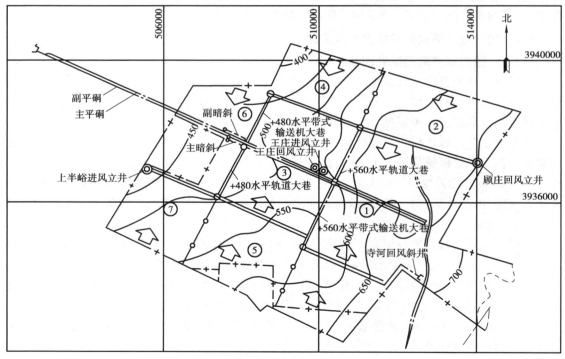

图1 寺河煤矿初期开拓系统

运煤,副平硐采用 600 mm 或 900 mm 轨距作为辅助运输。达产时,矿井布置 3 个盘区、4 个综采工作面,完成矿井生产能力 400 万 t/a。为达到高产高效的目的,相关技术组人员提出了斜井开拓方案,即在沁河西岸的工业场地内布置主、副斜井,承担矿井的煤炭、材料、设备、人员的提升任务,同时兼作进风之用。井筒落底至 3 号煤层后,沿 3 号煤层布置一条带式输送机大巷和两条轨道大巷开拓全井田。矿井生产初期,设计在湘峪村附近布置一对进回风立井,如图 2 所示。

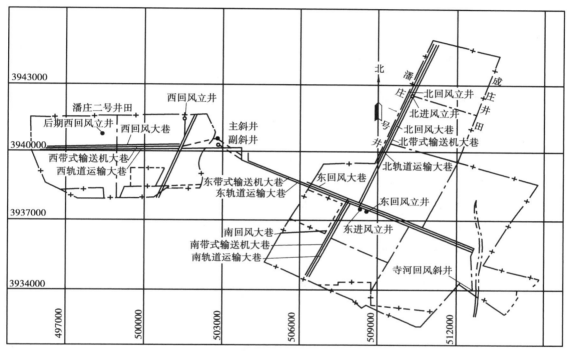

图 2　寺河煤矿技改后开拓系统

2.3　回采工艺

2.3.1　采煤设备

采煤设备的选择对于实现大采高一次采全高至关重要。为了保证设备的高可靠性,实现大功率、高强度,在采煤机、支架、刮板输送机、顺槽皮带等设备的选择中进行了“强强组合”。

采煤机是引进德国艾柯夫公司 SL 500 型交流电牵引的采煤机。该机最大采高 5.2 m,截深 0.865 m,牵引速度 0~31.8 m/min,供电电压 3 300 V,装机功率 1 715 kW。采用了世界上先进的状态监测和故障诊断技术,具有自动化记忆功能。液压支架及工作面刮板输送机、装载机、破碎机从德国 DBT 公司引进。液压支架为二柱支撑掩护式,其中过渡支架支撑高度为2.25~4.5 m,中间支架为 2.55~5.5 m,支架中心距 1.756 m;支架的工作阻力 8 638 kN,初撑力 5 890 kN,支护强度 0.74~0.91 MPa;支架质量为 28 t;采用了先进的 PM4 电液控制技术,可实现成组快速移架,移架循环时间为 6~8 s,并可通过采煤机上红外放射与支架上红外接收,实现与采煤机联动。其他配套设备包括引进德国豪辛科乳化液泵、澳大利亚 ACE 公司顺槽胶带输送机、法国 SITE 公司负荷中心设备以及天津贝克公司监控系统。

2.3.2　连采设备

寺河矿采用连续采煤机掘进工艺,引进美国久益公司两套 12CM27-10E 型连续采煤机,以及美国菲利普斯公司梭车、飞尔奇公司双臂锚杆机、斯坦姆勒公司给料破碎机、瓦格纳公司ST-3.5 型铲车。连续采煤机设计的掘进生产能力为 17 ~ 32 t/min。

2.3.3 胶带输送机

寺河矿东胶带输送机全长 6 756.86 m,是全国最长的胶带输送机,带宽 1.4 m,输送能力 2 500 t/h,速度 4 m/s,是典型的大运量、长距离、多点驱动的 CST 可控传输系统。采用美国道奇公司 CST 软启动系统、澳大利亚 APM 公司自动拉紧装置和天津贝克公司监控系统。

2.3.4 辅助运输

1998 年,寺河矿委托北京煤炭设计院对内燃齿轮车、架线电机车及无轨胶轮车三种运输方式进行了详细的论证和比较。鉴于无轨胶轮车具有运行速度快,载重能力大,爬坡能力强,可在任何巷道线路中行驶,灵活机动等特点,最终选定了该运输方式。所投入运行的材料车、人车、铲车、支架搬运车、支架叉车均从澳大利亚进口,运行良好,实现了矿井 7 km 大巷的快速运输,提高了寺河矿井辅助运输的效率,保证了安全生产。

2.4 效益的对比分析

①辅助运输为胶轮车运输,简化了辅助运输系统,减少了辅助运输投入,实现了快速且高效的材料、设备和人员运输;实现了采掘工作面的快速搬家,工作面搬家时间可节省一半以上。

②矿井技术装备水平和采掘单产单进水平上了一个新台阶。2002 年 8 月开始试生产,工作面平均日产量 1 万 t,最高日产量 1.6 万 t,连采机平均日进尺 45 m。

③与传统的综采分层采煤方法相比,矿井可提前 2 年达产;与放顶煤相比,可提前 1 年达产。

④该矿于 2003 年矿井生产能力达到 480 万 t,实现利润 8 000 多万元。

3 综采放顶煤高产高效矿的实践

放顶煤开采技术是开采厚煤层比较新的采煤方法。由于其材料消耗少、巷道掘进率低、生产成本低以及对地质条件适应性强等优越性,在我国的主要矿区得到了较快的发展。

3.1 权台煤矿基本概况

权台煤矿隶属于徐州矿务集团有限公司,是年产原煤 180 多万吨的大型矿井。主采煤层为下石盒子组 3 煤。矿井地质条件较复杂,断层较为发育;煤层有自然发火倾向和煤尘爆炸危险,3 号煤层发火期为 3 ~ 5 个月;属低瓦斯矿井。

3.2 34225 综放工作面

3.2.1 工作面概况

权台煤矿 34225 综放面位于 −800 m 水平,煤层厚度平均为 5.24 m,煤层倾角 10° 左右。工作面走向长 955 m,倾斜长 155 m。老顶为砂岩,厚度 4.6 m,硬度系数 $f = 8$;直接顶为砂质泥岩,厚度 3.4 m,硬度系数 $f = 2$;直接底为砂质泥岩,厚度为 1.7 m,硬度系数 $f = 4$;老底为砂泥岩,厚度为 7.9 m,硬度系数 $f = 4$;煤层硬度系数 $f = 1$。

3.2.2 工作面巷道布置

综放面两道采用全煤巷方式跟顶定向布置,U29 型钢拱形棚及木锚杆联合支护,净宽 4.5 m,净高 3.5 m,净断面为 13.2 m^2。该巷道布置方式及断面的选择较之跟底布置方式有以下方面的优点:

①可以有效地防止高冒点的自然发火。

②减少巷道维修及卧底工作量。

③切眼跟顶布置较之跟底布置,支架安装时间可提前10～20 d,切眼支护材料回收容易。

④有利于端头支架的管理。

3.2.3　支架由跟顶过渡到跟底回采方式

由于工作面从两道掘进到切眼安装都是跟顶施工,因而在工作面开始推进就必须从工作面头尾第3架至工作面中部,随着工作面的推进不断逮顶下刹找底回采。为此,在最大限度地少丢三角煤的前提下,采取了以下施工方法:

①工作面在推进过程中,以6∶1的比例下刹,即每推1刀(0.6 m),溜子下刹100 mm。如果溜子下刹的比例过大,不仅会造成支架推拉困难,还会导致采煤机装煤率低,人工卧底工作量将成倍增加。

②在工作面中部下刹过程中,工作面两端头支架自然形成过渡段,保持一个三角煤区,即两端头支架跟顶回采,向面内3～7架支架逐渐向底板靠近。

③在工作面下刹找底推进的过程中,当逮顶炭厚度达到1 m以上时,方可进行放顶煤工作。

④在支架下刹距底板0.5 m时,支架顶梁必须逐渐抬高,以免至底板时造成立柱行程过小,压死支架。

3.2.4　放煤工艺

(1)放煤步距的确定

最佳的放煤步距应使顶部和采空区侧的矸石同时抵达放煤口,顶煤的回收效果最好。为此,在生产过程中做了三刀一放、两刀一放、一刀一放的试验,如图3所示。

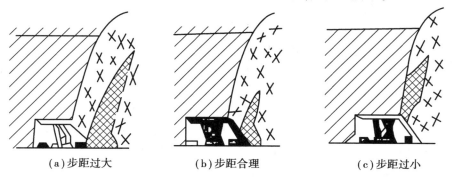

|（a）步距过大|（b）步距合理|（c）步距过小|

图3　放煤步距与煤炭损失关系示意图

现场实际操作过程表明,在直接顶能随放随冒落的情况下,放煤步距过大,如三刀一放[图3(a)],在放煤时会有较多的矸石提前涌入,一方面将增大含矸量,另一方面,如见矸关窗,将会丢失较多的顶煤,降低顶煤的回收率。因此,放煤步距选择一刀一放、二刀一放较为合理。而在实际回采过程中,直接顶存在一定的悬顶,滞后于顶煤垮落,为减少顶煤损失,采取一刀一放,即0.6 m的放煤步距。

(2)放煤工艺

为了满足与运输系统的运输能力相协调的要求,同时能够实现采放平行作业,34225工作面采用了单轮间隔顺序放煤方式。

放煤前,对支架进行编号。由两个放煤工同时放煤,甲放煤工放单号支架,每次放到"见矸关门",则一轮放完;乙放煤工在甲放完煤3~4架支架后,开始进行双号支架放煤,同样"见矸关门"。这种放煤方式可提高顶煤的回收率,降低含矸率;可实现追机作业,提高采煤机的开机率;放煤时间充裕,为赶进度而丢失顶煤的现象基本消失了。

3.3　效益对比分析

通过实践,较好地解决了"三软"煤层综放工艺上的几个关键技术问题,使综放工作面取得了最高日产4 428 t、月产8 万t、回采效率27.6 t/工的好成绩,实现了安全高产高效的生产目标。

4　高产高效矿井发展趋势

4.1　综采工作面装备重型化

综采工作面设备的合理选型配套,是充分发挥设备生产能力,保证工作面高产高效和经济安全生产的基本前提。随着技术的进步,特别是矿井生产能力的不断攀升,推动着综采面装备向着更大的装机功率、更高的可靠性、更好的机械性能方面发展。综采工作面成套设备主要由采煤机、液压支架、刮板输送机、转载机、破碎机和带式输送机组成。工作面装备重型化的趋势,表现在综采工作面装机总功率达到7 500 kW;采煤机截割能力3 500 t/h,装机功率2 100 kW以上;刮板输送机运输能力4 000 t/h,装机功率3 000 kW以上;转载机能力4 000 t/h,装机功率400 kW以上,电压升级到3 300 V;破碎机能力4 000 t/h,装机功率400 kW以上,电压升级到3 300 V;液压支架额定工作阻力10 000 kN以上,支护高度6.3 m以上。而我国神东矿区综采工作面设备额定功率总和一般为6 200 kW,电压等级为1 140 V和3 300 V。

4.2　工作面大型化

工作面大型化主要是指合理地加大工作面长度和连续推进距离。加大工作面长度,有利于减少辅助运输作业时间,降低巷道掘进率,也有利于提高工作面开机率、煤炭采出率和工作面单产,从而提高工作效率;加大工作面连续推进距离是保证矿井均产稳产的基础,特别是高产高效综采工作面推进速度很快,必须合理加大工作面的推进长度。现代化的高产高效矿井使用大功率重型综采设备,加大了工作面长度和推进距离,实现了"一井一面"千万吨模式,促进中国的煤炭企业生产规模实现从千万吨级向亿吨级的跨越。如上湾煤矿51104 工作面布置长度300 m,推进长度为5 000 m;补连塔煤矿开采2 - 2煤层时,采高5.5 m,工作面布置长度300 m,走向长度为4 000 m;榆家梁煤矿44200 工作面,工作面长度360 m,推进长度1 200 m。

4.3　综采工作面快速搬家专业化技术

综采工作面安装和回撤是一项庞大的系统工程,快速的工作面搬家是缩短停产时间、实现矿井稳产高产的关键。综采工作面搬家工种多,设备重,组织复杂,而传统综采工作面推进速度慢,安全条件差,工作效率低,导致矿井产量波动大。因此,实现综采工作面的快速搬家,对于保障矿井高产稳产极为重要。通过建立"一井一面,一套综采设备"的生产组织形式,工作面的快速搬家技术改变了传统矿井综采设备"二保一""三保二"的生产组织模式。就一个矿井来讲,少购置一套综采设备,就可以节约数亿元的设备投资,而工作面搬家时间每节约一天,就可以为矿井创造数百万元的经济效益。我国神东矿区从1997 年以来采用多巷布置和无轨胶轮车辅助运输等快速搬家工艺,搬家时间纪录不断创新,达到世界领先水平。其中,大柳塔矿井12401面设备总质量5 800 t,搬家时间8 d,运输距离4 km;活鸡兔矿井22107面设备总质量5 624 t,搬家时间8 d,运输距离6 km;补连塔矿井31302面设备总质量6 000 t,搬家时间8 d,运输距离6 km;榆家梁矿井45101面设备总质量5 624 t,搬家时间6.9 d,运输距离5 km。

4.4 快速建井技术

提高建井施工速度,对加快我国深井和现代化矿井建设具有重要意义。对于传统的建井技术,建设工期长,建设速度慢,人员安排不合理,很难满足高产高效矿区生产发展的要求。在全新的矿井设计思想指导下,依靠先进的建井技术,合理布置井下各生产系统和地面配套设施,使整个矿井系统环节最少,设施配套合理,将有效节约建井投资,缩短建井工期,降低吨煤生产成本。应用快速建井技术,特大型矿井建井周期由原来的5~7年,缩短到不足1年,建井工期短且经济效益明显。例如,榆家梁煤矿设计生产能力800万t/a,建井周期10个月,投资合计约3.95亿元,建设期利息累计1 189.13万元,利息占投资比重2.87%,投资回收期1.68a;康家滩煤矿设计生产能力800万t/a,建井周期8.5个月,投资合计约4.85亿元,建设期利息累计1 473.54万元,利息占投资比重3.04%,投资回收期14个月。

4.5 本质安全矿井建设

建设本质安全型矿井,是指在煤矿生产系统中应用先进的井巷工程设施、现代化的采掘技术装备和安全、高效、实时的监测系统,简化集中生产系统,体现"以人为本"的观念,形成特色的煤矿企业安全文化氛围,使得安全理念灌输于煤矿生产的全过程,利用科学的管理和严格的法律法规为保障,并建立健全了安全生产长效机制的矿井。在现有的安全技术与安全管理基础之上,对任意复杂地质赋存条件下的煤矿都能保证矿井的安全生产,杜绝安全生产事故。

4.6 实施人才战略

现代化煤矿大型综合机械化的发展离不开人才资源,采矿机械设备的自动化和智能化需要不断提高人机系统的可靠度。从人机工程学理论的角度考虑,人才战略的实施,即是使人机系统的匹配最优。人在人机系统中处于核心和主导地位,通过培训来提高人的专业素养和知识结构,是实施人才战略重要的途径之一。坚持把人力资源作为关键的战略资源,加大对人才的培养和利用,尤其是在高新科技人才培养方面,形成大量的具有核心技术竞争能力的人才队伍,是现代化煤矿综合机械化持续稳定发展的关键。

5 结论

本文对国内外煤矿的安全高产高效现状和应用进行了系统的总结,并以寺河煤矿和权台煤矿为例,对比分析了两个矿井技改前后的回采工艺、效果。最后,探讨了我国煤矿安全高产高效建设的发展方向。

参考文献

[1] 郭星,陈亦仁,马强,等.运用人机工程学理论浅析煤矿事故原因及对策[J].矿业安全与环保,2006,33(4):67-69.

[2] 张振,张培照.汶南煤矿高产高效建设实践[J].山东煤炭科技,2005(4):77-78.

[3] 谢东海,冯涛,赵伏军.我国急倾斜煤层开采的现状及发展趋势[J].科技信息,2007(14):211-213.

[4] 孙渝.急倾斜煤层的特点及采煤工艺[J].矿业安全与环保,2002(S1):88-93.

［5］段红民,胡喜明,巫仕振.薄及中厚急倾斜煤层采煤方法优化研究［J］.煤炭科学技术,2008(2):16-18,22.

［6］伍永平,东风,周邦远,等.绿水洞煤矿大倾角煤层综采技术研究与应用［J］.煤炭科学技术,2001(4):30-32.

［7］周邦远,刘富安,张亮.广能集团急倾斜煤层综采支架研制与使用［J］.煤矿开采,2009(1):20-25.

［8］张俊,马允刚,李承军.任楼煤矿高产高效生产实践［J］.煤矿开采,2004,9(3):36-38.

［9］中国科学院可持续发展战略研究组.2008中国可持续发展战略报告［M］.北京:科学出版社,2008.

［10］张先尘.中国采煤学［M］.北京:煤炭工业出版社,2003(3):472-475.

［11］赛云秀.现代矿山井巷施工技术［M］.西安:陕西科学技术出版社,2000.

［12］韩德馨,彭苏萍.我国煤矿高产高效矿井地质保障系统研究回顾及发展构想［J］.中国煤炭,2002(2):5-9.

［13］吕继成,万新民,王文选.综放工作面端头支护工艺的设计与改进［J］.煤炭科学技术,2003(12):91-93.

［14］曹伟巍,潘永刚,李帅.刘庄煤矿高产高效综采工作面回采关键技术［J］.煤矿现代化,2011(1):16-18.

［15］袁永,屠世浩,窦凤金,等.大倾角综放面支架失稳机理及控制［J］.采矿与安全工程学报,2008(4):430-434

［16］李秀琴,胡永忠,肖代兵.薄煤层高瓦斯矿井高产高效工作面通风方式——"双U"型通风方式的探讨［J］.地下空间与工程学报,2006(5):863-866.

［17］闫红新.复杂地质条件矿井合理集中生产、高产高效设计实践［D］.淮南:安徽理工大学,2006.

［18］易国晶.影响综采的地质因素及对策［J］.矿业安全与环保,2000(S1):135-137.

［19］曲金田.新型高产高效矿井模式的研究［J］.辽宁工程技术大学学报(自然科学版),2002,18(4):430-432.

［20］柴学周,岳建华.高产高效矿井地质保障体系研究［J］.能源技术与管理,2004(4):8-10.

深部矿产资源开采与冲击地压

吴渝强

摘要:随着矿井开采深度越来越大,井下各种灾害威胁越来越严重,其中比较突出的灾害之一是冲击地压。本文通过收集大量的相关资料,详细分析了冲击地压的类型、灾害事故特征和发生历史,探讨了冲击地压发生条件和影响因素,总结了现有的冲击地压防治措施。

关键词:地下采矿;深部;冲击地压;灾害防治

随着我国东、中部地区浅部煤炭资源的逐渐减少甚至枯竭,地下开采的深度越来越大,越来越多的矿井将面临严峻的深部开采问题。此外,开采规模的扩大和机械化水平的提高,也加速了生产矿井向深部发展。我国东部地区经济发达,能源需求量大,矿井延深速度快,一些国有重点煤矿的主要矿区已开始转向或即将进入深部开采。进入深部开采以后,矿井动力灾害威胁将越来越严重。

1 深部开采和安全现状

据统计,我国国有重点煤矿生产矿井中,采深大于 700 m 的矿井,占总数的 8.35%;采深超过 800 m 的矿井主要分布在开滦、北京、鸡西、沈阳、抚顺、新汶、徐州和长广等开采历史较长的老矿区,特别是东部矿区;采深超过 1 000 m 的矿井,有沈阳彩屯矿、开滦赵各庄矿、新汶孙村矿、北票冠山矿和北京门头沟矿等。

此外,我国煤炭资源埋深在 1 000 m 以下的约为 29 500 万亿 t,占煤炭资源总量的 53%。全国煤矿开采深度以每年 8~12 m 的速度增加,其中东部矿井以每 10 年 100~250 m 的速度发展。预计未来很多煤矿将进入 1 000~1 500 m 的开采深度。

对于深部资源的开采,谢和平院士指出,深部开采必然会诱发一系列的工程灾害:

①巷道变形速度加快,巷道围岩变形范围大;巷道持续变形,流变成为深部巷道变形的主要特征。

②采场矿压显现剧烈,采场失稳,易发生破坏性的冲击地压。

③金属矿和煤矿相关的统计资料表明,随着开采深度的增加,岩爆的发生次数及强度会随之上升,巷道中岩爆危险性增加。

④瓦斯高度聚积,可能诱发严重的安全事故。

⑤在深部开采条件下,岩层温度将达到摄氏几十度的高温,作业环境恶化。例如,俄罗斯千米深井,平均地温为 30~40 ℃,个别达 52 ℃;印度某金矿在深度 3 000 m 时,地温达 70 ℃。

⑥矿山深部开采诱发突水的概率增大,突水事故趋于严重。

⑦井筒破裂加剧。

⑧煤自然发火、矿井火灾及瓦斯爆炸危险加大。

由此可见,随着煤炭资源开采逐渐转向深部,冲击地压发生的频次和烈度也显著增大。因此,冲击地压对巷道围岩稳定性的破坏已成为深部开采过程中一个急需解决的最关键、最棘手的问题之一。

截至 2009 年年底,我国发生冲击地压的矿井 110 余个,分布范围扩大到兖州、华亭、平顶山等局矿,矿井的平均开采深度已超过 800 m。1985—2010 年,发生了冲击地压的矿井数量与采深变化的统计如图 1 所示。仅 2003—2008 年年底,在大同、抚顺、义马、北京、华亭、大同、阜新、七台河、平顶山等局矿,因冲击地压的发生而导致的重大伤亡事故就多达 20 余起,死伤人数达数百人。

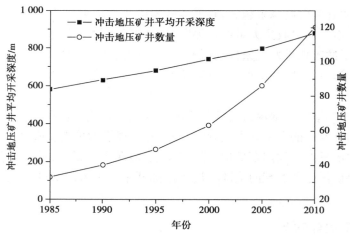

图 1 冲击地压矿井数量与采深随时间变化图

由于冲击地压对采矿业的严重威胁,以及冲击地压的发生原因复杂、影响因素多、发生突然、破坏性极大,引起国内外岩石力学和采矿工程界的广泛关注,进行了大力研究。专家们预测,冲击地压的预测与防治将成为 21 世纪岩石力学研究的难题之一。因此,研究深井开采冲击地压的发生条件和预测、防治措施,对于煤矿安全生产具有重要的理论意义和实际应用价值。

2 冲击地压的特征及类型

2.1 基本概念

冲击地压,又称岩爆,是指矿井巷道或工作面周围岩体在力学平衡状态被破坏时,由于弹性变形势能的瞬时释放而突然产生的一种急剧、猛烈破坏的动力现象,是一种特殊矿压显现。

2.2 冲击地压的显现形式和危害

冲击地压是以突然、急剧、猛烈的形式释放煤岩体变形势能,煤岩体被抛出,造成支架损坏、片帮冒顶、巷道堵塞甚至伤及人员,并产生巨大的响声和岩体震动,震动时间从几秒到几十秒,冲出的煤岩从几吨到几百吨。随着我国煤矿开采深度的不断增加,冲击地压灾害越来越严重,已经成为制约我国矿山生产和安全的重大灾害之一。

2.3 我国冲击地压事故特征

(1)具有突发性,过程短暂,伴随有强烈的震动和声响

冲击地压发生前,一般没有明显的宏观前兆。相当多的冲击地压是由爆破、顶板来压等引起的,但也有很多是在没有人员活动的时间内发生的,很难确定诱发因素。

冲击地压一般伴随有强烈的震动和声响,最大震级可达 M4.3 级,地面几千米范围内有震感。

（2）类型多样

我国冲击地压一般表现为煤体的破坏与冲击,但台吉、大台、八一、柴里、潘西及南桐一井等矿井已发生多次岩爆。

我国冲击地压以煤层冲击最常见,也有顶板冲击和底板冲击。房山矿发生的一次冲击地压,底板突然臌起,开裂成 5 cm 宽的裂缝。在煤层冲击中,绝大多数表现为破碎煤从煤壁抛出,也有极个别情况表现为数十平方米的煤体整体滑移。

（3）造成的破坏和损失巨大

①人员伤亡。冲击地压造成震动和气体冲击,使人员产生碰伤,造成的冒顶、片帮、支架折断也伤及人员。有时由于巷道堵塞,导致人员被埋而窒息。

②破坏生产。冲击地压造成片帮、底臌、冒顶,可造成几十米巷道被堵塞,几百米巷道支架被损坏,机械设备被移位,风门被暴风摧垮。有的冲击地压造成工作面停采换面,损失煤炭多达 60 万 t。

③地面房屋被震坏开裂。

（4）灾害严重程度不同

我国煤矿冲击地压的强度、频度、灾害程度、伴生灾害情况等因开采地质条件的不同而差别较大。

根据微震检测系统记录,门头沟煤矿（现已关闭）平均每月记录到 160 次各类冲击和震动;华丰煤矿每月可监测到 1 000 余次各类震动;老虎台煤矿也是冲击地压严重的矿井,每月震动次数达 300 余次;台吉矿存在岩爆、矿震、岩石突出、煤与瓦斯突出、地温热害等,是我国深井开采多种灾害并存的典型。另外,在发生冲击地压的高瓦斯矿井中,大多同时存在冲击地压及煤与瓦斯突出等两种以上灾害。

（5）发生机理的复杂性

在自然地质条件上,除褐煤以外的各煤种,采深从 200~1 000 m 变化,地质构造从简单到复杂,煤层厚度从薄层到特厚层,煤层倾角从水平到急斜,顶板包括砂岩、灰岩、油母页岩等,都发生过冲击地压;在采煤方法和采煤工艺等技术条件方面,不论水采、炮采、普采或综采,采空区处理采用全部垮落法或是水力充填法,是长壁、短壁、房柱式开采或柱式开采,都发生过冲击地压。目前,在实施无煤柱长壁采煤法的矿井中,冲击地压的次数较少。

3　煤矿冲击地压发生的条件及影响因素

3.1　冲击地压发生的条件

冲击地压是一种特殊的矿山压力现象,也是煤矿井下复杂动力现象之一,形成和发生的条件很复杂。冲击地压作为一种矿山煤岩体破坏现象,有其特殊的宏观和微观特征。冲击地压的发生是煤岩中应力超过其极限强度,造成煤岩物理结构破坏,煤层和围岩在集中应力作用下,吸收能量,积聚应变能。在开采过程中,由于"诱发"因素导致煤岩突然破坏,瞬间释放应变能,形成冲击地压灾害。冲击地压的发生必须具备如下条件:

①煤层及围岩具有冲击倾向性。煤岩受力易发生破坏,其中煤层的煤质类型以镜煤和亮

煤为主。若煤层脆性大、湿度小、抗压强度高,则易发生冲击地压。实践证明,抗压强度在200 kg/cm² 以上的中硬和硬煤具有冲击危险性。

②回采工作面附近存在较大的能量集中。冲击地压多发生在回采工作面前方 15 ~ 50 m 处,属于回采工作面超前支承压力影响区。在该区域,煤层积聚了巨大的弹性应变能。当其超过煤层的极限强度时,便产生冲击地压。当采场走向支承压力与倾向支承压力叠加时,产生的冲击地压更为猛烈和频繁。掘进工作面引起冲击地压的能量来源包括,掘进面处于构造应力集中区,原始构造应力巨大;掘进面处于煤柱或采场前方支承压力高峰区,引起弹性变形能的突然释放,均易形成冲击地压。

③采场存在释放能量的空间。采场前方煤体之中存在着巨大的弹性变形能,其附近又存在一定的空间(巷道或工作面)。当煤体受力达到极限强度以上时,即可产生冲击地压。若没有释放能量的空间,弹性能将随着采场的移动和受力条件的改变,可能逐渐缓解以至恢复到常压状态。因此,掘巷多、切割量大的采煤方法(如短壁采煤),发生冲击地压的机会多。

3.2　冲击地压的影响因素

引发冲击地压的原因是多方面的。总体而言,可以分为地质因素、技术因素和组织管理因素三类,如图 2 所示。

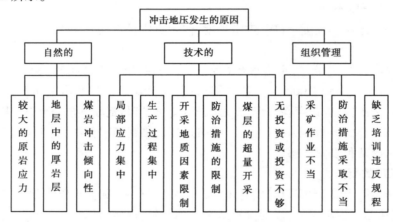

图 2　冲击矿压的影响因素

冲击地压的主要影响因素:

①开采深度。随着开采深度的增加,煤岩体内蕴藏的弹性能也越大。当其超过煤岩体的极限抗压强度,应力达到临界破坏条件时,就可能发生冲击地压。例如,唐山矿冲击地压全部发生在 −530 m 以下就证明了这点,而且发生的频度和强度都随着深度增加而增大。

②煤层及顶底板的物理力学性质。煤质中硬、脆性和弹性较强的煤层易发生冲击地压;反之,软煤和塑性变形大的煤层不易发生冲击地压;坚硬致密、脆性大、不易冒落或底臌的顶底板岩层易发生冲击地压。

③支撑压力。煤层开采后,在工作面煤体和围岩中产生应力集中,形成支撑压力。在两顺槽超前范围内,承受较高的移动支承压力影响;在邻近采空区的煤体内,还要受到侧向固定支承压力的作用。尤其是两侧采空的煤岩体内,多种压力相互叠加,使煤岩体内的应力集中程度更高,更易发生冲击地压。

④地质构造。在地质构造带中,一般由地壳运动的残余应力形成构造应力场。在煤矿中,常有断层、褶曲和局部异常(如底板凸起、顶板下陷、煤层分岔、变薄和变厚等构造带),是冲击地压常常发生的区域。在工作面接近断层和在向斜轴部开采时,冲击地压发生频繁,破坏强度也大。

⑤采掘顺序及开采方法。开采过程中,不可避免地要留设各种煤柱。在采掘过程中,这些煤柱将形成支承压力的叠加,易于发生冲击地压。另外,过多地留设煤柱和在高应力集中区煤柱内开掘巷道,或两条巷道平行掘进、相向掘进,冲击地压发生更为严重。

开采技术因素的影响主要体现在两个方面,一是人为地形成应力集中,增大发生冲击地压的危险性;二是改变应力状态和产生震动,也可以导致冲击地压的发生。具体表现如下:

①不同采煤方法的巷道布置及顶板管理方法不同,所产生的矿山压力分布规律也不相同。一般而言,短壁开采较长壁开采易发生冲击地压。

②煤柱是发生应力集中的地点。孤岛和半岛煤柱可能承受几个方向集中应力的叠加作用,形成很大的应力集中。因此,在煤柱附近易产生冲击地压。另外,煤柱上的集中应力不仅对本煤层产生影响,而且向下传递对下部煤层形成冲击条件。

③采掘顺序对矿山压力的大小和分布有很大关系。巷道和回采工作面相向推进,以及在回采工作面或煤柱中的支承压力带内掘进巷道,都会使应力集中程度更高,导致引发冲击地压的可能性更大。另外,在采空区附近掘进巷道时,未压实的采空区会对掘进巷道产生动力冲击作用,诱发冲击地压。

④在放炮、打钻或进行采掘工作时,将局部改变煤体的应力状态。一方面,使煤层中应力迅速重新分布而增大煤体应力;另一方面,能迅速解除煤层边缘侧向约束阻力,改变煤体的应力状态,由三向压缩变为二向压缩,使其抗压强度下降,导致迅速破坏。因此,这些活动都具有诱发冲击地压的作用。

组织管理因素主要包含人员组织结构、安全管理培训、操作程序等因素。在防治措施不到位时,易发生冲击地压。

4　冲击地压的监测及防治措施

4.1　防治冲击地压的基本原理及方法

防治冲击地压,应当从两个方面着手。一是降低煤岩体内部的应力集中程度,主要包括采用合理的开拓布置、开采方式和开采顺序,减弱煤层区域内的矿山压力值;二是改变煤岩体的物理力学性质,如对煤岩体进行高压注水、放松动炮以及截槽卸压。

主要方法包括:

①减弱煤层区域的矿山压力值。如超前开采保护层,进行无煤柱开采,在采区内不留煤柱和煤体突出部分,禁止在邻近层煤柱的影响范围内开采,并且合理安排开采顺序,避免形成三面采空状态的回采区段或条带,避免在采煤工作面前方掘进巷道。必要时,应在岩石或煤层安全区域内掘进巷道,禁止工作面对采和追采。

②采用合理的开拓布置和开采方式。开采煤层群时,开拓开采部署应有利于保护层开采。首先开采无冲击危险或冲击危险小的煤层作为保护层,且优先开采上保护层;划分开采区域或采区内划分时,尽量少留煤柱,并采用合理的开采顺序,最大限度地避免形成煤柱应力集中区;

采区或盘区的采煤工作面应朝一个方向推进,避免相向开采,以免应力叠加;在地质构造等特殊部位,应采取能避免或减缓应力集中和叠加的开采程序;对有冲击危险的煤层的开拓或准备巷道、永久硐室、主要上(下)山等,尽量布置在底板岩层或无冲击危险煤层中,以利于维护和减小冲击危险;开采有冲击危险的煤层,应采用不留煤柱、垮落法管理采空区顶板的长壁开采方法;采空区顶板管理尽量采用全部垮落法,工作面支架应采用具有整体性和防护能力的可缩性支架。

4.2 冲击地压的解危措施

冲击地压的解危措施主要有三个方面:

①爆破卸压。对于具有冲击危险的煤体,用爆破方法减缓其应力集中程度。

②诱发爆破。在监测到有冲击危险的区域,利用较多药量进行爆破,人为地诱发冲击地压,使冲击地压发生在一定的时间和地点,从而避免更大的损害。

③改变煤层的物理力学性质。主要通过高压注水、放松动炮和截槽卸压等方法来改变其物理力学性质。

4.3 冲击地压的预测方法

预测冲击地压的方法比较多,主要有:

①综合指数法。主要从地质因素与开采因素两方面确定冲击危险。该方法既是一种早期综合评价的方法,又是一种区域和局部预测的方法。地质因素主要考虑冲击地压发生的地质条件,包括开采深度、地质构造、顶底板坚硬程度、顶底板各种岩层厚度、煤层的冲击倾向性、煤体强度等因素;开采因素主要考虑开采技术条件,包括开采历史、煤柱、停采线、采空区,煤层厚度、倾角、煤质等变化带,断层、皱曲等因素对冲击地压发生的影响。

②微震法。通过专用仪器记录采矿震动的能量,确定和分析震动的方向,对震中进行定位,是一种即时与区域性预测方法。当矿井的某个区域监测到矿震释放的能量大于发生冲击地压所需的最小能量时,则该区域的当前时间内有发生冲击地压的危险性。

③电磁辐射法。根据煤岩变形破裂过程中发出的电磁辐射,进行冲击地压的监测预报。在工作面采掘过程中,围岩发生破裂时,均有电磁辐射信号产生。电磁辐射信号的强度随着围岩受载程度的增大而增强,随变形速率的增加而增强。煤岩体电磁辐射的脉冲数随着载荷的增大及变形破裂过程的增强而增大。载荷越大,加载速率越大,煤体的变形破裂越强烈,电磁辐射信号也越强。

④钻屑法。通过在煤层中打直径 $42 \sim 50$ mm 的钻孔,根据钻孔排出的煤粉量及其变化规律和有关动力效应情况,鉴别煤体的冲击危险性。对于条件相同的煤体,当应力状态不同时,其钻孔的煤粉量也不同。当单位长度的排粉率增大或超过标定值时,表示应力集中程度高,冲击危险性高;当出现吸钻、卡钻、孔内冲击等现象,也表明此处有冲击地压危险。

以上几种预测方法的适用范围与预测方式如图 3 所示。在现场预测时,应根据这几种方法的适用范围与预测时段进行相应的选择。例如,进行早期预测,可以采用综合指数法确定重点监测区域,再通过微震法、电磁辐射法、钻屑法进行即时的区域、局部、点预测。最后根据预测结果的冲击危险程度,采取相应的技术措施进行分级排除。整个流程如图 4 所示。

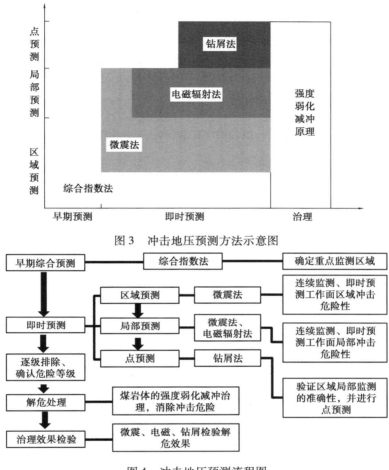

图3 冲击地压预测方法示意图

图4 冲击地压预测流程图

5 结论

随着矿井开采深度的增加和开采区域的加大,矿井地质条件和开采条件越来越复杂,原始应力、开采扰动应力相互耦合,使得冲击地压灾害时有发生,严重影响了煤矿的安全生产。在这种情形下,既要加强对发生机理的研究,搞清楚煤岩体发生冲击地压的内在机理,做到准确预测预报和防治,还要对冲击地压所在矿区进行地应力场、煤岩体中原岩应力测量与数值计算方法的研究,以便能对整个矿区范围内发生冲击的危险区域做出准确的划分。

参考文献

[1] 张万斌,王淑坤,滕学军. 我国冲击地压研究与防治的进展[J].煤炭学报,1992(3):27-36.

[2] 郭守泉. 矿井深部开采矿压与支护技术研究[D].阜新:辽宁工程技术大学,2005.

[3] 赵生才.深部高应力下的资源开采与地下工程[J].地球科学进展,2002,17(2):295-298.

[4] 王健,孙学军,朱自为.煤(岩)冲击地压研究进展[J].科技创新导报,2007(17):82.

[5] 窦林名,谷德钟,曹树刚. 冲击矿压及其防治[J].矿山压力与顶板管理,1999(C1):215-219.

[6] 苗广东.浅谈深部开采冲击地压的预测与防治[J]. 山东煤炭科技,2006(2):43-44.

[7] 潘立友,钟亚平.深井冲击地压及防治[M].北京:煤炭工业出版社,1997.

［8］万姜林,周世祥,南琛,等. 岩爆特征及机理[J]. 铁道工程学报,1998,15（2）:99-106.

［9］赵从国,窦林名. 波兰冲击矿压防治方法研究[J]. 江苏煤炭,2004（2）：11-12.

［10］王蓓,吴继忠. 采矿地质因素评定冲击地压危险[J]. 矿山压力与顶板管理. 2001,15（1）:72-74.

［11］郭延华,李良红,张增祥,等. 内错式下分层回采巷道围岩变形破坏机理研究[J]. 河北工程大学学报（自然科学版）,2007,24（2）：20-22.

［12］李英杰,潘一山,唐巨鹏,等. 五龙矿冲击地压危险区划分研究[J]. 矿山压力与顶板管理,2005（1）:94-96,101.

［13］窦名林,何学秋,王恩元. 冲击矿压预测的电磁辐射法技术及应用[J]. 煤炭学报,2004,29（4）：396-399.

综合机械化固体充填采煤理论与技术

汪　龙

摘要：充填采煤是煤矿绿色开采的核心，有着广袤的应用前景。在简单介绍煤矿充填采煤技术发展历史的基础上，介绍了近年来我国综合机械化充填采煤理论及技术取得的重大突破，包括综合机械化固体充填采煤技术、长壁工作面采充一体化原理、密实充填有效控制岩层运动的目标、充填采煤岩层移动预计的等价采高理论、密实充填采煤岩层移动计算公式和煤矿工程应用实例等。最后，提出了研发新型低成本充填材料、提升充填采煤装备自动化水平、建立充填采煤基础理论与相关评价体系、协同充填采煤与地下水环境保护是煤矿充填采煤技术发展的必然趋势。

关键词：绿色开采；综合机械化采煤；固体充填；密实充填；岩层移动控制

我国煤炭资源丰富，煤炭的开采、利用，为我国经济发展、民生保障和能源安全做出了巨大贡献。在一次性能源消费结构占比中，60% 以上由煤炭提供。目前，我国煤炭开采普遍采用垮落法处理采空区，会造成井下较大范围覆岩垮落，进而引发地表沉陷、地下水系破坏、地表建（构）筑物损坏，而排出井上的煤矸石在地面堆积，将占用土地，影响生态环境，还存在采空区遗留煤炭引发自燃、瓦斯积聚及顶板裂隙透水等安全隐患问题；同时，我国"三下"（建构筑物下、铁路下和水体下）压煤资源量巨大，传统垮落式开采难以解决"三下"煤炭资源开采及地面沉降等问题，资源采出率低。多年来，国内外采矿学者及工程技术人员致力于探索煤矿开采与环境保护协调发展之道。

煤矿充填开采技术是随着采煤工作面的推进，将矸石、风积沙、粉煤灰、建筑垃圾、膏体等充填材料充填至工作面后方采空区，从而避免采空区大面积垮落而控制岩层移动、地表沉陷等安全问题。应用煤矿充填开采技术，可提高"三下"压覆资源回收率，做到矸石不升井，消化地面矸石山，同时可节约大量土地、减轻地层沉降、保护水资源、减少煤矿瓦斯和矿井水积聚，有效抑制煤层及顶底板动力现象，实现矿区生态和安全生产环境由被动治理向主动防治的重大转变，是煤炭生产方式的重大变革。经过多年的发展，煤矿充填开采技术已成为解决煤炭开采与环境保护问题最有效的技术途径之一，形成了固体直接充填、膏体充填和高水材料充填"三大类"生产工艺技术体系，并得到了国家和地方政府的大力扶助。2012 年 4 月，国家能源局强调充填采煤技术对于煤矿安全和环境的重要性，要求大力推广煤矿充填开采经验，推进煤炭生产方式变革，提高煤炭资源利用水平，保护生态环境，建设和谐矿区。国家能源科技"十二五"规划在安全高效开发煤炭中也明确指出，积极推广保水开采、充填开采等先进技术，实施采煤沉陷区综合治理。随后，在国家"十三五"规划编制提纲中已明确按照安全、绿色、集约、高效的原则，加强大型煤炭基地建设。因此，进一步推广应用充填采煤等绿色开发技术，既符合国家能源发展要求，也可实现煤炭开采技术的创新、革新，为建设美丽中国做出巨大贡献。

1　充填采煤技术的发展历史

充填开采技术是为满足采矿工业的需要逐渐发展起来的，在国际上已有上百年的发展历史。早在100多年前,澳大利亚北莱尔矿的工人就将井下废石充填到采空区,以减小矿井辅助运输的压力。但此时的充填并不作为矿井开采的一个工序,不是真正意义的充填。到20世纪30年代,充填才开始作为一个矿山开采的工序,应用于减少矿山开采沉陷。这之后,充填采矿技术在国内外非煤矿山的研究和应用取得了长足的发展,但在煤矿开采领域,由于煤层赋存特点和地质条件特征,以及煤炭开采后采空区顶板随采随垮,难以形成稳定的充填空间等原因,煤矿行业无法将金属矿山中比较成熟的充填采矿技术直接应用于煤炭开采过程中。我国新汶、抚顺等煤矿区在20世纪60年代开展了建筑物下水砂充填、风力充填采煤的试验研究工作。由于采煤效率低、经济成本高和充填材料严重不足等方面的因素,水砂充填技术目前在国内外已很少使用。淮南矿区、北京矿区、北票矿区及中梁山矿区等在开采急倾斜煤层中,曾应用矸石自溜充填方法,并取得一定效果。总体而言,充填机械设备简陋、缺乏岩层控制理论和充填工艺落后是影响充填质量和充填控制效果的直接原因,直接限制了煤矿充填开采技术的推广应用。

进入21世纪以来,在传统充填采煤技术基础上,煤矿企业通过改进充填设备、引入金属矿山充填采矿技术,陆续研发了抛矸充填、原生矸石综采架后充填、膏体充填和高水材料充填等技术,显著提高了充填采煤效率,使该技术迈入新的发展阶段。

1.1 抛矸充填

抛矸充填的关键设备为高速动力抛矸机,主要包括电动机、驱动滚筒、转向滚筒、托辊、抛矸皮带和支架等,其结构和工作原理如图1所示。其中,V形花纹抛矸皮带的高度可调,皮带伸缩自如,可将原生矸石以较快的冲击速度充填到采空区内。该技术在我国的邢台、新汶、兖州、枣庄等矿区先后得到了推广应用。图2为普采抛矸充填工作面布置示意图。

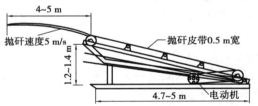

图1 高速动力抛矸机结构及工作原理示意

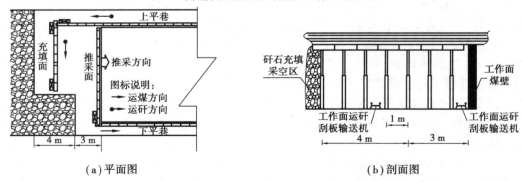

（a）平面图　　　　　　　　　　　　（b）剖面图

图2 普采抛矸充填采煤工作面布置示意

1.2 原生矸石综采架后充填

原生矸石综采架后充填采煤技术起源于新汶矿业集团翟镇煤矿,充填设备由后端带尾梁的自移式液压支架与充填刮板输送机组成。井下掘进矸石等原生矸石通过矿车运输至采区矸石车场,再通过转载机、破碎机等进入矸石仓,破碎后的矸石由胶带输送机转载至综采工作面轨道平巷,再由平巷中的胶带输送机运至液压支架后部的充填刮板输送机,实现采空区的卸载充填,如图3所示。

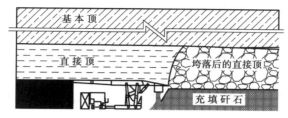

图3 原生矸石综采架后充填示意图

采用该技术时,充填工艺可在综采工作面的支架掩护下进行,作业人员无须进入采空区。但由于尾梁支撑力小,充填之前顶板提前下沉量较大,以及没有专用的充填体压实机构,充填效果及充填体密实度较差,一般仅用于采空区矸石处理与地表保护等级低的情况。

1.3 膏体充填

膏体充填技术是从金属矿山的膏体充填技术发展而来。将矸石、粉煤灰(或河沙)、水泥、胶凝材料与水混合,搅拌加工成具有良好流动性的膏状胶结体,并在重力或泵压的作用下,以柱塞流的形态输送到采空区。膏状胶结体在一定时间后固结,达到一定的强度要求。与金属矿山膏体充填不同,煤矿膏体充填需要发展专门的膏体

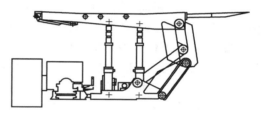

图4 膏体充填隔离支架

充填隔离支架(图4)。将膏体充填工作面分为采煤区和充填区两部分,充填支架在满足采煤区顶板控制要求的基础上,必须能够对充填区裸露顶板进行支护,同时,还应起到隔离防漏、抵抗浆体侧向压力的作用。

该方法具有料浆流动性好、密实度高、充填体强度高等优势,对岩层移动与地表沉陷的控制效果较好,但是,也存在一些不足。例如,由于煤层属沉积矿体,随工作面的推进,采空区上覆岩层随采随垮,充填支架应有足够大的初撑力,以控制充填区顶板不垮落、不下沉;同时,对膏体充填体的凝固时间也有很高的要求,充填体必须在短时间内就具有一定的承载力;形成一套完整的膏体充填系统,初期投资较大,吨煤充填成本较高,一般达到100元/t以上;另外,膏体充填采煤不能达到采煤与充填并举,膏体充填工作面的生产能力受到一定限制;在长距离运输条件下,还常常需要解决膏体输送管道堵塞问题。

该技术在我国的新汶、淄博、济宁、邯郸、邢台、赤峰等矿区得到了应用。

1.4 高水材料充填

高水速凝固结材料(简称"高水材料")是一种A和B两种材料构成的胶凝材料,主要成分为高铝水泥、石灰、石膏、速凝剂、解凝剂、悬浮剂等。高水速凝固结材料能将高比例的水快速凝结,并在短时间内达到一定强度,具有固水能力强、单浆悬浮性和流动性强、凝固速度快、强度增长速度快等特点。在现场应用过程中,需要将A和B两种材料分别通过管道运送至缓冲池,分别将其制作成浆液,再通过专用管道运输到充填采煤工作面,经混合后注入采空区实

现凝固充填。该技术主要的原材料为水(含水率70%~95%),故充填材料来源充沛,且充填系统简单,初期投资较少,高水材料流动性好,也不易堵管,但高水材料的配料成本较高,凝固形成的充填体抗风氧化及抗高温性能差,其长期稳定性有待于进一步研究。

2 充填采煤技术的重大突破

开发能够与综合机械化采煤技术相匹配的现代充填采煤技术,是实现绿色采矿亟待突破的核心技术之一。中国矿业大学科研人员吸收现代采煤技术和传统充填采煤技术优点,在充填采煤矿山压力和岩层控制理论研究成果指导下,提出了长壁工作面采充一体化原理,提出综合机械化固体充填采煤技术,实现了密实充填有效控制岩层运动的目标。

2.1 长壁工作面采充一体化原理

非煤矿山的充填开采常将采空区完整地保留下来,然后采用尾砂等材料进行充填。在过去几十年里,煤矿充填开采模式一直受非煤矿山充填开采模式的影响,始终认为煤炭开采后首先需要形成较完整稳定的充填空间。因此,形成了采煤与充填分离、先采煤后充填的固定模式,制约了充填采煤技术的进一步发展。面对综合机械化长壁采煤工作面,采空区上覆岩层随工作面推进随采随垮,实现充填采煤必须要克服三大技术难题:一是形成煤炭开采过程中相对稳定的动态充填空间;二是保留开采过程中充填料的安全输送通道;三是确保采空区充填体的密实度。基于上述三大技术难题,提出了采充一体化的原理,即根据现代化矿井的基本建设与生产模式,形成前部采煤和后部充填并行作业的双工作面;通过建立现代化矿井协调配套的煤炭运输和充填材料运输系统,达到采煤生产能力与充填生产能力均衡发展的目的;统筹考虑采煤工艺与充填工艺的匹配,形成与现代化矿井相适应的采煤与充填统一的一体化开采方式。

2.2 综合机械化固体充填采煤技术

为了解决煤矿充填开采的三大技术难题,中国矿业大学组织研发团队,经过多年的研究,发明了综合机械化固体充填采煤技术。该技术将综合机械化采煤和综采机械化固体充填有机组合,实现工作面采煤与充填并举,采用的固体充填材料包括矸石、粉煤灰、黄土、风积沙、建筑垃圾等固体废弃物,其工作面布置方式与传统综采工作面布置方式基本相同,同时形成了前方机械化采煤和后方机械化充填的双工作面格局。综合机械化固体充填采煤工作面布置如图5所示。

因采煤和充填均是在液压支架掩护下完成,故综合机械化固体充填采煤工作面的关键设备是新型液压支架,其结构如图6所示。利用新型液压支架,可在采煤工作面系统中完成以下作业:

①充填采煤液压支架是将传统综采支架的掩护后顶梁改为水平后顶梁,充填作业是在后顶梁掩护下完成。

②在充填采煤液压支架后顶梁下吊挂多孔底卸式输送机,完成充填材料在充填空间的连续输送。

③在充填采煤液压支架后底座安装夯实机构,将充填材料向采空区推压夯实,达到充填密实度要求。

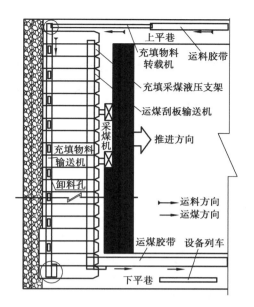

图5　综合机械化固体充填
采煤工作面布置

图6　综合机械化固体充填与
采煤一体化液压支架

该技术的特点是采用机械设备将矿区矸石、粉煤灰、黄土、风积沙等固体废物密实充填入采空区内,达到控制岩层移动在合理范围内,从而开采出"三下"压煤、边角煤柱等传统采煤技术无法回收的煤炭资源;同时,改善我国煤炭大规模开采带来的矿区资源浪费和生态环境破坏问题。该技术的实施实现了多重目标,主要包括:煤炭资源的回收率得到显著提高;矿区固体废弃物得到充分利用;矿区建(构)筑物、土地、水体和生态环境得到保护;采空区瓦斯、火、水和冲击矿压等重大灾害的防治取得显著效果。

2.3　密实充填有效控制岩层运动的目标

现代化矿区充填采煤技术的目标是在安全、高效采煤的同时,实现安全、高效快速充填,而现代化充填采煤技术通过密实充填,有效地控制了岩层运动,达到被保护对象的控制要求。

地下煤层开采后,覆岩的原始平衡受到破坏,在上覆岩层自重应力和构造应力的作用下,覆岩经一系列的移动、变形与破坏,直至达到新的平衡,这一过程称为岩层移动。在传统综采过程中,岩层移动、变形与破坏主要受覆岩条件及开采条件的影响。依据实际观测结果,上覆岩层移动区域有明显的分带性,分别称其为垮落带、裂隙带和弯曲下沉带。综合机械化固体充填采煤技术中,在综合机械化固体充填采煤液压支架后顶梁的掩护下,矸石等固体充填材料在采空区顶板垮落之前就已经充满采出空间,并得到压实,起到了支撑上覆岩层的作用。因此,在充填采煤过程中,上覆岩层移动区域不存在垮落带,只存在少量裂隙带和弯曲下沉带。充填采煤过程中理想的岩层运动控制是采出多少煤炭后充入等量体积的固体,即采场上覆岩层绝对不运动,地表无任何沉陷变形量,这是用现有的办法无法做到的。而采用综合机械化固体充填技术,可以通过控制充填体的充实率和压实率来控制岩层移动,实现较好的控制目标。

将充填采煤的岩层移动控制目标分为以下3类:

①建(构)筑物下固体充填采煤的地表移动控制目标。受开采影响后,地面大部分建(构)筑物不维修或小修、少部分建(构)筑物经中修应能满足《建筑物、水体、铁路及主要井巷煤柱

留设与压煤开采规程》中规定的安全使用要求。根据这种要求控制地面沉陷变形值应小于建（构）筑物允许地表变形值。

②水体下（或承压含水层上）固体充填采煤岩层移动控制目标。受开采影响的采区和矿井涌水量应不超过其排水能力，不影响正常生产，不引起水资源破坏或污染，以及地面水利设施经维修不影响正常使用。根据这种要求设定开采后能承受的顶底板破坏导水裂隙带贯通范围的最大值。

③煤柱资源回收矿压控制目标。在回收煤炭资源中，不应发生大面积来压而造成压架、大范围煤柱失稳和顶板垮落等矿压显现。

2.4 成为绿色采煤技术的核心

煤炭资源开采对环境的影响日益凸显，已成为影响中国社会与经济发展战略的重要问题之一。2007年以来，我国钱鸣高等采矿专家提出了煤矿绿色开采理念，阐述了绿色采煤的内涵，形成了煤炭资源与环境协调开采的绿色采煤技术体系。绿色采煤技术体系体现了煤矿保水开采、煤与瓦斯共采、条带开采与充填开采、井下矸石处理、煤炭地下气化等方面的内容，而绿色采煤技术的重大基础理论问题包括：开采后岩体内"节理裂隙场"分布及岩层离层规律；开采引起的岩层移动变形和地表沉陷规律；开采后水和瓦斯在裂隙场中的运移规律；开采后岩体应力分布和岩层控制技术。

实际上，矿区的环境问题都是由煤矿开采引起的，而问题的核心是煤炭开采引起的岩层运动。因此，解决这些重大基础理论与岩层移动密切相关，使有效控制岩层移动成为绿色采煤技术体系的核心。充填采煤技术实现了采空区密实充填，改变了传统综采采场矿压及岩层移动规律，实现了岩层运动的有效控制。

3 充填采煤的岩层移动控制理论及工程应用

充填采煤与传统综采岩层移动控制理论有着显著区别，充填采煤相当于厚度降低的煤层开采。因此，建立充填采煤岩层移动预计的等价采高理论，得到密实充填采煤岩层移动的解析计算公式，为岩层运动的控制目标能满足被保护对象设防标准提供了理论基础。

3.1 充填采煤岩层移动预计的等价采高理论

从岩层移动的角度进行分析，实施采空区充填，相当于降低了实际采出的煤层厚度。等价采高就是指实际采高 M 减去充填物经压实稳定后的高（厚）度 M_0。实际充填的物料在采空区覆岩下沉过程中，会受到覆岩的进一步压实作用，产生一定的压缩变形。

以固体充填为例，任何固体在从整体变为破碎状态时，都会出现一定量的体积松散膨胀，而受到不同压力作用时，又会出现对应的体积压缩量。将覆岩完全下沉压实后的固体充填物料的最终高度视为 M_0，则根据等价采高的定义，可得此时固体充填采煤的等价采高 M_e 为

$$M_e = M - M_0 \tag{1}$$

充填时，假设采空区顶板已发生了 M_c 的初始下沉，充填体的初始压实系数为 k_c，最终的压实系数为 k_0。可得

$$M_0 = (1 + k_0 - k_c)(M - M_c) \tag{2}$$

将式（2）代入式（1）得

$$M_e = M - (1 + k_0 - k_c)(M - M_c) \tag{3}$$

如果在充填时,充填体已完全压实,则可认为 k_c 和 k_0 十分相近,由式(3)可得

$$M_e = M_c \tag{4}$$

如果充填时,采空区顶板没有初始下沉,即 $M_c = 0$,则从式(3)可得

$$M_e = (k_c - k_0)M \tag{5}$$

3.2　密实充填采煤岩层移动的解析计算公式

大量的现场实测、物理模拟、数值模拟等研究成果表明,综合机械化固体密实充填采煤技术可以控制岩层移动,使采空区覆岩不存在垮落带,并且裂隙带只发育到直接顶,老顶岩层只发生弯曲变形而不产生破断。因此,采用连续介质力学模型对老顶及以上岩层进行岩层移动的力学分析,相关的力学模型如图7所示。

由图7可知,老顶岩层只发生连续的弯曲下沉变形而不破断,此时的岩层可视为连续介质,可以将其视为 Winkler 弹性地基上的无限长岩梁进行力学分析,其受力状况如图8所示。

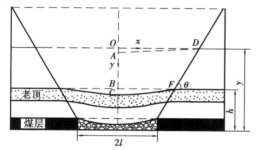 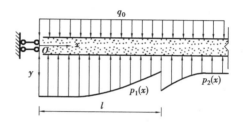

图7　密实充填采煤岩层移动的力学结构模型　　　图8　密实充填采煤老顶岩梁的受力简图

根据 Winkler 地基假设,地基表面任一点的沉降量与该点单位面积上所受的压力成正比,即

$$p_1(x) = k_1 \omega(x) \quad (0 \leqslant x \leqslant l) \tag{6}$$

$$p_2(x) = k_2 \omega(x) \quad (l\omega \leqslant x \leqslant \infty) \tag{7}$$

式中,$p_1(x)$,$p_2(x)$ 为老顶岩梁受到的地基支撑力;$\omega(x)$ 为老顶岩梁的弯曲下沉挠度;k_1,k_2 为地基系数,其中 k_1 由充填体的变形特性确定,k_2 由老顶岩梁下直接顶和煤层等岩层抗变形性能确定。

3.3　充填采煤岩层移动与地表沉陷实测比较

3.3.1　五沟煤矿近含水层下矸石充填采煤

五沟煤矿主采煤层为 10 煤,其上覆盖了一层平均厚度为 272 m 的巨厚松散层。松散层底部的第四系含水层直接覆盖在煤层露头之上,中间没有隔水层。为避免煤层开采使导水裂隙带发展至含水层,留设了大范围的防水煤柱,造成了约 3 664 万 t 煤炭的损失。通过充分调研、分析,设计采用综合机械化矸石充填开采技术实施在第四系含水体下顶水采煤,其中充填开采区域离第四系松散含水层最近仅 15 m;将直接顶按隔水关键层设防,即直接顶内不能形成贯通裂隙。鉴于倾斜煤层不同区域的上覆基岩的厚度不同,根据等价采高理论对岩层移动进行预计分析。获得的等价采高 M_e、矸石充填率 φ 与煤层到含水层的距离 h_1 的关系曲线如图9所示。

CT101 是首个矸石充填的试验工作面。工作面长 100 m,工作面推进长度 626 m,可采储

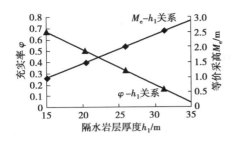

图9　φ、M_e 与含水层距离 h_1 的关系曲线

量30万 t。2012年2月开始回采,于2013年4月30日开采完毕。为了对两带发育高度进行实测,从地面距离切眼127 m,距离机巷帮11 m布置地面1号钻孔;距离切眼307 m,距离机巷帮52 m布置地面2号钻孔;从井下开切眼位置向外180 m、450 m分别布置井下1号钻孔与2号钻孔。实测结果表明,充填开采可以有效降低导水裂隙带发育高度,采用充填采煤岩层移动预计的等价采高理论预测值(预测值为14.9 m)与实测结果基本吻合,如表1所示。

表1　CT101 两带发育高度实测

位置	地面1号孔	地面2号孔	井下1号孔	井下1号孔
高度/m	12.4	8.41	14.2	13.8

3.3.2　平煤十二矿充填采煤地表沉陷实测

平煤十二矿充填首采区域布置在某村庄孤岛煤柱块段内,平均煤厚为3.3 m,平均埋深为450 m左右。根据地面建筑物保护等级要求,地表下沉量不能超过220 mm,最终设计充填开采工作面的充实率不能低于82%,即等价采高为0.6 m。经过实施充填开采,最终现场实测表明充实率在86%以上,地表下沉最大值仅为173 mm。

3.3.3　济宁花园煤矿密集建筑群下充填采煤

花园煤矿井田全部为建筑物下压煤,地面为金乡县县城及周边地区。为避免地表沉陷造成建筑物损坏,该矿原设计采用条带开采,采出煤炭量不足可采储量的1/3。应用固体密实充填加无煤柱沿空留巷技术以后,采出率提升到85%以上,矿井服务年限由原设计的不足40a增至100a以上。花园煤矿充填开采区域内的煤层埋深550 m,平均煤厚为2.5 m,实测地表下沉最大值为196 mm。如果采用长壁开采,预计地表最大下沉值可达1 900 mm。所以,采用固体密实充填开采技术的地表减沉率可达85%以上。

3.3.4　兖州济三煤矿大型河堤下充填采煤

济三煤矿矸石充填开采区域地表为南阳湖堤坝,平均采深约为580 m,煤层平均厚度为3.5 m。根据堤坝保护的设防要求,工作面离河堤越近,需要的采空区充实率就越高,最大为0.83。河堤下采煤必要等价采高和充实率分布曲线如图10所示。采用充填开采技术后的实测地表最大下沉值为340 mm,堤坝处的最大下沉值为68 mm;如果不采用充填开采技术,预计地表最大下沉值为2 580 mm。因此,固体密实充填开采技术减沉率可达80%以上。

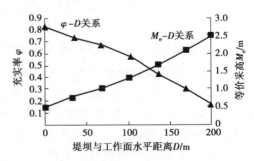

图10　河堤下采煤必要等价采高和
充实率分布曲线

4 充填采煤理论与技术的发展展望

近年来,我国在煤矿充填开采理论与技术方面取得了突破性进展,研究成果总体处于世界领先水平,尤其是综合机械化固体直接充填采煤技术具有比较好的发展前景。目前,该方法还存在需要进一步完善和改进的问题:一是由于充填开采系统设备较多,工艺复杂,技术要求高,在矿井地质条件多变的情况下,生产效率相对较低,且充填开采岩层控制理论、充填工艺与装备还不够完善;二是由于采用的充填材料来源及供应量无法满足大面积充填开采的需求;三是初期投资大,开采成本比传统普通垮落法采煤高,阻碍了该技术的进一步推广应用;四是设备型号较少,配套性差,且设备的技术性能稳定性差;五是缺乏一套完整的充填开采行业标准和相对配套的法规及政策。

充填采煤始终以有效控制岩层移动与地表沉陷为重要目标。以目前我国煤矿发展现状,伴随着综合机械化采煤技术成熟及越来越复杂的煤矿开采条件,充填采煤技术应与现代化的综合机械化采煤技术相配套,创新研究发展出安全高效、高采出率的充填采煤技术与装备是实现未来煤矿绿色、安全、高效开采的核心。

综合而言,充填采煤理论与技术的综合创新发展方向如下:

①加强充填采煤的基础理论与工程问题研究,包括加强充填采煤的岩层移动和地表沉陷观测工作,深入研究充填体、煤柱、覆岩、支架的协同作用机理,揭示地下复杂支撑体系中各因素几何特征、力学特征及时空关系对上覆岩层运动的影响规律,建立兼顾复杂支撑体系变形和强度性质的上覆岩层运动的模型,加强多种充填采煤技术相结合的地表沉陷控制理论,降低充填材料的需求量,同时控制充填成本。

②提升充填采煤装备的可靠性及耐用性,研发自动化、智能化的采煤装备,优化系统布置、工艺,与现代化综合机械化采煤工作面生产能力相匹配,实现高效充填采煤。

③对充填材料特性进行深入研究,研发更为适应充填采煤环境的新型低成本充填材料。

④建立充填效果评价体系与方法。进一步研究充实率与岩层移动的关系,建立科学的充填效果评价体系与方法,为充填采煤效果的验证提供客观评价依据。

⑤以矿区环境保护为基础,进一步拓展充填采煤技术的应用领域,包括房柱式开采时留设煤柱开采、井筒保护煤柱开采、边角煤柱开采、解放层开采等领域。

⑥研究充填采煤与地下水环境协调发展的关系,避免充填体内的化学材料对地下水资源造成破坏污染。

参考文献

[1] 缪协兴,钱鸣高.中国煤炭资源绿色开采研究现状与展望[J].采矿与安全工程学报,2009,26(1):1-14.

[2] 缪协兴,张吉雄,郭广礼.综合机械化固体废弃物充填采煤方法与技术[M].徐州:中国矿业大学出版社,2010.

[3] 缪协兴.综合机械化固体充填采煤技术研究进展[J].煤炭学报,2012,37(8):1247-1255.

[4] CHOUDHARY B S. KUMAR S. Underground void filling by cemented mill tailings[J]. International Journal of Mining Science and Technology,2013,23(6):893-900.

[5] 缪协兴,张吉雄,郭广礼.综合机械化固体充填采煤方法与技术研究[J].煤炭学报,2010,35(1):1-6.

[6] 赵才智.煤矿新型膏体充填材料性能及其应用研究[D].徐州:中国矿业大学,2008.

［7］ 冯光明.超高水充填材料及其充填开采技术研究与应用［D］.徐州：中国矿业大学，2009.

［8］ 张吉雄.矸石直接充填综采岩层移动控制及其应用研究［D］.徐州：中国矿业大学，2008.

［9］ 周华强，侯朝炯，孙希奎，等.固体废物膏体充填不迁村采煤［J］.中国矿业大学学报，2004，33（2）：154-158.

［10］ ZHOU H Q，WANG G W，LEI W H，et al. Study on filling cross-roadway in fully-mechanized coal faces with high water content material［J］. Journal of China University of Mining & Technology，2001，11（2）：20-24.

［11］ 常庆粮.膏体充填控制覆岩变形与地表沉陷的理论研究与实践［D］.徐州：中国矿业大学，2009.

［12］ 常庆粮，周华强，柏建彪，等.膏体充填开采覆岩稳定性研究与实践［J］.采矿与安全工程学报，2011，28（2）：279-282.

［13］ 冯光明，贾凯军，李凤凯，等.超高水材料开放式充填开采覆岩控制研究［J］.中国矿业大学学报，2011，40（6）：841-845.

［14］ 冯光明，王成真，李凤凯，等.超高水材料袋式充填开采研究［J］.采矿与安全工程学报，2011，28（4）：602-607.

［15］ ZHOU Y J. GUO H Z. CAO Z Z. et al. Mechanism and control of water seepage of vertical feeding borehole for solid materials in backfilling coal mining［J］. International Journal of Mining Science and Technology，2013，23（5）：675-680.

［16］ 王旭锋，孙春东，张东升，等.超高水材料充填胶结体工程特性试验研究［J］.采矿与安全工程学报，2014，31（6）：852-856.

［17］ ZHANG Q，ZHANG J X，HUANG Y L. et al. Back-filling technology and strata behaviors in fully mechanized coal mining working face［J］. International Journal of Mining Science and Technology，2012，22（2）：151-157.

［18］ 缪协兴.综合机械化固体充填采煤矿压控制原理与支架受力分析［J］.中国矿业大学学报，2010，39（6）：795-801.

［19］ 张强，张吉雄，邰阳，等.充填采煤液压支架充填特性理论研究及工程实践［J］.采矿与安全工程学报，2014，31（6）：845-851.

［20］ 黄艳利.固体密实充填采煤的矿压控制理论与应用研究［D］.徐州：中国矿业大学，2012.

［21］ 李猛，张吉雄，缪协兴，等.固体充填体压实特征下岩层移动规律研究［J］.中国矿业大学学报，2014，43（6）：969-973，980.

［22］ 钱鸣高，许家林，缪协兴.煤矿绿色开采技术［J］.中国矿业大学学报，2003，32（4）：343-348.

采空区膏体充填材料及其应用

施 峰

摘要:我国煤炭资源丰富,但经过多年大规模开采,许多矿区可供开采的煤炭资源已接近枯竭。为继续支撑国民经济发展和延长矿井寿命,有必要研究开采存量巨大的"三下"煤炭资源。充填开采是解决"三下"采煤的一种技术方案,其中膏体充填技术因其机械化程度高,减沉效果明显,在充填采矿领域得到重视。膏体充填材料是膏体充填开采的关键,主要成分包括矿渣、活性激发剂和复合改性剂,其中矿渣的水化作用是膏体充填体形成支撑力的基础,活性激发剂用于增加矿渣水化需要的化学成分,复合改性剂用于延长膏体在管道内的可泵时间及增加充填强度。通过广泛收集、整理相关资料,从膏体的强度、压缩率和料浆的可泵性三方面对充填开采的膏体性质进行综合性分析。

关键词:膏体充填;充填开采;"三下"开采;水化作用

煤炭是我国经济和社会发展的重要战略资源。自中华人民共和国成立以来,煤炭在一次性能源消费结构中占比 70% 以上,到目前也占 65% 左右。因此,煤炭作为能源的强力支撑这一事实在短期内不会改变。《中国能源现状与发展战略》报告中指出,"到 2050 年甚至更晚,我国以煤炭为主的能源结构不会改变,而且总量需求会逐年增加"。据不完全统计,我国建筑物下、水体下、铁路下压煤量大,特别是东部和中部矿区。据不完全统计,生产矿井"三下"压煤量达 137.9 亿 t。在一些开采较早的老矿区,随着可采资源的枯竭,正常开采的难度越来越大,难以保证稳定生产。为延续矿区服务年限,必然考虑矿区内储量可观的非常规"三下"煤炭资源的开采问题。即使在资源丰富的山西、河南、河北、山东等地区,部分井田由于前期规划不合理,为追求短期内经济效益最大化,首先选择开采赋存条件好、不属于"三下"的煤炭资源,导致大量"孤岛"煤柱的产生。随着井田资源的日益紧张,为延长矿井服务年限,需要采取有效措施将储量巨大的"三下"资源开采出来。"三下"开采首先需要解决开采引起的沉陷问题,采空区充填开采法是解决开采沉陷问题的方法之一。

1 采空区充填采矿技术

采空区充填采矿技术具有悠久的历史,按照充填材料和输送方式,可分为干式充填、水力充填和胶结充填。

干式充填是将采集的块石、砂石、土壤、工业废渣等干式充填材料用人力、重力或机械设备运送到待充填区域,形成可压缩的松散充填体。干式充填的优点是充填原料充足,技术较为成熟;与胶结充填相比,充填成本较低;不需要消耗大量的水。因此,对西部缺水地区具有一定的优势。其缺点是充填原料的压缩系数高,与水力充填和胶结充填相比,减沉效果不理想。

水力充填是将水作为运输方式,以河砂、电厂粉煤灰、粉碎的矸石等作为填充材料的一种充填方式。目前,与干式充填和胶结充填相比,水力充填具有较好的充填效果,充填完毕后通常地表沉降因子为 0.1 ~ 0.2,但缺点是需要大量的水,并且生产系统复杂,生产成本较高。20

世纪 70 年代后,水力充填在我国逐步被淘汰。目前,煤矿基本不采用水力充填方法。

按充填材料的不同,胶结充填又可分为膏体充填和高水速凝充填。膏体充填料的一般浓度为 76% ~ 85% ,能形成一种类似牙膏状的浆体,其原材料主要是工业炉渣、废弃的矸石等,混合水和添加剂以后成为浆体,再从井上以管道形式运送到井下,对需要充填的采空区进行充填。通过膏体材料的水化反应,形成支撑强度,限制顶板位移。高水速凝材料主要由甲、乙混合料构成。其中,硫铝酸盐或铝酸盐配合外加剂按一定比例组合形成甲料,其中外加剂的主要作用是调整和缓凝;石灰、石膏、促凝剂和黏土按一定比例组合形成乙料。将一定比例的甲料、乙料和水充分混合充填到采空区内,在极短的时间内形成一定的前期强度、较高的后期强度和良好变形适应性的支撑体。高水充填成本较高,目前主要应用于沿空留巷的巷旁支护。

膏体充填技术首先在金属矿山得到实践。1991 年,德国首次将膏体充填技术应用于煤矿,显示出把固体废弃物处理与提高资源利用率结合的优势。

2 膏体充填材料固结机理

膏体充填材料主要成分包括矿渣、活性激发剂和复合改性剂。

矿渣指炼铁高炉产生的炉渣。为阻止其结晶,需要将其用水淬的方法经急速冷却,形成松软颗粒,颗粒直径一般为 0.5 ~ 5 mm。成粒目的在于阻止结晶,使其绝大部分成为不稳定的玻璃体,储有较高的潜在化学能,从而有较高的潜在活性。矿渣作为膏体胶结材料的重要组成部分,主要利用矿渣的潜在胶凝活性,通过掺加激发剂,激发矿渣活性,从而产生一定强度。

常用的活性激发剂有石灰和石膏,均对矿渣的活性激发具有显著作用。在膏体材料中掺杂的石膏,为 $3CaO \cdot Al_2O_3 \cdot CaSO_4$ 或 CA、CA_2 等水化反应生成钙矾石提供必要的 $CaSO_4$;石灰为水泥熟料矿物水化反应生成钙矾石提供必要的 CaO。石灰的加入还直接影响钙矾石生成的速度和结晶的形态。在高碱度即 CaO 浓度增加情况下,特别是在硫铝酸盐过量的条件下,钙矾石生成是急剧的,反应速度非常快,而结晶呈细长针状,使浆体凝结迅速。

胶结料与水混合搅拌之后,开始水化反应,生成水化产物,继而导致料浆的坍落度降低,增大管道输送阻力;另一方面,由于料浆在管道输送中,破坏了水化生成产物的化学结构,从而使料浆凝结固化后的强度有所降低。为使煤矿膏体充填材料在管道输送过程中延缓水化反应,在充填采空区后又可以在短时间内水化,形成较高强度的支撑体,应该进一步研究各种原材料的物理性质和适宜的配比。

3 膏体充填材料性质研究

膏体充填开采的目的是通过充填的支撑作用,达到控制采场上覆岩层移动。根据关键层理论,采场上覆岩层中存在着关键层,而关键层的破断将导致地表大幅度沉陷。为了保证建筑物下采煤既具有较好的经济效益,同时又确保地面建筑物不受损害,根据具体条件下的覆岩结构,判别覆岩层中的主关键层位置,在对主关键层破断特征进行研究的基础上,通过合理的膏体充填参数设计,可以保证覆岩主关键层不破断并保持长期稳定。

影响膏体充填工程效果的因素众多,其参数设计的合理性主要从充填体强度、压缩率和料浆的可泵性进行考察。

3.1　充填体强度

充填体的强度包括前期强度和后期强度两方面。

3.1.1　前期强度

在设计充填体早期强度时,不考虑胶结充填体支撑采场围岩的力学作用,将充填体视为自立性人工矿柱。充填体要保持自立,必须满足强度条件和抗冲击条件两个方面的要求。首先,充填体只有达到一定的强度后,方可保持自立,不会出现垮落;其次,当充填体受到冲击后,必须具有足够的抗冲击能力,才不至于被冲垮。将胶结充填体作为自立性人工矿柱考虑,进行充填体的强度设计的方法很多,如经验公式法、托马斯模型法、卢平修正模型法。

（1）经验公式法

对已有充填矿山的充填体强度与充填体高度数据进行回归分析,可得到矿山实际使用的胶结充填体的强度与充填体高度的关系式:

$$H^2 = a\sigma_c^3$$

式中,H 为胶结充填体高度,m;σ_c 为胶结充填体强度,MPa;a 为经验系数,对于充填高度较大的煤矿,取 $a = 600$。

（2）Thomas 模型法

托马斯等利用岩土力学中的极限平衡分析,通过对充填体的三维楔体稳定分析,提出一种确定胶结充填体强度的方法。计算公式为

$$\sigma_c = (\gamma_f \cdot h_f)/(1 + h_f/l)$$

式中,σ_c 为充填体强度,MPa;γ_f 为充填体容重,MN/m^3;h_f 为充填体高度,m;l 为充填步距,m。

托马斯模型法在加拿大、南非的矿山胶结充填工程中应用广泛。在同样条件下,利用托马斯模型计算的保证充填体自稳所需的强度要比利用经验公式所得的强度要低。

（3）卢平修正模型法

Thomas 模型只考虑了充填体的几何尺寸和充填体料的容重,而没有考虑充填体自身的强度特性。所以,卢平于 1987 年提出了下述修正模型:

$$\sigma_v = (\gamma_f \cdot h_f)/(1 - k)(\tan\alpha + (2h_f \cdot C_1/l \cdot C)\sin\alpha)$$

式中,k 为侧压系数,$k = 1 - \sin\varphi_1$,$\alpha = 45° + \varphi/2$;C_1、φ_1 为充填体与围岩的黏结强度和内摩擦角;C、φ 为充填体黏结强度和内摩擦角。

3.1.2　后期强度

垮落法处理采空区时,随着工作面的推移,上覆岩层移动、破坏,将会出现"三带",即垮落带、裂隙带和弯曲下沉带。全部充填法处理采空区则不同,由于充填体减少了采空区上覆岩层的位移量,"三带"中一般只会出现裂隙带和弯曲下沉带。此种情况下,上覆岩层中对地表沉陷起主要控制作用的关键层不会发生错动破断。充填体作为一支护载体,支护直接顶至关键层之间岩层的质量。此时,充填体的强度应大于上覆岩层所施加的载荷。另外,还应该具有较高的弹性模量,保证充填体在载荷作用下具有较小的应变,顶板下沉量小。

不同的充填开采方法对充填体后期强度要求有所差别。

（1）分层开采

对于膏体充填下的分层开采情况,分上行开采和下行开采两种开采顺序。

上行开采时,充填体将作为上一分层的假底。在充填体作为工作面的假底尚未开采暴露之前,充填体在上分层煤层、底板与采场围岩的共同作用下处于三轴应力状态。由充填体的三轴试验结果可知,与单轴应力的试验结果相比较,充填体的弹模、强度均得到很大程度的提高。由于开采上一层煤,工作面在膏体充填的假底上作业,则要求膏体充填具有较高的抗压入特性,避免支架钻底,从而更加有效地控制顶板,保证工作面生产安全。

下行开采时,工作面顶板为上分层的充填体,也即假顶,是下分层工作面直接维护的对象。从岩体形成结构的观点分析,对于老顶形成的大结构,支架是通过直接顶对其起支撑作用。因此,直接顶的完整与否,将影响到工作面的生产安全,是人工支护能否全部发挥其性能的重要保证。要保持直接顶的稳定性,要求其在自身及上覆岩层载荷的作用下与老顶不发生离层,不破断。即

$$\sigma_{max} < [\sigma]$$

式中,σ_{max} 为直接顶的最大工作应力,MPa;$[\sigma]$ 为直接顶的许用应力,MPa。

在充填体作为工作面的假顶尚未开采暴露之前,充填体在顶板、下分层煤层与采场围岩的共同作用下,始终处于三轴应力状态。随着工作面回采,直接顶由先前的三轴应力状态转换为单轴应力状态。此时,由于三轴应力状态下的压实,作为工作面假顶的充填体的弹模、强度同初始设计值相比均得到很大程度的提高。

(2)部分充填开采

采用短壁间隔条带充填法开采。在短壁工作面开采过程中,间隔一个短壁工作面充填采空区,而未充填采空区内除直接顶冒落外,基本顶一般不冒落。冒落矸石不接顶,所以采空区矸石不承载。因此,未充填工作面宽度上方的覆岩重力全部转移到充填体及所留设煤柱上。充填体承受的载荷可由下式计算:

$$p = \gamma \cdot H[1 + c/(b + 2a)]$$

式中,a 为煤柱宽度,m;b 为充填宽度,m;c 为未充填宽度,m;γ 为覆岩容重,t/m^3;H 为采深,m。

短壁间隔条带充填法开采时,上覆岩层重量由煤柱与充填体共同承担时,煤柱承受载荷与充填体的承载力呈此消彼长关系。充填体承受的载荷越大,则煤柱承受载荷越小,其稳定性越好。若充填体的强度较低,或没有承载能力,则由包围充填体的两边煤柱对上覆岩层提供支撑作用,充填体的作用只是给煤柱提供侧向压力,减少所留煤柱塑性区深度,提高煤柱自身强度。在短壁间隔条带充填法开采时,充填体的强度要求是能够满足所留煤柱的长期稳定性。

当采用长壁间隔充填法开采时,充填体两侧是垮落的顶板。在上覆岩层的作用下,充填体两侧会出现不同深度的塑性区,而两侧冒落的矸石可以给充填体提供一定的侧压力,减少充填体塑性区的深度,提高充填体的承载能力。长壁间隔充填开采时,上覆岩层的重量基本上是由充填体承担,这就要求充填体具有较高的强度,并且能够保持长期稳定性,不会失稳破坏,导致地表大面积下沉。

长壁间隔充填法充填体的稳定性计算与条带开采法时煤柱稳定性计算相似。不少学者提出了煤柱强度的计算方法,其中主要有欧伯特-德沃/王公式、浩兰德公式、比涅乌斯基公式,分别适用于不同高宽比的煤柱设计。

3.2　压缩率

压缩率是指充填体在外力作用下经过一定时间压缩后,其压缩的高度与原充填高度之比。膏体凝结固化形成充填体后,作为支撑体支护上覆岩层,受上覆岩层向底板移动对其造成的应力影响,充填体将受力压缩。充填体在上覆岩层作用下的压缩率越大,说明岩层的活动范围和活动程度越大,岩层的稳定期越长,因而越不利于岩层的稳定性控制。

充填体的压缩与充填材料的颗粒级配、充填料浆的泌水率和充填体的体积模量等因素有关。提高充填体的体积模量需要提高充填体的强度,充填体的强度和充填成本是相互制约的两个方面,可以在两个因素的博弈中找到一个合适的充填体强度以及对应的充填成本;充填料浆应具有很好的保水性能,也即泌水率较小,这样就不至于在外载荷的作用下,充填体的水受压渗透出来;具有良好的级配是配制膏体料浆时的必要前提,只有这样才能保证料浆的稳定性,才能从根本上降低由于颗粒级配不好、孔隙多造成受外载荷作用而使充填体产生较大的压缩率。

从有利于顶板稳定和控制其下沉量小于允许范围的角度考虑,压缩率应控制在 3% 以内。

3.3　可泵性

不同于干式充填,膏体充填的充填料呈牙膏状,需要利用管道从地面输送到充填地点。因此,充填材料不仅需要考虑充填体在充填地点作业完成后的力学性质和压缩率,还需要研究管道输送过程中的工作性。

膏体充填料浆的可泵性,就是在管道泵送过程中的工作性,即流动性、可塑性和稳定性。稳定性是指它具有抵抗分层和抵抗离析的能力,体现在实践中是膏体在密闭的管道中停留数小时不沉淀、不分层、不离析,能顺利地进行输送;可塑性是指膏体充填料在克服屈服应力后产生非可逆变形的能力,通俗地讲是指膏体在管道输送过程中其断面上的颗粒结构有抵抗错位的能力,即抵抗变形的能力,或在实践中体现为膏体在通过弯管后,尽管其形状发生了变化,但其结构基本不变;流动性决定于膏体充填料的质量浓度及粒度级配,而实践中流动性体现为其在重力或压力作用下,能够在管道中顺利流动。膏体材料工作性的三个方面互相影响,一般可以用坍落度、泌水率、颗粒级配、可泵时间四个综合性指标描述。

3.3.1　坍落度

坍落度的测试方法:用一个上口 100 mm、下口 200 mm、高 300 mm 喇叭状的坍落度桶,灌入混凝土分三次填装。每次填装后,用捣锤沿桶壁均匀由外向内击 25 下,以便捣实,然后抹平;然后拔起桶,则混凝土因自重产生坍落现象,用桶高(300 mm)减去坍落后混凝土最高点的高度,称为坍落度。

坍落度是可泵送膏体在工程作业中简单、直观的重要参考指标。坍落度高低直接反映了膏体的流动状态和摩擦阻力大小。当坍落度低于 5 cm 时,管道输送阻力过大,要求用很高的泵送压力,必然使分配阀、液压系统磨损增大。坍落度过大,虽然管输过程中的输送阻力小,但是膏体在管道中滞留时间稍长就会产生泌水、离析以致堵塞管道,在进入采空区后也会对充填材料凝结固化后的强度造成一定影响。

3.3.2　泌水率

泌水是指混凝土体积已经固定但还没有凝结之前水分产生向上的运动,主要是新拌混合物的集料颗粒不能吸收所有的拌和水引起的。泌水率是指泌水量与膏体拌合物含水量之比。

膏体充填料浆的泌水率是膏体充填工程中的重要性能参数之一。如果膏体料浆的泌水率较大，在输送过程中会产生离析现象，引起管道堵塞事故。因此，必须对膏体泵送充填材料进行常压和高压下的泌水试验，以选择稳定性良好的配比。料浆对泌水率的一般要求是静置泌水率小于3%，压力泌水率小于40%。

3.3.3 颗粒级配

膏体是由浆料、细骨粒和粗骨料组成。细骨粒集中在管壁周围的润滑层慢速运动，起润滑的作用，并且具有很强的保水性能，从而保证膏体的流动性；对于粗骨料，细集料浆体作为粗骨料载体。一般混合料中粒度小于20 μm的颗粒总量必须大于15%，细骨料体积与粗骨料孔隙体积之比应大于1。

3.3.4 可泵时间

可泵时间是膏体充填材料很关键的一个指标。合理的可泵时间应该考虑膏体材料从地面到井下充填地点的最长时间，可泵时间过长或者过短，对充填而言都是非常不利的。普通水泥的可泵时间难以控制到合理范围，难以满足煤矿充填开采的特殊要求。膏体充填料浆的可泵时间过短，水化反应较快，料浆会在较短的时间内降低流动性，甚至在管道中发生固结引起管道报废，导致工程失败。另外，可泵时间过短，充填材料在管道中大量发生水合反应，在管道输送过程中导致水合物破坏，进而引起料浆在采空区凝结固化后的强度低于设计值。若膏体充填料浆的泵送时间过长，待料浆充填至采空区后，一方面充填材料在规定的时间内不能够正常凝结固化产生强度，不能对顶板提供及时的支撑作用，增大了顶底板的移近量，从而影响充填开采对地表沉陷的控制效果；另一方面会影响下一充填工序的进行，影响工作面生产。

4 结论

"三下"开采需要解决的主要问题是地表沉陷问题。充填开采是解决"三下"采煤过程中地表沉陷问题的一种重要的技术方案。膏体充填材料主要成分包括矿渣、活性激发剂和复合改性剂，其中矿渣的水化作用是膏体充填体具有支撑力的基础，活性激发剂用于增加矿渣水化需要的化学成分，复合改性剂用于延长膏体在管道内的可泵时间及增加充填强度。本文分析研究了膏体充填材料。

对于在不同开采条件下膏体充填材料与采场围岩的相互作用机理，国内外已经产生了大量的相关研究成果。

参考文献

[1] 瞿群迪,周华强,侯朝炯,等.煤矿膏体充填开采工艺的探讨[J].煤炭科学技术,2004,32(10):67-69,73.

[2] 周华强,侯朝炯,孙希奎,等.固体废物膏体充填不迁村采煤[J].中国矿业大学学报(自然科学版),2004,33(2):154-158.

[3] 侯朝炯,易安伟,柏建彪,等.高水灰渣速凝材料巷旁充填沿空留巷的试验研究[J].煤炭科学技术,1995,23(2):2-6.

[4] 孙春东,冯光明.新型高水材料巷旁充填沿空留巷技术[J].煤炭开采,2010,15(1):58-61,70.

[5] 梁刚勇,关键.新三矿高水材料充填沿空留巷技术应用研究[J].内蒙古煤炭经济,2013(3):111-112.

[6] 赵才智.煤矿新型膏体充填材料性能及其应用研究[D].徐州:中国矿业大学,2008.

[7] 钱鸣高,缪协兴,许家林,等.岩层控制的关键层理论[M].徐州:中国矿业大学出版社,2000.

［8］钱鸣高,石平五.矿山压力与岩层控制［M］.徐州:中国矿业大学出版社,2003.

［9］邓初首,夏勇.混凝土坍落度影响因素的试验研究［J］.混凝土,2006(1):65-89.

［10］卢平.确定胶结充填体强度的理论与实践［J］.黄金,1992,13(3):14-19.

第二篇 | 矿山岩层控制

松软破碎围岩控制理论、技术及其应用

洛　锋

摘要：依据大量的软岩支护相关文献，并结合本人前期相关研究，从软岩本身力学特性和巷道区域应力环境两方面入手，分析总结了松软破碎围岩控制的基本理论和技术及其工程应用。首先，总结了目前软岩支护的基本理论及技术，阐述了各支护技术的基本原理，尤其针对注浆加固技术中的注浆材料选用进行了优缺点对比；其次，分析了软岩巷道的区域应力环境，提出了巷道围岩应力集中结构的概念，认为巷道围岩应力集中分布在破坏圈外围，形成以"应力集中圈""应力集中壳""应力集中环"和"应力集中泡"为主要体系的三维围岩应力集中结构；最后，以显德汪矿 −200 m 水泵房硐室群的综合控制技术为例，阐述了采用锚网索支护 +深、浅孔注浆 +底角锚索束 +反底拱为主要支护框架的联合支护技术，并分析了其支护效果。

关键词：软岩；围岩控制；联合支护

随着我国科学技术水平的不断提高，部分大型或特大型地下工程相继建设，地下工程的规模与数量也日益扩大。但是，深部地下工程建设带来的高地应力、软岩控制等一系列支护问题一直难以得到根本解决，在一定程度上限制了深部地下工程建设的规模和质量。另外，随着矿山开采深度的增加，深部岩体在"三高一扰动"条件下，将引发一系列的岩体特有现象，如高地应力软岩、岩爆、突出、地热等。面临以上问题，就使深部软岩巷道稳定性控制成为深部工程建设中的重中之重，也引起专家、学者的广泛关注。

高地应力作用下，软岩巷道围岩破坏特征相对于浅部有明显改变，破坏形式和方式也有所不同。重点表现在围岩出现流变性，主要是蠕变和松弛效应，造成围岩出现塑性流动，使得围岩强度降低。另外，对于坚硬岩体还会出现岩爆、煤与瓦斯突出等岩体动力现象。针对深部软岩巷道来说，巷道或硐室主要表现为巷道掘进后变形速度快，变形时间长，总体收敛量大，并且会出现较为明显的局部破坏，也会带来较为严重的片帮和底臌现象，从而使得巷道出现整体失稳。这些不利影响，将会给矿井生产或其他地下工程功能的正常发挥带来极大不便和安全隐患。

针对软岩巷道支护难题，国内外学者也积极开展了一系列研究与探讨。新奥法（NATM）是由奥地利工程师 LV. Rabcewicz 在总结前人经验的基础上提出的，它的力学原理是最大限度地发挥围岩的自承能力来支撑巷道，由于浅部围岩裂隙发育和受到进一步破坏，较深部围岩进入塑性区，应该考虑发挥围岩残余强度，配合支护体形成稳定的岩体支撑结构，使围岩与人工支护体共同形成稳定支护结构。日本的山地宏和樱井春辅提出了围岩的应变控制理论，认为隧道围岩的应变随支护结构的增加而减少，而允许应变则随支护结构的增加而增大。20 世纪 70 年代，萨拉蒙等提出了能量支护理论，认为支护结构与围岩相互作用、共同变形。在变形过程中，围岩释放一部分能量，支护结构吸收一部分能量，但总能量没有变化。于学馥在 20 世纪 50 年代提出"轴变理论"，后来又提出"系统开挖控制理论"，其中"轴变理论"认为巷道围岩破坏是应力超过岩体极限强度所致，巷道的坍塌和变形是在改变巷道轴比，导致应力重新分布;"系统开挖控制理论"认为,巷道的扰动和变形破坏了原有巷道的稳定和平衡,从而使围岩发挥其自组织的功能。冯豫、陆家梁等人提出了基于新奥法的联合支护技术,其核心为"先柔后刚,先抗后让,柔让适当,稳定支护"。孙均、郑雨天等提出了锚喷-弧板支护理论,要点是对于软岩,总是强调放压是不行的,放压到一定程度要坚决顶住。另外,应力控制理论也称围岩弱化法、卸压法等,是通过对围岩应力进行卸压,如密集钻孔,可以使巷道围岩应力向深部转移,从而改善巷道表面围岩的应力环境,使得原本已经位于高地应力集中的区域,重新卸压,减小围岩的宏观变形和破坏。何满潮教授提出了关键部位耦合组合支护理论,认为要采取适当的支护转化技术,使其相互耦合,对于复杂巷道要分两次支护,第一次是柔性的面支护,第二次是关键部位的点支护。

尤其是近些年来,很多国内外专家学者积极研究锚杆支护理论,实现了高强度、高刚度、高可靠性与低支护密度的"三高一低"的现代锚杆支护设计理念,并在现场取得了良好的使用效果。由侯朝炯等人提出"围岩强度强化理论",认为通过锚杆支护相当于对巷道围岩施加部分围压,可以增强巷道围岩的峰值强度和残余强度,从而控制巷道稳定。由澳大利亚学者 W. J. Gale 提出"最大水平应力理论",认为一般情况下,巷道的水平主应力大于垂直应力,巷道的顶底板主要受到最大水平应力的影响。由董方庭教授提出的松动圈理论已在现场得到了广泛的应用。

下面,结合过去所做工作,从软岩本身力学特性和巷道区域应力环境两方面入手,分析总结松软破碎围岩控制的基本理论、技术及其工程应用。

1　软岩概念及其基本力学特性

1.1　软岩的概念

软岩可以分为地质软岩和工程软岩。

(1)地质软岩

地质软岩是指强度低、孔隙度大、胶结程度差、受构造面切割及风化影响显著或含有大量膨胀性黏土矿物的松、散、软、弱岩层的总称。

(2)工程软岩

工程软岩是指在巷道工程力作用下,能产生显著变形的工程岩体。巷道工程力是指作用在巷道工程岩体上的力的总和,工程软岩的定义反映了软岩的相对性实质。

1.2　软岩巷道围岩变形力学机制

按照软岩的自然特征、物理化学性质,以及在工程力的作用下产生显著变形的机理,将软岩分为膨胀性软岩(也称低强度软岩)、高应力软岩、节理化软岩和复合型软岩四种类型。从理论上分析软岩巷道围岩变形破坏的力学机制,可分为三种形式,即物化膨胀类型(也称低强度软岩)、应力扩容类型和结构变形类型。

1.2.1　膨胀变形机制

膨胀岩含有蒙脱石、高岭土和伊利石等强亲水黏土矿物。由于晶体结构特殊,这类矿物能将水分子吸附在晶层表面和晶层内,既产生矿物颗粒内部分子膨胀,又产生因为矿物颗粒之间的水膜加厚的胶体膨胀。同时,通过毛细作用吸入水,使岩石体积膨胀。

1.2.2　应力扩容变形机制

变形机制与力源有关。软岩在构造应力、地下水、重力、工程偏应力作用下,岩体产生破坏,微裂活动迅速加剧,形成拉伸破坏和剪切面,体积膨胀。工程偏应力即矿山压力,是应力扩容变形中不可忽视的力源。

1.2.3 结构变形机制

结构变形机制与硐室结构和岩体结构面的组合特征有关。结构面的成因类型、结构面的组合特征、结构面的力学性质、结构面相对于硐室的空间分布规律及它制约下形成的岩体结构控制着软岩的变形、破坏规律。

2 软岩巷道区域应力环境

硐室开挖后,巷道两帮浅层围岩首先受拉伸或剪切破坏,应力释放。两帮深部围岩处于逐渐增长的水平压应力环境,直至恢复到原岩应力状态。巷道顶、底板围岩 3～10 m 左右深处形成水平应力 σ_x 集中区。同理可知,巷道顶、底浅层围岩同样受到垂直拉伸或剪切破坏,深部围岩位于垂直压应力升高区,直至恢复到原岩应力。两帮围岩 3～9 m 左右深处形成垂直应力 σ_z 集中区。剪切应力 τ_{xz} 集中区分布在巷道的四个端角。待围岩应力稳定,最终形成围岩塑性破坏区,如图 1—图 3 所示。

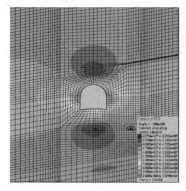 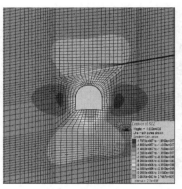 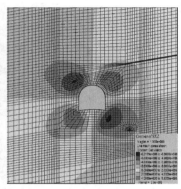

图 1　水平应力云图　　　　图 2　垂直应力云图　　　　图 3　剪切应力云图

2.1 巷道围岩应力集中结构

在三维地应力作用下,巷道主要变形表现为顶沉、底臌和两帮缩进。这些现象均取决于地应力的作用状态,尤其是最大主应力的大小和方向。所以,研究原始地应力的分布状态以及巷道开挖后地应力的三维"后"状态,对于巷道的维稳有着重要的作用。如图 4、图 5 所示,三维应力集中结构也是在这个基础上提出的。三维状态在一定程度上决定着巷道围岩整体的受力情况和应力环境,有些位置(如交叉点)的应力,单一从平面观测分析是有误差的,应当考虑在空间上分析应力的偏转和自组织能力。

所谓三维应力集中结构,即巷道开挖稳定以后,在空间上围岩由浅至深的应力集中的赋存结构状态,并以此建立起三维受力状态框架体系。以单一裸体巷道为例,开掘后直至稳定,浅部围岩应力通过变形、移动以及产生裂隙,充分释放浅层能量,围岩应力逐渐向深部转移,并且稳定在极限平衡区范围之内。应力重新发生自组织,影响范围在巷道周边区域,深部围岩内部应力波及影响相对较小。

一般来说,水平应力主要集中在巷道的顶板和底板,垂直应力主要集中在巷道两帮,剪切应力主要集中在巷道的四个端角。如果按照各向均为静水压力计算,巷道围岩四周的破坏深度应当基本均等,呈现出较为均匀的分布状态,基本接近圆形分布,从而形成了针对巷道某一截面的应力集中圈(SCC)。巷道表面围岩应力释放之后,逐渐出现卸压膨胀。围岩应力向深部转移过程中出现的高地应力集中破坏,造成浅部围岩出现裂隙及损伤,形成了围岩浅部的应力卸压圈。卸压意味着应力降低,但是主要的应力集中均分布在巷道卸压圈外部,并出现了应力的陡增。这部分应力在一定程度上严重威胁着巷道的安全。应力增长区直至围岩应力峰值,这个区域内的围岩应力存在峰值震荡,较为不稳定,存在再向深部移动的可能。峰值过后,应力出现缓慢回落,逐渐回落至原岩地应力状态。这种分布状态正好合乎岩石单/三轴压缩状态下的应力-应变全过程曲线的变化规律,并与之方向相反,即应力-应变全过程曲线峰后残余强度区表征着巷道的浅部围岩。所以,巷道浅部围岩(即残余强度区)是巷道围岩控制的重点。

由上述可知,巷道围岩应力集中圈(SCC)在二维状态下可以划分成如下分区:

①浅部破碎,围岩松动,应力明显低于初始地应力的应力卸压圈。

②原岩应力逐渐攀升至应力集中峰值到应力降低斜率拐点处的强应力集中圈。

③过应力拐点的应力缓慢减低,但应力依然高于原岩应力的次强应力集中圈。

④围岩应力逐渐恢复至原岩应力,未出现破坏的应力趋稳圈。

其实,更加准确的分区应该在应力卸压圈和强应力集中圈之间存在一个较窄的次强应力集中圈。由于其应力趋向峰值时斜率较大,其范围较小,故本次分区将其划入强应力集中圈。整个巷道围岩在垂直于掘进方向截面上,存在于强应力集中圈、次强应力集中圈共同形成的应力集中圈内,与其他两个圈共同作用形成巷道围岩的应力圈层,如图4所示。

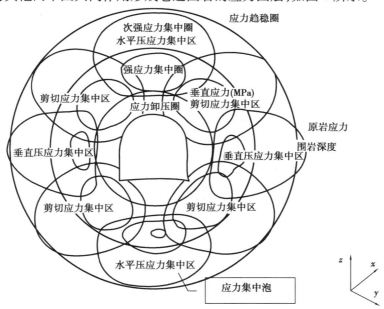

图4　巷道围岩应力圈层

在三维结构下,应力集中壳(SCS)是指将应力集中圈向截面的法向延伸所形成的壳状结构,是空间宏观状态下整个应力集中区域,剔除浅部应力卸压壳及深部应力趋稳壳的薄层空间应力集中区。如果按照图4所示的形态解释,应力集中壳形态应当为无底圆筒状。如果在岩体内部开挖中空构造,巷道首尾留有一定的岩体边界。此时在三维空间中,巷道围岩应力集中壳应为封闭壳体。

应力集中泡(SCR)是指巷道围岩中某个方向的应力集中区域在某个截面上的存在形式。它的形态类似土体点载荷形成的压力泡,存在于巷道的应力集中圈内。随着巷道或主体工程的不断开挖,应力出现多次重新分布,应力集中泡在巷道应力集中圈内发挥自组织作用,相互叠加、消散、转移,最终的稳定位置与巷道、硐室群的整体几何形状有密切关系。

应力集中环(SCB)是指由空间应力集中泡构成的围绕整个主体结构的环状应力集中区(图5),表征着巷道围岩空间上某方向应力集中的存在形式。一般情况下,应力集中环不会出现断裂,呈现封闭的圆环形态。

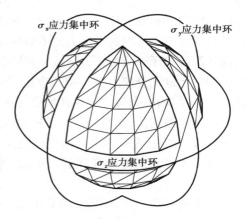

图 5 理想应力集中环

2.2 围岩应力集中结构的相互关系

巷道围岩形成的应力集中结构主要分为"应力集中壳、应力集中圈、应力集中环和应力集中泡"。换而言之,应力集中结构就是从点、线、面、体的角度划分围岩应力分布。实际上,应力集中壳就是巷道开挖的应力波及影响区,只不过相对偏重应力集中区域(极限平衡区)。巷道稳定于应力集中壳内,两者呈现循环作用,即应力集中壳的失稳将会造成巷道围岩的进一步失稳和破坏,浅部变形增大,改变巷道空间形状;巷道的二次开挖,造成应力向围岩深部转移,引起应力集中壳的失稳。所以,巷道和围岩应力的关系就是失稳与稳定的交叉循环,围岩破坏范围也在这个过程中逐渐形成、扩大。

应力集中环和应力集中圈分别表征着巷道单一应力空间分布状态和多向应力平面分布状态,均是对应力集中壳的细化。所以,这两个概念均存在于应力集中壳内部,地位对等。前面谈到,应力集中壳失稳和巷道开挖是循环演变的过程。所以,应力集中圈、应力集中环及应力集中泡就是在应力集中壳内部不断地随着应力集中壳的演变发生自组织变化,可能转移、释放或者增强,取决于开挖方向和应力集中的相对位置。应力集中泡是应力集中结构中的最低单元,对于巷道围岩的局部变形破坏有着重要意义。例如,垂直应力集中泡的大小和位置对于巷道两帮、端角的破坏程度而言,有着决定性的作用(图6)。

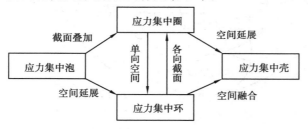

图 6 围岩应力集中结构的关系

作为一种围岩应力状态的概念,应力集中圈、集中壳、集中泡和集中环并不是存在于岩体中的客观实体,而只是在巷道某种开挖稳定情况下,应力集中场分布的宏观表现。对于一个围岩位置,在某段稳定时间内应主要表现为某个或多个方向的应力集中,垂直、水平和剪切的应力集中区在巷道不稳定的时期是相互转化的。除去能量释放,应此消彼长,以维持能量平衡。在三维立体结构中,硐室群的主体结构就存在于稳定的应力集中壳之中,维持着整个主体硐室的稳定。应力集中壳一旦失稳,应力集中就会继续向围岩深部转移,进而形成新的应力集中壳,引起围岩的进一步破坏。

3　软岩巷道围岩变形规律

3.1　软岩巷道围岩变形的主要影响因素

①岩石本身的强度、结构、胶结程度及胶结物的性能、膨胀性矿物的含量等岩石性质是影响软岩巷道围岩变形的内部因素。

②自重应力、残余构造应力、工程环境和施工的扰动应力,特别是地应力的叠加状况和主应力的大小、方向是影响软岩巷道围岩变形的主要的外部因素。

③膨胀性软岩浸水后,颗粒表面水膜增厚、间距加大、连接力削弱、体积急剧增大。同时,引起岩石内部应力不均,容易破坏。因此,地下水和工程用水对膨胀岩危害性很大。

④对工程扰动的敏感是软岩的特性之一。邻近巷道施工、采面回采,对软岩巷道围岩变形的影响较明显。

⑤软岩具有明显的流变特性,即时间也是不可忽略的影响因素。

3.2　软岩巷道围岩变形规律

①软岩巷道围岩变形具有明显的时间效应。表现为初始变形速度很大,变形趋向稳定后仍以较大速度产生流变,持续时间很长。由于围岩变形急剧增大,如不采取有效的控制措施,势必导致巷道失稳破坏。

②软岩巷道多表现为环向受压,且为非对称性。软岩巷道不仅顶板变形易冒落,底板也产生强烈底臌,并引发两帮破坏,最后导致顶板坍塌。

③软岩巷道围岩变形随埋深增加而增大,存在一个软化临界深度。超过临界深度,软岩变形量急剧增加。

④软岩巷道围岩变形在不同的应力作用下,具有明显的方向性。巷道自稳能力差,自稳时间短。

4　软岩巷道支护原理

4.1　巷道支护原理

软岩巷道支护和硬岩巷道支护原理截然不同。硬岩巷道支护不允许硬岩进入塑性状态,因为进入塑性状态就意味着丧失承载能力。软岩巷道支护时,软岩进入塑性状态不可避免,应以达到其最大塑性承载能力为最佳;同时,其巨大的塑性能(如膨胀变形能)必须以某种形式释放出来。软岩支护设计的关键之一是选择变形能释放时间和支护时间。

4.2　最佳支护时间与时段

岩石力学理论和工程实际表明,巷道、硐室开挖之后,围岩变形逐渐增加。以变形速度区分,可划分三个阶段,即减速变形阶段、近似线性的恒速变形阶段和加速变形阶段。最佳支护时间是以变形形式转化的工程力 P_n 和围岩自承力 P_D 最大、工程支护力最小的支护时间。

4.3　最佳支护时间的物理意义

巷道开挖以后,原岩应力状态被破坏。围岩内切向应力增大的同时,径向应力减小,并在硐壁处达到极限。这种变化显著地降低了围岩浅部岩层的力学强度,使围岩浅部岩层发生破坏,原有裂隙进一步扩展,致使围岩浅部岩层发生屈服而进入塑性工作状态。塑性区的出现使应力集中区向纵深偏移,当应力集中的强度超过围岩的屈服强度时,又将出现新的塑性区。如此逐步向围岩深部推进,使塑性区不断向纵深发展。如果不采取适当的支护措施,巷道、硐壁围岩的塑性区将随变形增大而出现松动破坏。

塑性区可分为稳定塑性区和非稳定塑性区。松动破坏出现之前的最大塑性区范围,称为稳定塑性区,对应的宏观围岩的径向变形称为稳定变形。出现松动破坏之后的塑性区,称为非稳定塑性区,对应的宏观围岩的径向变形称为非稳定变形。塑性区的出现改变了围岩的应力状态,应力集中向深部转移后,一方面降低应力集中程度,减少了作用于人工支护体上的载荷;另一方面改善了围岩的受力状态,使深部岩石处于三轴应力条件下,其破坏可能性大大减小。因此,对于高应力软岩巷道支护而言,要允许出现一定范围的塑性区,严格限制非稳定塑性区的扩展。其宏观判别标志就是最佳支护时间。最佳时机就是最大限度地发挥塑性区承载能力而又不出现松动破坏的时刻。

4.4　关键部位支护

软岩巷道破坏过程是渐进的力学过程,往往是从一个或几个部位开始变形、破坏,进而导致整个支护系统失效。这些首先被破坏的部位,称为关键部位。关键部位产生的根本原因是人工支护结构的力学特性与围岩力学特性不耦合,通常发生在围岩应力集中处和围岩岩体强度薄弱位置。因此,及时加强关键部位的支护,可取得事半功倍之效果。

5　软岩支护技术

目前,相关支护技术和种类较多,本文仅总结较为常见的锚网喷支护、可缩性金属支架、弧板支护及注浆加固四种支护形式。

5.1　锚网喷支护

锚喷网支护系列是目前软岩巷道有效、实用的支护形式。喷射混凝土能及时封闭围岩和隔离水。人工网可以支承锚杆之间的围岩,并将单个锚杆连接成锚杆群,与混凝土形成有一定柔性的薄壁钢筋混凝土支护区。锚喷网支护允许围岩有一定的变形,支护性能符合对软岩一次性支护的要求。根据地质条件和巷道的服务时间,也可不喷射混凝土,仅选用锚网、桁架锚网、钢筋梯锚网、钢带锚网支护,也可选用二次喷射混凝土支护。

5.2　可缩性金属支架

U形钢可缩性金属支架具有可缩量和承载能力在结构上的可调性。通过构件间可缩和弹性变形,调节围岩受力状态,在支架变形和收缩过程中保持对围岩的支护阻力,促进围岩应力趋于平衡状态。我国在U形钢可缩金属支架架后充填、架间支护、支护材料调质处理、支护工艺规范化等方面进行了大量的研究工作。目前,U形钢可缩性金属支架已获得较广泛的应用。

5.3　弧板支护

在软岩中,可使用断面为圆形且可缩的硐体支护,能防止水的侵蚀及风化,可有效地控制底臌。使碹体可缩的措施有"木砖夹缝料石圆碹"和条带碹法。弧板支架利用高强度混凝土施工技术，组成全断面封闭、密集连续式的高强钢筋混凝土板块结构巷道支架。

5.4　注浆加固技术

5.4.1　注浆加固机理

（1）无黏性土地层加固

地层在注浆后，注浆材料通过渗透、劈裂等作用，将地层缝隙或裂隙进行填充、胶结，同时，浆液在化学反应过程中，某些化学剂与地层中的元素进行了交换，形成了新的物质，都增加了地层的黏聚力。注浆加固机理可以用地层强度增长的原理进行解释。

注浆前，无黏性土地层的抗剪强度表达式如下：

$$\tau_f = \sigma \tan \varphi \tag{1}$$

式中，τ_f 为注浆前地层的抗剪强度，MPa；σ 为地层内剪切面上法向有效应力，MPa；φ 为注浆前地层的内摩擦角，°。

注浆后，无黏性土地层的抗剪强度表达式如下：

$$\tau_{f1} = \sigma \tan \varphi' + c \tag{2}$$

式中，τ_{f1} 为注浆后地层抗剪强度，MPa；φ' 为注浆后地层内摩擦角，°；c 为地层黏聚力，MPa。

（2）黏性固结土地层加固

对于黏性土地层，在注浆压力作用下，浆液克服了地层的初始应力和抗拉强度，使地层沿垂直于最小主应力的平面上发生劈裂，浆液进入劈裂的地层，形成脉状浆液固结体。脉状浆液固结体、由于浆液与地层颗粒的化学作用以及因浆液脉状渗透的注浆压力而挤密的地层、未受注浆影响的原地层一起组成一种复合地基，可共同承受外部荷载。

5.4.2　注浆材料及其优缺点

根据注浆材料的主要成分是否属于颗粒型材料，可将注浆材料分为粒状材料和化学材料两大类。

粒状材料属悬浊液型，主要有水泥浆、水泥-水玻璃双液浆、超细水泥浆、超细水泥-水玻璃双液浆、黏土浆、水泥黏土浆、TGRM 浆（HSC 浆）等。该类注浆材料具有料源广、成本低、配浆简单、注浆操作工艺方便等优点。因此，在各类地下工程中被广泛使用。

化学材料属溶液型，主要有水玻璃类、丙烯酰胺类、聚氨酯类、丙烯酸盐类、木质素类、环氧树脂类等。该类注浆材料具有黏度低、易于注入细小的裂隙或孔隙中、可注性强等优点，但由于成本高、对环境有污染、操作较复杂，在地下作业使用中受到一定的限制。

6　软岩巷道联合支护的实践应用

6.1　工程概况

显德汪煤矿二水平管子道开口于 29°车场，主要用于二水平排水，巷道工程量为 240 m；泵房工程量为 57 m（图 7），变电所工程量 127 m；水仓开口于 −200 m 集中运输巷 K1 点往里 137 m，内、外水仓工程量为 705 m。以上巷道总工程量为 1 125 m，计划服务年限为 30 年。

原二水平泵房设计支护形式：泵采用锚喷支护方式，锚杆规格为 φ22 mm×2 400 mm，每孔使用 2 卷 Z2360 树脂锚固剂锚固，间排距 400 mm×400 mm，配合穹形托盘，锚杆间用横向梯子梁连接；金属网规格为 φ6 mm-100 mm×100 mm，网尺寸规格 1 m×1.5 m；喷射混凝土 C20，铺底用砼标号为 C15;采用 ϕ15.24 mm×9 000 mm 锚索加强支护,每孔使用 4 卷 Z2360 树脂锚固剂锚固,每排 6 根,排距 3.0 m,配合钢托盘、木垫板。

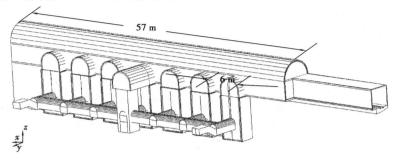

图 7   -200 m 水泵房硐室群工程条件示意图

显德汪矿 -200 m 水泵房开挖之日起,采用导硐法施工。通过刷大断面,达到硐室设计要求。水泵房硐室采用直墙半圆拱形状。硐室净宽 5.6 m,直墙高 3.4 m,总高 6.2 m。在巷道一边间隔 6.25 m 向下开挖深 7.2 m 的水泵吸水井,吸水井通过吸水巷道与水泵房两侧的水仓相连,配水巷与水泵房硐室的水平距离 7.8 m。该水泵房硐室群采用锚网索喷支护。但是,在施工初期,采用导硐法施工,临时支护完毕后,水泵房硐室导硐就出现快速收敛破坏。水泵房硐室围岩收敛变形破坏的情况为:硐室两帮围岩快速收敛变形,向硐室内突出,混凝土喷层开裂,局部出现片帮。硐室顶板下沉明显,底板隆起,给出渣、运输等环节带来极大困难。

6.2   优化支护设计

6.2.1   泵房支护

为充分发挥围岩自承作用,泵房支护设计思想是采用锚注支护配合底角锚索束疏导应力为指导,控制底臌减小围岩变形为原则,确定了显德汪矿 -200 m 水泵房加固支护设计总体方案是以锚网喷为基本支护框架,配合底角锚索束和深、浅孔注浆以及反底拱封闭围岩,使人工支护成为一个整体,有效抵御深部围岩应力的破坏作用。

现场采用的具体支护方案:泵房采用 ϕ17.8 mm 钢绞线作为锚索,长度 9 000 mm,采用 4 卷 Z2360 型药卷进行锚固,锚索间距弧长为 1 466 mm,如图 8 所示;采用 ϕ22 mm 高强度锚杆,锚杆长度 2 400 mm,采用 2 卷树脂药卷进行锚固;锚杆的间距是拱部为 605 mm(弧长),帮侧为 600 mm,排距均为 700 mm;金属网采用 ϕ6 mm 钢筋焊接网,网格≤100 mm×100 mm。

为了确保人工支护的整体稳定性,壁龛端面也要采用锚杆支护,如图 8 所示,其他参数与泵房相同。

6.2.2   底臌治理设计

由于泵房埋深较大、地应力较高、围岩条件较差等因素的共同作用,巷道围岩必然出现较为明显的底臌。一般情况下,巷道底角会产生较为明显的应力集中,并且发生蝴蝶状破坏,从而使得巷道底角卸压严重,并且巷道底角最大应力集中线一般与水平面夹角为 45°左右,正是巷道底角的应力集中和其他部位卸压的影响,使得巷道底板产生较大的底臌。

底角锚索束布置见图 9 所示,在吸水小井影响处单侧取消。锚索束由 3 根 ϕ17.8 mm 的钢绞线组成,长度为 9 000 mm,钻孔直径为 ϕ75 mm,注浆管直径为 ϕ32 mm;注浆钻孔直径为 ϕ50 mm,注浆管直径为 ϕ32 mm。设计孔口用生麻或棉丝添堵压实后,用树脂药卷或水泥填实,待树脂凝固后再注浆,注浆 24 h 后张拉锚索。

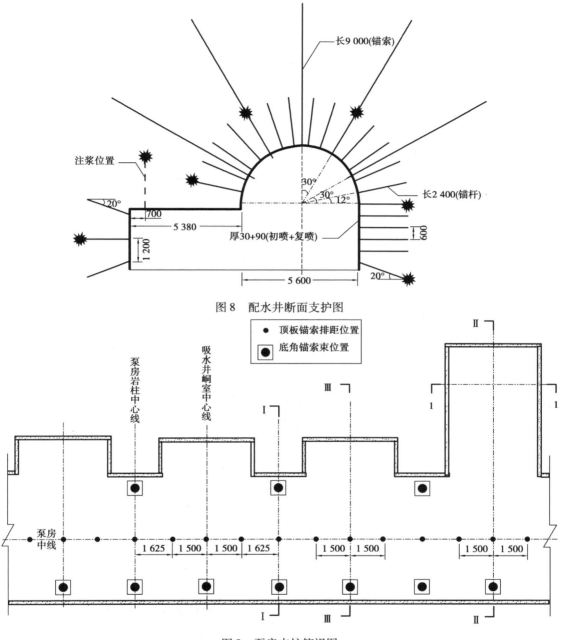

图 8　配水井断面支护图

图 9　泵房支护俯视图

6.2.3　注浆加固设计

由于岩层条件差,围岩松动圈大,采用注浆加固围岩是保证巷道稳定的最佳手段,也是保证泵房硐室群形成整体的关键。

注浆设计考虑采用硐室群全断面注浆,以形成整体加固效果。因此,在泵房、吸水小井硐室、配水巷、配水联巷、水仓等巷道和硐室均需注浆。注浆孔深度主要考虑围岩的松动范围,多数采用 2.4 m 注浆孔注浆,但在配水巷和配水联巷中采用 4.0 m 注浆孔注浆,这是因为它们处在泵房下部并受水的影响较大,配水巷和配水联巷的稳定对泵房稳定极为重要。泵房底板注浆孔为 9.0 m,主要是为了防止底臌,并有利于吸水小井稳定(吸水小井注浆不便,故不采用注浆处理)。

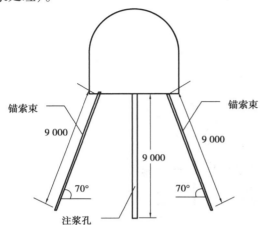

图 10　变电所底角锚索束与注浆孔布置示意图

对泵房和吸水小井硐室采用在两排锚杆之间打单独注浆孔注浆,布置如图 8 所示,排距 2.1 m。采用水泥浆液,水泥标号为普通硅酸盐水泥 42.5,水灰比 1∶(1~1.5),注浆压力 5.0 MPa。

底板注浆以底板中央深度为 9 000 mm 的注浆孔注浆为主,以底角锚索束孔注浆为辅,排距与布置如图 10 所示。采用水泥浆液,水泥标号为普通硅酸盐水泥 42.5,水灰比 1∶(1~1.5),注浆压力 7.0 MPa。

6.3　底角锚索束安装及分步注浆关键技术

锚索束规格:锚索束长度分为两种规格,布置在变电所、内外水仓断层处、泵房非小井侧的锚索束长度为 9 000 mm,泵房小井侧长度为 15 000 mm。锚索束采用三根锚索绑定而成,前方短端头处用一尖头金属导向帽套牢。距前方端头 1 400 mm 处的三根锚索所组成的圆心处用一圆柱钢锭焊牢,防止锚索束全部散开。托盘配用三心索具。

钻孔施工:钻孔成孔采用 DZQ-100 型风动底板钻机,钻头直径 φ80 mm,钎子杆每节长度 700 mm。成孔过程中不取岩心,最终用清水泵压清扫孔底。由于巷道底板较浅部分破碎较为严重,直接打深孔进行注浆,对岩层的成孔等较为不利。

浅部注浆:底板注浆孔排距 3 m,每排 3 个孔,孔深 6 m,下 1~2 根 4 分注浆管预注浆,压力不大于 3 MPa。

首先采用浅孔注浆的目的主要有以下几点:

①可封闭底板表面破碎岩体,增强巷道底板的岩石强度。

②可使巷道浅层底板形成较为完整的岩石体系和力学承载结构,对深部锚索束的支护提供了保证。

③可封闭底板表面的碎裂空隙,防治巷道水的渗入,从而减少巷道底板由于遇水膨胀而引起的底臌。

④采用浅孔注浆可以利用注浆的扩散半径和范围,加固浅层和深层松散岩体,使锚索束孔的成孔效果会比较好,并且减少卡钻。

⑤形成浅部壳,加强巷道浅部围岩稳定性。

锚索安放:将锚索束带导向帽一端推入孔中。然后灌入水灰比为 0.6∶1 左右的 42.5 号水泥浆进行锚固。

封孔:采用布袋封孔方式。采用布袋缠绕在注浆管上,低压注水泥浆-水玻璃双液浆封孔。

注浆设备:选用的矿用电动注浆泵如图 11 所示。

图 11　矿用双液注浆泵

高压深部注浆:高压注浆对于巷道的稳定性控制十分重要。应用有效的深部注浆,能够保证底角锚索束充分发挥其转移和分担应力的作用。如果注浆压力过大,浆液加大原有损伤程度。如果压力过小,将大大降低注浆范围和效果。按照设计水灰比 0.7:1 进行双液注浆,注浆压力控制在 5~8 MPa 左右。

注浆量:可靠的注浆量能够表征巷道围岩注浆的效果。在一定程度上,注浆量达到预期范围,说明巷道围岩具有良好的可注性,并且表征注浆的可靠程度。通过现场记录,水泵房最大单孔注浆量为 2 t,最小为 0.75 t;变电所最大注浆量为 1.1 t,最小为 0.75 t;内水仓最大为 0.4 t,最小为 0.2 t。

张拉锚索:待浆液充分凝固后,上托盘和三心索具进行预应力张拉。三根锚索束应按顺序逐步张拉至设计压力,确保三根锚索拉力相同。

6.4　原位实测效果分析

−200 m 水泵房采用以"锚网索支护 + 深、浅孔硐室全断面注浆 + 底角锚索束支护 + 反底拱"为基本框架,采用有效的松动圈测试和现场量测,适时注浆加固围岩,采用底角锚索控制和预防底臌的支护方法。根据 −200 m 水泵房硐室群支护技术难点和矿压测试目的,对 −200 m 水泵房硐室群的围岩稳定性进行了全程监测。结果表明:

①硐室群开掘以后,经过多次放炮扰动,至两帮、顶底变形相对稳定,两帮移近量平均为 150 mm 左右,最大达到 210 mm。围岩相对较为稳定,说明支护对硐室群的稳定性起到了良好的控制作用。

②泵房使用过程中未出现冒顶及片帮;通过测力锚杆测试,锚杆安装后,轴向应力增压稳定,未出现无增压和异常过大增压和锚杆进射、拉断现象。

③泵房硐室未出现明显底臌现象。施工期间未影响材料运输等一系列人工操作,说明采用底角锚索束及注浆进行底臌治理是切实可行的。

④通过并采用一整套切实可行的支护和治理措施,尤其是采用锚网注 + 底角锚索束支护技术,进行硐室群全断面注浆,配合锚索反悬吊底板,有效地控制了高地应力硐室群的支护难题,保证了泵房长期稳定的使用。

7　结论

①分析并总结了目前软岩支护的基本理论及技术,阐述了各支护技术的基本原理。尤其针对注浆加固技术中的注浆材料选用进行了优缺点对比。

②研究并分析了软岩巷道的区域应力环境,提出了巷道围岩应力集中结构的概念。认为巷道围岩应力集中分布于破坏圈外围,形成以"应力集中圈""应力集中壳""应力集中环"和"应力集中泡"为主要体系的三维围岩应力集中结构。

③以显德汪矿 −200 m 水泵房硐室群的综合控制技术为例,阐述了采用锚网索支护 + 深、浅孔注浆 + 底角锚索束 + 反底拱为主要支护框架的联合支护技术,并分析了现场应用效果。

参考文献

[1] 王汉鹏. 高地应力非均质软岩洞室群稳定性分析与控制研究[D]. 青岛:山东科技大学,2004.

[2] 何满潮,谢和平,彭苏萍,等. 深部开采岩体力学及工程灾害控制研究[J]. 煤矿支护,2007(3):1-14.

[3] SULEM J,PANET M,Guenot A. An analytical solution for time-dependent displacements in a circular tunnel.

Int. J. Rock Mech. MinSci. & Geomech. Abstr. 1987,24(3):155-164.

[4] OTTOSENS N S. Viscoplastic formulas for analysis in modeling three-dimensional tunnel excavation[J]. Int J Rock Mech Min Sci & Geomech Abstr,1988,25:331-337.

[5] MALAN D F. Simulation of the time-dependent behavior of excavations in the hard rock[J]. Rock Mechanics and Rock Engineering,2002,35(4):225-254.

[6] MALAN D F. Time-dependent behavior of deep level tabular excavation in the hard rock[J]. Rock Mechanics and Rock Engineering,1999,32:123-155.

[7] 韩瑞庚. 地下工程新奥法[M]. 北京:科学出版社,1987.

[8] 郑颖人. 地下工程锚喷支护设计指南[M]. 北京:中国铁道出版社,1988.

[9] 李世平. 岩石力学简明教程[M]. 徐州:中国矿业大学出版社,1986.

[10] 于学馥,乔端. 轴变论和围岩稳定轴比三规律[J]. 有色金属,1981(3):8-15.

[11] 于学馥. 岩石力学新概念与开挖结构优化设计[M]. 北京:科学出版社,1995.

[12] 冯豫. 我国软岩巷道支护的研究[J]. 矿山压力与顶板管理,1990(2):42-44,67-72.

[13] 陆家梁. 软岩巷道支护原则及支护方法[J]. 软岩工程,1990(3):20-24.

[14] 郑雨天. 关于软岩巷道地压与支护的基本观点[C]//软岩巷道掘进与支护文集. 北京:煤炭工业出版社,1985(5):31-35.

[15] 朱效嘉. 锚杆支护理论进展[J]. 光爆锚喷,1996(1):5-12,19.

[16] 何满潮,景海河,孙晓明. 软岩工程力学[M]. 北京:科学出版社,2002.

[17] 贺永年,张后全. 深部围岩分区破裂化理论和实践的讨论[J]. 岩石力学与工程学报,2008,27(11):2369-2375.

[18] 侯朝炯,勾攀峰. 巷道锚杆支护围岩强度强化理论研究[J]. 锚杆支护,2001(1):1-4.

[19] 董方庭. 巷道围岩松动圈支护理论及应用技术[M]. 北京:煤炭工业出版社,2001.

[20] 郑厚发,王家臣,朱红杰. 锚网喷联合支护大断面硐室围岩稳定性分析[J]. 煤炭科学技术,2005(11):48-49.

[21] 谢广祥. 综放采场围岩三维力学特征[M]. 北京:煤炭工业出版社,2007.

[22] 钱鸣高,石平五. 矿山压力与岩层控制[M]. 徐州:中国矿业大学出版社,2004.

[23] 张民庆. 地下工程注浆技术[M]. 北京:地质出版社,2008.

[24] 洛锋. 高地应力巷道围岩破坏特征及支护机理试验研究[D]. 邯郸:河北工程大学,2011.

巷道围岩大变形机理及治理技术

郑彬彬

摘要：对地下采矿工程及其他地下工程而言，保证巷道开挖与支护稳定是工程安全建设和生产的前提。随着我国基础设施建设的高速发展和西部大开发的进一步推进，我国的地下采矿工程、公路工程、铁路工程和城市地下工程迅猛发展，深埋隧道（巷道）工程相继动工，穿越高地应力区以及遇到软弱危岩体，常导致软弱围岩大变形等相关地质灾害。对于隧道软弱围岩大变形的有效合理的防治与控制措施愈显紧迫与重要。本文依据大量相关研究成果，以理论分析为基础，结合现场实践案例，详细阐述围岩大变形的定义，大变形发生的地质环境，着重分析巷道围岩大变形的力学机理以及治理控制措施，对于工程实际有一定的理论指导意义。

关键词：大变形；地质环境；力学机理；治理防治

国内外开展了对围岩大变形的研究，将围岩大变形分为三类，分别为埋深较大引起的大变形、开采活动引起的大变形及岩体本身强度较低引起的大变形。而在地下工程中，上述三种类型的大变形巷道均能见到，第一类及第三类巷道大变形机理较明显，各种支护理论及技术也较成熟，但对由采动影响而产生的大变形研究较少，盲目运用第一类及第三类的理论与方法处理工程问题，很容易使支护陷于被动状态，严重阻碍地下工程的正常运行。

对于深埋隧道，因其埋深大，围岩大都表现出强烈的流变特性，而对于软弱围岩，其本身就具有明显的流变特性。因此，流变理论逐渐被引用到围岩变形机理的研究中。朱素平等提出了以对数函数描述岩石蠕变的黏弹性模型，进行围岩稳定性的力学分析；日本学者西原在岩石流变试验结果的基础上，建立了能反映岩石弹-黏弹-黏塑性特性的西原模型。在此基础上，同济大学孙钧通过对围岩-支护系统受力机理进行充分阐述，得出了西原模型在隧道围岩支护系统中的有限元解，并对层状节理围岩、含软弱断层、破碎带的围岩分别提出了两个 Bingham 串联模型和四元件的黏弹塑性模型。

因此，有必要对巷道围岩大变形的破坏机理及控制措施作综合性的探讨。

1 围岩大变形定义

大变形定义：隧道及地下工程围岩的一种具有累进性和明显时间效应的塑性变形破坏。

软弱围岩大变形现象是一种在隧道开挖过程中与时间、空间有关的大变形，与围岩的弹黏塑性时效力学行为具有很大程度的关联性，表现为在工程扰动力作用下，引起显著黏塑性变形。变形量的绝对值大小超过洞室预留变形量，变形持续时间长，可归属于变形速率较快而收敛速率较慢的非线性变形范畴。

地质软岩与工程软岩及其关系：

地质软岩：按地质学的岩性划分，地质软岩是指强度低、孔隙度大、胶结程度差、受构造面切割及风化影响显著或含有大量膨胀性黏土矿物的松、散、软、弱岩层。该类岩石多为泥岩、页岩、粉砂岩和泥质矿岩，是天然形成的复杂地质介质。

工程软岩:指在工程力作用下能产生显著塑性变形的工程岩体。不仅重视软岩的强度特性,而且强调软岩所承受的工程力荷载的大小,强调从软岩的强度和工程力荷载的对立统一关系中分析、把握软岩的相对性实质。

工程软岩和地质软岩的关系:当工程荷载相对于地质软岩(如泥页岩等)的强度足够小时,地质软岩不产生软岩显著塑性变形力学特征,即不作为工程软岩,只有在工程力作用下发生了显著变形的地质软岩,才作为工程软岩;在大深度、高应力作用下,部分地质硬岩(如泥质胶结砂岩等)也呈现了显著变形特征,则应视其为工程软岩。

2 大变形发生的地质环境

地质环境

(1)地形地貌

矿山隧道所处的特殊地形地貌,影响巷道发生大变形。

(2)地质构造

对于经历了多期次、多阶段的变质作用和岩浆活动,在地质构造复杂的地段开挖巷道,就容易引起巷道的大变形。

(3)水文地质

岩体含水量增大,膨胀体积增大,形成膨胀力。加之隧道开挖卸荷,引起应力重新调整,在膨胀力的作用下围岩向洞内变形,进而导致巷道发生大变形。

(4)岩性

强度低、孔隙度大、胶结程度差、受构造面切割及风化影响显著或含有大量膨胀性黏土矿物的松、散、软、弱岩层,如破碎岩体、黄土、炭质板岩、震区软岩、云母岩、砂泥岩、泥岩、页岩、千枚岩、泥灰岩、片岩、煤层等。

受围岩岩性控制的围岩大变形主要针对膨胀性软岩及挤压性软岩。这类软岩的主要性质:

①可塑性:可塑性是软岩在工程力的作用下产生变形,去掉工程力之后这种变形不能恢复的性质。

②膨胀性:软岩在力或水的作用下体积增大的现象,称为软岩的膨胀性,又可以分为内部膨胀性、外部膨胀性和应力扩容膨胀性。

③流变性(黏性):是指物体受力变形过程与时间有关的变形性质,又可分为黏性流动和塑性流动。

④崩解性:软岩遇水以后将发生崩解。相对于低应力软岩、高应力软岩和节理化软岩,具有不同的崩解机理。

⑤易扰动性:软岩的易扰动性是指由于软岩软弱、裂隙发育、吸水膨胀等特性,在工程力的作用下,软岩容易发生很大的变形破坏。

(5)地应力

地应力是存在于地层中未受工程扰动的天然应力,包括自重应力和构造应力,是引起岩石开挖工程变形破坏的根本作用力。研究表明,深埋隧道垂直地应力大,而浅埋隧道偏应力大,并受构造应力影响显著。地应力对巷道围岩的施压状态,可以分为地质偏压、地形偏压、施工扰动偏压,如图 1 所示。

| 地质偏压 | 地形偏压 | 施工扰动偏压 |

图1　巷道围岩偏压类型

（6）构造

软弱夹层、断层、节理切割是劣化软岩的物理力学性质。因此,地质构造会影响隧道工程的长期稳定性,应尽量避开。常见的构造有小断层、褶曲、不整合面、顺层滑动面和岩脉等。由地球板块移动、火山活动、地层升降等地质构造运动在地层内部产生的应力,称为构造应力,又可以区分现代构造应力和构造残余应力。

构造应力特点:分布不均。在构造区域附近最大;以水平应力为主,在浅部尤为明显;具有明显的方向性;在坚硬岩层中明显,软岩中不明显。

3　巷道大变形发生的力学机理

3.1　偏应力造成的大变形

巷道(隧道)大变形发生的力学机理,实际工程中是各种力学机理的组合。

①对于浅埋巷道,常常出现地质偏压、地形偏压、施工扰动偏压及水、气造成的偏压;对于深埋巷道,存在构造应力偏压,地质偏压,施工扰动及水、气造成的偏压。

②埋深过大形成大应力是大变形的主要原因;当应力超过岩体屈服极限,则岩体将发生较大塑性、流变变形。

③软岩巷道中形成的大变形可以分为软岩塑性变形、软岩流变、软岩挤出和整体收缩等几种类型。

④亲水矿物遇水将产生膨胀应力。

⑤如果岩体比较坚硬,但在高应力作用或开挖卸荷后由于结构面易于张开、滑移和产生新的裂隙,被多个结构面切割的岩体将产生大变形。因此,岩体强度远低于岩石强度。

⑥岩体中主要结构面导致的大变形包括结构面张开、闭合,结构体滑动、滚动、弯曲等造成的大变形。

⑦局部水压及气压力的作用。当支护和衬砌封闭较好,周边局部地下水升高或有地下气体(瓦斯等)作用时,支护也会产生大变形,但这种现象并不多见。

⑧土砂围岩的挤密和松弛变形。

3.2　按工程类型分类的大变形

（1）挤压性围岩隧道大变形机理

研究表明,当强度应力比小于0.3~0.5时,即能产生比正常隧道开挖大一倍以上的变形。此时洞周将出现大范围的塑性区。随着开挖引起围岩质点的移动,加上塑性区的"剪胀"作用,洞周将产生很大位移。高地应力是大变形的一个重要原因。在埋深大、地壳经历激烈运动、地质构造复杂的条件下,泥岩、页岩、千枚岩、泥灰岩、片岩、煤层等都容易出现较大的挤压变形。

(2)采动巷道围岩大变形机理

采动影响而导致巷道围岩的大变形主要是由于采动引起巷道围岩应力的重新分布。在巷道开挖后,由于扰乱了原岩应力的平衡状态,导致原岩应力重新分布,使巷道产生部分变形;受采动影响,巷道围岩应力将重新分布,引起围岩进一步破坏而发生大变形。

(3)深井巷道非对称变形机理

在深部倾角较大的岩层中开挖的巷道,其围岩变形往往表现出明显的非对称变形现象。非对称变形是指巷道左右两侧的变形量不一致,一侧变形量大而另一侧变形量小,导致巷道整体向一侧偏斜。在浅部巷道或岩层近水平时,这种非对称变形现象并不明显。

一般而言,深部巷道非对称变形应具备三个条件:围岩为分层结构,且各分层之间岩性差异较大,软硬岩层间隔分布;各分层岩层的厚度与巷道宽度接近;倾斜岩层。因此,倾斜、层状和非均质等结构不对称是巷道非对称变形的根本原因,即巷道断面内围岩结构的不对称性导致了巷道围岩变形的不对称性。

3.3 按围岩变形机制分类的大变形

3.3.1 结构面的张开和闭合变形

结构面的张开或闭合变形是指围岩中的断层、节理、层面、溶蚀裂隙等各种结构面在加载或者卸载的作用下发生闭合或者张开,从而引起的围岩变形。围岩中的各类结构面,在巷道开挖前处于不同的张开程度,有的闭合,有的微张开或张开较大。巷道开挖后,围岩应力发生重新调整,切线方向的应力增大,处于加载状态,结构面的张开度将减小;而法线方向的应力减小,处于卸载状态,结构面的张开度将增大。如图 2 所示,不同产状的结构面在巷道不同部位将出现不同的变形状态。水平向结构面在巷道拱顶和拱底的切向应力作用下,以张开变形为主,表现为拱顶下沉和拱底臌出;水平向结构面在巷道两侧切向应力作用下,以闭合变形为主。

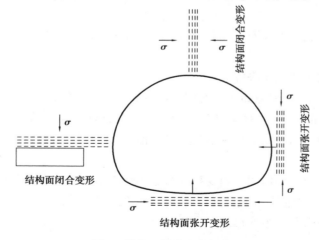

图 2　结构面的张开与闭合

3.3.2 结构面的滑动变形

结构面的滑动变形是指岩块沿着各种不连续界面,如断层、裂隙、层理等结构面发生滑动,从而引起围岩向着临空面方向变形,如图 3 所示。

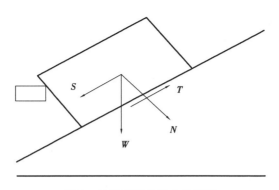

图3　结构面滑动的力学模型

滑动变形是块状围岩的主要变形形式。在块状围岩中,巷道周边大大小小的岩块在巷道开挖后都会向着临空面发生或多或少的移动。块体的滑动需要有滑动空间,但常受到周边岩体的限制。因此,滑动变形的大小受块体大小、块体的组合方式、临空面的大小等因素制约。

3.3.3　块状围岩的滚动变形

滚动变形是指块体绕着某个支点向临空面方向发生转动,从而引起围岩的变形,如图4所示。

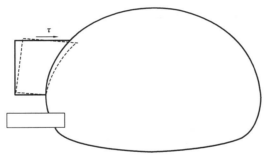

图4　块状岩体的滚动变形

滚动变形和滑动变形是块状围岩的两种主要变形形式。在块状围岩中,往往同时发生块体的移动和转动。滚动变形和滑动变形一样,也受块体大小、块体组合方式、临空面的大小等因素制约。

3.3.4　层状围岩的弯曲变形

弯曲变形是指层状围岩受力向临空面发生弯曲,从而引起围岩的变形,如图5所示。弯曲变形是层状围岩常发生的变形形式。在水平岩层中,巷道底部岩层的弯曲变形常引起底臌,而在竖直围岩中,巷道边墙岩层的弯曲变形常引起边墙的臌出。

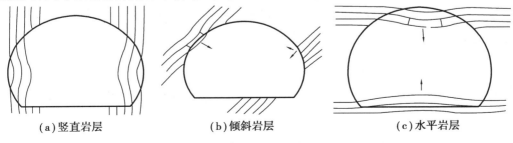

（a）竖直岩层　　　　　　　（b）倾斜岩层　　　　　　　（c）水平岩层

图5　层状岩体的弯曲变形

3.3.5 软弱夹层的挤出变形

如图6所示,软弱夹层的挤出变形是指软弱夹层在巷道开挖后,在切向应力的作用下,向临空面方向的挤出变形。

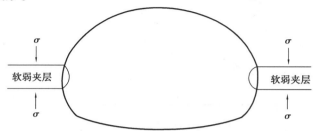

图6 软弱岩体的挤出变形

3.3.6 土砂围岩的挤密和松弛变形

土砂围岩的挤密和松弛变形是指巷道周边的土粒或者砂粒在加载或卸荷作用下发生挤密或者松弛,从而引起的围岩变形。巷道开挖后,围岩应力重新发生调整,切线方向的应力增大,处于加载状态,土粒或者砂粒之间的空隙将减小而发生挤密;而法线方向的应力减小,处于卸载状体,土粒或者砂粒之间的空隙将增大而发生松弛。

挤密变形和松弛变形不仅是土砂围岩的主要变形方式,也是一些碎裂结构和散体结构围岩的主要变形方式。挤密和松弛变形的大小主要由土砂的压缩性,以及围岩应力状态的调整程度确定。

4 巷道大变形治理

为了防止巷道围岩发生大变形,需要进行人工支护。支护作用是阻止围岩变形,维护围岩稳定。根据支护作用机理,可以分为内承支护和外部支护。

内承支护:是通过锚杆(索)、注浆等措施加固围岩,主要特点是充分发挥和增强围岩的自承能力,以支护结构和围岩共同形成的支护结构体系使围岩处于稳定状态。围岩既是荷载也是支护结构体系的组成部分。

外部支护:在围岩外部依靠支护结构的承载能力来承受围岩压力。如围岩开挖时运用的钢拱(刚性)或混凝土衬砌(柔性)。围岩仅是形成支护结构上荷载的来源。

随着煤矿开采深度的增加,开采强度的增大,面临深部岩体力学性质的变化,需要深入研究深部巷道的稳定性问题,如深部强动压巷道、深部软岩大变形流变巷道、深部高应力碎裂围岩巷道、特大断面巷道等,对锚杆支护和注浆加固方式提出了更高、更苛刻的要求。

传统的单一支护模式已很难适应深部巷道高应力、大变形、显著流变、强动压及碎裂化的要求,需要采取联合支护模式,才能有效地控制深部巷道围岩的变形。

参考文献

[1] 王屹. 酸水湾隧道支护变形及处治分析[J]. 西南公路,2006(4):53-56,68.

[2] 黄林伟. 软岩隧道大变形力学行为与控制技术的研究[D]. 重庆:重庆大学,2008.

[3] 陈玉. 共和隧道围岩大变形机制及防治措施研究[D]. 重庆:重庆大学,2008.

[4] 郑云峰. Q_2 饱和黄土隧洞围岩变形特性研究[D]. 兰州:兰州大学,2012.

[5] 李权. 软岩大变形公路隧道变形规律及控制技术研究[D]. 成都:西南交通大学,2012.

［6］姜云,李永林,李天斌,等.隧道工程围岩大变形类型与机制研究[J].地质灾害与环境保护,2004(4):46-51.

［7］喻渝.挤压性围岩支护大变形的机理及判定方法[J].世界隧道,1998(1):46-51.

［8］姜云,王兰生.深埋长大公路隧道高地应力岩爆和岩溶涌突水问题及对策[J].岩石力学与工程学报,2002(9):1319-1323.

［9］段永胜,刘新荣,黄林伟,等.软岩隧道大变形灾变区加固前后监测分析[J].公路交通科技(应用技术版),2010(9):17-19,22.

［10］李大宽.白马铁矿尾部排洪隧洞板房断层围岩稳定性分析与施工处理[J].攀枝花学院学报,2011(6):26-28.

［11］刘钦,李术才,李利平,等.软弱破碎围岩隧道大变形施工力学行为及支护对策研究[J].山东大学学报(工学版),2011(3):118-125.

［12］孙伯乐.采动巷道围岩大变形机理及控制研究[D].太原:太原理工大学,2012.

［13］张士林,冯夏庭.控制极软巷道围岩大变形合理支护强度理论研究[J].金属矿山,2001(5):4-6.

［14］蒋斌松,杨乐,龙景奎.基于对数应变的圆形巷道围岩开挖应力分析[J].中国矿业大学学报,2012,41(5):707-711.

［15］彭苏萍,王希良,刘咸卫,等."三软"煤层巷道围岩流变特性试验研究[J].煤炭学报,2001,26(2):149-152.

［16］王红伟,王希良,彭苏萍,等.软岩巷道围岩流变特性试验研究[J].地下空间,2001,21(5):361-364,374.

［17］刘伦.软岩巷道大变形试验研究[D].郑州:华北水利水电大学,2011.

［18］刘超儒.深部巷道围岩蠕变对支护应力场影响的定性分析[J].煤矿开采,2011,16(6):51-53,106.

［19］陈刚,孙广义,王琼.深部巷道围岩破坏机理及支护研究[J].能源技术与管理,2013,38(4):16-17.

［20］李大伟,侯朝炯.低强度软岩巷道大变形围岩稳定控制试验研究[J].煤炭科学技术,2006,34(3):36-39.

深部开采采场岩层控制

罗甲渊

摘要:随着对能源需求量的增加和开采强度的不断加大,浅部资源日益减少,国内外矿山相继进入深部资源开采状态。因此,深部开采岩石破坏情况亟待解决。综合利用了大量相关资料,分析了深部开采岩层控制研究现状;基于断裂力学理论,将深部采空区看作无限大岩体中一条裂纹,探讨得到采空区围岩应力分布规律;结合岩体破坏的摩尔-库仑理论,分析采空区围岩破坏规律。

关键词:深部开采;岩石破碎;岩石断裂力学

1 引言

随着对能源需求量的增加和开采强度的不断加大,地球浅部资源日益减少,国内外矿山都相继进入深部资源开采阶段。据不完全统计,国外开采超千米深的金属矿山有80多座,其中最多为南非。南非绝大多数金矿的开采深度大都在1 000 m以上。其中,Anglogold公司的西部深井金矿,采矿深度达3 700 m;West Driefovten金矿矿体赋存于地下600 m,并一直延伸至6 000 m以下;印度的Kolar金矿区,已有三座金矿采深超2 400 m,其中钱皮恩里夫金矿共开拓112个阶段,总深3 260 m;俄罗斯的克里沃罗格铁矿区,已有捷尔任斯基、基洛夫、共产国际等8座矿山采准深度达910 m,开拓深度到1 570 m,预计将来达到2 000~2 500 m。另外,加拿大、美国、澳大利亚的一些有色金属矿山采深亦超过1 000 m。国外一些主要产煤国家从20世纪60年代就开始进入深井开采。1960年前,西德平均开采深度已经达650 m,1987年已临近900 m;苏联在20世纪80年代末就有一半以上产量来自600 m以下深部。国外深部工程开采现状如图1所示。

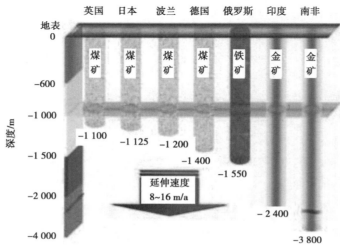

图1 国外深部工程开采现状

根据目前资源开采状况,我国煤矿开采深度以每年8~12 m的速度增加,东部矿井正以每年10~25 m的速度发展。近年已有一批矿山进入深部开采阶段。其中,在煤炭开采方面,沈阳采屯矿开采深度为1 197 m,开滦赵各庄矿开采深度为1 159 m,徐州张小楼矿开采深度为1 100 m,北票冠山矿开采深度为1 059 m,新汶孙村矿开采深度为1 055 m,北京门头沟矿开采深度为1 008 m,长广矿开采深度为1 000 m。在金属矿开采方面,红透山铜矿目前开采已进入900~1 100 m深度,冬瓜山铜矿现已建成2条超1 000 m竖井来进行深部开采,弓长岭铁矿设计开拓水平750 m,距地表达1 000 m,夹皮沟金矿二道沟坑口矿体延伸至1 050 m,湘西金矿开拓38个中段,垂深超过850 m。此外,还有寿王坟铜矿、凡口铅锌矿、金川镍矿、乳山金矿等许多矿山都将进行深部开采。可以预计,我国很多煤矿将进入1 000~1 500 m的深度,我国金属和有色金属矿山将进入1 000~2 000 m深度开采。我国国有重点煤矿平均采深变化趋势如图2所示。

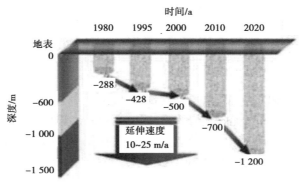

图2　我国国有重点煤矿平均采深变化趋势

随着开采深度的不断增加,如矿井冲击地压、瓦斯爆炸、矿压显现加剧、巷道围岩大变形、流变、地温升高等工程灾害日趋增多,对深部资源的安全高效开采造成了巨大威胁。因此,深部资源开采过程中所产生的岩石力学问题已成为国内外研究的焦点。关于矿层开采后围岩破坏,有很多学者从不同的角度进行了研究。本文居于前人的研究,简单分析深部开采时岩石的破坏特性。

目前,关于矿体开采后,围岩变形最普遍接受的形式为刘天泉院士在采动岩体变形的空间分带阐述的"三带型"理论,即"顶三带""底三带"和"侧三带"。关于"顶三带"的研究主要以钱鸣高院士为首的前辈提出了上覆岩层开采后呈"砌体梁"式平衡的结构力学模型,并进行了模型的力学分析,得出砌体梁的形态和受力的理论解,以及砌体梁排列的拟合曲线。宋振骐院士等人在大量现场观测的基础上,建立并逐步完善了以岩层运动为中心,预测预报、控制设计和控制效果判断三位一体的"传递岩梁"理论体系,给出了以"限定变形"和"给定变形"为基础的位态方程。其他学者也从不同角度运用不同方法进行了大量研究。

关于"底三带"的研究认为,煤层采掘活动开始之后,岩体原有平衡状态被打破,应力场重新分布。采空区周围部分区域的应力得到释放,部分区域则产生了应力集中现象。采空区附近岩体产生附加应力,从而使底板发生变形破坏。实际监测数据及理论研究表明,煤层开采后工作面周围应力分布如图3所示。图中Ⅰ为原岩应力区,该区域内底板岩体没有受到采动影响,处于原岩应力状态;Ⅱ为应力集中区,该区域内底板岩体受采前支承压力作用而产生压缩变形;Ⅲ为采动矿压直接破坏区,该区域内底板岩体因采后卸压膨胀,底板岩体已破坏;Ⅳ为底板岩体应力恢复区,该区域由于垮落岩体随工作面推进的重新压实作用,底板岩体应力状态又逐渐恢复到原岩应力状态。

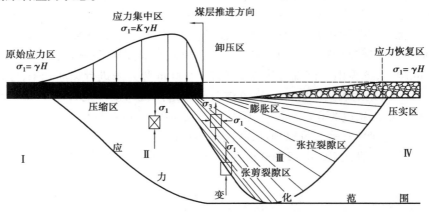

图3　煤层底板应力场及变形特征示意图

2　深部采场围岩应力特征及破坏区计算

基于前人的研究,运用断裂力学理论,探讨采空区围岩应力分布及围岩破碎情况。对于矩形开采的采空区,设想采空区是无限大岩体内部的一条裂纹,借用无限大板内裂纹端部应力分布分析方法,得到采空区周围任意一点的应力表达式;根据 Mohr-Coulomb 岩石破坏准则,得到了底板岩石破坏最大深度;以重庆某矿为工程背景,进一步分析煤层开采后顶底板围岩破坏情况。

2.1　围岩力学模型

对于煤层开采,Whittaker 在实际观测的基础上,通过理论研究得出了长壁工作面煤层回采后周围岩体的应力分布,如图4所示。对于采场来说,开采厚度远小于开采宽度。因此,可以把采场假设为无限大岩体内部一条裂纹,由此简化分为一个垂直立面的力学问题。

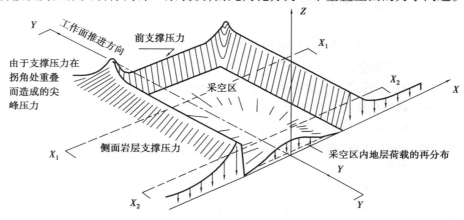

图4　采空区周围应力分布情况

设采场开采宽 $L=2a$,如图5所示。模型受到无穷远处垂直应力 $\sigma=\gamma H$ 和水平应力 $\lambda\sigma$ 的作用。

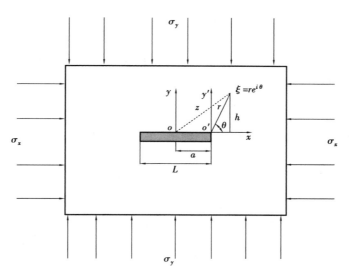

图 5 采场力学模型

引入 Westergard 应力函数为

$$U(x,y) = \operatorname{Re} \widetilde{\widetilde{Z}}_1(z) + y \operatorname{Im} \widetilde{Z}_1(z) + U_1' \tag{1}$$

其中,$Z_1(z) = \dfrac{\sigma_y^\infty z}{\sqrt{z^2 - a^2}} + B$ 为 Westergard 函数,B 为待定常数。并记 $\widetilde{Z}$、$\widetilde{\widetilde{Z}}$ 表示它的积分。设

$$U_1' = A(y^2 - x^2)/2 \tag{2}$$

其中,A 为待定常数,与远场边界条件有关。根据解析函数的性质,其导数和积分仍为解析函数。因此,应力函数与应力分量之间的关系应满足

$$\left. \begin{aligned} \sigma_x &= \frac{\partial^2 U}{\partial y^2} = \operatorname{Re} Z_1(z) - y \operatorname{Im} Z_1'(z) + A \\ \sigma_y &= \frac{\partial^2 U}{\partial x^2} = \operatorname{Re} Z_1(z) + y \operatorname{Im} Z_1'(z) - A \\ \tau_{xy} &= -\frac{\partial^2 U}{\partial x \partial y} = -y \operatorname{Re} Z_1'(z) \end{aligned} \right\} \tag{3}$$

当 $z \to \infty$ 时,$\sigma_x = \sigma_x^\infty = \lambda\sigma$,$\sigma_y = \sigma_y^\infty = \sigma$,$\tau_{xy} = 0$,即有

$$\left. \begin{aligned} \sigma_x &= \sigma_y^\infty + B + A = \sigma_x^\infty \\ \sigma_y &= \sigma_y^\infty + B - A = \sigma_y^\infty \\ \tau_{xy} &= 0 \end{aligned} \right\} \tag{4}$$

从而可得

$$A = B = \frac{\sigma_x^\infty - \sigma_y^\infty}{2} = \frac{\lambda - 1}{2}\sigma \tag{5}$$

因此 Westergard 函数可写为

$$\begin{aligned} Z_1(z) &= \frac{\sigma_y^\infty z}{\sqrt{z^2 - a^2}} + \frac{\sigma_x^\infty - \sigma_y^\infty}{2} \\ &= \frac{\sigma z}{\sqrt{z^2 - a^2}} + \frac{\lambda - 1}{2}\sigma \end{aligned} \tag{6}$$

在裂纹表面上当 $y=0$, $|x|<a$ 时, $\sigma_{yy}=0$, $\tau_{xy}=0$; 当 $y=0$, $|x|>a$ 时, $\sigma_y>\sigma$。Westergard 函数已满足这些边界条件。

下面,引入以裂纹端点为原点的极坐标(通常称为裂纹前缘坐标系) $\zeta=re^{i\theta}$,如图 3 所示。有

$$z = a + re^{i\theta} = a + \zeta \tag{7}$$

于是 $z^2-a^2=(z+a)(z-a)=(2a+\zeta)\cdot\zeta$。在裂纹端部附近的区域内, $|\zeta|=r\ll L$。利用二项式定理,将 Z_I, Z_I' 在裂纹端部作泰勒展开,得到

$$
\begin{aligned}
Z_\mathrm{I} &= \frac{\sigma_y^\infty z}{\sqrt{z^2-a^2}} + A = \frac{\sigma_y^\infty(a+\zeta)}{\sqrt{\zeta}}\frac{1}{\sqrt{2a+\zeta}} + A \\
&= \frac{\sigma_y^\infty}{\sqrt{2}}\Big[\sqrt{\frac{a}{\zeta}} + \frac{3}{4}\Big(\frac{\zeta}{a}\Big)^{1/2} - \frac{5}{32a^2}\Big(\frac{\zeta}{a}\Big)^{3/2} + \cdots\Big] + A \\
&= \frac{\sigma_y^\infty\sqrt{\pi a}}{\sqrt{2\pi r}}e^{-i\theta/2} + o(r^{-1/2})
\end{aligned}
\tag{8}
$$

$$
\begin{aligned}
Z_\mathrm{I}' &= \frac{-a^2\cdot\sigma_y^\infty}{(z^2-a^2)^{3/2}} = \frac{-a^2\cdot\sigma_y^\infty}{\zeta^{3/2}(2a+\zeta)^{3/2}} \\
&= \frac{-a^2\cdot\sigma_y^\infty}{(2a\zeta)^{3/2}}\Big[1 - \frac{3}{2}\Big(\frac{\zeta}{2a}\Big) + \frac{15}{8}\Big(\frac{\zeta}{2a}\Big)^2 + \cdots\Big] \\
&= \frac{-\sigma_y^\infty\sqrt{\pi a}}{2r\cdot\sqrt{2\pi r}}e^{-i\cdot3\theta/2} + o(r^{-3/2})
\end{aligned}
\tag{9}
$$

以上的泰勒展开式的收敛范围是 $|\zeta|<a$。

将式(8)和式(9)代入式(3)。从结果中可以看出,在裂纹端点附近 σ_x, σ_y, τ_{xy} 的第一项与 r 的关系都是 $1/\sqrt{r}$ 的函数形式。当 $r\to0$ 时, σ_x, σ_y, $\tau_{xy}\to\infty$,即存在着应力奇异性,其余项相比之下都是小量,应力分量中含 $r^{-1/2}$ 的项称之为奇异项。如果只保留奇异项,其余作为小量,可采用直接求极限的方法,即

$$Z_\mathrm{I} \approx \frac{\sigma_y^\infty\sqrt{\pi a}}{\sqrt{2\pi\zeta}} + \frac{\sigma_y^\infty\sqrt{\xi}}{\sqrt{2a}} \to \frac{\sigma_y^\infty\sqrt{\pi a}}{\sqrt{2\pi r}}e^{-i\theta/2}\quad r\to0 \tag{10}$$

$$Z_\mathrm{I}' \approx \frac{-\sqrt{a}\cdot\sigma_y^\infty}{\zeta^{3/2}2^{3/2}} = \frac{-\sigma_y^\infty\sqrt{\pi a}}{2r\cdot\sqrt{2\pi r}}e^{-i\cdot3\theta/2}\quad r\to0 \tag{11}$$

将式(10)、式(11)代入式(3)第一式,得到

$$\sigma_x = \frac{\sigma_y^\infty\sqrt{\pi a}}{\sqrt{2\pi r}}\Big[\cos\frac{\theta}{2} - \frac{1}{2}\sin\theta\cdot\sin\frac{3}{2}\theta\Big] + o(r^{-1/2}) \tag{12}$$

类似地,还可以得到 σ_y 和 τ_{xy}。汇总起来,就得到只保留奇异项的应力分量为

$$
\left.
\begin{aligned}
\sigma_x &= \frac{\sigma_y^\infty\sqrt{\pi a}}{\sqrt{2\pi r}}\cos\frac{\theta}{2}\Big(1 - \sin\frac{\theta}{2}\cdot\sin\frac{3}{2}\theta\Big) \\
\sigma_y &= \frac{\sigma_y^\infty\sqrt{\pi a}}{\sqrt{2\pi r}}\cos\frac{\theta}{2}\Big(1 + \sin\frac{\theta}{2}\cdot\sin\frac{3}{2}\theta\Big) \\
\tau_{xy} &= \frac{\sigma_y^\infty\sqrt{\pi a}}{\sqrt{2\pi r}}\cos\frac{\theta}{2}\sin\frac{\theta}{2}\cos\frac{3}{2}\theta
\end{aligned}
\right\} + o(r^{-1/2})
\tag{13}
$$

其中 $o(r^{-1/2})$ 表示比 $r^{-1/2}$ 更高阶的小量。

将 $L=2a$，$\sigma=\gamma H$ 带入式(11)并忽略高阶小量得

$$\left.\begin{aligned}\sigma_x &= \frac{\gamma H}{2}\sqrt{\frac{L}{r}}\cos\frac{\theta}{2}\left(1 - \sin\frac{\theta}{2}\cdot\sin\frac{3}{2}\theta\right)\\[2mm]\sigma_y &= \frac{\gamma H}{2}\sqrt{\frac{L}{r}}\cos\frac{\theta}{2}\left(1 + \sin\frac{\theta}{2}\cdot\sin\frac{3}{2}\theta\right)\\[2mm]\tau_{xy} &= \frac{\gamma H}{2}\sqrt{\frac{L}{r}}\cos\frac{\theta}{2}\sin\frac{\theta}{2}\cos\frac{3}{2}\theta\end{aligned}\right\}\tag{14}$$

式(14)就是本力学模型的采场周围任意一点应力表达式。由弹性力学理论，可求得任意一点的最大、最小应力

$$\sigma_{1,2} = \frac{\sigma_x + \sigma_y}{2} \pm \sqrt{\left(\frac{\sigma_x - \sigma_y}{2}\right)^2 + \tau_{xy}}\tag{15}$$

将式(12)带入式(13)，得

$$\left.\begin{aligned}\sigma_1 &= \frac{\gamma H}{2}\sqrt{\frac{L}{r}}\cos\frac{\theta}{2}\left(1 + \sin\frac{\theta}{2}\right)\\[2mm]\sigma_2 &= \frac{\gamma H}{2}\sqrt{\frac{L}{r}}\cos\frac{\theta}{2}\left(1 - \sin\frac{\theta}{2}\right)\\[2mm]\sigma_3 &= 0\\[2mm]\sigma_3 &= \nu\gamma H\sqrt{\frac{L}{r}}\cos\frac{\theta}{2}\end{aligned}\right\}\tag{16}$$

$\sigma_3 = \nu\gamma H\sqrt{\dfrac{L}{r}}\cos\dfrac{\theta}{2}$ 表示平面应变时的受力情况，$\sigma_3 = 0$ 表示平面应力时的受力情况。

2.2 破坏区计算

由 Mohr-Coulomb 破坏准则，岩石处于极限应力状态时应满足

$$\sigma_1 = \frac{1 + \sin\varphi}{1 - \sin\varphi}\sigma_3 + \frac{2c\cdot\cos\varphi}{1 - \sin\varphi}\tag{17}$$

式中 φ 为岩石内摩擦角，c 为岩石内聚力。

将式(16)带入式(17)，得平面应力时破坏区的表达式

$$r = \frac{\gamma^2 H^2 L(1 - \sin\varphi)^2}{16c^2\cdot\cos^2\varphi}\cos^2\frac{\theta}{2}\left(1 + \sin\frac{\theta}{2}\right)^2\tag{18}$$

根据图3，可求得底板或顶板破坏深度为

$$h = r\sin\theta \quad 即$$

$$h = \frac{\gamma^2 H^2 L(1 - \sin\varphi)^2}{16c^2\cdot\cos^2\varphi}\cos^2\frac{\theta}{2}\left(1 + \sin\frac{\theta}{2}\right)^2\sin\theta\tag{19}$$

由 $\dfrac{\partial h}{\partial\theta}=0$ 得

$$6\sin^3\frac{\theta}{2} + 4\sin^2\frac{\theta}{2} - 3\sin\frac{\theta}{2} - 1 = 0\tag{20}$$

解之，得

$$\sin\frac{\theta}{2} = \frac{1 + \sqrt{7}}{6} \tag{21}$$

将式(21)带入式(19),得底板破坏最大深度或顶板破坏的最大高度

$$h_{\max} = \frac{1.559\gamma^2 H^2 L(1 - \sin\varphi)^2}{16c^2 \cdot \cos^2\varphi} \tag{22}$$

由式(22)可知,采场顶底板围岩破坏情况与采场推进距离、采场埋深和围岩的力学参数有关。对于一种特定的岩石,力学参数恒定,采场顶底板围岩破坏范围仅与推进距离和埋深有关,即采场顶底板围岩破坏范围随埋深和推进距离的增加而增大。

平面应变的破坏区的表达式为

$$r' = \frac{\gamma^2 H^2 L(1 - \sin\varphi)^2}{16c^2 \cdot \cos^2\varphi}\cos^2\frac{\theta}{2}\left(1 + \sin\frac{\theta}{2} - \frac{2\nu(1 + \sin\varphi)}{1 - \sin\varphi}\right)^2 \tag{23}$$

同理,得

$$h' = \frac{\gamma^2 H^2 L(1 - \sin\varphi)^2}{16c^2 \cdot \cos^2\varphi}\cos^2\frac{\theta}{2} \cdot \left(1 + \sin\frac{\theta}{2} - \frac{2\nu(1 + \sin\varphi)}{1 - \sin\varphi}\right)^2\sin\theta \tag{24}$$

由$\frac{\partial h'}{\partial\theta} = 0$ 得

$$6\sin^3\frac{\theta}{2} + 4\left(1 - \frac{2\nu(1 + \sin\varphi)}{1 - \sin\varphi}\right)\sin^2\frac{\theta}{2} - 3\sin\frac{\theta}{2} - \left(1 - \frac{2\nu(1 + \sin\varphi)}{1 - \sin\varphi}\right) = 0 \tag{25}$$

此时,底板破坏最大深度或顶板破坏的最大高度可根据相应的ν、φ解出方程(25)的解θ,再带入式(24)即可求出。由于方程(25)较烦琐,再加上岩层参数杂乱,不易得到θ值。但是,对比方程(25)和方程(20)可知,方程(25)得出的破坏区结果比方程(20)得出的结果要小,即平面应变的结果比平面应力的结果小。

2.3 工程案例分析

以重庆松藻煤电公司某矿某工作面作为顶底板破坏分析的工程案例。该工作面开采煤层走向长177 m,倾斜长1 187 m,采用倾斜长壁采煤法。对应地面高程在 +600 ~ +740 m。开采11号煤层,埋深在270~550 m。煤层结构简单,煤层平均倾角5.5°,煤层平均厚度0.65 m,作为矿区主采煤层8号煤层的下保护煤层,与8号煤层间距约23 m。表1为顶底板岩层及相关岩性参数。

表1　顶底板岩性及强度

岩层	岩性	厚度/m	平均单轴抗压强度/MPa
伪顶	炭质泥岩	0.1	1.37
直接顶	灰黑色泥岩	1 ~ 5.4	32.25
老顶	粉砂岩	8.04	39.2
直接底板	深灰色泥岩	9.58	28.78

将顶底板参数代入前面理论公式,可以得到不同应力状态下顶底板破坏高度或者深度(表2)。

表2　顶底板破坏深度

破坏深度、高度/m	平面应力		平面应变	
	顶板	底板	顶板	底板
	11.23	9.05	<11.23	<9.05

从表2可知,由采空区向顶板和底板两个方向分析。位于采空区底板下9.05 m到顶板上11.23 m范围内岩层处于破坏状态;位于离底板9.05 m以下和顶板11.23 m以上的某个范围内岩层处于裂隙发展阶段;远离裂隙发展阶段后的岩层应力可能发生变化,但仍处于弹性阶段;离采空区再远处岩层不受开挖影响。需要说明的是,这个计算结果没考虑破坏区岩体由于发生塑性变形而引起应力松弛现象,可能小于实际情况。为了简便,实际运用时可采用平面应力来计算岩层破坏深度。

3　讨论

工作面推进使得底板岩层在水平方向上分为采前集中应力压缩区、采后卸压膨胀区和采后压缩应力恢复区。这三个区在开采过程中于底板岩层内不断循环出现,使底板岩层处于闭合、张裂、恢复的循环变化之中。同时,顶板岩层也伴随有闭合、断裂、垮落、压实的循环现象,直至回采结束。所以,在工作面推进过程中,顶底板岩层的应力发生剧烈变化,致使一定范围内岩层破坏。由典型工程实例的理论计算分析可知,底板岩层破碎深度约为9 m,顶板岩层破坏高度为11.23 m。

综上所述,本文运用断裂力学来分析采场围岩应力状态,并结合岩石破坏的莫尔库伦准则来分析采空区围岩的破坏情况,进而从理论上确定了采动影响范围,可为煤层内瓦斯抽采方案的优选提供理论依据。随着工作面推进,采空区一定范围内顶底板岩层随之发生滚动式应力变化和滚动式破坏。在本文工程实例中,顶板11.23 m范围内的上覆岩层和底板9.05 m范围内的下伏岩层均处于破坏状态。这从理论上说明如果上、下煤层之间距离较小,以下煤层作为保护层开采,仍然能够对上被保护层起到卸压作用。

4　结论

①采用断裂力学理论建立了深部采场顶底板应力分布力学模型,得到采场顶底板围岩应力分布表达式:

$$\left.\begin{aligned}\sigma_x &= \frac{\gamma H}{2}\sqrt{\frac{L}{r}}\cos\frac{\theta}{2}\left(1 - \sin\frac{\theta}{2}\cdot\sin\frac{3}{2}\theta\right)\\\sigma_y &= \frac{\gamma H}{2}\sqrt{\frac{L}{r}}\cos\frac{\theta}{2}\left(1 + \sin\frac{\theta}{2}\cdot\sin\frac{3}{2}\theta\right)\\\tau_{xy} &= \frac{\gamma H}{2}\sqrt{\frac{L}{r}}\cos\frac{\theta}{2}\sin\frac{\theta}{2}\cos\frac{3}{2}\theta\end{aligned}\right\}$$

②结合 Mohr-Coulomb 岩石破坏准则,得到了深部采空区顶底板围岩最大破坏范围表达式:

$$h_{max} = \frac{1.559\gamma^2 H^2 L(1 - \sin\varphi)^2}{16c^2\cdot\cos^2\varphi}$$

参考文献

[1] 何满潮,谢和平,彭苏萍,等.深部开采岩体力学研究[J].岩石力学与工程学报,2005,24(16):2803-2814.

[2] 刘天泉.矿山采动影响学及特殊开采技术的新进展[C]//中国岩石力学与工程学会.中国岩石力学与工程学会第三次大会论文集.北京:中国科学技术出版社,1994:205-211.

[3] 钱鸣高,缪协兴,何富连.采场砌体梁结构的关键块分析[J].煤炭学报,1994,19(6):557-563.

[4] 钱鸣高,缪协兴.采场上覆岩层结构的形态与受力分析[J].岩石力学与工程学报,1995,14(2):97-106.

[5] 缪协兴,钱鸣高.采场围岩整体结构与砌体梁力学模型[J].矿山压力与顶板管理,1995(3):3-12.

[6] 钱鸣高,张顶立,黎良杰,等.砌体梁的"S-R"稳定及其应用[J].矿山压力与顶板管理,1994,11(3):6-12.

[7] 宋振骐.实用矿山压力控制[M].徐州:中国矿业大学出版社,1988.

[8] 蒋宇静,宋振骐,宋扬.采场支架与老顶总体运动间的力学关系[J].山东科技大学学报(自然科学版),1988,7(1):73-81.

[9] 宋振骐,蒋宇静.采场顶板控制设计理论与方法的基础研究[J].山东科技大学学报(自然科学版),1986(1):1-13.

[10] 宋振骐.采场上覆岩层运动的基本规律[J].山东科技大学学报(自然科学版),1979(1):64-77.

[11] 贺广零,黎都春,翟志文.采空区煤柱顶板系统失稳的力学分析[J].煤炭学报,2007,32(9):897-901.

[12] 伍永平,解盘石,王红伟,等.大倾角煤层开采覆岩空间倾斜砌体结构[J].煤炭学报,2010,35(8):1252-1256.

[13] CUI X, MIAO X, WANG J, et al. Improved prediction of differential subsidence caused by underground mining [J]. International Journal of Rock Mechanics and Mining Sciences,2000,37:615-627.

[14] 钟新谷.顶板岩梁结构的稳定性与支护系统刚度[J].煤炭学报,1995,20(6):601-606.

[15] 孟召平,王保玉,徐良伟,等.煤炭开采对煤层底板变形破坏及渗透性的影响[J].煤田地质与勘探,2012,40(2):39-43.

[16] 段宏飞.煤矿底板采动变形及带压开采突水评判方法研究[D].徐州:中国矿业大学,2012.

[17] 李世愚,和泰名,尹祥础.岩石断裂力学导论[M].合肥:中国科学技术大学出版社,2010.

浅埋煤层开采覆岩移动规律和突水防治

范金洋

摘要：经过查阅相关资料，系统地整理、分析了我国的浅埋煤层开采过程中覆岩移动破坏规律和防突水研究成果。目前，我国可供开采的煤炭资源主要集中分布于西北的山西、陕西、内蒙古、新疆四省（区），占全国的 81.3%。西部大煤田的开发建设，将为西部大开发奠定良好的能源基础。在西部煤田中，相当一部分可供开采的煤层是距地表较浅的煤层，简称为"浅埋煤层"。相对于常规开采而言，开采浅埋煤层可能引起更多的安全灾害，如采场顶板岩层垮落，出现了严重的顶板灾害；开采造成地表塌陷，形成大量裂缝；对地表公路、建筑物造成损害；开采引起岩层与地表移动，导水裂隙带直达地表，导致土地荒漠化，严重危害矿区生态环境等。

关键词：浅埋煤层；突水；矿压；顶板

1 引言

我国能源开发的重心已经由东部转移至西部，西部煤田多为厚煤层且构造简单，煤层埋藏浅（200 m 以内）、基岩薄、上覆厚松散层，井下开采造成的采动裂隙常能从顶板沟通至地表，改变地表水及地下水的径流条件，使地表水、地下水通过采动裂隙贯通井下空间。在我国西部煤矿的生产过程中，已多次出现工作面涌水、馈沙等安全事故，造成了巨大的经济损失与人员伤亡。

对于浅埋煤层顶板结构理论研究，国内外学者已做了大量工作，建立了动态顶板结构理论。从工程应用的角度，对于近浅埋煤层条件下的矿压显现规律和顶板结构理论研究的工程应用前景广泛。下面，依据大量的已有研究成果，从浅埋煤层的定义、覆岩灾害、矿压显现规律、覆岩的结构特征、突水机理和防突水措施进行综合分析。

2 浅埋煤层开采存在的灾害

2.1 浅埋煤层的分类定义

根据研究，浅埋煤层可分为两种类型：典型的浅埋煤层和近浅埋煤层。

（1）基岩比较薄、松散载荷层厚度比较大的浅埋煤层。此类厚松散层浅埋煤层常常称为典型的浅埋煤层，具有埋藏浅、基载比（基岩与载荷层厚度之比）小、老顶为单一关键层结构等结构特征。在煤层开采过程中，采场顶板破断常呈现整体切落式，出现顶板台阶下沉。

（2）基岩厚度比较大、松散载荷层厚度比较小的浅埋煤层，其矿压显现规律介于普通工作面与浅埋煤层工作面之间，表现为两组关键层……轻微的台阶下沉现象，可称为近浅埋煤层。

总体上，浅埋煤层工作面的主要矿……运动直接波及地表，顶板不易形成稳定的结构，来压存在明显的动载现象，支……载荷状态。浅埋煤层可以采用以下指标判定：

①埋深不超过150 m。

②基载比 J_z 小于1。

③顶板结构呈现单一主关键层结构特征,来压具有明显动载现象。

综合大量浅埋煤层工作面的实测研究成果,浅埋煤层矿压显现的基本特征为:

①浅埋煤层工作面矿压显现的突出特点是顶板基岩沿全厚切落,破断直接波及地表。

②来压期间有明显的顶板台阶下沉和动载现象。

③典型的浅埋煤层工作面顶板为单一关键层类型,老顶岩块不易形成稳定的砌体梁结构。

④工作面支护状况对顶板有明显影响,合理提高支架阻力可以有效控制顶板台阶下沉。

⑤基载比 J_z 对来压强度和矿压显现特征有重要影响。

当 $J_z < 0.8$ 时,工作面都出现了顶板沿煤壁台阶下沉,而当 $J_z > 0.8$ 时,则没有出现顶板台阶下沉。

2.2 浅埋煤层覆岩灾害

浅埋煤层开采实践表明,主要存在两大岩层控制问题。

2.2.1 采动影响直达地表

煤层开采引起的顶板岩层垮落直达地表,形成切落式破坏,顶板压力剧烈,工作面顶板失控而形成台阶下沉,造成支护设备被压毁(图1),工作面停产等事故,出现了严重的顶板灾害。

图1　支护设备被压毁

2.2.2 产生严重的采动损害

煤层开采将造成严重的采动损害(图2)。煤矿开采引起上覆岩层与地表移动,导水裂隙带直达地表,导致地下水资源的破坏与工作面涌水馈沙等事故;开采造成地表塌陷,形成大量裂缝,加剧了地表水土流失和荒漠化,同时,对于地表公路、建筑物造成损害;开采产生的导水裂隙带不仅破坏植被和地下含水层,导致岩溶地下水位衰减而引起地表岩溶塌陷,并使井泉干涸、河溪断流,导致地表水泄漏,改变地表土壤的灌溉性、持水性和水土平衡结构,致使表土疏松,裸土、裸岩面积扩大,加剧矿区水土流失,导致土地荒漠化。同时,也使矿区生态环境面临严重危险。

（a）井下溃水事故

（b）地表荒漠化和地表裂纹

（c）地表沉陷造成的路面裂纹

（d）地表沉降造成的房屋裂纹

图2　由透水造成的灾害

3　浅埋煤层的矿压显现规律

针对典型浅埋煤层和近浅埋煤层,很多学者通过相似模型研究了煤层覆岩的垮落规律和结构特征。如前所述,典型的浅埋煤层是指基岩比较薄、松散载荷层厚度比较大的浅埋煤层,其顶板破断为整体切落式,易于出现台阶下沉。下面,为更能表现浅埋煤层的矿压显现规律,采用走向长壁全部垮落法开采。在综合分析相关资料基础之上,依据相似材料模型模拟实验结果,进一步讨论浅埋煤层采场矿山压力显现规律。

3.1　典型浅埋煤层的矿压显现规律

相似材料模型模拟实验结果见图3,据此可以得到一些浅埋煤层采场矿山压力显现规律（其中几何尺寸为模型数据）。

3.1.1　初次来压期间的"拱状"破坏

工作面推进到32 cm时,基岩老顶达到（关键层）极限垮距,老顶发生初次垮落和来压。此时,工作面基岩上部的沙土层随老顶的失稳而垮落,主要呈现"松脱拱"状破坏。

当开挖到48 cm时,老顶初次周期来压,基岩老顶破断后,上覆沙土层垮落仍然呈"拱状"离层垮落,跨度48 cm,跨高16 cm,如图3（a）所示。

（a）初次来压期间的"拱状"破坏

（b）周期来压期间的"拱壳"状破坏

（c）临界充分采动的"拱梁"破坏

（d）充分采动后的"弧形岩柱"破坏

（e）"弧形岩柱"内的二次"卸荷拱"

图3　典型浅埋煤层矿压显现规律

3.1.2　周期来压期间的"拱壳"状破坏

当开挖至64 cm时,顶板出现台阶下沉,工作面第二次周期来压,如图3（b）所示。来压期间,采空区老顶岩块上方沙土层形成"拱壳"状离层带,拱壳厚度为老顶周期性破断长度16 cm,拱壳跨度为64 cm,高度为26 cm。

3.1.3　临界充分采动的"拱梁"破坏

随着工作面的继续推进,顶板逐渐充分采动。当开挖距离达到72 cm时,后部开切眼侧煤壁上方出现贯通地表裂隙,工作面前上方也产生新的地表裂缝。

如图3（c）所示,沙土层呈现上方为"梁"下方为"拱"的"拱梁"式破坏。最终造成充分塌陷,在对应开挖边界上方向外产生地表大裂缝。地层充分垮落区的地表下沉 3.8 cm(采高 4 cm)。

3.1.4 充分采动后的"弧形岩柱"破坏

在地表充分塌陷后,薄基岩老顶已形成"台阶岩梁"结构;基岩结构、沙土层的破坏表现为从工作面煤壁向后方形成 80°弧线破坏;同时,煤壁上方表层沙土受拉产生竖直向下的贯通裂缝。这种贯通性裂缝将周期性产生,呈现出"岩柱状",岩柱的宽度接近老顶周期垮落步距,如图 3(d)所示。

3.1.5 "弧形岩柱"内的二次"卸荷拱"

破坏实验发现,在周期性岩柱形成期间,随着顶板结构的回转运动,在两个破断岩块上的弧形岩柱内出现"二次成拱"现象,形成二次"卸荷拱"。从图 3(e)可以看出,只有部分岩柱重量作用于顶板结构关键块,体现了明显的载荷传递特征。

3.2 典型浅埋煤层关键块应力规律

对模型试验测试数据做进一步分析,得到关键层的应力总体分布规律如下(图 4):

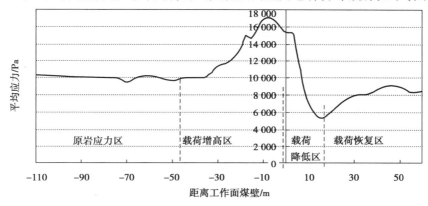

图 4　关键层的应力分布现规律

①工作面前方 35 m 关键层上的载荷开始增加,到工作面前方 10 m 达到峰值,且峰值应力为原岩应力的 1.6 倍。这一区域称为载荷增高区,与前人研究的超前支承压力区相一致。

②在工作面煤壁后方 5～25 m 是载荷降低区或动态载荷传递区。由于关键层破断为关键块并形成"岩梁"结构,岩块的回转运动和切落失稳导致卸载,载荷开始由 1.5 倍原岩应力急速下降为 0.5 倍原岩应力,表现出明显的载荷传递效应。该区域内顶板结构活动明显,对工作面顶板控制和安全具有直接影响。

③工作面煤壁 25 m 之后是载荷恢复区。在该区域,由于载荷传递的增加和沙土层逐渐压实,关键层应力有所增长,逐渐恢复到原岩应力。

④关键层总体的载荷分布规律表明,在工作面煤壁前方出现应力增高区,即传统的前支承压力区;在工作面煤壁之后的顶板结构运动区出现卸荷,应力开始降低;在工作面后方顶板结构稳定区载荷逐渐恢复,出现载荷恢复区。

以上变化充分说明,关键层上的载荷随着工作面的开采存在动态变化,变化最明显的区域正是影响工作面来压的顶板结构"关键块"所处的区域,如图 5 所示。

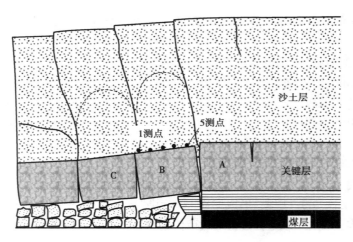

图 5 关键块示意图

浅埋煤层顶板关键层结构中 A、B、C 三个关键块的典型载荷分布规律为:

①位于工作面前方的 A 关键块上载荷符合超前支承压力降低区分布规律,应力分布为前大后小,靠近工作面煤壁处载荷较低,靠近支承压力峰值区载荷超过原岩应力 1 倍以上,载荷集中系数为 1.8~3.0。

②B 关键块应力在工作面中呈现出较大的非对称"帽"状分布特征,峰值超过了原岩应力,平均值约为 $0.8\gamma h$,说明 B 块在运动卸压状态下仍然承受较大的载荷。B 关键块体在不同测块上的应力平均值变化幅度较大,其变化范围为 $0.3~1.1\gamma h$。

③C 关键块应力分布比较平缓,但呈现靠近采空区方向增大的趋势,应力值较低,约为 $0.5\gamma h$,说明 C 关键块处于降压区。

随工作面向前推进,B 关键块的应力变化在失稳下沉过程中,主要呈现出起始段、发展段、加速段和稳定段四个时间阶段(图 6)。起始段,时间约 40 min,载荷下降仅 5%;发展段约 20 min,载荷下降约 10%;在加速段短短的 10 min 内,载荷下降到 40%;之后载荷下降基本停止,进入稳定段,稳定值为原岩应力的 45%。

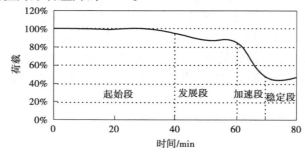

图 6 B 关键块的应力阶段显现规律

3.3 近浅埋煤层矿压显现规律

对于基岩厚度比较大、松散载荷层厚度比较小的近浅埋煤层的模型实验见图 7。根据试验结果,可以整理出如下的矿压显现规律(其中几何尺寸已换算成原型数据):

①工作面从开切眼处向右推进,推进到 12 m 时,直接顶出现初次垮落,垮落高度为 2 m;当工作面推进至 28 m 时,应变仪读数急剧增加,支架载荷达到 5 496 kN/架,工作面上覆亚关

（a）初次来压

（b）第1次周期来压

（c）第2次周期来压

（d）第3次周期来压

（e）第4次周期来压

图7　近浅埋煤层的矿压显现规律

键层初次垮落破断,工作面垮落高度达8 m,说明工作面老顶初次来压,初次来压步距28 m。

②当工作面推进至40 m时,应变仪读数再次急剧增加,工作面支架载荷5 120 kN/架,工作面上覆的亚关键层(老顶)发生第2次破断垮落,即亚关键层发生第1次周期来压,来压步距12 m。此时,主关键层悬空面积加大,工作面垮落高度为8 m。

③当工作面推进至48 m时,应变仪读数急剧增加,工作面支架载荷5 600 kN/架。工作面上覆主关键层发生初次破断,初次破断距为48 m,下位亚关键层与上位主关键层同步协调破断,亚关键层出现第2次周期性垮落破断,破断距为8 m,即工作面出现第2次周期来压,来压

步距为 8 m。同时,采场顶板出现第一次大的来压,工作面垮落高度达到 18 m。

④当工作面推进至 60 m 时,应变仪读数增加,工作面支架载荷 5 219 kN/架。工作面上覆亚关键层发生第 3 次周期性破断垮落,破断距为 12 m,即工作面第 3 次周期来压,来压步距12 m。

⑤当工作面推进至 68 m 时,应变仪读数急剧增加,工作面支架载荷 5 480 kN/架。工作面上覆主关键层发生第 1 次周期垮落破断,破断距为 20 m。亚关键层出现第 4 次周期破断,破断距为 8 m,即工作面出现第 4 次周期来压。工作面垮落高度达到 30 m,覆岩离层和裂隙带发育至基岩风化带。

此后,工作面每推进 8 ~ 12 m,就出现一次周期来压,且由于主关键层断裂影响,造成工作面顶板大、小周期来压交替出现。

通过分析,得出近浅埋煤层顶板结构载荷传递规律:

①近浅埋煤层工作面顶板存在主、亚双关键层结构。

②双关键层的非同步破断导致工作面来压出现大、小周期现象。

③工作面上覆主关键层的初次破断和周期破断往往形成大来压,来压显现强烈。

④亚关键层的初次破断和周期破断往往形成小来压。

⑤工作面上覆主关键层的破断可能与亚关键层发生同步破断,也可能引起亚关键层提前破断,从而形成大来压,来压显现强烈。

4 浅埋煤层覆岩结构特征

4.1 典型浅埋煤层覆岩结构特征

通过大量典型浅埋煤层工作面的现场实测和物理模拟实验,可以得出采动影响下覆岩结构变化特征。如图 8 所示,覆岩垮落不存在传统的"三带",主要形成"两带":冒落带,老顶初次和周期性破断期间,大体是采高的 2 ~ 3 倍;裂隙带,裂隙带超过基岩厚度,直达地表,裂隙带总体高度是采高的 7 倍以上。

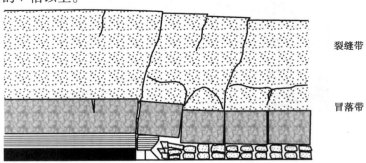

图 8 覆岩的结构的"二带"示意图

根据岩层控制的关键层理论,老顶关键层的破断运动直接影响到其上覆盖层的结构变化。因此,厚沙土层的破坏与关键层的破断运动紧密相关。运动着的老顶关键块可视作研究沙土层的边界条件。

首先,随着开采的进行,直接顶垮落,但由于老顶关键层的控制作用,此时的老顶关键层可视作"两端固支梁"结构。当老顶受到的载荷达到老顶的极限载荷,老顶将发生破断,从而形成初次来压。此时,老顶控制的厚松散载荷层将发生"拱形"破坏,如图9所示。

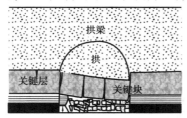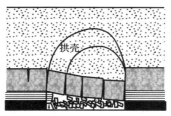

图 9 典型浅埋煤层覆岩结构示意图

初次来压后,随着开采的进行,此时老顶关键层可视作"悬臂梁"结构。随着开采进行,悬臂梁发生向采空区的挠曲,最终达到极限应力而产生破断,上覆厚沙土层发生周期性"拱壳"状破坏。

由此可以得到如下两点认识:

①周期来压的"台阶岩梁"结构模型:根据现场实测和相似模拟实验发现,周期来压期间浅埋煤层采场顶板结构将形成"短砌体梁"结构,该结构难以保持稳定,将出现滑落失稳,形成的顶板结构形态,可以形象地称"台阶岩梁"结构。

②浅埋煤层周期来压的合理支护力:通过"台阶岩梁"结构的"S-R"稳定性分析表明,该结构的水平力 T 随回转角 θ_1 的增大而减小,随块度 i 的增大明显下降,结构的失稳形式为滑落失稳,是浅埋煤层工作面来压强烈和台阶下沉的根本原因。保持顶板"台阶岩梁"结构稳定所需的支护力

$$R_1 \geqslant \frac{i - \sin\theta_{1max} + \sin\theta_1 - 0.5}{i - 2\sin\theta_{1max} + \sin\theta_1} P_1$$

4.2 近浅埋煤层覆岩结构特征

通过对近浅埋煤层工作面的物理模拟实验(图10),得出近浅埋煤层采动覆岩具有以下特征:

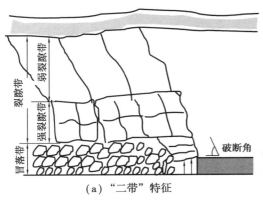

（a）"二带"特征　　　　　　　　　（b）"三带"特征

图 10 近浅埋煤层覆岩结构示意图

（1）双关键层特征

由于基岩厚度加大,近浅埋煤层工作面顶板垮落出现两组关键层,在采动影响下可以出现大、小周期来压现象。覆岩垮落带也将形成强裂隙带和弱裂隙带。总体上,仍然呈现"两带"特征。

（2）覆岩垮落呈现"三带"

当基岩厚度大于 100 m，或超过 25 倍采高时，将出现地表弯曲下沉带，即覆岩垮落将出现"三带"。如煤矿基岩厚度 120 m，基岩上覆 100 m 厚的黄土和红土隔水层，采高 5 m 时覆岩裂隙带高度约 90 m。

当直接顶厚度较大时，即亚关键层所处层位距离煤层较远，一般可形成"砌体梁"结构。此时，关键层的回转空间相对较小，工作面矿压显现与一般采高工作面类似。因此，可按 4～8 倍采高岩重法或者"砌体梁"结构平衡关系的理论公式来估算工作面支架的工作阻力。由于特大采高综采工作面的采高较大，按 4～8 倍采高岩重法计算工作阻力的上、下限范围较大，不易确定其合理值，可将其作为其他计算结果的参考值。按"砌体梁"结构的平衡关系进行计算时，用下式计算

$$P = Bl_k \sum h_i \gamma + \left[2 - \frac{l \tan(\varphi - \theta)}{2(h - \delta)} \right] Q_0 B$$

5　浅埋煤层的突水机理

煤层开采后，会引起隔水层的移动、破坏，导致其隔水性能发生变化。当隔水层处于垮落带内时，其隔水性能将完全被破坏；当隔水层处于裂缝带内时，其隔水性能也被部分破坏，破坏的程度由裂缝带的下部向上部逐渐减弱；当隔水层处于覆岩弯曲带下部时，其隔水性能受到的影响较小，而当隔水层处于覆岩弯曲带中部以上时，其隔水性能将不受采动影响。从岩层破坏程度角度来讲，垮落带和裂缝带均可统称为破坏带或破坏影响带，弯曲带称为非破坏影响带。在煤矿水文地质学中，将采动破坏的顶板垮落带、裂缝带统称为导水裂缝带或渗透性增强带，而将弯曲带称为渗透性微小变化带。

采矿活动对上覆水体的影响主要有两个方面：其一是上覆岩层的移动与破坏，形成了导水通道，使得上覆含水岩层中的水渗透和溃入井下，影响矿井的安全生产；其二是地表的移动、变形与破坏，使得地表水体渗漏，邻近附属建筑物受到影响。水体下采煤需要重点考虑的是分析开采后覆岩导水裂缝带对水体的影响。这种影响因开采地质条件的不同而不同，如图 11 所示，主要分为以下五种情况：

①情况 1：开采深度比较大，水体在地表或覆岩弯曲带上部，即水体底界面以下有一定厚度的弯曲带岩层。这种条件下，煤层开采对地表水或松散层水体无明显影响。虽然弯曲带岩层也可能存在伸张裂缝或离层，但这些裂缝一般互不连通。弯曲带岩层渗透的能力在开采前后变化很小。

②情况 2：开采深度比较小，松散层底部存在黏土隔水层，导水裂缝带未到达松散层底部，或者达到松散层底部，但未波及松散含水层水体或地表水体。覆岩虽然产生垮落和裂缝，但由于水体下存在隔水层，松散含水层和地表水体中的水都不会渗透到井下。

③情况 3：开采深度比较小，导水裂缝带达到松散含水层或地表水体。由于岩层透水能力的增强，水体中的水渗漏到井下，使得矿井涌水量增加。如果涌水量较大，一旦排水能力不足时，就可能淹没矿井。

④情况 4：开采深度小，松散层底部存在黏土隔水层，垮落带达到松散层底部，但没有波及松散含水层水体或地表水体。通常情况下，水、砂不会透到井下。如果黏土隔水层很薄，开采后可能会出现小裂缝，这时透水能力增大，涌水量有所增加，但是，由于砂粒的充填而阻塞裂

缝,或是黏土层很可能在短时间内受到压缩而致使裂缝闭合,水就不会再透入井下。

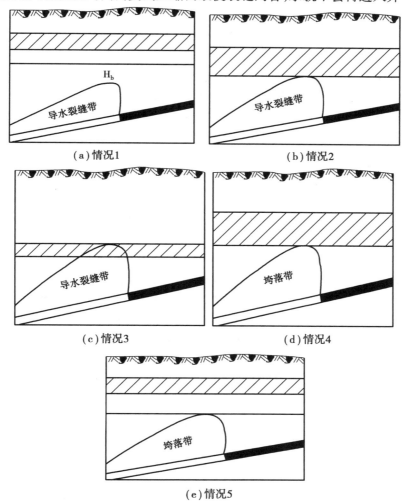

图 11　突水机理示意图

⑤情况 5:开采深度小,垮落带达到松散含水层或地表水体。由于覆岩垮落后,岩石碎块杂乱无章,空隙增大,水、砂极可能溃入井下,造成透水、透砂事故,甚至淹井。

6　典型浅埋煤层的防突水措施

在神府-东胜矿区 5 煤开采条件下,主要充水含水层为煤层顶板砂岩含水层,间接充水含水层为第四系含水层,则该区域防治水的总体思路与途径为:

①对于直接充水含水层,采取"疏"的措施。在工作面回采前要对其进行提前疏放措施,以防止开采过程中出现大的涌水而影响生产。

②对于第四系水,要采取"防"的措施,通过调整采高,控制顶板冒裂带发育高度;充分利用新近系泥岩发育特点,在泥岩厚度大于采高的区域,可适当加大采高,以控制不断开新近系泥岩为原则。

针对该区域的水文地质特征,可以采取以下顶板水害防治技术途径与措施:

①加强矿井排水系统的建设,其排水能力应按照矿井涌水量预计结果,符合《煤矿安全规程》的规定。

②建全矿区水文自动观测系统。已有资料表明,各含水层观测孔中,第四系 3 个,3 煤顶板砂岩 3 个(地面 2 个,井下 1 个),5 煤底板砂岩 4 个(地面 2 个,井下 2 个),已经建立起水文观测系统。随着生产的不断进行,可以在井下适当部位再补充一些观测钻孔,进一步完善观测网,使之更有效、全面地获取地下水动态资料,指导矿井防治水工作。

③钻探物探结合的工作面详细水文地质探查和评价。每个工作面准备结束以后,先实施井下物探,详细查明煤层顶板砂岩及其他充水含水层的水文地质情况,包括富水性及富水区域;施工部分钻孔对物探结果进行验证并进行试放水。针对工作面水情,对工作面开采的水文地质条件作出评价,制定详细的防治水措施。

④工作面疏放水。在探明工作面直接充水含水层的富水情况后,提前施工钻孔对其疏放,以降低其向工作面涌水时的峰值。疏放水钻孔要根据物探灵活布置,在富水区域多布钻孔,以达到尽可能疏干的目的。

⑤断层水探查和断层煤柱留设。研究资料表明,区内断层稀少,发现的断层落差大多在 5 m 以内,未发现落差大于 10 m 的断层。这些断层落差小,延展长度不大,采区构造相对较为简单。但物探资料是否准确,需在生产过程中进行验证。对物探发现的断层,要进行超前探查,确定其存在与否,以及是否含水、导水;对于在生产中实际揭露的断层,要详细观测,加强分析,尤其是对断层的规模、水文情况要详细研究。必要时,要留足断层煤柱,防止因断层导水而出现水害事故。

⑥建立健全水文地质台账和数据库。水文地质资料的积累对矿井水文地质工作至关重要。因此,应对日常的水文地质数据、资料进行有效的管理。按照煤矿防治水规定要求,建立健全各种水文地质台账、图件,开发水文地质资料数据库,并对水文地质资料及时进行更新和修订,为水文地质工作或水灾防治工作提供可靠的实证资料。

对顶板突水危险性评价中的过渡区,除了参照前述防治水技术途径与措施外,还应加强以下几点工作:

①工作面开采可能会出现较大的涌水,应按预计结果配备好相应的排水能力。

②做好顶板水的疏放工作。在工作面生产前,对顶板含水层打钻放水,防止回采过程中出现突发性大量涌水。

③加强对顶板和水文情况的观测。发现涌水量大时,要及时进行处理;顶板破碎时,要加强支护,防止出现顶板切冒现象。

④制订工作面安全开采防治水预案,并严格遵照执行。

对顶板突水危险性评价中的危险区,除了参照前述防治水技术途径与措施和过渡区防治水技术途径与措施外,还应加强以下几点工作:

①加强对顶板突水影响因素的分析,尤其是对导水通道的监测,分析导水裂缝带和裂缝闭合带的关系。

②加强水文地质情况的监测,尤其对突水征兆的观察,密切关注工作面涌水情况,发现涌水异常增大时要立刻停止开采,分析不清时不能生产。

7　目前仍然存在的疑问

①针对浅埋煤层矿压显现较常规埋深煤层更为强烈的矿压显现特点,在研制、完善专门针对浅埋煤层的液压支护系统过程中,究竟有哪些需要重点关注或需要克服的问题?

②浅埋深开采,国外(例如英国和美国)为了避免出现大面积的地表沉陷和矿压事故,很多都采用了房柱式开采的方法,这种方法在我国是否适用?

③时下比较流行的膏体充填开采技术,如果应用于浅埋深煤层开采中,怎样在目前煤炭形势严峻、煤矿效益不景气的情况下使该技术能够比较顺利地进行推广并兼顾成本?

参考文献

[1] 黄庆享.浅埋煤层的矿压显现特征与浅埋煤层的定义[J].岩石力学与工程学报,2002(8):1174-1177.

[2] 纪志云.浅埋煤层长壁开采支架阻力及安全界限[J].煤炭技术,2006(10):56-57.

[3] 鹿志发,刘俊峰.浅埋深煤层长壁开采液压支架选型初步研究[C]//煤炭科学研究总院北京开采所.北京开采所研究生论文集——采矿工程学新论.北京:煤炭工业出版社,2005:219-223.

[4] 王国法,蒲宝山.《液压支架通用技术条件》修订对设计的影响[J].煤炭学报,2002(4):434-439.

[5] RYAN G G,FOWLER N J. High performance thick seam longwalls[J]. International Symposium on Seam Mining,1992:753-768.

[6] 弓培林,靳钟铭.大采高采场覆岩结构特征及运动规律研究[J].煤炭学报,2004(1):7-11.

[7] 吴健,王家臣.厚煤层现代开采技术国际专题研讨会论文集[C].北京:煤炭工业出版社,1999.

[8] 王国法.液压支架技术[M].北京:煤炭工业出版社,1999.

[9] 王国法,翟桂武,徐旭升,等.JOY8670-2.4/5.0型支架稳定性分析[J].煤炭科学技术,2001(5):50-53.

[10] 刘峻峰,王国法.急倾斜特厚煤层开采微型放顶煤支架适应性分析[J].煤炭科学技术,2005,33(6):28-31.

[11] 杨鹏,冯武林.神府东胜矿区浅埋煤层涌水溃沙灾害研究[J].煤炭科学技术,2002,30(B1):65-69.

沿空留巷围岩破坏及控制理论

杨红运

摘要:由于具有多方面的优越性,目前很多矿井利用沿空留巷技术获得较大的经济效益。沿空留巷成功,与巷道掘进支护过程、回采过程及留巷阶段支护方法及支护形式密切相关。本文依据相关研究成果,对沿空留巷工艺及围岩活动时空特性,掘进过程中巷道围岩破坏因素,一次采动过程巷道围岩破坏影响因素,二次采动过程巷道围岩破坏影响因素及沿空留巷静、动压巷道支护理论进行了综合分析。

关键词:沿空留巷;时空特性;静压巷道;动压巷道;巷道支护

1　沿空留巷简介

沿空留巷是煤层开采中无区段护巷煤柱的一种开采方式。区内下行式开采时,可将上区段运输平巷采取一定措施保存下来,作为下区段回风平巷;区内上行式开采时,可将下区段回风平巷保存下来,作为上区段运输平巷,如图1、图2所示。

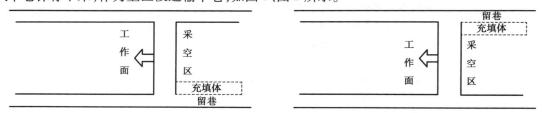

图 1　区内下行式开采　　　　　　　　图 2　区内上行式开采

另外,在水平及近水平煤层条带式开采过程中,保留分带运输斜巷或者分带回风斜巷作为相邻分带的回风斜巷或运输斜巷也称为沿空留巷。

在国内外煤层开采过程中广泛应用了沿空留巷无煤柱护巷技术,主要源于该技术具有如下优势:

①提高煤炭采出率,延长矿井服务年限。

②少掘进一条巷道,缓和矿井采掘接替紧张的矛盾。

③预防采空区煤层自燃的发生,有利于矿井安全生产。

④实现采区前进式和往复式开采。

⑤实现工作面从 U 形通风转变为 Y 形通风方式。

⑥利用留巷减少煤柱留设,有利于邻近层岩层控制和瓦斯灾害治理。

目前,切顶卸压沿空留巷方式因其留巷效果好得到较多关注。切顶卸压分为主动切顶和被动切顶。

主动切顶又分采前切顶和采后切顶。其中,采前切顶是指在工作面前方机巷或将留巷道内,通过预裂爆破将巷道工作面侧的顶板在走向上形成一条有一定深度的裂缝,待其进入采空区后方时,采空区内的顶板在自重作用下沿该裂缝切落下来。采后切顶是指在工作面后方巷道内,采用爆破手段将采空区侧悬露的直接顶板切落下来。

被动切顶是指利用刚度高、承载力大的巷旁支护体对巷旁顶板提供一个较大的切顶阻力,使采空区侧的顶板产生拉剪式破坏并切落。

2　沿空留巷工艺及围岩活动时空特性

沿空留巷是一项系统工程。巷道掘进过程中、沿空留巷前后围岩矿山压力显现规律在时间和空间上有差异。

2.1　沿空留巷矿压显现规律的时间差异

考虑巷道掘进和使用的全过程,沿空留巷经历几个时间阶段:

①巷道掘进期间,对巷道的维护好坏直接影响后期沿空留巷围岩(顶板)条件。在前期掘进期间巷道围岩完整性越好,越有利于后期留巷。

②工作面回采过程中巷道超前支护、工作面端头及留巷区域巷内支护、巷旁支护质量和支护时间直接影响留巷效果,特别在围岩条件较差环境,甚至决定留巷成功与失败。

③一次留巷采动期间滞后工作面一定范围的巷道围岩稳定过程存在活动剧烈期、过渡期及稳定期。

④二次留巷围岩变形分为 7 个时期,见图 3。

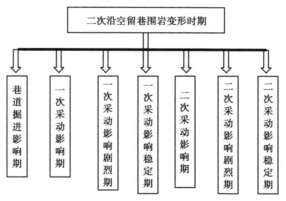

图3　二次沿空留巷围岩变形时期

2.2　沿空留巷矿压显现规律的空间差异

从巷道围岩变形破坏角度区分,沿空留巷矿压显现也存在空间差异:

①回采过程受到原岩应力及采动应力影响,不同位置处巷道围岩变形大小差异大。

②如图 4 所示,"①"为超前工作面未受开采影响区,"②"为前支承压力影响区,"③"为工作面端头及滞后工作面稳定区,"④"为巷道不对称支护差异区。

③相邻区段回采对留巷产生二次采动影响,特别是工作面实形 Y 形通风方式时,大大增加了留巷围岩支护的难度。此时,如图 5 所示,按照空间矿山压力活动影响程度将巷道分为 7 个区,其中 S 为巷道顶底板相对移近量。

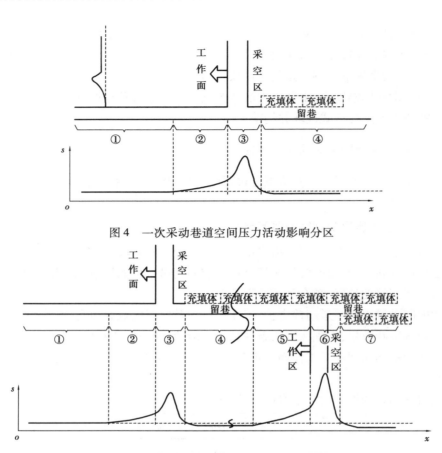

图 4　一次采动巷道空间压力活动影响分区

图 5　二次采动巷道空间压力活动影响分区

3　掘进过程巷道围岩破坏影响因素

综合大量的相关资料,发现掘进过程中影响巷道围岩变形破坏的主要因素有围岩应力重分布规律、围岩卸压影响、应力波作用、地质构造影响以及煤岩体蠕变及塑性流动等。

3.1　围岩应力重分布

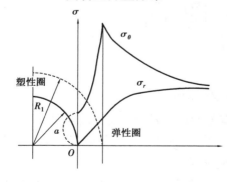

图 6　巷道周边应力分布特性

巷道围岩开挖过程中,原有的自重应力及构造应力调整并重新分布,并改变巷道围岩受力状态,在围岩浅部产生拉应力区、双向受压区。在拉应力、单向压力及双向压力作用下,巷道围岩发生局部破坏。

如图 6 所示,将巷道简化为圆形断面。在应力重新分布过程中,从巷道周边到承受最大切向应力处,形成了一个塑性条带。在该条带内,存在很大的切向应力和很小的径向应力,至其外边缘达到最大。在较大的偏应力及剪应力作用下,塑性区煤岩体发生屈服或破坏。有关资料表明,圆形孔断面的最大切向应力集中系数为 2~3,椭圆形和矩形孔集中系数为 4~5 或更大。

我国西南地区、淮南地区的煤矿及很多北方煤矿中,回采巷道往往为半煤岩巷道。在巷道周边拉应力、偏应力及剪应力作用下,由于煤体抗拉、抗压及抗剪强度较低,煤体破坏程度及破坏范围比岩体大。特别在顶底板为软岩时,应力重分布大大增加了巷道顶底板及煤帮的破坏程度。

3.2　围岩卸压影响

巷道开挖过程中,煤岩体的破坏转移,造成巷道周边煤岩体应力卸载。目前,对煤岩卸压破坏认识有:

①岩石地下工程开挖,伴随煤岩体卸荷,而开挖卸荷效应已经得到普遍的认同。

②高应力卸荷作用在岩石力学问题及研究变形破坏过程中有特殊的地位和重要意义。

③研究岩石不同卸压形式(迅猛的或者缓慢的)破坏条件和特点,是研究岩石卸压破坏性质,寻求影响岩石破坏因素的有效途径。

④卸压变形破坏特性存在卸压时间的敏感性。

卸压破坏特点:

①很多实验研究表明,岩石试件破坏没有发生在加载过程,而是发生在加载后的卸载过程。

②卸压破坏与加载破坏的区别在于卸压破坏仅是一次性破坏,而加压破坏可能出现多次破坏。

③在爆破开挖过程中,岩体脱落伴随高应力岩体卸压,主要现象有:体现动力现象,应变率和加速度大大增加;出现突变性变形;岩体能量释放速率大;主要体现为拉伸、剪切破坏。

3.3　应力波作用

巷道煤岩体爆破开挖将产生爆炸应力波,岩体瞬态卸压也将激起应力波,都将对巷道周边围岩产生破坏作用。爆炸应力波对围岩破坏主要通过加载破坏、卸载破坏及反射叠加破坏,见图7。

①加载破坏:爆炸应力波传播过程可简化为如图7所示的三角波,其中0—t_s段为加载阶段。当其峰值强度大于煤岩体强度时,煤岩体将产生压缩破坏。

②卸载破坏:t_s—t_z段为卸载阶段,其破坏作用过程前文已叙述。

③反射破坏:巷道围岩存在较多原生裂隙及次生裂隙,特别在巷道周边塑性区与弹性区交界处,煤岩体性质发生较大变化。爆炸应力波遇到这些弱面将产生反射作用。由于反射波与入射波叠加大大增大峰值,造成反射过程比传播过程对围压破坏作用更大,增大了塑性区范围,见图8。

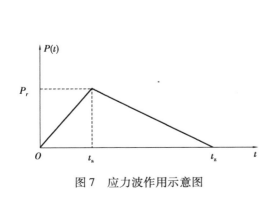

图7　应力波作用示意图

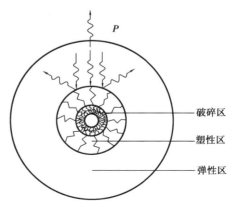

图8　应力波反射作用过程示意图

3.4 断层影响

巷道掘进过程,难免会遇到断裂构造。有的矿井断裂构造分布复杂,如我国西南地区某矿在勘探、基建及生产中,共发现落差大于 0.7 m 的断层 197 条。其中,正断层 142 条,占 73%;逆断层 54 条,占 27%。落差大于 30 m 的 12 条;30~50 m 的 76 条;5 m 以下的 109 条;对开采煤层有破坏作用的 126 条。断裂构造的存在不仅影响煤层赋存条件,增加开采难度,影响瓦斯抽采孔的布置,而且还常存在断层破碎带,导致其内的巷道掘进十分困难。断层位置造成煤岩体破坏的主要因素是断层破碎带和应力集中。

断层破碎带:由于断层两盘相对运动,相互挤压,使附近的岩石破碎,形成与断层面大致平行的破碎带,称为断层破碎带,简称断裂带。断层破碎带的宽度有大有小,小者仅几厘米,大者达数公里,甚至更宽,与断层的规模和力学性质有关,并在后期地质构造活动影响下破碎程度增加。如图 9 所示为某巷道断层破碎带内断面形态,巷道表面凹凸不平,围岩变形量大。

应力集中:巷道掘进过程,前方支承压力不断前移。当掘进断面前方存在断裂构造,断层上盘或者下盘无法传递应力,造成掘进工作面前支承压力无法前移,在断层附近岩体应力集中,且远远大于正常支承压力。断层破碎带内破碎岩块在集中应力作用下进一步破碎,完整岩体也在集中应力作用下破坏。因此,断层的存在加大了断层附近巷道周边围岩的破坏程度。

3.5 蠕变及塑性流动

蠕变破坏:巷道在掘进完成后处于稳定期,但周边煤岩体在静压力作用下,由于岩体的流变特性,将发生蠕变破坏。研究表明,高应力导致煤岩体发生十分明显的蠕变,支护极其困难。由于煤岩体物理力学性质的差别,蠕变还可分为稳定蠕变和不稳定蠕变。不稳定蠕变的应变量随时间增加而不断增加,不能稳定于某一极限值,直至破坏。井下多见松软的黏土岩类的蠕变规律,如图 10 所示。

图 9 断层破碎带内巷道表面形状

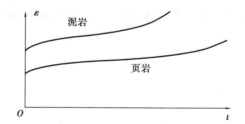

图 10 不稳定蠕变曲线

塑性流动:前面已经提到,巷道周边煤岩体出现应力集中,煤岩体发生屈服,特别是在深部岩体及软岩中,煤岩体将产生塑性流动。

4 一次采动巷道围岩破坏影响因素

在一次采动过程中,沿空留下的巷道围岩破坏影响因素主要有超前支承压力、端头动压、上覆岩层垮落动压、上覆岩层垮落卸压及稳定留巷周边煤岩体蠕变。

4.1 超前支承压力

工作面回采推进过程,工作面前方支承压力也不断向前移动,并与巷道周边支承压力形成叠加,应力集中系数远大于前两者单独作用的集中系数(图11)。叠加应力将造成巷道严重变形及围岩破坏,顶板下沉量与两帮移近增大,破碎区与塑性区向围岩深部发展。

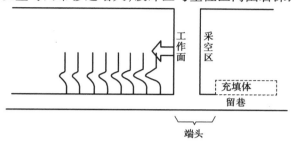

图11 超前支承压力影响

4.2 端头动压

工作面推进后,在工作面端头附近的顶板悬入采空区,产生弯曲变形。在巷道靠近采空区侧产生较大弯矩,顶板回转下沉,顶板岩层之间发生离层,导致此处巷道顶板变形破坏最为剧烈。

4.3 上覆岩层垮落动压

工作面继续推进,在工作面后方一定距离内的巷旁充填体开始承载采空区顶板垮落产生的载荷,可能切落巷道一侧的直接顶(图12)。由于采空区悬顶距离的增加,老顶断裂来压,形成砌体梁结构,对充填体上方直接顶产生动压,直接顶被动垮落,并再次严重破坏。

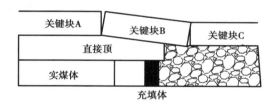

图12 上覆岩层垮落示意图

同时,留巷煤帮受到顶板动压作用,也将进一步发生变形破坏,煤体向巷道移动,其破断形式如图13所示。

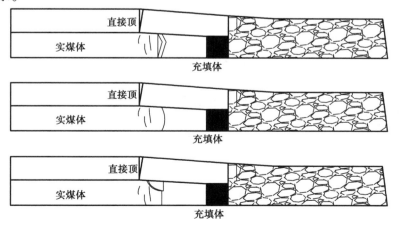

图13 煤帮破断形式示意图

采空区老顶垮落产生动压,使一定范围内的巷道围岩产生振动,前期在围岩中已经形成的力学平衡结构可能会失去平衡,引发结构破坏。

4.4 上覆岩层垮落卸压影响

直接顶、老顶垮落后,原处于挤压状态的顶板岩层发生动态卸压,集聚的大量弹性应变能突然释放,导致巷道周边煤岩体发生卸压破坏。

4.5 稳定留巷周边煤岩体蠕变破坏

从图14可以看出,稳定留巷段煤帮侧支承压力集中程度远远超过超前巷道支承压力集中程度。因此,在上方直接顶、老顶载荷及周边支承压力作用下,稳定段留巷顶板、煤帮及巷旁充填体会发生蠕变变形,并导致煤岩体破坏。

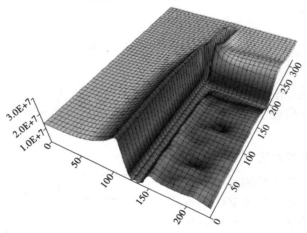

图14 稳定留巷应力分布图

5 二次采动过程巷道围岩破坏影响因素

如果由于生产需要或安全需要,一次采动后保留下来的巷道在相邻工作面开采以后继续保留下来,则该巷道将经历二次采动影响。二次采动对巷道围岩破坏影响因素主要有二次超前支承压力、二次端头动压、二次上覆岩层垮落动压、二次上覆岩层垮落卸压及二次稳定留巷周边煤岩体蠕变破坏。

5.1 二次超前支承压力

相邻工作面回采完成后,采空区顶板垮落,上覆岩层压力向四周转移,留巷上方靠近煤壁侧存在集中压力。二次采动过程中,超前巷道煤体侧支承压力将叠加于原集中压力上,使二次采动过程中前支承压力大大增加,导致超前巷道受到动压影响,再次大幅度变形破坏,矿压显现更为剧烈,见图15。

5.2 二次端头动压

一次采动以后,使留巷上部的直接顶一端嵌入相邻区段煤层,一端处于垮落老顶压力作用下方。在二次采动后,二次采动侧的直接顶发生旋转下沉,加大了工作面端头巷道顶板压力。

5.3 二次上覆岩层垮落动压影响

二次采动以后,巷旁充填体承受顶板主动垮落压力和被动垮落压力,并切断直接顶。随着老顶悬顶距离增加,关键块 A 在采空区侧断裂(图 16),对留巷产生动压。巷道上覆顶板平衡后,关键块 B 大部分压力、关键块 A 部分压力及直接顶压力全部由充填体承载,顶板压力远超过一次采动时的压力。

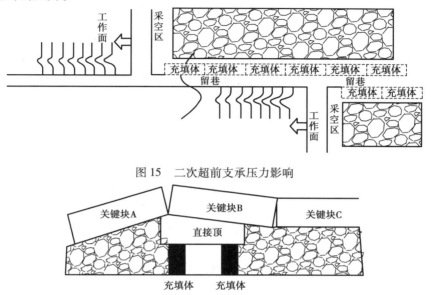

图 15　二次超前支承压力影响

图 16　上覆岩层二次垮落示意图

5.4　二次上覆岩层垮落卸压影响

二次采动顶板垮落卸压影响与一次采动情况差不多,主要区别在于二次采动顶板垮落时矿压显现更剧烈,卸压范围更广。

5.5　二次稳定留巷周边煤岩体蠕变破坏

稳定留巷周边的煤岩体在顶板巨大压力作用下也将产生蠕变变形,但比一次采动后留巷围岩蠕变变形更加严重。

6　沿空留巷静、动压巷道支护理论

沿空留巷静、动压巷道支护理论主要涉及松动圈结构理论、静压巷道支护技术、超前及端头动压巷道支护技术、留巷段动压巷道支护技术及巷旁充填支架研究等。

6.1　松动圈结构理论

在巷道开挖前,岩体处于三向应力平衡状态。开巷后,破坏了围岩原有的三向应力平衡状态,使应力重新分布,一是切向应力增加,并产生应力集中;二是径向应力降低,巷道周边处应力达到零;三是围岩受力状态由三维应力状态变成近似二维应力状态甚至一维应力状态,岩石强度大幅度下降。如果集中应力值超过下降后的岩石强度,围岩将发生破裂。这种破裂将从周边开始逐渐向深部扩展,直至达到新一轮三维应力平衡状态为止。此时,巷道周边的围岩中出现一个破裂带,这个破裂带可以称为松动圈。

总体而言,松动圈有一个发生、发展和稳定的过程。在松动圈外侧是塑性区及弹性区,见图 17。

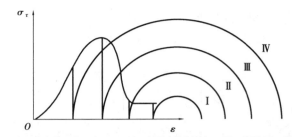

I—松动圈（残余强度区）；Ⅱ—松动圈（软化圈）；Ⅲ—塑性区；Ⅳ—弹性区

图 17　松动圈巷道围岩分区示意图

理论上讲，松动圈厚度 L_p 与原岩应力 P_0、岩体强度 R_c、巷道跨度 D 和支护阻力 P_1 有关，即

$$L_p = f(P_0, R_c, D, P_1)　　　　　　　　　　　　　　　　　（1）$$

另外，施工方法、水等因素也可能影响松动圈厚度。

现有研究成果表明，各相关影响因素的作用大小或重要程度是：

①影响顶板和底板松动圈厚度的最主要因素是巷道的跨度，其次是岩性，最后是原岩应力和支护。

②影响两帮松动圈厚度的最主要因素是岩性，其次是原岩应力和跨度，最后是支护。

③影响断面 4 个角、45°方向松动圈厚度的最主要因素是跨度，其次是原岩应力和岩性，支护没有影响。

松动圈厚度既包含围岩稳定性的诸多因素影响，又反映出诸多因素相互作用的结果，是一个综合性的分类指标。

用松动圈对围岩进行分类的有利之处：松动圈厚度值可以现场实测，容易获取，且可靠性高；松动圈厚度值是一个综合指标，它全面反映了原岩应力（包括采动应力）、岩体性质（包括岩体强度、裂缝、软弱夹层等）及施工和水等因素影响，在工程中不需要对这些指标进行直接观测和具体量化，现场应用十分方便。但是，也存在问题：决定围岩分类的关键性指标——松动圈厚度的形成是需要一定时间的，而且是随时间变化而变化。如果时间过短，松动圈难以形成；如果时间过长，巷道难以稳定。取何时的松动圈厚度值作为围岩分类的依据是一个有待研究的问题。

当松动圈大于 1.5 m 时，无论围岩性质如何，其支护上都需采用软岩支护技术，称为软岩（不稳定围岩）支护。

松动圈支护理论在很大程度上给予部分矿井巷道的围岩支护提供了积极的指导作用。

针对松动圈支护理论存在的不足，提出继续深入研究的意见：

①根据采区巷道围岩性质、埋深、巷道跨高比、煤层厚度及倾角等对巷道变形、应力模拟分析。

②对矿井已开采水平、采区稳定回采巷道进行围岩松动圈厚度 L_p 测定，作为相同水平条件下回采巷道支护设计的参考指标。

6.2　静压巷道支护技术

目前，巷道锚网、锚杆及锚索联合支护理论及何满朝院士提出的软岩巷道耦合支护理论已发展利用得比较成熟。在静压巷道支护施工中，可以利用该理论作为技术指导。

6.3　超前及端头动压巷道

动压巷道主要有两个特点:受采动影响产生高应力;应力发生多次变化。动压巷道的变形很大,且随采动影响进一步加剧。在沿空留巷过程中,关注动压巷道的范围主要是工作面超前50 m内的巷道、工作面端头及留巷工艺施工阶段,见图18。

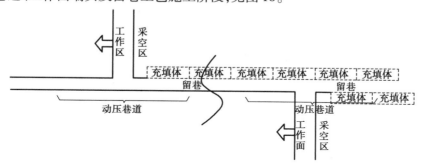

图18　沿空留巷动压巷道示意图

动压巷道支护过程有动压巷道围岩松动圈理论,即松动圈围岩的碎胀变形的释放具有时间效应,它滞后于围岩松动圈的形成。动压巷道围岩变形量小于静压非采动巷道。因此,采动巷道围岩类别划分的界限应略有提高。测得的动压作用下的最大松动圈 L_{pd} 应乘一个折算系数 k 修正

$$L = kL_{pd} \tag{2}$$

式中,L 为动压巷道松动圈折算值;L_{pd} 为实测动压巷道松动圈数值;k 为动压巷道松动圈折算系数(其值与工作面推进速度有关)。

k 值的修正,实质上是提高了松动圈分类表中各类别的界限,采动型软岩的分界线分别由 1.50 m调高为 1.63~1.83 m。

对于超前动压巷道,可以采取锚喷、锚注及锚索"三锚耦合支护体系"。其基本出发点是及时支护、主动施加预应力、减少围岩周边破碎,并对破裂岩体加固以恢复和提高松动圈内岩体残余强度,使围岩具有足够抵抗破坏的自承载结构。其中,支护方式的主要特点:

①锚喷支护体系是利用锚杆深入到破碎围岩内部,及时对围岩进行加固、组合作用,把松动圈内破裂岩石块体组合成具有更高承载能力、较大抗变形能力的结构体。

②锚注支护是锚杆与围岩注浆两项工作相结合的支护方式,有时注浆管就作为锚杆的杆体同时固结在围岩中。

③锚索具有预应力的突出性质,其强度高,锚固力可达数百 kN,可提高围岩承载结构及抗变形能力。

如果掘进过程中已经实施了支护,则动压影响时可根据实际补打锚杆、锚索及注浆。

在超前支护中,也可以按照相关规程布置单体液压支柱配合铰接顶梁等补强措施。

工作面端头部位,由于矿压显现强烈,必须及时加强支护。必要时,可在靠近工作面一侧布置走向抬棚的临时支护。

6.4　留巷段动压巷道支护

留巷段内动压巷道支护有巷内支护和巷旁支护。

6.4.1 巷内支护

留巷段巷道在掘进期间和处于超前动压段时已经布置锚网、锚杆加锚索联合支护,则在沿空留巷过程可增加巷内点柱加铰接顶梁支护、工字钢梯形刚性金属支架、工字钢梯形可缩性金属支架或 U 形钢可缩性金属支架。巷内支护方式的选择应用主要有:

①巷内主要采用前、后期结合的联合支护。所以,前期锚网、锚杆及锚索的支护效果对动压巷道稳定性影响较大。

②在动压影响过程中,点柱配合铰接顶梁的被动辅助支护使用较多。

③工字钢梯形刚性金属支架、工字钢梯形可缩性金属支架、U 形钢可缩性金属支架在稳定留巷中使用较多。

6.4.2 巷旁支护

沿空留巷过程中,由于留下巷道具有不对称的力学结构,工作面后方巷内顶板变形量及矿压显现剧烈程度远不及采空区侧的巷旁。因此,沿空留巷效果很大程度上取决于巷旁支护形式。巷旁支护的主要作用:

①利用巷旁支护的高阻力去支撑采空区冒落带边缘的顶板载荷,从而减轻巷内支架的受载。

②当直接顶比较坚硬或者顶板有周期来压时,利用巷旁支护切断该处顶板,避免顶板沿巷道煤壁断裂,同时利用它承受直接顶板冒落或周期冒落时所产生的动载荷。

③利用可缩量较小的巷旁支护去限制巷道与采空区交界处的顶板下沉量,避免巷内支架产生严重变形。

④利用巷旁支护去隔离或密闭采空区。

巷旁支护参数的设计主要考虑支护阻力。目前,沿空留巷巷旁支护阻力主要计算模型有分离岩块力学模型、矩形叠加层板弯矩破坏力学模型、煤体极限平衡梁力学模型等。

在沿空留巷发展历程上,国内外应用了较多形式的巷旁支护技术。目前,在水平、近水平及缓倾斜煤层中广泛使用的有砌块支护、矸石袋堆码支护、高水材料支护、膏体材料支护及混凝土支护。

二次沿空留巷围岩必须承受掘进和多次强烈的采动影响,属于大变形围岩,矿压显现剧烈。到目前为止,二次沿空留巷存在以下需要进一步研究的问题:

①对二次沿空留巷围岩控制机理研究不够深入。

②对二次沿空留巷所处的应力环境及其矿压显现规律了解还不是很清楚。

③构建的二次沿空留巷力学模型还不完善,不能很好地指导二次沿空留巷的工程实践。

目前,个别矿井正在进行二次沿空留巷 Y 形通风的试验研究。

6.5 巷旁充填支架研究

在我国煤炭企业应用的沿空留巷技术中,多为人工砌模型后灌入浆体充填,或采用单体支柱支护。由于工作面端头压力大,矿压显现剧烈,目前存在一些问题:充填不及时,顶板变形量大;安全风险大;开采与充填不能同步;无法实现工作面高产、高效。

为了保障工作面安全、高效生产,同时实现及时快速构筑充填体,并兼顾采煤生产和充填作业,在实践中研制了一些巷旁充填支架,如图 19 所示是其中的一种。

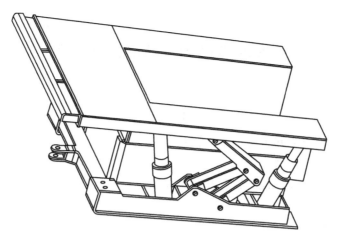

图 19　巷旁充填支架

参考文献

［1］张国锋,何满潮,俞学平,等. 白皎矿保护层沿空切顶成巷无煤柱开采技术研究［J］. 采矿与安全工程学报,2011,28(4):511-516.

［2］华心祝. 我国沿空留巷支护技术发展现状及改进建议［J］. 煤炭科学技术,2006,34(12):78-82.

［3］陈勇. 沿空留巷围岩结构运动稳定机理与控制研究［D］. 徐州:中国矿业大学,2012.

［4］何满潮,钱七虎. 深部岩体力学基础［M］. 北京:科学出版社,2010.

［5］韩昌良. 沿空留巷围岩应力优化与结构稳定控制［D］. 北京:中国矿业大学,2013.

［6］何满潮,袁和生,靖洪文,等. 中国煤矿锚杆支护理论与实践［M］. 北京:科学出版社,2004.

［7］刘泉声,高玮,袁亮. 煤矿深部岩巷稳定控制理论与支护技术及应用［M］. 北京:科学出版社,2010.

［8］孙恒虎,赵炳利. 沿空留巷的理论与实践［M］. 北京:煤炭工业出版社,1993.

［9］郭育光,柏建彪,侯朝炯. 沿空留巷巷旁充填体主要参数研究［J］. 中国矿业大学学报,1992(4):1-11.

［10］李迎富. 二次沿空留巷围岩稳定性控制机理研究［D］. 淮南:安徽理工大学,2012.

具有冲击倾向煤体的浸水作用

刘小波

摘要：冲击地压是地下开采过程中危害很大的动力灾害之一。依据大量的相关资料，在冲击地压的定义基础之上，探讨了我国冲击地压发生的区域性分布特点、冲击地压类型和冲击地压理论研究成果和冲击地压防治措施，并结合文献资料，探讨了煤层注水作用及冲击倾向煤样的浸水时间效应。

关键词：地下开采；冲击地压；灾害防治

1 引言

1.1 研究背景

冲击地压是矿井生产过程中的典型动力灾害之一，还可能诱发煤与瓦斯突出、煤层自然发火、冒顶等次生灾害，造成更为严重的后果。由于冲击地压发生是载荷集中局部化的问题，十分抽象，难以直接监测与掌控，见图 1。所以，冲击地压问题变得尤为复杂。

图 1　冲击地压

目前，国外发达国家因考虑灾害及能源结构调整的原因，具有冲击地压危险的矿井被陆续关闭，而我国成为冲击地压灾害发生和防治研究的主要国家。2018 年 10 月 20 日，山东龙郓煤业发生冲击地压灾害，21 人遇难。据不完全统计，1933 年，抚顺胜利煤矿发生冲击地压；1949—1997 年，全国 33 个煤矿发生 2 000 多次煤爆；2006—2013 年发生 35 次冲击地压事故，造成 300 人死亡。这些冲击地压灾害还造成工程施工期限延误、资源浪费、设备损坏和人员伤亡等重大损失，甚至导致工程失效。

1.2　冲击地压与岩爆定义

冲击地压与岩爆是地下工程和采矿工程领域常见的岩石动力破坏现象,但一直以来人们对于冲击地压、矿震和岩爆等术语的理解仍不够清晰。由于行业背景的差异,在我国水电、交通、铁路等行业将这种现象称之为岩爆,而在煤矿和金属矿行业称之为冲击地压或矿震。全国科学技术名词审定委员会对冲击地压和岩爆审定公布的定义:冲击地压是指井巷或工作面周围岩体,由于弹性变形能的瞬时释放而产生突然剧烈破坏的动力现象,常伴有煤岩体抛出、巨响及气浪等现象,具有很大的破坏性,是煤矿重大灾害之一;岩爆是指地下工程开挖过程中由于应力释放出现围岩表面自行松弛破坏并喷射出来的现象。

冲击地压与岩爆在英文中的学术用语为 rock burst 或 coal burst。然而,现在岩石力学界的部分学者认为冲击地压和岩爆是同一种岩石动力学现象,把冲击地压和岩爆作为同义词合并,但有煤矿行业背景的学者并不认同这种观点,这在 2010 年 7 月的中国科协第 51 次新观点新学说学术沙龙讨论中表现得尤其突出。这种理解上的差异是由于行业对工程的要求不同所产生的。在煤炭行业,由于井巷或工作面工程的相对临时性和经济性要求,通常是可以容忍井巷或工作面的围岩发生变形或破坏,只要围岩结构不失稳而满足安全生产要求即可,而水电、交通行业的隧道等地下工程是百年大计,不能容许围岩发生破坏和产生大变形。

2　冲击地压现状及特点

全国范围内冲击地压发生频度与发生强度快速增加。据 2012 年国家煤矿安全监察局的调研报告显示,我国冲击地压矿井数量已从 1985 年的 32 个发展到 2012 年的 142 个,分布于20 多个省(市、自治区)。自 2010 年以来,我国冲击地压事故起数增长较快。我国冲击地压主要分布在华北、东北地区,主要集中分布在四个条带,即北纬 26°、北纬 34°、北纬 39° 和北纬 42° 附近区域的黑、吉、辽、京、冀、豫、鲁、皖、川、黔、湘、赣十二省市,其中辽、京、鲁、皖、黔五省市发生冲击地压的煤矿较多。1991 年及以前发生冲击地压的矿井如表 1 所示。

表 1　发生冲击地压矿井分布

局	矿	初始时间/年.月	冲击次数	最大震级	局	矿	初始时间/年.月	冲击次数	最大震级
鸡西	滴道	1983.09	9		阜新	高德	1978.01	3	
鹤岗	南山	1981.03	5		阜新	五龙	1959.01	7	
舒兰	营城	1962.01			阜新	东梁		2	
辽源	西安	1954.01	266		北票	台吉	1970.05	64	3.8
通化	铁厂		4		沈阳	中心台	1972.09	5	
抚顺	龙凤	1975.01	675	2.5	北京	门头沟	1947.05	566	3.8
抚顺	老虎台	1955.01	38.383	3.7	北京	城子	1961.01	14	3.4
抚顺	胜利	1933.01	44		北京	房山	1958.12	17	3.0
大同	忻州窑	1981.01	35		北京	长沟峪	1970.01	1	
大同	煤峪口	1972.01	7		北京	大台	1961.01	9	
大同	永定庄	1962.06	16		北京	木城涧	1970.01		

续表

局	矿	初始时间/年.月	冲击次数	最大震级	局	矿	初始时间/年.月	冲击次数	最大震级
枣庄	陶庄	1976.01	146	3.6	开滦	唐山	1963.01	46	
枣庄	八一	1976.01	6		南桐	砚石台	1979.08	19	
枣庄	柴里		1		南桐	南桐	1962.01		
地方	天池	1959.10	37		义马	千秋	1988.01	7	
地方	五一	1980.12	10		地方	擂鼓	1981.03	10	
江苏	姚桥矿	1993.01	4		地方	花鼓山	1984.09	2	
徐州	山河尖	1991.01	45		山东	华丰矿	1991.01	102	
徐州	旗山	1991.07			山东	权台	1991.07		

在开采深度上,浅部开采发生冲击地压的矿井也不断出现。例如,新疆宽沟矿开采深度317 m,硫磺沟矿开采深度350 m,乌东矿开采深度仅150 m,平庄矿区古山矿开采深度380 m左右,华亭矿在300 m左右,均具有冲击地压危险性。

3 冲击地压种类

国内外学者从不同的角度提出了不同的冲击地压分类方法。例如,按冲击地压发生位置可分为煤层冲击地压、顶板冲击地压和底板冲击地压;按冲击压力来源可分为重力型、构造型和重力—构造型;按冲击能量大小可分为微冲击、弱冲击、中等冲击、强冲击和灾难性冲击等类型;Rice从煤岩材料受载类型和破坏形式,将冲击地压分为受静载引起的应力型冲击失稳和受动载引起的震动型冲击失稳;佩图霍夫根据冲击地压与工作面的位置关系,将冲击地压分为发生在工作面的由采掘活动直接引起的冲击地压和远离工作面,由于矿区或井田内大区域范围的应力重分布引起的冲击地压;潘一山等根据自己的研究成果,分为煤体压缩型冲击地压、顶板断裂型冲击地压和断层错动型冲击地压3种基本类型;何满潮等通过对煤岩冲击失稳的能量聚积和转化特征的研究,建立了以复合型能量转化为中心的煤岩冲击失稳分类体系,将冲击地压分为单一能量诱发型和复合能量转化诱发型两大类,其中单一能量型又可分为固体能量诱发型、气体能量诱发型、液体能量诱发型、顶板垮落能量诱发型和构造能量诱发型,同以往的按冲击能量特征分类相比,该分类方法更突出煤岩冲击失稳的本源和主要影响因素。

4 冲击地压研究理论

我国是世界上采煤量最多的国家,也是冲击地压发生最多的国家。因此,学术界对煤矿冲击地压发生机理的研究非常活跃,将冲击地压过程作为动力稳定性问题进行分析,基于弹性、塑性理论和稳定性理论,对冲击地压的机理进行了许多深入的研究,先后提出了刚度理论、强度理论、能量理论、冲击倾向理论、变形系统失稳理论、剪切滑移理论、准则理论、"三因素"理论、强度弱化减冲理论、复合型厚煤层"震冲"机理、岩体动力失稳的折迭突变理论、冲击启动理论、煤岩组合冲击机理、冲击地压和突出的统一失稳理论等。

强度理论:导致岩体承受的应力 σ 与其强度 σ_c 比值,即 $\sigma/\sigma_c \geqslant k$ 时,就发生岩爆。国内

代表性强度理论判据:$\sigma > (0.15 \sim 0.20)\sigma_c$。该理论的局限性在于指出满足上述条件岩石会发生破坏,但未指出什么条件会发生猛烈的破坏(岩爆),应该说该理论只是给出岩爆的必要条件。

能量理论:库克等人在对南非岩爆研究成果总结基础之上提出了该理论。岩爆是岩体-围岩系统在力学平衡状态破坏时系统释放的能量大于岩体本身破坏所消耗的能量而引起的。该理论较好地解释了地震和岩石抛出等动力现象。能量理论从能量角度解释了岩爆的破坏机理,但它并未说明平衡状态的性质和破坏条件。

冲击倾向理论:岩石本身的力学性质是岩爆发生的内在条件,用一个或一组与岩石本身性质有关的指标衡量矿岩的岩爆倾向强弱,即所谓的岩爆倾向性理论。常用的指标有弹性应变能指数、岩石脆性系数、切向应力判据和岩石冲击能指数。

刚度理论:对于用普通压力机进行单轴压缩试验时猛烈破坏的岩石试件,若改用刚性试验机试验,则破坏平稳发生而不猛烈,并且有可能得到应力-应变全过程曲线。研究认为,试件产生猛烈破坏的原因是试件的刚度大于试验机的刚度。在20世纪70年代,Black将刚度理论用于分析矿区的岩爆问题,认为矿山结构(矿体)的刚度大于矿山负荷(围岩)的刚度是产生岩爆的必要条件;20世纪80年代佩图霍夫引入了刚度条件,明确认为矿山结构的刚度是峰后载荷-变形曲线下降段的刚度。但是刚度理论未对矿山结构与矿山负荷系统的划分及其刚度给出明确的概念。

"三因素"理论:认为发生冲击地压必须同时具备三因素,即内存因素——煤岩体具有冲击倾向性;应力因素——有超过煤岩体强度的应力作用;结构破坏条件——具有弱面和容易引起突变滑动的层状界面。只有同时具备这3个条件,才会导致冲击地压的发生,否则不会发生冲击地压。但如前所述,在一些测定为无冲击倾向性煤层的矿井也发生了冲击地压。

以上理论研究成果都存在着各种局限性。究其原因,并不是学者们在冲击地压机理方面的研究方法不对,问题的关键在于如前所述冲击地压存在3种不同的分类。每一种理论可以解释一种条件下发生的冲击地压,很难用统一的理论去解释所有的冲击地压现象。

5 冲击地压防治措施

冲击的地压防治技术可概括为3类:

①采用优化设计方法进行井下开拓开采的合理部署,以避免冲击地压的发生。具体内容包括优化开拓布置、保护层开采、无煤柱开采、预掘卸压巷、宽巷掘进、宽巷留柱法等。开采设计优化方法是从源头上消除煤岩体内部应力高度集中、降低冲击地压危险的一类方法。目前,许多冲击地压矿井由于在开采设计阶段没有考虑开采中的应力叠加和应力集中问题,在后期开采中发生冲击地压。

②通过增大支护强度或改善支护方式以提高支护体抵抗冲击的能力,这是一种被动防护方法。该方法包括:冲击震动巷道围岩刚柔蓄能支护法,高预应力、强力锚杆、U型钢支护法,门式液压支架(或垛式液压支架)法、恒阻大变形锚杆(索)支护法。由于支护改变围岩的应力环境是有限的,加强支护不能阻止冲击地压启动,更多的是通过降低冲击地压能量和降低能量释放速度,达到降低灾害的损害程度。

③对已具有冲击危险的区域进行解危,避免高应力集中和改善煤岩体介质性质以减弱积聚弹性能的能力。该类方法包括顶板深孔爆破、煤层卸载爆破、底板切槽法、大孔卸压法、断底

爆破法、预掘卸压硐室、煤层高压注水、煤层高压水力压裂、定向水力压裂法、高压水射流切槽等。

6 煤层注水作用及冲击倾向煤样的浸水时间效应

由于煤层注水具有可以改变煤岩的冲击倾向性、降尘、防煤层自燃、操作工艺简单、投资小等优点,成为冲击地压矿井的首选方法,尤其是对于冲击地压初步显现的易自然发火煤层。该方法从改变煤岩冲击倾向性角度出发,防冲效率较低,不能应急。此外,注水并非对所有冲击地压煤层都有效,应通过实验室浸水时间效应,来确定是否适合注水,并且指导注水强度、注水时机的确定及效果评价。以下结合文献与实验室试验作进一步探讨。

6.1 千秋矿煤样浸水效应

试件制备:煤样取自义马矿区千秋煤矿 2 号煤层。该煤层平均厚度 18 m。煤样分别取自夹矸层上部、夹矸层下中部和下部,共 3 组、72 个煤样。试件尺寸 $\phi50\ mm \times 100\ mm$。实验过

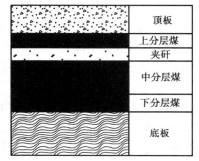

图 2 煤层煤样采取示意图

程是对三组煤样分别浸水 0,10,20 和 30 d,并测出不同浸水时间的弹性能量指数、冲击地压能量指数、单轴抗压强度。煤样采取位置示意图见图 2。

实验结果与分析:为了定量和全面地反映煤在峰值强度前后的不同力学性质,可以从应力-应变全过程曲线中提取力学参数作为冲击倾向指标。图 3 显示出上、中分层冲击能与弹性能随浸水时间变化图。最小弹性能量指数是单位体积的煤破坏前在受力过程中所储存的弹性变形能与消耗的能量的比值。显然,煤体受力后,所消耗的能量越少,而储存的能量就越多,发生冲击地压的可能性就越大。因此,弹性能量指数的大小反映了煤层的冲击倾向性。

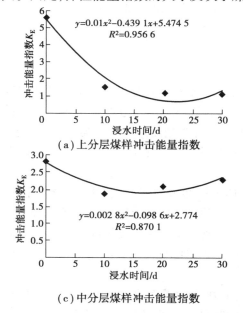

（a）上分层煤样冲击能量指数

（c）中分层煤样冲击能量指数

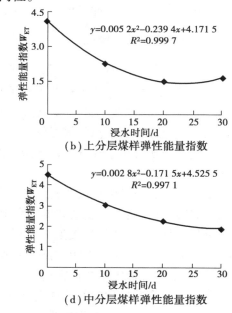

（b）上分层煤样弹性能量指数

（d）中分层煤样弹性能量指数

图 3 冲击能与弹性能指数随浸水时间的变化曲线

如图 3 所示,无论自然状态评判为强冲击倾向还是弱冲击倾向性的煤样,其冲击能量指数都随浸水时间延长先减小后增大,而自然状态评判为强冲击倾向的煤样变化梯度较大。2 组煤样冲击能量指数随浸水时间的变化规律基本一致,浸水 20 d 时的冲击能量指数最小。由图 3 可知,2 组煤样弹性能量指数随浸水时间变化符合二次拟合函数曲线,并且随浸水时间延长有先减小后增大趋势,且上分层、下分层煤样表现较为明显。上分层、下分层煤样在浸水 20 ~ 25 d 时弹性能量指数最小,随后开始增大。

结果讨论:

①煤样浸水强度变化,取决于煤中亲水矿物和易溶矿物的含量及孔隙和裂隙的发育程度。由于水分子进入煤试件,其中亲水矿物和易溶矿物得到溶解,煤岩对外表现出软化。但是,随着浸水时间的延长,各煤样中亲水矿物和易溶矿物成分及含量的不同,表现出强度和破坏形态有差异。

②煤样浸泡在水体中,可以使得煤样中少量亲水矿物吸水膨胀、扩容,使得煤样强度降低,破坏时间延长;同时,水又是一种溶剂,将少量易溶矿物成分溶解在水中。溶解程度与浸水时间相关,失去易溶矿物成分的煤样,强度将有所增加,使得煤样冲击倾向指标随浸水时间变化。

6.2　实验室煤样浸水研究

试件制备与试验方法:试验煤样来自内蒙古自治区陶利煤矿,尺寸为 $\phi 50 \text{ mm} \times 100 \text{ mm}$,共 11 个,如图 4 所示。将煤样分为 A 组、7 个试样,在 5 MPa 静水压力下浸泡 2 ~ 12 h;B 组、4 个试样,在 2 ~ 6 MPa 的静水压力下浸泡 12 h。采用 MTS815 刚性液压伺服试验机提供载荷,同时,采用美国物理声发射公司生产的 12CHS PCI-2 声发射监测系统,监测试件受压变形破坏过程中的声发射活动状况。

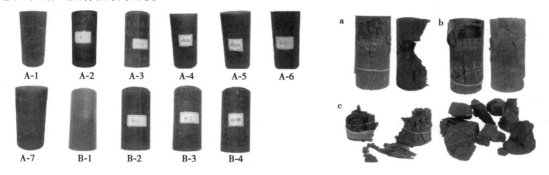

图 4　准备试件　　　　　　　　　　图 5　破坏模式

煤样破坏形式如图 5 所示,主要有劈裂破坏、剪切破坏、煤爆破坏。这些破坏形式一般不是单一出现在一个试件上,往往以组合方式出现。随着煤样强度的增加,破坏模式由 a 至 c 过渡。

岩石材料在受压破坏过程中发出的声发射信号,可以较好地揭示岩石微观裂隙孕育、发展、汇聚至宏观裂纹形成过程。本次实验测试了声发射累积信号与声发射能量两个参数。具有冲击倾向的煤样与无冲击倾向的煤样表现出两种类别的声发射特征,如图 6 所示。

由图 6 可知,对于两类煤样在受到轴向加载直至破坏的过程中,声发射累积计数均在同一个数量级上,表明产生的声发射次数相差不大,但在声发射能量上,具有冲击倾向的煤体产生声发射的能量为 $10^8 \sim 10^9$,而非冲击倾向煤体产生的能量为 $10^7 \sim 10^8$。试验结果表明,冲击倾

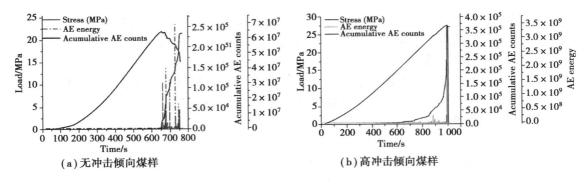

（a）无冲击倾向煤样 　　　　（b）高冲击倾向煤样

图 6　煤样声发射活动

向煤样破坏时,更多的应变能在破坏时被释放。

在对于冲击倾向煤体,单轴压缩强度值大于非冲击倾向煤体,且含水率也较高。在本次实验中,由于采用了加压浸泡,冲击倾向煤体含水率在 4% 左右,而非冲击倾向煤体含水率在 1.5% 左右。这种即为软化系数大于 1 的情况,文献中给出了可能的揭示。对于本次实验,浸水时间短,且加压抽真空的浸泡方法使得一般意义上水的弱化作用并不明显,水分子可以进入较小的孔隙、裂隙,可能作为物理上的充填作用,使得孔的支撑作用更强。

7　结论

随着我国煤矿开采深度的增加,煤矿冲击地压的严重性愈发凸显。深入研究冲击地压发生机理,提出合理的冲击地压防治方法,对于我国煤矿安全生产有着重要意义。本文结合相关文献与实验研究介绍了水在煤体中非弱化现象,并提出需要进一步探讨的问题:①本次实验煤样中黏土类物质较少,浸水后的力学差异不明显;②水在煤样中的表现主要是受力发生变形破坏,而非崩解。

参考文献

[1] 潘俊锋,毛德兵,蓝航,等. 我国煤矿冲击地压防治技术研究现状及展望[J]. 煤炭科学技术,2013(6):21-25.

[2] 金佩剑,王恩元,刘晓斐,等. 冲击地压危险性综合评价的突变级数法研究[J]. 采矿与安全工程学报,2013(2):256-261.

[3] 齐庆新,李晓璐,赵善坤. 煤矿冲击地压应力控制理论与实践[J]. 煤炭科学技术,2013(6):1-5.

[4] 姜耀东,潘一山,姜福兴,等. 我国煤炭开采中的冲击地压机理和防治[J]. 煤炭学报,2014,39(2):205-213.

[5] 潘一山. 煤与瓦斯突出、冲击地压复合动力灾害一体化研究[J]. 煤炭学报,2016(1):105-112.

[6] 张镜剑,傅冰骏. 岩爆及其判据和防治[J]. 岩石力学与工程学报,2008(10):2034-2042.

[7] 尚彦军,张镜剑,傅冰骏. 应变型岩爆三要素分析及岩爆势表达[J]. 岩石力学与工程学报,2013(8):1520-1527.

[8] 李剑,何鹏,王琛,等. 沉积岩岩石软化系数异常原因分析[J]. 西部探矿工程,2009(11):15-18.

[9] 潘俊锋,宁宇,蓝航,等. 基于千秋矿冲击性煤样浸水时间效应的煤层注水方法[J]. 煤炭学报,2012(S1):19-25.

[10] 熊德国,赵忠明,苏承东,等. 饱水对煤系地层岩石力学性质影响的试验研究[J]. 岩石力学与工程学报,2011(5):998-1006.

第三篇 煤矿瓦斯治理及抽采

深部开采煤层瓦斯抽采技术

李文璞

摘要：随着能源需求量的增加和矿山开采强度的不断加大，国内外矿山都相继进入深部资源开采状态，而在深部开采过程中，矿井生产将面临"三高一扰动"的复杂力学环境。因此，为了深入了解深部煤层开采过程中安全生产问题以及资源利用问题，通过收集、整理大量相关文献，详细讨论了瓦斯抽采的技术参数和瓦斯抽采的效果指标，进一步分析了本煤层瓦斯抽采、邻近层瓦斯抽采和采空区瓦斯抽采等技术方案及其优缺点。但是，不论选择何种瓦斯抽采方法，都必须符合《煤矿瓦斯抽采基本指标》要求。

关键词：深部开采；瓦斯抽采；钻场；指标

1 煤矿深部开采现状及面临的主要问题

1.1 煤矿深部开采现状

煤炭是我国的主体能源，在我国一次能源生产和消费结构中的比重较高，且在当前及今后相当长的时期内煤炭仍将作为我国的主导能源。但是，我国92%的煤炭生产是井工开采，井下开采平均深度近500 m，并以每年约20 m的速度向下延深。目前，全国煤矿开采的煤层赋存及开采条件复杂，煤层瓦斯含量普遍较高，其中50%以上的煤层为高瓦斯煤层，高突矿井占全国矿井总数的44%。同时，煤矿瓦斯事故致死率长期居高不下。2000—2009年，一次死亡10人以上的特大事故中，瓦斯事故死亡人数占事故总人数的79.9%。随着对能源需求量的增加和煤矿开采强度的不断加大，浅部资源日益减少，国内外矿山都相继进入深部资源开采状态。

深部开采工程主要是指在进行深部资源开采过程中而引发的与巷道工程及采场工程有关的问题。目前，深部资源开采过程中所产生的岩石力学问题已成为国内外研究的焦点。

早在20世纪80年代初，国外已经开始注意对深井问题的研究。1983年，苏联的权威学者就提出对超过1 600 m的深（煤）矿井开采进行专题研究。当时的西德还建立了特大型模拟试验台，专门对1 600 m深矿井的三维矿压问题进行了模拟试验研究。1989年，岩石力学学会曾在法国召开"深部岩石力学"问题国际会议，并出版了相关的专著。多年来，国内外学者在岩爆预测、软岩大变形机制、隧道涌水量预测及岩爆防治措施（改善围岩的物理力学性质、应力解除、及时进行锚喷支护施工、合理的施工方法等）、软岩防治措施（加强稳定掘进面、加强基脚及防止断面挤入、防止开裂的锚喷支护、分断面开挖等）等各方面进行了深入的研究，取得了突出的成绩。一些有深井开采矿山的国家，如美国、加拿大、澳大利亚、南非、波兰等，政府、工业部门和研究机构密切配合，集中人力和财力紧密结合深部开采相关理论和技术开展基础性研究。南非政府、大学与工业部门密切配合，从1998年7月开始启动了一个"Deep Mine"的研究计划，耗资约合1.38亿美元，旨在解决深部的金矿安全、经济开采所需解决的一些关键问题。加拿大联邦和省政府及采矿工业部门合作开展了为期10年的两个深井研究计划,在微震与岩爆的统计预报方面的计算机模型研究,以及针对岩爆潜在区的支护体系和岩爆危险评估等进行了卓有成效的探讨。美国爱达荷大学、密西根工业大学及西南研究院就此展开了深井开采研究,并与美国国防部合作,就岩爆引发的地震信号和天然地震,与核爆信号的差异与辨别进行了研究。西澳大利亚大学在深井开采方面也进行了大量工作。

近些年来,随着我国国民经济和科学技术的发展,复杂地质条件下一些长深铁路、公路隧道的修建,开展了深部开采事故的预防应用和提出了许多先进的科学技术和理论,在软岩支护、岩爆防治、超前探测、信息化施工等方面,隧道工程部门、中国矿业大学、中南大学、东北大学、重庆大学、同济大学、西南交通大学等进行了大量的研究和实践,积累了丰富的实践经验。"九五"期间,中国矿业大学在深部煤矿开发中灾害预测和防治研究、武汉岩土所在硐室优化及稳定性研究、中南大学《千米深井岩爆发生机理与控制技术研究》、北京科技大学《抚顺老虎台矿开采引发矿震的研究》等都做了许多有益工作,取得了重要成果。

1.2　深部开采面临的主要问题

随着开采深度的不断增加,井下地质环境更加复杂,地应力增大,涌水量加大,地温升高,导致突发性工程灾害和重大恶性事故的可能性增加,如矿井冲击地压、瓦斯爆炸、矿压强烈显现、地温升高以及巷道围岩大变形和发生流变等,对深部资源的安全高效开采造成了巨大威胁。深部开采与浅部开采的区别在于深部煤岩体所处的环境属于"三高一扰动"的复杂力学环境。

1.2.1　"三高"

"三高"主要是指高地应力、高地温、高岩溶水压。

(1)高地应力

进入深部开采以后,仅重力引起的垂直原岩应力通常就超过工程岩体的抗压强度(一般高于20 MPa),而由于工程开挖所引起的应力集中水平则远大于工程岩体的强度(一般高于40 MPa)。据已有的地应力资料显示,深部岩体形成历史久远,留有远古构造运动的痕迹,其中存有构造应力场或残余构造应力场。二者的叠合累积为高应力,在深部岩体中形成了异常的地应力场。据南非地应力测定,在深度3 500~5 000 m的地应力水平为95~135 MPa。

(2)高地温

根据量测,越往地下深处,地温越高。地温梯度一般为30~50 ℃/km,而常规情况下的地温梯度为30 ℃/km。断层附近或导热率高的异常局部地区,地温梯度有时高达200 ℃/km。岩体在超常规温度环境下,表现出的力学、物理变形性质与普通环境条件下具有很大差别。地温可以使岩体热胀冷缩而破碎,而且岩体内温度变化1 ℃可产生0.4~0.5 MPa的地应力变化。岩体温度升高产生的地应力变化对工程岩体的力学特性会产生显著的影响。

(3)高岩溶水压

进入深部开采以后,随着地应力及地温升高,同时会伴随岩溶水压的升高。在采深大于1 000 m时,因岩溶管道的作用,岩溶水压将高达7 MPa,甚至更高。岩溶水压的升高,使得矿井突水灾害更为严重。

1.2.2　采矿扰动

采矿扰动主要指强烈的开采扰动。进入深部开采后,在承受高地应力的同时,大多数巷道要经受很大的回采空间引起强烈的支承压力作用,使受采动影响的巷道围岩压力数倍、甚至近十倍于原岩应力,从而造成在浅部表现为普通坚硬的岩石,在深部却可能表现出软岩大变形、大地压、难支护的特征;浅部的原岩体大多处于弹性应力状态,而进入深部以后则可能处于塑性状态,即有各向不等压的原岩应力引起的压、剪应力超过岩石的强度,造成岩石的破坏。

2　矿井瓦斯抽采的必要性

目前,我国共有 410 个矿井建立了瓦斯抽采系统。全国年瓦斯抽采量达 66×108 m^3。2001—2008 年全国煤矿瓦斯抽采和利用情况如图 1 所示。

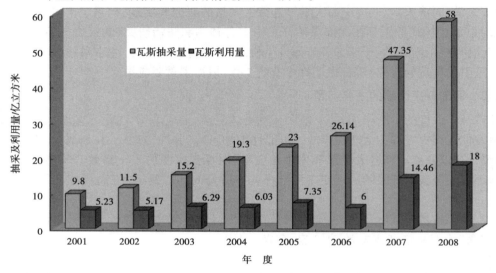

图 1　2001—2008 年全国瓦斯抽采利用情况

我国的瓦斯抽采最早始于 1938 年,但系统的抽采利用起步更晚。20 世纪 50 年代初期,在抚顺高透气性特厚煤层中首次采用井下钻孔预采煤层瓦斯,获得了成功,解决了抚顺矿区生产过程中的瓦斯安全问题,而且抽出的瓦斯还被作为民用燃料而进行利用。20 世纪 50 年代中期,在煤层群的开采中,采用穿层钻孔抽采上邻近层瓦斯的试验在阳泉矿区首先获得成功,解决了煤层群开采中首采工作面瓦斯涌出量大的问题。此后,在阳泉又试验成功利用顶板高抽巷技术抽采上邻近层瓦斯,抽采率达 60% ~70%。20 世纪 60 年代以后,邻近层卸压瓦斯抽采技术在我国得到了广泛的推广应用。20 世纪 70 年代至 90 年代初,针对平顶山等矿区存在的单一低透高瓦斯煤层及有突出危险的煤层,采用通常的布孔方式预抽采瓦斯,而后陆续试验了强化抽采开采煤层瓦斯的方法,如煤层注水、水力压裂、水力割缝、松动爆破、大直径(扩孔)钻孔、网格式密集布孔、预裂控制爆破、交叉布孔等,但效果不理想,难以解除煤层开采时的瓦斯威胁。同时,我国先后在抚顺龙凤矿、阳泉矿、焦作中马村矿、湖南里王庙矿等矿区施工地面钻孔 40 余个,并且进行了水力压裂试验和研究,但是,均未取得预期效果。从20 世纪 90 年代后期起,全面开展瓦斯(煤层气)勘探、地面抽采试验和井下规模抽采利用,并引进国外瓦斯开发技术,开展了瓦斯的勘探、抽采工程,但是,效果不理想,导致煤矿瓦斯事故时有发生。

3　瓦斯抽采的参数及指标

3.1　瓦斯抽采难易程度评价

煤层抽采瓦斯难易程度的评价主要有钻孔流量衰减系数和煤层透气性系数两项指标,是用来衡量开采层瓦斯抽采难易程度的重要参数。根据这两项指标,将未卸压原始煤层的抽采难易程度划分为三类,即容易抽采、可以抽采和较难抽采。

3.1.1　钻孔流量衰减系数

该系数是表示钻孔瓦斯流量随时间延长呈衰减变化的指标。如式(1)和图 2 所示,钻孔瓦斯流量与时间呈负指数分布,其中 β 值越大,流量衰减越快,可抽性越差。

$$q_t = q_0 e^{-\beta t} \tag{1}$$

3.1.2　煤层透气性系数

该系数是反映煤层瓦斯流动难易程度的指标。如图 3 所示,其物理意义是 1 m 长的煤体上,其压力平方差为 1 MPa^2 时,通过 1 m^2 煤体断面,1 昼夜流过的瓦斯量,物理单位是:$m^2/(MPa^2 \cdot d)$,1 $m^2/(MPa^2 \cdot d)$ = 0.025 mD(毫达西)。

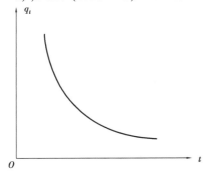

图 2　钻孔瓦斯流量变化规律

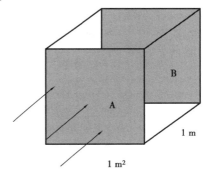

图 3　透气性测定示意图

3.2　瓦斯抽采效果的评价指标

瓦斯抽采效果一般用抽采率指标和抽采量指标来衡量。根据《矿井瓦斯抽采管理规范》和《防治煤与瓦斯突出规定》,抽采率指标应符合以下规定:

①预抽煤层瓦斯的矿井:矿井瓦斯抽采率应不小于20%,回采工作面瓦斯抽采率应不小于25%。

②邻近层卸压瓦斯抽采的矿井:矿井瓦斯抽采率应不小于35%,回采工作面应不小于45%。

③采用综合抽采方法的矿井:矿井瓦斯抽采率应不小于30%。

④煤与瓦斯突出矿井:预抽煤层瓦斯后,突出煤层瓦斯含量应小于该煤层始突深度的原始煤层瓦斯含量,无相关数据则必须把煤层瓦斯含量降到 8 m^3/t 以下或将瓦斯压力降到0.74 MPa(表压)以下。

4　瓦斯抽采技术

通过近60年的瓦斯抽采实践,我国煤炭企业陆续总结出一系列瓦斯抽采模式和技术,可概括为三种模式多种技术,如表 1 所示。

表1　我国瓦斯抽采模式与主要技术

抽采模式	具体技术	适用条件	较早应用矿区	实施效果
先抽后采 （未卸压瓦斯抽采）	巷道抽采	本层抽采	抚顺龙凤矿（1952）	我国最早的瓦斯抽采，现在很少使用
	顺层钻孔抽采 （交叉钻孔）	本层抽采	抚顺（1954）、阳泉、天府、北票等	全国推广，但抽采量不稳定
	巷道穿层钻孔抽采	各类煤层及煤层群	阳泉（1957）、北票等	较好，在全国推广
	压裂抽采	高透气性煤层	抚顺（地面井,1976）、鹤壁（地下钻孔,20世纪70年代）、晋城等	近年发展迅速，较好
随采随抽 （卸压瓦斯抽采）	保护层开采的瓦斯抽采	煤层群、单一特厚高瓦斯煤层	中梁山（20世纪60年代初）、抚顺、松藻、淮南、淮北等	好，全国推广
	高抽巷抽采	邻近层抽采	阳泉（20世纪70—80年代）、盘江	好，但巷道工程量大
	顶板走向穿层（顺层）钻孔	采空区抽采	淮南（20世纪90年代后期）、淮北、平顶山等	较好，全国推广
	巷道穿层钻孔抽采	各类煤层及煤层群	阳泉（1957）	较好，全国推广
	采空区埋管抽采	采空区抽采	高瓦斯矿井多有采用	部分较好
先采后抽 （卸压瓦斯抽采）	地面钻井采空区抽采	新采空区或封闭较好的老采空区	铁法、淮北、淮南、焦作、阳泉	较好
	采空区埋管抽采	采空区抽采	高瓦斯矿井多有采用	部分较好

4.1　本煤层瓦斯抽采技术

本煤层瓦斯抽采又称"开采煤层瓦斯抽采"，是指在煤层开采之前或采掘的同时，用钻孔或巷道抽采该煤层的瓦斯，以便减少煤层的瓦斯含量和回风流中的瓦斯浓度，确保煤层开采过程中的安全生产。

4.1.1　适用条件

①本煤层瓦斯含量较大，通风方法难以解决。

②煤层透气性系数一般大于 $0.23 \ m^2/(MPa^2 \cdot d)$，而单孔瓦斯流量也大于 $0.1 \ m^3/min$，中厚煤层的预抽效果较好。

③在采掘部署上，能保证抽采瓦斯的工程施工和具有 $2 \sim 5$ 年的抽采时间。

4.1.2　抽采方法

按照抽采与采掘的时间关系，本煤层抽采可分为"预抽"和"边抽"两种方法。所谓"预抽"，又可分为巷道预抽和钻孔预抽两种，就是在开采之前预先抽采煤层中的瓦斯；所谓"边抽"，又包括边采边抽和边掘边抽两种，是指边生产边抽采瓦斯，即生产和抽采同时进行。

4.1.3　巷道预抽本煤层瓦斯

在回采之前,事先掘出瓦斯巷道(因同时要考虑采煤工作需要,也称为采准巷道);然后,将巷道密闭,在密闭处接设管路进行抽采,直到回采时为止。该方法的优点是煤体卸压范围大,煤的暴露面积大,有利于瓦斯释放,但缺点是,需要提前掘巷道,开采时巷道维修量大;高瓦斯煤层掘进施工困难;若密闭不严,易进气,抽出的瓦斯浓度低;巷内易引起煤自燃。因此,目前此法很少应用。

4.1.4　穿层钻孔预抽煤层瓦斯

在开采煤层底(或顶)板岩层中掘一条与煤层走向一致的巷道,然后每隔一定距离(20～30 m)掘一小石门做钻场(深度小于6 m);在每个钻场内向煤层打3～7个呈放射状的钻孔穿透煤层进入顶(底)板,插管封孔进行抽采,如图4所示。

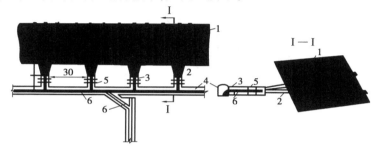

图4　钻孔预抽本煤层瓦斯钻孔、钻场布置示意图
1—煤层;2—钻孔;3—钻场;4—岩巷;5—密闭;6—抽采瓦斯管路

该种技术的优点是,钻孔贯穿煤层,瓦斯很容易沿层理面流入钻孔,有利于提高抽采效果;其次,抽采工作是在掘进和回采之前进行的,能大大减少生产过程中的瓦斯涌出量。但缺点是,被抽采煤层没有受采动影响,煤层压力变化不大(未卸压),透气性低的煤层可能达不到预抽效果。

4.1.5　"边抽"瓦斯技术

"边抽"包括边采边抽和边掘边抽。

(1)边采边抽

在工作面前方进风巷或回风巷中每隔一定距离打平行于工作面的钻孔,然后插管、封孔进行抽采,如图5(a)所示;也可以每隔一定距离(20～30 m)掘一钻场(深度小于6 m),布置3个扇形钻孔,然后插管、封孔进行抽采,如图5(b)所示。

该种方法的优点是:由于采动影响,煤层已卸压,煤层透气性增加,抽采效果好;不受采掘工作的相互影响和时间限制,具有较强的灵活性和针对性。但也存在缺点:开孔位置在煤层,封孔不易保持严密,影响抽采效果和瓦斯浓度;另外,钻孔与煤层层理平行,层理之间不易勾通,瓦斯不易流动,也影响抽采效果。

(2)边掘边抽

在掘进巷道两帮间隔20～30 m掘一钻场(深度小于6 m),在钻场向工作面推进方向打2～3个超前钻孔,然后插管、封孔进行抽采。随着工作面的推进,钻场和钻孔也向前排列,如图6所示。

边掘边抽的优点:工作面前方和巷道两帮一定范围的应力已发生变化,因而游离和解吸瓦斯能直接被钻孔抽出,透气性低的煤层也会获得一定效果。

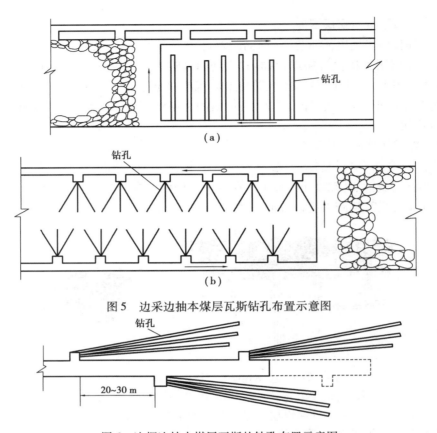

图 5 边采边抽本煤层瓦斯钻孔布置示意图

图 6 边掘边抽本煤层瓦斯的钻孔布置示意图

边掘边抽的缺点:增加了掘钻场和打钻的工程量和时间,对掘进速度有影响;易漏风,抽采率低;此法只能降低掘进而不能降低回采时的瓦斯涌出量。

4.2 邻近层瓦斯抽采技术

在开采煤层群时,受采动影响,开采煤层上、下一定距离内的其他煤层中的瓦斯就会沿着由于卸压作用造成的裂隙流入开采煤层的工作面空间,称这些煤层为开采煤层的邻近层。在开采煤层上方的邻近层,称为上邻近层;反之,为下邻近层。为了解除邻近层涌出的瓦斯对开采煤层的威胁,常从开采煤层或围岩大巷中向邻近层打钻,抽采邻近层中的瓦斯,以减少邻近层的瓦斯涌出量,这种抽采方法被称为邻近层瓦斯抽采。

4.2.1 上邻近层瓦斯抽采

按抽采钻孔布置位置,分以下两种方式。

①开采层内巷道打钻抽采方式。将钻场设在回风副巷内,由钻场向上邻近层打穿层钻孔,然后接管抽采,如图 7 所示。

②开采层外巷道打钻抽采方式。将钻场设在上邻近层顶板巷道内,向上邻近层打穿层扇形钻孔,然后接管抽采,如图 8 所示。

4.2.2 下邻近层瓦斯抽采

按抽采钻孔布置位置,分以下两种方式。

①开采层内巷道打钻抽采方式,是下邻近层抽采经常采用的一种方式。钻场设在工作面

的进风正巷内,由钻场向下邻近层打穿层钻孔,然后接管抽采,如图9所示。

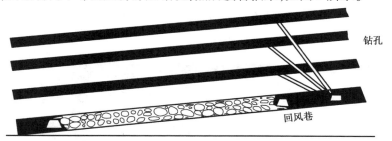

图7　本层巷道穿层抽采上邻近层瓦斯的钻孔布置示意图

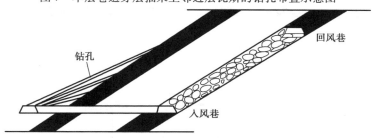

图8　顶板巷道穿层抽采上邻近层瓦斯的钻孔布置示意图

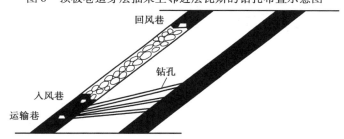

图9　本层巷道穿层抽采下邻近层瓦斯的钻孔布置示意图

②开采层外巷道打钻抽采。钻场设在煤层底板的岩巷中,从钻场向下邻近层打穿层扇形钻孔进行瓦斯抽采,如图10所示。

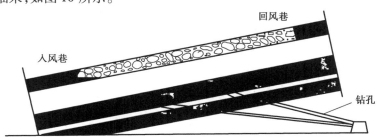

图10　开采层外巷道打钻抽采下邻近层瓦斯的钻孔布置示意图

4.3　采空区瓦斯抽采技术

4.3.1　回采工作面采空区瓦斯抽采

进行回采工作面采空区瓦斯抽采时,应将采空区封闭严密,防止漏风。然后,在回风巷的密闭处插管进行抽采,如图11所示,也可以在回风巷间隔30～50 m掘一个斜上绕行巷道作钻场,向采空区上方打钻,钻孔进入冒落带或裂隙带,然后将绕道封闭进行抽采,如图12所示;还可以采用在回风巷预先埋置管路或在煤层中距回风巷相近的其他巷道中向采空区打钻等方式,抽采采空区瓦斯。

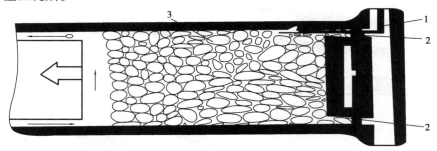

图11　回采工作面采空区瓦斯抽采示意图
1—抽采瓦斯管路;2—密闭;3—采空区

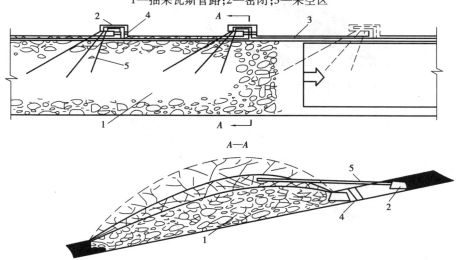

图12　回采工作面采空区顶板裂隙带抽采瓦斯示意图
1—采空区;2—钻场;3—抽采瓦斯管路;4—密闭;5—钻孔

4.3.2　回采结束后的采空区瓦斯抽采

对回采工作已结束的采区,可在进、回风巷修建永久性密闭。两个密闭之间用河砂或黏土充满、充实,并接设瓦斯管路进行抽采,如图13所示。

5　结论

针对深部开采煤层的瓦斯抽采,不论采取何种抽采方法,都必须在满足《煤矿瓦斯抽采基本指标》的要求:突出煤层工作面采掘作业前,必须将开采范围内煤层的瓦斯含量降到煤层始突深度的瓦斯含量以下或将瓦斯压力降到煤层始突深度的煤层瓦斯压力以下。若没有考察出煤层始突深度的煤层瓦斯含量和压力,则必须将煤层瓦斯含量降到 8 m^3/t 以下,或将煤层瓦斯压力降到 0.74 MPa(表压)以下。

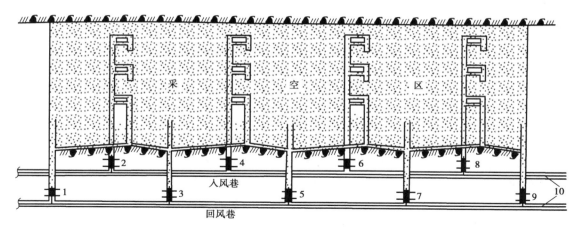

图 13　老空区抽采瓦斯示意图

1,3,5,7,9—回风煤门及抽采瓦斯密闭;2,4,6,8—入风煤门及抽采瓦斯密闭;10—抽采瓦斯管路

参考文献

[1] 何满潮. 深部开采工程岩石力学的现状及其展望[C]//中国岩石力学与工程学会. 第八次全国岩石力学与工程学术大会论文集. 北京:科学出版社,2004:88-94.

[2] 晏玉书. 我国煤矿软岩巷道围岩控制技术现状及发展趋势[C]//何满潮. 中国煤矿软岩巷道支护理论与实践. 北京:中国矿业大学出版社,1996:1-17.

[3] 谢和平. 深部高应力下的资源开采——现状、基础科学问题与展望[C]//香山科学会议主编. 科学前沿与未来(第六集). 北京:中国环境科学出版社,2002:179-191.

[4] 古德生. 金属矿床深部开采中的科学问题[C]//香山科学会议主编. 科学前沿与未来(第六集). 北京:中国环境科学出版社,2002:192-201.

[5] SELLERS E J,Klerck P. Modeling of the effect of discontinuities on the extent of the fracture zone surrounding deep tunnels[J]. Tunneling And Underground Space Technology,2000,15(4):463-469.

[6] KIDYBINSKI A. Strata control in deep mines [M]. Rotterdam:A A Balkema,1990.

[7] FAIRHURST C. Deformation,yield,rupture and stability of excavations at great depth[C]//Maury and Fourma-intraux eds. Rock at Great Depth. Rotterdam:A A Balkema,1989:1103-1114.

[8] MALAN D F,SPOTTISWOODE S M. Time-dependent fracture zone behavior and seismicity surrounding deep level stopping operations[C]// Rockburst and Seismicity in Mines. Rotterdam:A A Balkema,1997:173-177.

[9] 钱七虎. 非线性岩石力学的新进展——深部岩体力学的若干问题[C]//中国岩石力学与工程学会. 第八次全国岩石力学与工程学术大会论文集. 北京:科学出版社,2004:10-17.

[10] 钱七虎. 深部地下工空间开发中的关键科学问题[R]. 第230次香山科学会议《深部地下空间开发中的基础研究关键技术问题》,2004.

[11] 钱鸣高. 20年来采场围岩控制理论和实践的回顾[J]. 中国矿业大学学报,2000,19(1):1-4.

[12] SUN J,WANG S. Rock mechanics and rock engineering in china:developments and current state-of-the-art [J]. International Journal of Rock Mechanics and Mining Science,2000(37):447-465.

[13] 俞启香. 矿井瓦斯防治[M]. 徐州:中国矿业大学出版社,1992.

[14] 张铁岗,矿井瓦斯综合治理技术[M]. 北京:煤炭工业出版社,2001.

[15] 周世宁,鲜学福,朱旺喜. 煤矿瓦斯灾害防治理论战略研讨[M]. 徐州:中国矿业大学出版社,2001.

[16] 于不凡,王佑安. 煤矿瓦斯灾害防治及利用技术手册[M]. 北京:煤炭工业出版社,2000.

煤矿瓦斯隐蔽致灾因素普查

李建功

摘要:煤矿隐蔽致灾因素已成为引发瓦斯、顶板、水害、火灾、冲击地压等重大灾害事故的主要原因。隐蔽致灾因素普查是有效防范煤矿灾害事故的基础工作。本文依据大量相关文献,介绍煤矿隐蔽致灾因素的内涵,着重分析煤矿瓦斯灾害的隐蔽致灾因素,并提出瓦斯灾害隐蔽致灾因素的普查技术手段,为煤矿企业隐蔽致灾因素的普查工作提供工作思路和方法。

关键词:煤矿;瓦斯;隐蔽致灾因素;普查

煤矿安全是煤矿生产中的重中之重。我国煤矿安全生产形式保持总体稳定、持续好转的发展态势。2013年共发生事故起数604起,死亡1 067人,百万吨死亡率0.288,同比分别下降了22.5%、22.9%和23%。然而,与世界先进采煤国家相比差距依然很大,如美国百万吨死亡率稳定在0.02左右,澳大利亚基本不发生人员伤亡事故。在我国,瓦斯、顶板、水害、火灾、冲击地压是预防煤矿重特大事故的重中之重,而引发这些煤矿事故的原因是复杂多样的,生产对象、生产工具、生产者等方面都有可能诱发事故。但是,隐蔽致灾因素已经成为引发瓦斯、顶板、水害、火灾、冲击地压等重大灾害事故的主要原因。据不完全统计,在煤矿重大事故中与地质条件有关的各类重大事故占90%。因此,加强煤矿隐蔽致灾因素的普查工作,提高隐蔽致灾因素探测技术与装备水平是煤矿安全生产的关键。

1 煤矿隐蔽致灾因素的内涵

煤矿隐蔽致灾因素是指隐伏在煤层及其围岩内,在开采过程中可能诱发灾害的不良地质体(地质异常区),在采动作用下形成的灾变地质体(区),以及其他有可能诱发灾害的地质工程遗留物体。其中,不良地质体也是原生地质体,主要包括褶曲、断层、陷落柱、火成岩侵入体、煤层赋存条件变化区、瓦斯富集区、冲击地压矿井应力异常区、富水区等;灾变地质体主要包括采空区、采动应力集中区、煤岩采动破坏区、漏风通道等;地质工程遗留物主要指封闭不良钻孔、遗留钻具(套管)等。

煤矿隐蔽致灾因素具有四大特性,决定了由于隐蔽致灾因素不明而导致的灾害事故具有突发性,这四大特性包括:

①隐蔽性:在煤矿生产过程中,可导致灾害发生的地质异常体,难以直接观测,需通过专门手段才可能被发现的特性。例如隐伏陷落柱、不明老空区、小型地质构造、应力异常区等。

②时变性:可导致灾害发生的因素伴随采掘生产活动随时间而变化的特性。随着矿井延深和开采条件变化,出现了多种新型隐蔽致灾因素和灾害形式,如滞后突水、采动离层水、延期突出、冲击地压、切顶、近距离煤层群火灾等。

③脆弱性:隐蔽致灾因素被触发并突然引发灾害事故的起因往往很平常,但具有致灾时间短,产生的灾害强度高,破坏性大,无预警时间或预警时间短促的特性。

④可探查性:在现有技术、经济条件下可对煤矿隐蔽致灾因素预先查明并进行危险性

评价。

2　煤矿瓦斯隐蔽致灾因素分析

对于不同类型的瓦斯事故,在众多的致灾因素中,都存在着一定的隐蔽性因素。从瓦斯事故致灾因素的分析和事故调查总体统计情况看,导致瓦斯事故的主要隐蔽致灾因素为地质构造、煤层赋存参数变化、煤层瓦斯参数变化、应力集中、瓦斯异常涌出。

2.1　地质构造

煤与瓦斯突出与地质构造关系密切。地质构造对煤层和瓦斯赋存、地应力大小、煤的破坏类型等具有控制作用。实践表明,突出事故多发于地质构造区域,如断层、褶曲影响区和火成岩侵入区,特别是压性、压扭性断层和向斜轴部等附近。

2.2　煤层赋存参数变化

煤层赋存条件与煤的形成过程密切相关,不同区域的煤层会显现不同的分布特征。煤层赋存参数主要包括煤层厚度、走向、倾角、煤体结构、煤层层间距、围岩参数等。煤层赋存参数发生变化,可导致煤层中的瓦斯赋存状况、应力状态、煤层坚固性系数、煤层透气性系数、煤层间距、煤层顶底板岩性等发生变化,而在这些变化区域,容易发生瓦斯灾害。煤层厚度、倾角、走向、结构等急剧变化区和煤层出现合层、分叉等区域是煤与瓦斯突出事故的多发地点。

2.3　煤层瓦斯参数变化

煤层中的瓦斯压力、瓦斯含量等参数同煤与瓦斯突出危险性及瓦斯涌出量密切相关。矿井开采深度的增加、地质构造、顶底板岩性等都能够导致煤层瓦斯赋存参数发生变化,使煤层内的瓦斯含量、瓦斯压力等显现出不同的区域分布特征。高瓦斯区域可能具有突出危险性或引起瓦斯涌出量的增大,增大发生瓦斯事故的可能性。

2.4　采掘空间围岩应力分布

应力集中区也是瓦斯灾害易发区域。地应力是引发突出的动力性因素之一,高地应力区或应力集中区是煤与瓦斯突出事故的多发地点。埋深增加、地质构造、采掘工程影响等都会导致高地应力或应力集中的出现。

2.5　瓦斯异常涌出

由于矿井地质条件和采掘扰动等因素,矿井可能存在含大量瓦斯的溶洞和裂隙。在未采取有效探测手段的情况下,采掘过程中可能发生瓦斯喷出现象,造成大量高压瓦斯的突然涌出;工作面顶板突然大面积下沉,可能将采空区大量的瓦斯突然涌到工作面空间;工作面发生煤与瓦斯突出时,也会导致瓦斯的大量涌出。这些异常瓦斯涌出现象可使工作面或相邻区域瓦斯浓度突然超限,甚至导致瓦斯爆炸、窒息等瓦斯灾害事故。

3　煤矿瓦斯灾害隐蔽致灾因素普查技术

煤矿瓦斯灾害隐蔽致灾因素普查是指,通过调查煤矿瓦斯灾害事故和隐蔽致灾因素的历史、演变过程、以往作业方式、相邻煤矿和区域瓦斯状况,采用地面探查、井下探查或井地联合探查方式,预先查明影响矿井安全开采的隐蔽致灾因素,并评价其致灾危险性的活动。因此,首先要对导致煤与瓦斯突出等瓦斯灾害的主要隐蔽致灾因素进行调查和评价;然后,采取相关技术及装备进行探查;最后,对调查、评价和探查结果进行整理,编制相关说明和图件。

3.1 煤矿瓦斯灾害隐蔽致灾因素调查与评价

3.1.1 地质构造调查

调查和分析矿井区域地质环境,了解和掌握矿井地质条件成因,调查地勘期间发现和实际生产过程中揭露的各种地质构造(断层、褶曲)形态,分析地质构造复杂程度和演化特征,编制煤矿构造纲要图及相关地质报告。其中,断层普查主要包括断层性质、走向、倾角、断距、断层带宽度及岩性、断层两盘伴生裂隙发育程度等。将地质构造调查结果在采掘工程平面图和瓦斯地质图上进行标注和说明。

3.1.2 煤层及瓦斯赋存状况调查

调查矿井煤层的厚度、走向、倾角等赋存产状、分布特征、破坏类型、煤层层间距等情况,分析煤层的赋存稳定性,并对煤层赋存参数变化区域及异常区域在采掘工程平面图和瓦斯地质图上进行标注和说明;调查地勘期间和井下实际生产过程中获取的煤层瓦斯参数情况;以及邻近矿井煤层的瓦斯基本参数情况;调查和分析矿井煤层瓦斯地质资料,对煤层瓦斯参数变化区域、瓦斯富集区等在采掘工程平面图和瓦斯地质图上进行标注和说明。

3.1.3 应力集中区调查

对煤层埋深分布、地质构造类型及其组合、矿井采掘过程中留设的安全煤柱分布、临近层开采造成的应力集中区域以及矿井周边煤矿的开采和煤柱分布情况等进行调查及细致分析,并标注在采矿工程平面图和瓦斯地质图上。

3.1.4 异常瓦斯涌出情况调查

对矿井采掘过程中发生过瓦斯喷出等异常瓦斯涌出的区域、溶洞和裂缝等进行调查及细致分析,并标注在采矿工程平面图和瓦斯地质图上。

3.1.5 煤层突出危险性调查及评价

调查本矿井和邻近矿井的瓦斯等级、煤层实际发生的煤与瓦斯突出事故和其他动力现象情况、瓦斯参数测定情况、突出危险性鉴定情况、突出危险性区域划分等情况。将煤层实际发生的煤与瓦斯突出事故和其他动力现象情况的地点标注在采矿工程平面图和瓦斯地质图上。

对各开采煤层是否具有突出危险性给出结论,并对突出煤层的突出危险区域进行划分,对发生瓦斯异常涌出的可能性给出评价。

3.2 煤矿瓦斯灾害隐蔽致灾因素探查技术

3.2.1 地质构造探查技术

采掘施工前,通过地质钻孔或物探装备查明采掘区域前方隐伏的地质构造,并在采掘工程平面图和瓦斯地质图上标注。

3.2.2 煤层赋存变化探查技术

采掘施工前,通过地质钻孔或物探装备查明采掘区域煤层厚度、走向等赋存状态及其变化情况,探测煤层层间距以及煤层与瓦斯抽放巷的层间关系,并在采掘工程平面图和瓦斯地质图上标注。

3.2.3 煤层瓦斯参数测定技术

在煤矿地质勘探及生产过程中,必须对煤层瓦斯基本参数进行普查,掌握其客观规律。按照不同时期,煤层瓦斯参数测定工作主要分为地勘时期和生产时期。其中,地勘时期主要是通过测定煤田地质范围内不同测点的瓦斯含量,将所测定的瓦斯含量参数上图并形成瓦斯地质图;生产矿井煤层瓦斯含量直接测定技术主要是按照《煤层瓦斯含量井下直接测定方法》(GB/T 23250—2009)进行井下煤层瓦斯含量的直接测定,而煤层瓦斯压力测定主要是采用直接测定法,按照《煤矿井下煤层瓦斯压力的直接测定方法》(AQ/T 1047—2007)的要求进行。

3.2.4 异常涌出地质因素探查

采掘施工前,通过地质钻孔或利用物探技术及装备查明采掘区域前方含大量瓦斯的溶洞、断层、裂隙或遗留采空区等,并将探测结果在采掘工程平面图和瓦斯地质图上标注。

4 结论

煤矿隐蔽致灾因素普查是有效防范煤矿灾害事故的基础工作,是落实煤矿企业安全生产主体责任的必要途径。隐蔽致灾因素是引发煤矿水害、瓦斯和顶板等重大灾害事故的主要原因之一。只有在查清灾害因素的空间位置、致灾危险程度等情况的基础上,才能有效治理灾害隐患,有效防范事故发生,有利于全面促进企业提高安全生产保障水平。国家有关安全生产法律法规明确要求,煤矿企业要及时排查治理安全隐患,要经常性开展安全隐患排查,并切实做到整改措施、责任、资金、时限和预案"五到位"。因此,隐蔽致灾因素普查成为预防和治理煤矿灾害事故的治本之策之一,处于攻坚克难阶段,是提升煤矿灾害防治能力的一项长期性、系统性和综合性技术工程。必须坚持地面普查与井下探查相结合,地面以宏观控制为主,井下以微观控制为主,探查工作坚持"物探先行,化探补充,钻探验证,综合勘查"的基本思路,以水害、瓦斯灾害、顶板和冲击地压灾害、火灾和采空区(老空区)为重点,加强煤矿隐蔽致灾因素的普查工作,提高隐蔽致灾因素探测技术与装备水平。

参考文献

[1] 胡千庭,赵旭生.中国煤与瓦斯突出事故现状及其预防的对策建议[J].矿业安全与环保,2012,39(5):1-6,99.

[2] 赵旭生,邹云龙.近两年我国煤与瓦斯突出事故原因分析及对策[J].矿业安全与环保,2010,37(1):84-87.

[3] 胡千庭,文光才.煤与瓦斯突出的力学作用机理[M].北京:科学出版社,2013.

[4] 张铁岗.平顶山矿区煤与瓦斯突出的预测及防治[J].煤炭学报,2001(2):172-177.

[5] 闫江伟,张小兵,张子敏.煤与瓦斯突出地质控制机理探讨[J].煤炭学报,2013(7):1174-1178.

[6] 韩军,张宏伟.构造演化对煤与瓦斯突出的控制作用[J].煤炭学报,2010(7):1125-1130.

[7] 韩军,张宏伟,宋卫华,等.煤与瓦斯突出矿区地应力场研究[J].岩石力学与工程学报,2008(S2):3852-3859.

[8] 杨孟达.煤矿地质学[M].北京:煤炭工业出版社,2000.

[9] 邱贤德,庄乾城.采掘空间前方集中应力对煤与瓦斯突出的影响[J].矿山压力与顶板管理,1993(Z1):27-31.

[10] 邱贤德,庄乾城.采场应力和煤结构与煤和瓦斯突出关系的浅析[J].煤炭科学技术,1994(8):2-7.

[11] 于不凡.测定突出煤层应力状态是预测煤和瓦斯突出分布的重要方法[J].煤炭工程师,1986(6):23-31.

[12] 于不凡.煤矿瓦斯灾害防治及利用技术手册[M].北京:煤炭工业出版社,2005.

[13] 范天吉.煤矿瓦斯综合治理技术手册[M].长春:吉林音像出版社,2003.

[14] 马丕梁,陈东科.煤矿瓦斯灾害防治技术手册[M].北京:化学工业出版社,2007.

煤与瓦斯突出预警指标研究进展

张洋洋

摘要:煤与瓦斯突出是煤矿生产最严重的灾害之一,而灾害预测及预警是防治煤与瓦斯突出的关键技术。本文总结了矿井预警指标及预警技术、煤与瓦斯突出机理、煤层地质环境与突出关系、抽掘采部署与突出关系等研究进展,指出了构建合理的预警指标是有效预警的关键。分析认为,从突出相关的理论研究及预警的有效性、及时性、全局性等方面看,仍存在一定的不足,对预警指标及预警模型的支撑较为薄弱。现有研究结果认为,基于矿井抽掘采合理部署,建立以煤层地质环境为二级指标,以生产、瓦斯抽采、通风、监测监控、辅助生产等系统为三级指标,以安全错距、预抽超前时间、开采程序、抽掘采接替等可量化的参数作为四级指标的突出致灾风险评价指标体系,可以为突出矿井风险决策和灾害预警提供依据。

关键词:煤与瓦斯突出;预警指标;生产系统;抽掘采部署;地质环境

煤炭是保障我国能源安全稳定和经济发展的基础。因此,必须高度重视煤矿安全生产,确保煤炭工业持续、稳定、健康发展。瓦斯事故是煤矿安全生产最大的威胁之一。高伤亡率和高破坏率给中国经济和能源行业的发展造成巨大损失,同时也严重威胁矿工的生命安全。煤与瓦斯突出(以下简称"突出")是煤矿中一种极其复杂的动力现象。矿井中常见的瓦斯灾害事故,能在很短的时间内,由煤体向巷道或采场突然喷出大量的瓦斯及碎煤,在煤体中形成特殊形状的空洞,并形成一定的动力效应,喷出的粉煤可以充填数百米长的巷道。

灾害预警是防治煤矿事故发生的关键技术。我国 20 世纪 80 年代末、90 年代初开始研究煤炭行业预警理论,90 年代中后期开始出现了单项作业预警和经济预警的研究成果。经过 20 多年的发展,基本形成了较为成熟的临界预警和状态预警。从系统的角度看,突出矿井是一个由人、机、环境组成的大系统,在空间上呈立体分布,在时间上为动态发展,使得矿井大系统与突出的发生具有显著的相关性。因此,矿井突出致灾因素预警不仅需要状态预警或者临界预警,也需要从系统的角度做出风险评价,进行动态的系统趋势预警。这就需要基于全局角度,寻找科学合理的预警指标。本文对我国煤矿突出灾害的研究进展进行描述和总结,分析当前存在的不足,探讨突出灾害预测预警发展方向,提出考虑抽掘采平衡的生产系统合理性的预警指标体系,为瓦斯灾害的防治和预警技术提供参考。

1 煤矿突出灾害预警指标及预警技术

预警理论在煤炭行业的应用起步较晚。由于发达国家煤矿安全管理水平比较高,煤矿事故率比其他生产行业还低,如美国的煤矿事故率远低于其余 20 种行业的事故率。所以,在这方面的研究工作开展比较少。我国在 20 世纪 80 年代末开始研究预警理论,如徐州矿务局 1996 年开始投入使用的矿井通风安全管理预警提示系统。近年来,突出预警在技术、软件和硬件等方面取得了明显的进展,如文光才等开发了相应的计算机系统,建立了突出预警信息平台,实现了工作面突出危险的实时智能预警。

预警的关键是建立科学、系统、实用的预警指标体系。目前,较为成熟的煤与瓦斯突出预警指标以技术规程和法律法规为基础,如瓦斯压力、瓦斯涌出、瓦斯浓度等。王汉斌等人提出了一种初步的预警指标体系,包含井下瓦斯监测、地面瓦斯监测、外在环境监测三部分。杨玉中等初步建立了瓦斯爆炸和煤与瓦斯突出的预警指标体系。胡千庭等利用直接测定煤层瓦斯含量的方法进行煤层突出预测。罗新荣等选取井下瓦斯涌出峰值、瓦斯上升梯度、瓦斯超限时间和瓦斯下降梯度 4 个参数作为突出预测的特征指标。袁亮等研发了基于瓦斯含量预测煤与瓦斯突出的一整套新技术与装备,使得工作面突出预测的深度从目前的小于 10 m 提高到65 m,且预测时间缩短为原来的 1/2。

除了瓦斯自身参数外,国内学者也提出了通过其他技术途径进行突出预测,并在技术和硬件上得到发展,如微震、声发射、电磁辐射等。曲均浩等开发了微地震监测煤与瓦斯突出的定位系统。牛聚粉等提出了基于 GIS 的煤与瓦斯突出预警实现的标准化过程。聂百胜等研制了煤岩动力灾害非接触电磁辐射监测预警技术及装备。胡朝元等认为依据突出点处的地震AVO 响应特征,可实现对煤与瓦斯突出区的预测。翁明月等开展了对综放工作面进行煤岩破坏的微震监测、工作面矿压显现监测和瓦斯涌出的实测研究。

多指标、多因素的预警指标体系也在逐步发展和实现中。如孙继平等(2006)提出利用开采深度、煤层厚度等 15 项指标。郭德勇等提出用最大开采深度、煤层厚度等 9 项指标进行突出预测。赵旭生等分别从工作面客观危险性、防突措施重大缺陷、安全管理重大隐患 3 个方面,系统分析日常预测指标值及变化规律、瓦斯地质赋存规律、邻近空间采掘作业影响、瓦斯涌出特性、重大措施缺陷和管理隐患等影响突出的因素,建立综合预警指标体系。董丁稳等将预警指标确定为预警基本指标和关联性指标,划分预警等级。

2　煤与瓦斯突出致灾机理的研究进展

从突出灾害预测预警指标的角度,阐述突出机理、煤层地质环境与突出、煤矿生产系统与突出等方面的研究进展,分析各方面研究对于预警指标及预警技术的支撑作用。

2.1　煤与瓦斯突出机理研究进展

20 世纪 50 年代,苏联学者在突出机理研究方面取得了重大突破,并先后提出了多个至今仍有较大影响力的突出机理假说。这些假说均认为突出是多个因素综合作用的结果,可统称为综合作用机理假说。如能量假说认为突出是由煤的变形潜能和瓦斯内能引起的,当煤层应力状态发生突然变化时,潜能释放引起煤层高速破碎,瓦斯由已破碎的煤中解吸、涌出,形成瓦斯流,把已破碎的煤抛向采掘空间。粉碎波假说对突出的持续过程中所发生的物理现象进行了描述,较好地解释了突出过程中所发生的层裂现象。综合作用假说认为突出的发生是许多因素综合作用的结果,包括地应力、煤中的瓦斯、煤的物理力学性质及煤层的微观和宏观构造、煤层重力等。综合作用假说证明了突出确实是受众多因素的影响,但仍有一些现象无法解释,如突出事故的区域性分布、延期突出事故、过煤门时的大强度突出、瓦斯喷出量超过煤层瓦斯含量等现象。近年来,煤与瓦斯突出机理的研究又有新的发展,包括流变假说、球壳失稳假说、二相流体假说、关键层-应力墙假说、黏滑假说、固流耦合失稳假说等。郑哲敏运用力学理论探讨了煤与瓦斯突出灾害,利用量纲分析得到了一般形式下的煤与瓦斯突出判据,后来丁晓良和俞善炳在此基础上建立了煤与瓦斯突出恒稳推进模型,得出了煤与瓦斯突出一维流动解和启动判据。胡千庭等运用力学理论对煤与瓦斯突出各阶段进行了详细的描述,分析了力学作用条件下的煤与瓦斯突出过程。

国内外不断提出的突出发生的原因和条件假说表明,对突出机理的认识逐渐由单因素向多因素发展。经过长期对大量矿井突出现象的观测和研究,已基本掌握了突出发生的原因、条件和过程,明确了参与突出的煤体、岩石、瓦斯和应力场是一个统一体系。基于此思想,对于突出灾害防治与预测预警,选择了应力监测、瓦斯压力测试、煤体力学特征等参数作为预警指标。

2.2 煤层地质环境对矿井突出灾害的影响

煤层地质环境一般被认为是煤矿生产的固有背景,但由于煤层赋存的复杂性和地下采掘工作的移动性,这一要素也可以认为是动态变化,可以作为灾害预警指标。其中,地质构造对煤与瓦斯突出的控制作用尤为显著,因为地质构造不仅改变了煤体原生结构,使煤层出现厚度、倾角和煤质变化,构造应力分布不均衡,局部应力集中,煤体结构破坏严重,煤体强度低,煤体抵抗突出的能力下降,瓦斯分布不均衡,造成较大的瓦斯压力梯度。

瓦斯作为地质环境的一部分,其赋存特征对于突出灾害预警也有重要意义。魏风清等提出了煤与瓦斯突出的物理爆炸模型,对预测指标与瓦斯膨胀能的关系进行了分析。Jacek Sobczyk 分析了实验室条件下吸附过程中瓦斯压力导致煤与瓦斯突出的影响。李祥春等认为振动是诱发煤与瓦斯突出的重要因素,探讨了振动诱发煤与瓦斯突出的机理。陆漆等得出在阶梯荷载实验中,随着应力集中区域应力水平增加,实验绝对突出强度和相对突出强度也增加。袁瑞甫等对含瓦斯煤岩破坏诱发压出、突出及复合型动力现象的裂隙萌生、扩展、贯通到抛出、发展、终止的全过程进行了系统的研究。欧建春等建立了能模拟不同瓦斯压力、地应力以及不同煤体条件下的煤与瓦斯突出实验系统,确定了突出的发生条件。李学龙等研究了软煤厚度和煤与瓦斯突出的关系,发现软煤厚度突增或一段时间内厚度持续在 0.8 m 以上时,突出危险性增大。

瓦斯地质的研究极大促进了瓦斯灾害预测与地质环境的紧密联系,其研究成果已得到推广应用。彭立世等提出了一套煤与瓦斯突出危险带的地质指标,把煤与瓦斯突出的地质因素分为影响瓦斯赋存的地质条件和影响煤与瓦斯突出的地质条件 2 个方面,包含矿井地质构造、煤厚及其变化和煤体结构等地质指标。杨陆武等论述了揉皱系数、构造煤厚度及钻孔瓦斯涌出初速度的重要性,并运用瓦斯地质单元法,选取部分瓦斯地质参数对煤层的瓦斯突出带进行了划分。郭德勇将构造物理学的理论和方法引入到煤与瓦斯突出研究中,提出地质构造通过控制构造物理环境,控制煤与瓦斯突出的观点。

2.3 煤矿生产系统对矿井突出灾害的影响

煤矿生产关系主要是指面向生产的矿井开拓、掘进、回采等生产活动,同煤与瓦斯突出事故关系紧密。瓦斯抽采是消除煤与瓦斯突出灾害的根本措施,安全生产政策对瓦斯抽采的要求越来越高,促使早期的以煤炭产量为主的生产方式逐步向以考察瓦斯抽采的方向发展,由此产生了需要考虑"抽-掘-采"生产关系的平衡问题。

谢晋珠提出抽掘采平衡概念,认为抽掘采平衡关系,就是矿井瓦斯抽放、巷道掘进、采面生产 3 个工序保持严格的先后次序,并在时间和空间分布上达到平衡。陈明提出了一种煤与瓦斯突出矿井合理确定瓦斯抽采量及抽采系统的方法。王海峰等首次提出了安全煤量的概念,为建立突出矿井抽掘采平衡关系奠定了理论基础。黄家远等提出了一种确定突出煤层防突抽采量的方法。孔懿利用统计分析矿井实际抽采工程的方法,建立了突出矿井抽采时间预测模型。为更好地实现煤与瓦斯突出矿井协调高效生产,保证煤炭生产安全高效,晋煤集团采用地面钻井排采、地面与地下联合抽采、井下抽采等联合技术,形成了规划区、准备区、生产区的"三区联动"区域递进式立体抽采模式,为抽掘采在时间和空间上的平衡奠定基础。

目前,突出矿井多采用"采掘并举、掘进先行、以采定掘、以掘保采"的指导思想,采用"三超前"的采掘部署指导方针,即巷道掘进超前于抽采,瓦斯抽采超前于保护层开采,保护层开采超前于被保护层开采。在空间上,需要考虑与突出关系密切的巷道布置、煤层开采次序带来的应力集中问题。对于开采突出煤层群的矿井,合理确定矿井的抽、掘、采部署是矿井防治煤与瓦斯突出及其他瓦斯动力灾害的重要环节,也是有效治理瓦斯涌出工作的关键。

但是,目前在突出矿井抽掘采平衡评价模型方面的研究还存在不足。

3 讨论

预警指标的选择及指标体系的建立关系到灾害预警的有效性。国内外大量相关的研究成果为突出灾害的防治提供了良好的理论基础,煤矿生产过程中突出灾害事故也得到一定程度的遏制。但是,笔者认为从突出相关的理论研究及预警的有效性、及时性、全局性等方面看,仍存在一定的不足,对预警指标及预警模型的支撑较为薄弱,主要体现在:

①突出机理研究存在不足。综合作用假说在一定程度上解释了突出机理,但多是定性地描述煤与瓦斯突出现象。由于影响煤与瓦斯突出的煤岩物理力学性质的非线性,煤岩体破坏形式的多样性,瓦斯赋存与运移过程的复杂性,以及突出动力学特征的相似性,难以定量地区分,导致突出致灾机理研究还存在不足,缺乏定量的统一完整的理论体系。除综合作用假说外,其他假说多以某一指标为主,基于此而提出的预警指标缺乏普遍性和实用性。

②缺乏全局考虑。矿井是一个集生产和安全的大系统,其中包含采掘、通风、监测监控、辅助生产等系统,对于突出灾害的孕灾、致灾、抗灾、减灾都有一定影响。目前,对预警技术的研究已让人们逐步意识到多指标多因素的作用,但由于生产系统对突出的影响的研究较少,各因素致灾机理不明,理论支撑不够,使得预警技术在应用时无法做到全局考虑。

③抽掘采时空协同关系研究不足。随着开采深度不断增加,煤层地质环境日趋复杂,"深部"问题日益明显,合理解决矿井开拓、煤层开采程序、采掘接替、瓦斯抽采超前时空关系就显得异常重要。当煤矿的生产系统在时间和空间上做不到合理部署,安全生产则面临隐患。因此,如何通过预警技术判断生产系统的合理性,变得尤为重要。

④指标体系混乱,不利于找寻灾害根源。目前关于预警指标的分类标准很多,在指标体系建立时追求全面,但在指标分类分级方面做得较少,使得指标间缺乏可比性,灾害评价结果不可靠。另外,预警指标繁杂、不统一,定性描述的指标多,定量化的指标少,且大多数指标存在不可计算机语言化,只能人工手动操作;矿井生产系统的突出预警指标不简洁,评价方法单一,大数据系统不兼容。

基于以上分析,通过深入研究突出灾害致灾因素,找到突出灾害的主控因素,遴选具有技术上可行、理论上合理的预测指标,以便提高预警技术的应用效果。在研究中,应遵循如下基本原则:

①提高煤层地质环境级别,以此为背景考察采掘活动、通风系统、监测监控等系统的合理性。全面分析煤与瓦斯突出致灾因素,建立简洁明了的突出预警指标体系,构建多源数据融合的突出风险判识方法及预警模型。

②重视矿井抽掘采平衡,考察三者间超前时间、空间关系等方面的部署。进一步细化抽掘采指标,通过超前时间、超前空间、开采程序等参数进行表征和考察,使得预警模型的建立包含足够的参量,促进预警的有效性,从而指导工程实践,实现抽掘采关系的平衡。

基于以上原则,通过分析突出矿井生产系统致灾因素,建立以煤层地质环境为二级指标,以生产系统、瓦斯抽采、通风系统、监测监控、辅助生产等系统为三级指标的突出致灾风险评价指标体系,并对三级指标进一步细化,选择如安全错距、预抽超前时间、开采程序、抽掘采接替等可量化的参数作为四级指标,如图1所示。该指标体系在突出风险评价、预警模型建立、抽掘采指标量化上有明显优势。在此基础上,构建多源数据融合的预警模型,判断系统发生煤与瓦斯突出事故的可能性及后果的严重程度,为突出矿井风险决策和灾害预警提供依据。

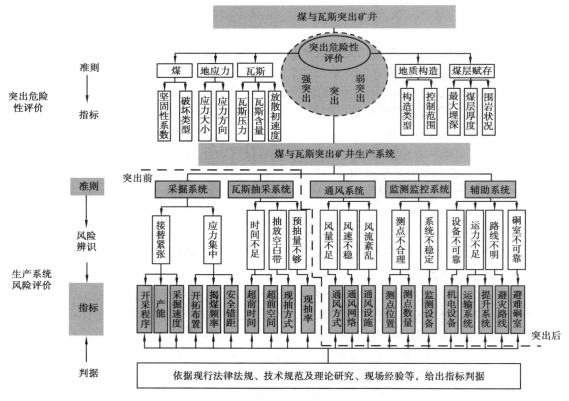

图1 矿井突出致灾抗灾指标体系

4 结论

总结了矿井预警指标及预警技术、煤与瓦斯突出机理、煤层地质环境与突出、抽掘采部署与突出等研究进展,指出了预警指标是有效预警的关键。分析认为,从突出相关的理论研究及预警的有效性、及时性、全局性等方面看,仍存在一定的不足,对预警指标及预警模型的支撑较为薄弱。为此,应深入研究突出灾害致灾因素,找到突出灾害的主控因素,遴选具有技术上可行、理论上合理的预测指标。

基于突出风险评价、预警模型、指标量化的角度,强调矿井抽掘采合理部署。通过分析突出矿井致灾因素,建立以煤层地质环境为二级指标,以生产系统、瓦斯抽采、通风系统、监测监控、辅助生产等系统为三级指标的突出致灾抗灾风险评价指标体系,并选择如安全错距、预抽超前时间、开采程序、抽掘采接替等可量化的参数作为四级指标。指标体系在突出风险评价、预警模型建立、抽掘采指标量化上有明显优势。构建多源数据融合的预警模型,判断系统发生煤与瓦斯突出事故的可能性及后果的严重程度,为突出矿井风险决策和灾害预警提供依据。

参考文献

[1] KARACAN C,RUIZ F A,COTE M,et al. Coal mine methane:A review of capture and utilization practices with benefits to mining safety and to greenhouse gas reduction[J]. International Journal of Coal Geology,2011(86):121-156.

[2] 赵旭生,邹云龙. 近两年我国煤与瓦斯突出事故原因分析及对策[J]. 矿业安全与环保,2010(1):84-87.

[3] 李然. 煤矿安全规制效果的综合评价研究[D]. 洛阳:河南师范大学,2014.

[4] 文光才,宁小亮,赵旭生. 矿井煤与瓦斯突出预警技术及其应用[J]. 煤炭科学技术,2011(2):55-58.

[5] 王汉斌,杨鑫. 一种基于AHP-RS的组合权重确定方法[J]. 中国安全生产科学技术,2010(6):155-160.

[6] 吴立云,杨玉中. 综采工作面人-机-环境系统安全性分析[J]. 应用基础与工程科学学报,2008(3):436-445.

[7] 孙海涛,胡千庭,梁运陪,等. 煤与瓦斯突出预测的自适应神经-模糊推理系统研究[J]. 河南理工大学学报(自然科学版),2007(4):353-358.

[8] 罗新荣,杨飞,康与涛,等. 延时煤与瓦斯突出的实时预警理论与应用研究[J]. 中国矿业大学学报,2008(2):163-166.

[9] 袁亮,薛生,谢军. 瓦斯含量法预测煤与瓦斯突出的研究与应用[J]. 煤炭科学技术,2011(3):47-51.

[10] 曲均浩. 微地震监测煤与瓦斯突出的定位研究[D]. 青岛:山东科技大学,2007.

[11] 牛聚粉. 基于MapX的煤与瓦斯突出预警技术研究[D]. 北京:中国地质大学,2009.

[12] 何学秋,聂百胜,何俊,等. 顶板断裂失稳电磁辐射特征研究[J]. 岩石力学与工程学报,2007(S1):2935-2940.

[13] 彭苏萍,高云峰,杨瑞召,等. AVO探测煤层瓦斯富集的理论探讨和初步实践——以淮南煤田为例[J]. 地球物理学报,2005(6):262-273.

[14] 彭苏萍,邹冠贵,李巧灵. 测井约束地震反演在煤厚预测中的应用研究[J]. 中国矿业大学学报,2008(6):729-733.

[15] 翁明月,徐金海,李冲. 综放工作面煤岩破坏及矿压显现与瓦斯涌出关系的实测研究[J]. 煤炭学报,2011(10):1709-1714.

[16] SUN J P,REN H,REN L Z,et al. Study on the forecast method for underground coal mine[J]. Journal of Coal Science & Engineering(China),2006(2):94-96.

[17] 郭德勇,范金志,马世志,等. 煤与瓦斯突出预测层次分析-模糊综合评判方法[J]. 北京科技大学学报,2007(7):660-664.

[18] 郭德勇,李念友,裴大文,等. 煤与瓦斯突出预测灰色理论-神经网络方法[J]. 北京科技大学学报,2007(4):354-357.

[19] 刘程,赵旭生,谈国文,等. 煤与瓦斯突出综合预警技术实现原理及应用[J]. 煤矿安全,2010(5):15-17.

[20] 董丁稳,李树刚,常心坦,等. 工作面多变量瓦斯体积分数时间序列预测模型[J]. 采矿与安全工程学报,2012(1):135-139.

[21] 周世宁,何学秋. 煤和瓦斯突出机理的流变假说[J]. 中国矿业大学学报,1990(2):4-11.

[22] 蒋承林,俞启香. 煤与瓦斯突出机理的球壳失稳假说[J]. 煤矿安全,1995(2):17-25.

［23］李萍丰. 浅谈煤与瓦斯突出机理的假说——二相流体假说［J］. 煤矿安全,1989(11)：29-35.

［24］吕绍林,何继善. 瓦斯突出煤体的粒度分形研究［J］. 煤炭科学技术,1999(2)：50-52.

［25］郭德勇,韩德馨. 煤与瓦斯突出粘滑机理研究［J］. 煤炭学报,2003(6)：598-602.

［26］章梦涛,徐曾和,潘一山,等. 冲击地压和突出的统一失稳理论［J］. 煤炭学报,1991(4)：48-53.

［27］郑哲敏. 从数量级和量纲分析看煤与瓦斯突出的机理［C］//郑哲敏文集. 北京:科学出版社. 2004：382-392.

［28］胡千庭,周世宁,周心权. 煤与瓦斯突出过程的力学作用机理［J］. 煤炭学报,2008(12)：1368-1372.

［29］NI G,LIN B,ZHAI C,et al. Kinetic characteristics of coal gas desorption based on the pulsating injection［J］. International Journal of Mining Science and Technology,2014,24(5)：631-636.

［30］魏风清,史广山,张铁岗. 基于瓦斯膨胀能的煤与瓦斯突出预测指标研究［J］. 煤炭学报,2010(S1)：95-99.

［31］何学秋,张力. 外加电磁场对瓦斯吸附解吸的影响规律及作用机理的研究［J］. 煤炭学报,2000(6)：614-618.

［32］尹光志,蒋长宝,许江,等. 含瓦斯煤热流固耦合渗流实验研究［J］. 煤炭学报,2011(9)：1495-1500.

［33］李化敏,袁瑞甫,李刚锋. 综合指数法中地质条件影响冲击危险指数的探讨［J］. 煤矿安全,2011(11)：119-122.

［34］欧建春. 煤与瓦斯突出演化过程模拟实验研究［D］. 北京:中国矿业大学,2012.

顶板巷瓦斯抽采诱导遗煤自燃分析

褚廷湘

摘要：在矿井采空区卸压瓦斯抽采中应用广泛的顶板巷瓦斯抽采充分利用采动后的卸压增透效应，对采空区及裂隙带的瓦斯汇集区实施抽采，从而降低采空区瓦斯涌出及工作面上隅角瓦斯积聚的强度。然而，任何事物都具有两面性。由于顶板巷处于上覆煤岩的裂隙带内，一方面抽取了瓦斯，但从采空区抽采气体成分分析来看，存在相当比例的氧气成分，顶板巷卸压瓦斯抽采也导致采空区漏风。随着采空区瓦斯抽采强度的加大，采空区漏风量随之加剧由于采空区遗煤客观存在，在采空区瓦斯抽采状态下，致使采空区松散煤体与氧气共处于同一空间体系之内，在适宜的漏风条件下就难免引起遗煤自燃。

关键词：顶板巷；瓦斯抽采；自燃；漏风

1 引言

我国煤矿瓦斯灾害问题比较严峻，据统计，在 2001—2012 年我国共发生较大及以上瓦斯爆炸事故 897 起，造成 8 000 余人死亡。鉴于国内瓦斯灾害的严重程度，国家大力推广瓦斯抽采技术，要求煤矿坚持"应抽尽抽、多措并举、抽掘采平衡"的原则，对矿井瓦斯进行抽采。在国有重点煤矿中，高瓦斯、突出矿井数量约占 49.8%，煤层具有自然发火危险的占 47.29%，兼具高瓦斯、易自燃及自燃倾向的矿井占据相当大的比例。因此，高瓦斯易自燃矿井的瓦斯灾害防治和煤自燃防治是此类矿井安全生产过程中急需解决的关键技术问题。

由于我国煤层透气性普遍较低，为了提高瓦斯抽采效果，卸压瓦斯抽采技术目前已成为矿井瓦斯治理技术体系的重要组成部分。该技术充分利用围岩移动及裂隙扩展，配合各种抽采方式实现煤岩层瓦斯的可靠抽采。调研了国内 40 对矿井（见表 1），可见顶板巷在矿井采空区卸压瓦斯抽采中应用广泛，充分利用采动后的卸压增透效应，对采空区及裂隙带的瓦斯汇集区实施抽采，从而降低采空区瓦斯涌出及采煤工作面上隅角瓦斯积聚的强度。然而，任何事物都具有两面性。由于顶板巷处于上覆煤岩的裂隙带内，一方面抽取了瓦斯，但从采空区抽采气体成分分析来看，抽采的瓦斯浓度大致在 5%～30%，存在相当比例的氧气成分。试想氧气的来源在哪里？从工作面通风来看，采空区氧气来源于工作面供风，可见顶板巷卸压瓦斯抽采一方面抽取了瓦斯，另一方面可导致采空区漏风。随着采空区瓦斯抽采强度的加大，工作面采空区漏风量随之加剧。此外，由于采空区遗煤客观存在，在采空区瓦斯抽采状态下，致使采空区松散煤体与氧气共处于同一空间体系之内。在适宜的漏风条件下，就难免引起遗煤自燃。在我国《煤矿瓦斯抽采工程设计规范》及《煤矿瓦斯抽采达标暂行规定》中，也明确规定了在抽采容易自燃或自燃煤层的采空区瓦斯时，应加强瓦斯抽采管路（网）中温度及 CO 的检测要求，进一步说明了瓦斯抽采在一定程度上对煤自燃具有影响。

表 1　国内采空区顶板巷瓦斯抽采使用部分统计

| 省份 | 矿区 | 矿井名称 | 顶板巷布置 | | 省份 | 矿区 | 矿井名称 | 顶板巷布置 | |
			内错回风巷/m	垂向距离/m				内错回风巷/m	垂向距离/m
山西	阳泉	寺家庄矿	10~30	20~40	陕西	彬长	胡家河矿	35	27
		阳泉一矿				铜川	下石节矿	15	10~15
		阳泉二矿				府谷	建新煤矿	32	12
		阳煤三矿			河北	开滦	赵各庄矿	7	8~10
		阳泉五矿				邯郸	峰峰	14	20
	左权	石港煤矿	15~30	20~40	江西	丰城	尚庄煤矿	30	18
		天池煤矿	40	40			坪湖煤业	20	15~17
		正珠煤矿	25	17			盛远煤矿	20	17~25
	吕梁	沙曲矿	20	41.7	贵州	六盘水	山脚树矿	20	15~30
	太原	西铭矿	27	38			大湾煤矿	20	30
	大同	同忻矿	20	10~20		盘江	金佳煤矿	10~15	15
		塔山矿	20	10~20	吉林	珲春	八连城矿	15	10~20
河南	平顶山	十二矿	40	15	宁夏	贺兰山	白芨沟矿	10	10
		十矿	20	10~15			乌兰煤矿	6	7
		首山一矿	20	20	黑龙江	鹤岗	兴安煤矿	6	7
	义马	八矿	10~15	15	安徽	淮南	潘一矿	19~20	18~20
		耿村矿	20~30	30~40			张集煤矿	18	17
		新义煤矿	20	5~9			新集二矿	20	16~19
	永城	葛店煤矿	23	5		淮北	祁东煤矿	15	12~20
	焦作	中马村矿	15~20	8~10			芦岭煤矿	10~15	10~12

在国内因利用顶板巷瓦斯抽采造成采空区遗煤自燃的案例时有出现。例如,河南省义马煤业集团耿村煤矿某工作面采用了顶板巷及埋管的高低位联合抽采方式,在回采期间顶板巷涌出大量 CO,严重威胁工作面的安全生产;山西省阳煤集团石港矿井下综采工作面在顶板巷抽采条件下,造成采空区漏风量增加,引发采空区遗煤自燃,进而引发瓦斯燃烧事故,致使工作面被迫封闭;山西省同煤集团同忻煤矿 8101 综放面采用 U+I 形一进两回的通风系统,布置顶板巷进行瓦斯抽采,导致发生自然火灾事故。据文献介绍,安徽省淮南新集、潘一、潘三煤矿在卸压瓦斯抽采期间也不同程度地出现了遗煤自燃现象。这些生产实践案例说明了采空区瓦斯抽采方案如果与煤自燃防治不匹配,极有可能诱发采空区遗煤自燃事故,甚至发生连锁事故。

2　顶板巷卸压瓦斯抽采与煤自燃研究现状及分析

针对采空区卸压瓦斯抽采下遗煤自燃的问题,具体结合瓦斯抽采方式、参数与煤自燃耦合防治的研究相对较少。以下主要从卸压瓦斯抽采机理、煤自燃关联因素、采空区瓦斯抽采下自燃防治研究等方面,对国内外学者的研究进行综合分析与评价。

2.1　卸压瓦斯抽采研究现状及分析

对于采动煤岩体变形及卸压瓦斯抽采,国内外学者从理论、实验和数值模拟上获得了大量的研究成果。S. S. 彭用压力拱理论解释了采空区覆岩的应力状态和出现滑动、下沉与离层现象的原因。钱鸣高、许家林等提出了关键层理论、O 形圈理论,在此基础上分析了覆岩裂隙分布及基于岩层移动的煤与瓦斯共采体系。袁亮研究了卸压开采采场内岩层移动及应力场分布规律、裂隙场演化及分布规律、卸压瓦斯富集区及运移规律等科学规律,建立了卸压开采抽采及共采技术体系。俞启香、程远平等利用煤层采动引起远程上覆煤层卸压变形规律,建立了高瓦斯特厚煤层煤与卸压瓦斯共采原理。李树刚利用数值分析及相似实验研究了采动覆岩卸压影响范围及裂隙场的分布特征。刘洪永基于砌体梁理论,研究了关键层控制下的离层断裂带瓦斯通道的发育特征,并基于 Kozeny-Carman 准则建立了瓦斯通道流态的判定方法。黄炳香进行了采动覆岩导水裂隙分布特征的相似模拟实验和力学分析,提出了破断裂隙贯通度的概念和计算公式。张勇等运用断裂力学和岩石力学相关理论,结合煤岩体裂隙发育特征,分析了采动煤岩体瓦斯通道形成机制及演化规律。李智等采用离散元数值分析了上覆煤岩体裂隙产生、发展的形成过程,得到了上覆煤岩裂隙演化规律、随工作面推进采场上覆岩层瓦斯的运移富集规律。林海飞在岩层移动裂隙发育规律及特征的研究基础上,对 U 形、U + L 形、U 形 + 走向高抽巷及(U + L)形 + 走向高抽巷条件下采动裂隙带中瓦斯运移规律进行数值模拟分析,确定了高抽巷和尾巷联络巷最优布置位置。吴仁伦提出了煤层群开采瓦斯卸压抽采"三带"范围的判别方法及卸压瓦斯抽采模式选择方法。方良才运用卸压开采及采场采动裂隙 O 形圈卸压瓦斯抽采理论,提出了一系列钻孔和巷道抽采卸压瓦斯方法,建立起了卸压开采瓦斯抽采工程体系。李化敏等研究了围岩活动对工作面瓦斯涌出的影响规律,分析了采动过程与瓦斯涌出的关系。

以上学者对岩层移动和裂隙发育特征开展了大量的研究工作,取得了很大成效。所研究的采动覆岩层的变形、裂隙场演化规律等成果,指导了矿山围岩压力控制、矿井水害防治以及卸压瓦斯抽采。但在顶板巷卸压瓦斯抽采技术研究方面,大多数学者仅专注于卸压瓦斯抽采如何增效的问题,着眼于如何有效及大量的抽采瓦斯、降低采空区瓦斯涌出强度、保障工作面风排瓦斯的安全及杜绝瓦斯灾害的发生,研究的出发点偏重于瓦斯涌出问题的解决,而很少考虑因采空区瓦斯抽采而导致遗煤自燃的问题。众所周知,在顶板巷瓦斯抽采条件下,抽采的瓦斯源位于采空区内部。在抽采负压的作用下,实现了采空区气体流入顶板巷从而进入抽采系统,在抽采强度及覆岩透气性加大的情况下,必将造成采空区漏风增大,从而改变采空区的流场状态,易引起采空区遗煤自燃。因此,有必要从煤自燃防治角度出发,结合卸压瓦斯抽采的技术特点,研究在顶板巷抽采作用下,卸压后采空区上覆煤岩裂隙发育以及与顶板巷贯通特征,从而诱导采空区漏风、引发煤自燃的问题。

2.2　采空区遗煤自燃影响因素研究及分析

采空区遗煤自燃过程是一个动态发展的过程,是采场诸多因素耦合作用的结果。影响煤矿井下遗煤自燃的因素主要分为内在因素和外在因素。内在因素主要是指煤本身的固有特性,一般很难改变,而外在因素是可通过一定的技术措施加以改变。

在煤自燃过程的影响因素研究方面,国内外学者做出了大量的研究工作。周福宝等针对采空区自燃带、巷道高冒区、封闭火区等自燃危险区域内开展不同低氧浓度下的煤自燃实验,分析了氧化产物的生成规律。秦跃平等利用程序控温的方法设计了不同粒径影响下的遗煤升温氧化实验。结果表明,不同粒径的煤样氧化速度随着温度升高而增大,粒径较小的煤样,耗氧速度增加较快。Banerjee S. C. 从调查中发现,当煤被干燥并暴露在高湿度条件下时,煤炭自热危害最为严重。王德明、Pone J. D. 也发现空气湿度的大范围和突然波动在某种程度上总伴随着煤炭自热的发生。在煤炭自燃初始阶段,煤内水分起到催化作用,但在一定条件下,水分又可以起到阻化作用。文虎等通过分析地温与煤氧化放热性、漏风供氧条件及蓄热条件的关系,探讨了地温对煤炭自燃的影响,得出随着地温的上升,煤的自燃性增强,从而导致煤自燃危险程度增加的研究结论。

以上学者针对影响煤自燃的氧气浓度、粒度、湿度、含水率、地温等方面进行了研究,得出的研究成果加深了对煤自燃的认识,指导了煤自燃的防治。但是,目前实验室的研究手段暂不能反映采空区的真实情况,无法模拟采场应力环境,几乎所有的煤自燃实验室研究都缺乏加载应力条件。采空区遗煤实际上处于一定的应力环境之下,应力环境对采空区遗煤存在的物理状态以及传热传质过程具有重要影响。例如,采空区遗煤的粒度主要决定于采场应力环境、煤的坚固性系数及采煤机的破煤效果;采空区的氧气迁移涉及采空区的透气性,而透气性取决于采场应力环境下的煤岩空隙、裂隙分布。其中,遗煤粒度及氧气在采空区的运移状态是煤自燃发生发展的重要影响因素。基于目前实验研究手段缺乏应力加载边界的情况,本项目拟通过增加应力条件,研究应力场对采空区遗煤自燃的影响行为,实验获得应力加载下采空区遗煤的粒度分布、空隙率分布、透气性的表征规律。同时,与无应力加载条件下进行对比分析,识别应力场对煤自燃的相关参数的影响效应。此外,应力场环境对煤岩裂隙发育程度及应力场对采空区上覆煤岩的纵向渗透率变化具有决定性影响,再结合瓦斯抽采的附加影响,使得采空区的漏风与遗煤自燃的相互影响关系更为复杂。因此,有必要结合采场环境,开展采空区应力场对遗煤自燃的影响行为研究,识别采空区应力场对遗煤空隙率变化的影响、加载应力场下氧气介质在松散煤体中渗透及运移特征,掌握应力场及抽采环境下采空区漏风通道气体运移流态,获得应力场对煤自燃的相关参数的影响效应。研究成果对采空区遗煤自燃问题的解决具有重要意义。

2.3 瓦斯抽采与煤自燃耦合研究及分析

B. M. Maebckar 研究表明,采空区漏风强度为 0.1 ~ 0.24 m/min 时,容易自然发火。然而,由于采空区的冒落特征以及现有传感器的局限,目前还不能实际测试采空区漏风风流,但国内外学者利用数值模拟方法研究了采空区流场问题。李宗翔等利用漏风渗流方程、多组分气体混溶-扩散方程和综合传热方程,建立了新的数值计算采空区流态方案。赵聪等以模糊渗流理论分析了与采空区冒落相称的多孔介质的极度不规则性及采空区风压及风流分布。澳大利亚 Balusu,Wendt 和 Ren,T. X 使用 CFD 技术对立井抽放下以及不同工作面通风情况的采空区瓦斯分布进行了模拟;王凯对 J 形通风综放工作面的采空区瓦斯运移进行了研究;胡千庭对立井抽放下的采空区瓦斯流动及分布规律进行了数值解算。徐精彩、邓军、张辛亥和文虎等人根据采空区煤自燃过程的主要影响因素,建立了综放工作面采空区自然发火的动态预测数学模型。B. Media-Struminska 提出了开采自燃煤层可燃气体爆炸危险性指数;Liming Yuan 利用 FLUENT 自定义放热氧化模型,根据美国煤矿常用的通风系统对采空区煤自燃进行了数值分析;周福宝调研了我国主要矿区 229 对矿井的瓦斯与煤自燃的灾害现状,发现其中 74 对具有瓦斯与煤自燃共存的灾害。李宗翔研究了瓦斯涌出与煤层自燃关系,认为采空区瓦斯涌出强度大,自然发火期将降低,但会使自燃的燃烧阶段发展更快;秦波涛实验研究了 CH_4 与煤自燃火灾主要气体 CO 的混合气体的爆炸浓度范围及爆炸危险度,理论分析了煤自燃引爆瓦斯的可能发生区域和参与过程。陈长华等研究了工作面上隅角瓦斯抽放与采空区自然发火位置的关系分析。褚廷湘前期对阳泉 U + Ⅱ、义马 U + Ⅰ 形瓦斯抽采作用下遗煤自燃进行了研究,发现在采空区瓦斯抽采作用下,采空区漏风增加,造成采空区流场的风流运移,增加了采空区浮煤自燃的危险。余明高等分析了立体瓦斯抽采系统中由于漏风而造成采空区"三带"分布变化及对浮煤自燃的影响。周福宝等研究了工作面风排瓦斯效率,指出采空区煤炭自燃"三带"随 U + Ⅰ 形通风系统的高位巷通风状态的不同而处于动态变化中。杨胜强等以石港矿 15101 综放工作面为背景,研究了"一面四巷"布置方式下的高抽负压对卸压瓦斯抽采和采空区自燃的关系。卢平等在综合分析影响综放工作面安全开采的瓦斯和煤自燃因素基础上,提出通过适时合理地调整工作面通风系统能位,合理配备工作面风量和控制采空区漏风量,控制采空区煤炭自燃的发展。

以上学者主要基于采空区瓦斯流动及煤自燃过程进行了研究,一是利用采空区的漏风规律和氧浓度场的分布规律,间接推导采空区的易自燃区域和危险性;二是经过物理建模研究了采空区瓦斯浓度场的分布及变化情况;三是根据工作面的瓦斯抽采形式,定性地分析了瓦斯抽采方式与煤自燃的关系。上述研究成果对掌握采空区瓦斯浓度分布规律,以及采空区瓦斯与煤自燃共存条件下的灾害防治具有重要意义,但是,缺少采空区瓦斯抽采诱导浮煤自燃的互动影响过程及识别的研究,暂未对瓦斯抽采引发采空区遗煤自燃的趋势做深入的研究,并未完成抽采量对采空区遗煤自燃影响效应的量化考察。

随着采空区瓦斯抽采方式的不断丰富,表现出来的漏风方式也不同。因此,需要结合采空区瓦斯抽采技术背景下,加强采空区瓦斯抽采量对遗煤自燃环境的流速场、温度场、氧气浓度场的扰动研究,确定瓦斯抽采量与自燃识别指标的函数关系及表征规律,这对掌握采空区瓦斯抽采对遗煤自燃环境的影响效应具有重要的理论价值及现实意义。所以,结合卸压瓦斯抽采及煤自燃发生发展过程,建立采空区瓦斯抽采诱导遗煤自燃致灾模型,研究瓦斯抽采量对采空区遗煤环境的扰动综合效应,识别采空区瓦斯抽采诱导浮煤自燃的互动影响过程,对协调瓦斯与煤自燃耦合防治意义重大。

3　顶板巷卸压瓦斯抽采下采空区遗煤自燃防治关键基础研究

3.1　顶板巷卸压瓦斯抽采对遗煤氧化环境流场扰动效应

3.1.1　煤岩裂隙发育与顶板巷贯通下漏风形成机制

主要研究问题:当受采动影响,覆岩裂隙发育与顶板巷的空间贯通特征,以及顶板巷采后破坏演化规律。分析煤岩裂隙发育、顶板巷变形破坏与采场覆岩、工作面推进速度、采煤及放煤高度、岩性等之间的影响关系。

3.1.2 采空区冒落空间的渗透特性

由于顶板巷瓦斯抽采,结合工作面通风影响,采空区漏风形式呈现高位漏风与低位漏风。在顶板巷抽放作用下,漏风风流纵向运移;在工作面两端压差作用下,部分风流绕汇至上隅角与回风回合。所以,在这种抽采方式下,采空区冒落空间漏风风量呈现立体特征。为了研究漏风的运移,需要进一步研究采场固-液-气三相作用下冒落空间的渗透率演化机制。

3.1.3 通风参数对采空区流场的影响

采空区漏风受制于工作面的通风参数以及采空区冒落空间的渗透特征。因此,结合对采空区冒落空间渗透率的研究,通过对通风参数的设计,研究不同抽采量、供风参数下的采空区流场问题,分析采空区风流运移规律、氧气浓度分布特征、漏风风速分布等,结合煤自燃的相关边界条件,确定出通风参数对遗煤自燃位置的扰动效应,是顶板巷抽采下的自燃防治的关键手段。

3.2 合理瓦斯抽采量问题

采空区合理瓦斯抽采量对瓦斯涌出与煤自燃防治是一个非常关键的参量,不合理的瓦斯抽采量将直接影响瓦斯治理与煤自燃防治。

3.2.1 问题提出

为了防止煤自燃而降低瓦斯抽采量,则采空区瓦斯向采煤工作面的涌出量大,造成工作上隅角及风排瓦斯出现超限;反之,加大抽采量,有利于控制瓦斯涌出,但加剧了采空区漏风,不利于煤自燃防治。因此,这中间存在一个平衡点,找到一个瓦斯抽采量既能满足瓦斯治理的需要,又能使采空区遗煤自然发火处于可接受的状态,属于合理瓦斯抽采量的问题。其理论分析框架如图1所示。

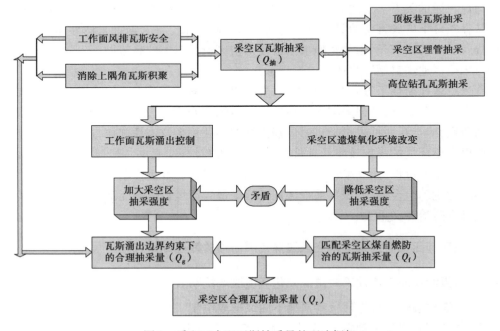

图 1 采空区合理瓦斯抽采量的理论框架

3.2.2　合理瓦斯抽采量分析

如图所示,采空区合理瓦斯抽采量的理论分析,主要从以下几个方面考虑:

①$Q_g > Q_f$:如实际 $Q_抽 \geqslant Q_g$ 说明现有瓦斯抽采量满足工作面瓦斯涌出治理需要,然而不利于防火,瓦斯抽采与煤自燃矛盾;如 $Q_f \leqslant Q_抽 < Q_g$,说明现场瓦斯抽采量既不利于瓦斯涌出治理,也不利于煤自燃防治;如 $Q_抽 \leqslant Q_f$,说明现场瓦斯抽采量满足自燃防治需要,不利于瓦斯涌出治理。由此可知,在 $Q_g > Q_f$ 的情况下,显然瓦斯抽采与煤自燃是矛盾的。在实践生产过程中,工作面瓦斯涌出的治理方法主要是抽采,一般 $Q_抽 \geqslant Q_g$。此时,瓦斯抽采量与煤自燃不匹配,造成的结果是采空区自然氧化带宽度加大,大于理论氧化带宽度,需要采取如阻化、注浆、注氮等防灭火措施,延长发火期。如果工作面采煤技术允许,可配合加快推进速度,然后再考察防灭火综合措施干预后自燃氧化带宽度是否匹配。如果匹配,工作面瓦斯涌出及自燃防治可得到解决;如果不匹配,工作面在 $Q_抽 \geqslant Q_g$ 的抽采量下易发生煤自燃。

②$Q_g < Q_f$:此时,如果 $Q_g \leqslant Q_抽 < Q_f$,说明瓦斯抽采量可兼顾瓦斯涌出及煤自燃的耦合防治,是合理瓦斯抽采量的取值空间(Q_r);如果 $Q_f < Q_抽$,说明瓦斯抽采量过大,有利于工作面瓦斯治理而不利于自燃防治;如果 $Q_抽 < Q_g$,说明瓦斯抽采量过小,有利于防火而不利于工作面瓦斯涌出治理,工作面上隅角及风排瓦斯可能超限。综合以上分析,在考虑 $Q_g < Q_f$ 情况下,合理瓦斯抽采量(Q_r)取值区间为 $Q_g \leqslant Q_抽 < Q_f$。

③$Q_g = Q_f$:出现了临界瓦斯抽采(Q_L)量,可以兼顾煤自燃及瓦斯涌出的耦合防治。如果 $Q_抽 > Q_L$,可实现对瓦斯的治理,而影响煤自燃的防治;如果 $Q_抽 < Q_L$,有利于煤自燃的防治而不利于瓦斯涌出的控制。所以,针对处于临界位置的瓦斯抽采量稍微有波动,就可能带来瓦斯涌出或者煤自燃的问题。

综上分析,当 $Q_g > Q_f$ 时,瓦斯抽采与煤自燃不匹配,工作面在 $Q_抽 \geqslant Q_g$ 的抽采量下可对工作面瓦斯有效的治理,但是需要采取防灭火措施,抑制采空区遗煤自然发火,延长采空区遗煤自然发火期。当 $Q_g < Q_f$ 时,$Q_g \leqslant Q_抽 < Q_f$,瓦斯抽采量可兼顾瓦斯涌出及煤自燃的耦合防治,是合理瓦斯抽采量的取值空间;当 $Q_g = Q_f$,确定出临界瓦斯抽采量 Q_L。

3.2.3　解决方法

瓦斯抽采量涉及瓦斯涌出控制及对煤自燃的影响。因此,需要从瓦斯治理及煤自燃耦合防治角度,分析合理的瓦斯抽采量的问题。可以从理论研究出发,配合数值分析、现场工业实践,对此开展该方面的研究。

3.3　配套防灭火技术及检验

在高瓦斯易自燃矿井中,如果进行采空区瓦斯抽采,将引起采空区漏风问题,也将改变采空区遗煤的氧化环境。为了防治遗煤不自燃或者自燃程度处于可接受范围内,需实施相关防灭火技术措施。根据矿井自身的防灭火技术能力及煤层自燃特征,通过实验、现场检测,建立工作面防灭火达标的配套技术体系,才能对煤自燃进行预防和控制。

4　结论

通过对采空区瓦斯抽采下遗煤自燃问题的有关文献阅读,发现研究瓦斯抽采下遗煤自燃防治问题涉及岩石力学、多孔介质的传热传质、渗流力学、流体力学等基础理论,与矿山压力控制、矿井瓦斯治理、煤自燃防治学科知识相交叉,是一个很复杂的科学问题。

参考文献

[1] 国家煤矿安全监察局.2011年全国煤矿事故分析报告[R].2012:21-24.

[2] 张德江.大力推进煤矿瓦斯抽采利用[J].煤炭科学技术,2010,38(1):1-3.

[3] 王德明.矿井火灾学[M].徐州:中国矿业大学出版社,2008.

[4] 游浩,李宝玉,张福喜.阳泉矿区综放面瓦斯综合治理技术[M].北京:煤炭工业出版社,2008.

[5] 褚廷湘,刘春生,余明高,等.高位巷道瓦斯抽采诱导浮煤自燃影响效应[J].采矿与安全工程学报,2012, 29(3):421-428.

[6] 褚廷湘,余明高,杨胜强,等.瓦斯抽采对U+Ⅱ型近距离煤层自燃的耦合关系[J].煤炭学报,2010,35 (12):2082-2087.

[7] 鲍永生.高瓦斯易燃厚煤层采空区自燃灭火与启封技术[J].煤炭科学技术,2013,41(1):70-73.

[8] 朱毅,邓军,张辛亥,等.综放采空区抽放条件下自燃"三带"分布规律研究[J].西安科技大学学报,2006, 26(1):15-19.

[9] 董善保.高抽巷瓦斯抽放技术在治理采煤工作面瓦斯方面的应用[J].煤矿安全,2005,36(8):8-10.

[10] 刘宝兴.新集矿综采放顶煤瓦斯防治实践[J].矿业安全与环保,2000,27(3):25,32.

[11] 〔美〕S·S·彭.煤矿地层控制[M].高博彦,韩持.北京:煤炭工业协会出版社,1984.

[12] 钱鸣高.岩层控制的关键层理论[M].中国矿业大学出版社,2003.

[13] 钱鸣高,许家林.覆岩采动裂隙分布的"O"形圈特征研究[J].煤炭学报,1998,23(5):466-469.

[14] 许家林,钱鸣高,金宏伟.基于岩层移动的"煤与煤层气共采"技术研究[J].煤炭学报,2004,29(2): 129-132.

[15] 袁亮.卸压开采抽采瓦斯理论及煤与瓦斯共采技术体系[J].煤炭学报,2009,34(1):1-8.

[16] 俞启香,程远平,蒋承林,等.高瓦斯特厚煤层煤与卸压瓦斯共采原理及实践[J].中国矿业大学学报, 2004,33(2):127-131.

[17] 李树刚,钱鸣高,石平五.综放开采覆岩离层裂隙变化及空隙渗流特性研究[J].岩石力学与工程学报, 2000,19(5):604-607.

[18] 刘洪永,程远平,陈海栋,等.高强度开采覆岩离层瓦斯通道特征及瓦斯渗流特性研究[J].煤炭学报, 2012,37(9):1437-1443.

[19] 黄炳香,刘长友,许家林.采动覆岩破断裂隙的贯通度研究[J].中国矿业大学学报,2010,39(1):45-49.

[20] 张勇,许力峰,刘珂铭,等.采动煤岩体瓦斯通道形成机制及演化规律[J].煤炭学报,2012,37(9): 1444-1450.

[21] 李智,王汉鹏,李术才,等.煤层开采过程中上覆岩层裂隙演化规律研究[J].山东大学学报(工学版), 2011,41(3):142-147.

[22] 林海飞.综放开采覆岩裂隙演化与卸压瓦斯运移规律及工程应用[D].西安:西安科技大学,2009.

[23] 吴仁伦.煤层群开采瓦斯卸压抽采"三带"范围的理论研究[D].徐州:中国矿业大学,2011.

[24] 方良才.淮南矿区瓦斯卸压抽采理论与应用技术[J].煤炭科学技术,2010,38(8):56-62.

[25] 李化敏,王文,熊祖强.采动围岩活动与工作面瓦斯涌出关系[J].采矿与安全工程学报,2008,25(1): 11-16.

[26] 周福宝,邵和,李金海,等.低O_2含量条件下煤自燃产物生成规律的实验研究[J].中国矿业大学学报, 2010,39(6):808-812.

[27] 秦跃平,宋宜猛,杨小彬,等.粒度对采空区遗煤氧化速度影响的实验研究[J].煤炭学报,2010,35(增刊):132-135.

[28] 梁晓瑜,王德明.水分对煤炭自燃的影响[J].辽宁工程技术大学学报,2003,22(4):472-474.

[29] PONE J D, HEIN K A. The spontaneous combustion of coal and its by-products in the Witbank and Sasolburg

coalfields of South Africa[J]. International Journal of Coal Geology,2007,72(2):124-140.

[30] 文虎,许满贵,王振平,等.地温对煤炭自燃的影响[J].西安科技学院学报,2001,21(1):1-3.

[31] MAEBCKAR B M,MIRANDA J L,ROMERO C,et al. Prevention of spontaneous combustion in coal stockpiles experimental results in coal storage yard [J]. Fuel processing technology,1999,59(1): 23-34.

[32] 李宗翔,海国治,秦书玉.采空区风流移动规律的数值模拟与可视化显示[J].煤炭学报,2001,26(1):76-80.

[33] 李宗翔,王晓冬,王波.采空区场流数值模拟程序(G3)实现与应用[J].湖南科技大学学报,2005,20(4):16-20.

[34] 赵聪,陈长华.基于模糊渗流理论的采场自然发火[J].辽宁技术工程大学学报(自然科学版),2009,28(S2):31-33.

[35] BALUSU R,DEGUCHI G,HOLLAND R,et al. Wendt,M. &Mallett,C. Goaf gas flow mechanics and development of gas and Spontaneous combustion control strategies at a highly gassy mine[J]. Coal and Safety, 2002,20: 35-45.

[36] REN T X,EDWARDS J S,JOZEFOWICZ R R. CFD modeling of methane flow around longwall coal faces[J]. Proceedings of the 6th International Mine Ventilation Congress,Pittsburgh,1997,17-22.

[37] WENDT M,BALUSU R. CFD modeling of longwall goaf gas flow dynamics [J]. Coal and Safety,2002,20:17-34.

[38] 王凯,吴伟阳,等.J型通风综放采空区流场与瓦斯运移数值模拟[J].中国矿业大学学报,2007,36(3):277-282.

[39] 胡千庭,梁运培,等.采空区瓦斯流动规律的CFD模拟[J].煤炭学报.2007,32(7):719-723.

[40] 徐精彩.煤自燃危险区域判定理论[M].北京:煤炭工业出版社,2001.

[41] 徐精彩,文虎,邓军,等.煤自燃极限参数研究[J].火灾科学,2000,9(2):15-17.

[42] 文虎.煤自燃过程的实验及数值模拟研究[D].西安:西安科技大学,2003.

[43] 周福宝.瓦斯与煤自燃共存研究(Ⅰ):致灾机理[J].煤炭学报,2012,37(5):843-849.

[44] 李宗翔,吴强,肖亚宁.采空区瓦斯涌出与自燃耦合基础研究[J].中国矿业大学学报,2008,37(1):38-42.

[45] 李宗翔.高瓦斯易自燃采空区瓦斯与自燃耦合研究[D].阜新:辽宁工程技术大学,2007.

[46] 秦波涛,张雷林,王德明,等.采空区煤自燃引爆瓦斯的机理及控制技术[J].煤炭学报,2009,34(12):1655-1659.

[47] 陈长华,赵聪,杨羽.高瓦斯综采工作面上隅角瓦斯抽放与采空区自然发火位置的关系分析[J].煤矿安全,2010(5):107-109.

[48] 褚廷湘,余明高,杨胜强,等.煤岩裂隙发育诱导采空区漏风及自燃防治研究[J].采矿与安全工程学报,2010,27(1):87-93.

[49] CHU T X,ZHOU S X,ZHAO Z J,Research on the coupling effects between stereo gas extraction and coal spontaneous combustion[J]. Procedia Engineering,2011(26):204-213.

[50] 余明高,赵志军,褚廷湘,等.瓦斯抽采对采空区浮煤自燃影响及防治措施[J].河南理工大学学报(自然科学版),2011,30(5):505-509.

[51] 周福宝,刘玉胜,刘应科,等.综放工作面"U+I"通风系统与煤自燃的关系[J].采矿与安全工程学报,2012,29(1):131-134.

［52］张玫润,杨胜强,程健维,等.一面四巷高位瓦斯抽采及浮煤自燃耦合研究［J］.中国矿业大学学报,2013,42(4):513-518.

［54］卢平,张士环,朱贵旺,等.高瓦斯煤层综放开采瓦斯与煤自燃综合治理研究［J］.中国安全科学学报,2004,14(4):68-74.

煤矿水力压裂技术综合分析

康向涛

摘要:水力压裂是煤层卸压增透的一种手段。通过打钻孔深入煤体,以水为能量传递介质对煤体进行压裂。钻孔经过水力压裂后,能扩大其有效影响半径,改善周围煤体透气性,为矿井瓦斯有效抽采创造良好条件。本文依据许多相关资料,详细介绍了水力压裂原理和研究应用情况,简述了水力压裂相关参数的确定及压裂设备和工艺,并指出了水力压裂的关键技术和存在问题。

关键词:煤矿;水力压裂;低透气性;裂缝

水力压裂,又称水压致裂,最早应用在油、气田的开发中。我国在20世纪90年代学习美国煤层气水力压裂的开采方式,先后在沁水盆地东南部、河东煤田、阜新盆地深部等地区进行煤层气的开采,其中以沁水盆地东南部常规煤层气开发最为成功。虽然在地面进行煤层气井上压裂能够大规模地改善煤层透气性差的问题,但一次性投入较大,排水降压采气周期较长,不能满足煤矿生产的要求,而且地面开发技术目前还局限于原生结构保存较完好的煤层。

20世纪60年代,苏联将该技术作为一种煤层卸压增透手段引入煤矿,开始进行煤矿井下水力压裂试验研究。通过打钻孔深入煤体,以水为能量传递介质对煤体进行压裂。钻孔经过水力压裂后,能扩大其有效影响半径,改善周围煤体透气性,为矿井瓦斯有效抽采创造良好条件。近年来,随着煤矿开采深度的增加,地应力增大,瓦斯压力上升,煤层透气性降低,煤与瓦斯突出危险性也随之升高。针对这种情况,利用水力压裂技术来提高煤层透气性逐渐引起了一些学者和煤矿生产企业的重视。

1 水力压裂原理

煤体是多孔介质,含有丰富的原生裂隙。在水力压裂过程中,水在泵压的作用下进入煤层,作用在煤层的层理面和原生裂隙以及钻孔成孔过程产生的新裂隙等各种裂隙中。当注入水压力大于渗失水压力时,煤体弱面的面壁产生内水压力而发生破裂,形成宏观裂隙。与此同时,压力水进入裂隙中。随着压裂的继续进行,裂隙损伤变量增大,引起次级弱面及下一级弱面继续发育、扩展和延伸。此时,湿润煤体中孔隙度增加,并被高压水填充。但在非湿润的煤体部分,随着压力的升高,煤体内部压缩、损伤并出现裂纹,煤体被进一步压实,孔隙度减小,如图1所示。

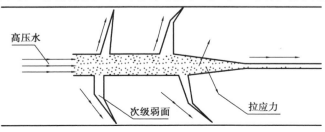

图1 次级弱面发育扩展原理示意图

在压裂过程中,每一次压裂注水过程都会导致在弱面充水空间壁面法线方向上产生拉应力,又因为后续压入动力水在煤岩体中产生的冲击作用都较前一次有所增强,弱面的内水压力也将持续增加,弱面壁面法向拉应力也由此增加。当该法向拉应力达到与其相连的次级弱面抗拉临界值与地应力在该方向压力之和时,次级弱面也将起裂,压裂水便进入到次级弱面中,从而形成与上一级弱面同样的扩展延伸过程,增加了裂隙之间的联系,从而形成一个相互交织的多裂隙连通网络,如图2所示。正是由于这种裂隙连通网络的形成,煤层透气性才得到有效提高。

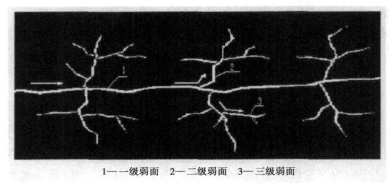

1——一级弱面　2——二级弱面　3——三级弱面

图2　水力压裂裂缝贯通效果图

2　煤矿井下水力压裂研究及应用情况

义马煤业集团的王念红等对单一低透气性煤层水力压裂技术增透效果进行了考察,得出的主要结论是:①水力压裂使煤层中的裂隙贯通,透气性增大,提高了抽采效果,使大量的瓦斯被抽出,消除了突出危险性,并且减少了瓦斯向大气中的排放量。②水力压裂对巷道的变形破坏也较大,且与压裂时的压力、流量等密切相关。根据研究结果,提出应根据煤层特点采取合适的压力,尽量避免巷道的变形破坏,使损失降到最低。

史小卫等对低透气突出煤层的水力压裂增透技术进行了应用研究。以平煤十矿己15-24080采煤工作面、戊9-20180采煤工作面以及山西晋城地区的地面煤层气井为例,分别对在采煤工作面井下压裂抽采、不压裂抽采以及地面抽采进行应用参数对比,得出水力压裂后综合经济效益较好的结论,并研发出一套井下压裂设备,如图3所示。所得成果先后在河南省的平顶山、鹤壁、郑州、焦作、陕渑、义马、新安、宜洛和禹州等矿区共实施了千余次的工业性试验,基本涵盖了河南省不同地质类型的矿区。

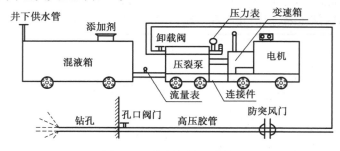

图3　压裂系统布置示意图

孙守山介绍了波兰的煤矿井下水力压裂处理坚硬顶板的方法。首先利用钻孔机具,在需压裂的巷道或工作面坚硬顶板上打深孔;根据围岩硬度以及压裂范围,设计布置钻孔的数量、孔距、孔径、孔深等参数。该水力压裂技术在波兰煤矿获得了广泛应用。

另外,郭相斌和兀帅东研究井下水力压裂对冲击地压的作用,研究表明水力压裂对冲击地压的防治有明显作用。

煤炭科学研究院抚顺研究所地面钻孔抽瓦斯组结合煤岩层的压缩变形影响,参照国内外煤层压裂裂缝形成状况,一般裂缝的宽度只有几毫米到十几毫米,此时煤岩基本处于弹性变形状态,当外加压力撤除时,煤岩弹性即可恢复等研究结果,认为水力压裂对煤层原始透气性没有影响。

3　水力压裂相关参数

水力压裂中的"水"指压裂液,"力"指使煤体、岩体破裂的压力,而"压裂"指煤体、岩体的压裂。

3.1　"压裂"

"压裂"是对煤体、岩体的压裂。在煤矿,"压裂"主要是煤体的压裂,涉及煤体内在因素、煤体破裂方式、裂缝扩展及裂缝扩展测试方法等。

3.1.1　煤体内在因素

(1)煤体结构

煤体结构是水力压裂的基础。因为煤岩密度、裂缝发育程度及煤岩强度等结构的不同,煤体表现出不同的测井响应特征。煤体结构的分类方法很多。在瓦斯地质学中,根据煤体的破坏程度把煤体结构划分为原生结构煤(1类)、碎裂煤(2类)、碎粒煤(3类)和糜棱煤(4类)4种。大量的试验表明,煤岩在电性曲线上表现为"三高三低",即电阻率高、声波时差高及中子测井值高,及自然伽马低、体积密度低及光电有效截面低。

郭红玉采用压汞试验分析了不同结构煤体孔隙分布特征,并根据煤体结构的特点,应用分形几何学中的分形维数、声波速度和GSI(地质强度指标)值作为煤体结构定量表征的手段。实验结果证实,以分形维数和声波速度表征煤体结构不是最佳方法,而在煤体结构的研究中,最终确定利用GSI反映煤储层整体性特点来定量化表征煤体结构,并特别适用于非均质岩体。

(2)煤的化学组分

煤的化学组分对煤层压裂效果的影响主要表现是不同化学组分的煤体被水湿润的性质不同,以致瓦斯被挤排的程度不同。煤体的湿润能力取决于水与煤的湿润边角和水表面张力系数。

(3)瓦斯压力

煤层内的瓦斯压力是水力压裂时的附加阻力。压裂时,水压克服煤体瓦斯压力后所剩余的压力才是压裂时的有效压力。煤层内的瓦斯压力越大,需要的注水压力也越高。因此,瓦斯压力的大小也影响煤体的渗透性能和注水压力。

(4)煤层的埋藏深度

随着埋藏深度的增加,煤层承受地层压力也随之增加。受压力影响,裂隙被压紧,裂隙容积降低,渗透系数也会随之降低。注水压力必须克服地应力,才能有效地使煤体扩宽伸展裂隙,形成有效的孔隙、裂隙网。所以,煤层压裂时注水压力必须大于地应力。

（5）煤层的顶底板状况

顶底板性质与水力压裂关系密切。在水力压裂时,还要考虑煤层顶底板是否允许注水及煤层能否注入水。通常,顶底板岩石遇水若严重膨胀、软化或脱层,危及工作面支架稳定及安全,就不能进行水力压裂,甚至不能采取水力化措施。

3.1.2 煤体破裂方式

张国华等指出煤层自身属于一种多微裂隙体,决定了钻孔在内水压力作用下将发生起裂,其始裂点并不完全遵循始于钻孔周边的顶底或钻孔两帮中点的规律,而是取决于某点满足起裂条件的优先等级。起裂面的发展也因始裂点所处的位置不同,呈现由表及里、由内向外、多方向同时起裂发展三种现象。

3.1.3 煤的微观破坏机理

煤体的微观孔隙结构是煤中挥发分在成煤过程中转变为固定炭时形成的许多微小气孔组成。一般而言,煤岩的孔隙裂隙系统可以看成由微孔隙和颗粒间的微裂隙组成。前人的煤结构观察实验分析结果表明,煤岩的微观破坏形式是沿微孔隙某个方向的穿粒断裂和沿晶(即沿裂隙或节理层理)断裂及它们之间的相互耦合,如图4所示。

图4　煤的微观断裂形式

穿粒断裂和沿晶断裂主要有两种类型:第一类是具有微孔隙和微裂隙的断裂;第二类是无微孔隙存在的沿晶断裂,如图5所示。

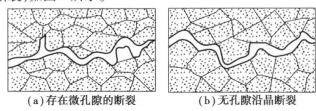

(a)存在微孔隙的断裂　　(b)无孔隙沿晶断裂

图5　煤的穿粒、沿晶断裂

对应于煤层中的孔隙类型,煤层气的赋存状态也可分为游离、吸附和溶解3种类型,其中吸附部分占70%～95%,游离部分占10%～20%,还有少量的 CH_4 溶解在煤层的地下水中。煤层中 CH_4 的流动包括3个过程:从煤颗粒表面解吸;通过煤基质和微孔隙扩散;通过割理系统形成达西渗流,如图6所示。

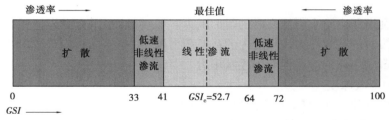

图6　瓦斯运移流态分布与 GSI 关系图

3.1.4　裂缝扩展及裂缝扩展测试方法

倪小明等对裂缝扩展开展了研究:水力压裂裂缝的产状是由裂缝的倾角和走向两要素决定的;煤体中裂缝形态不仅受地应力影响,还受上、下岩层性质、煤层性质、压裂施工作业等的影响。裂缝一般容易在垂直于煤层的最小挤压力方向产生;挤压力主要由地应力和煤层的抗张强度决定,而对同一研究区而言,煤层的抗张强度差别不大。因此,确定压裂处煤层的最小应力方向成为判定裂缝产状的关键。

由于煤岩具有天然割理、裂缝发育、低弹性模量、高泊松比、易碎、强烈非均质等特殊的结构和性质,压裂过程中会对水力裂缝的扩展和形态产生很大的影响。对于穿层钻孔,其起裂位置、方向及起裂压力不仅取决于轴向应力和径向应力的大小,还取决于组成钻孔围岩的性质,总体表现出在径向上受最弱煤分层控制,在轴向上受煤分层之间的层理弱面控制,如图7所示。

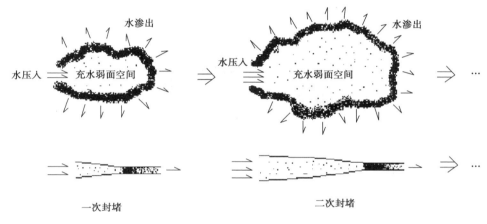

图7　弱面端部封堵及空间扩展过程

黄炳香考虑到水力压裂过程中水向岩石内的渗透滤失引起的孔隙水压力(水力梯度)作用,使水压裂缝尖端扩张的净水压力等于裂缝尖端水压力减去滤失水压力和原岩孔隙流体压力。采用流体力学分析,得出了钻孔和水压裂缝内的水力衰减规律。当原生裂隙与最小主应力夹角大于一定值,且水压翼型裂纹与水压主裂缝间的岩桥较短时,水压裂缝沿原生裂隙及其翼型分支裂纹继续向前扩展。

对于裂缝扩展的测试,煤层气压裂监测中的大地电位法、微地震法都可以基本反映裂缝的方位和长度。在煤矿井下,主要有声发射法、煤层水分含量法等。

目前,压裂方法有定向压裂与非定向压裂方法,如图8所示。

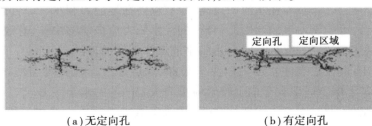

（a）无定向孔　　　　　　　　　　（b）有定向孔

图8　压裂方法图

3.2 "力"

水力压裂中的"力"是使煤体、岩体破裂的压力。

煤体在不同应力状态下具有不同的破裂强度。根据固体力学材料强度理论,有 6 种屈服理论可对材料在复杂应力状态下是否发生破坏进行判别,分别是最大主应力理论、最大主应变理论、最大剪应力理论、总应变能理论、畸变应变能理论和莫尔应力圆理论。由于煤岩脆性较大,而大量试验表明用最大主应力理论来预测脆性材料的破坏是较满意的。据此,一般情况下用最大主应力理论作为煤层初始破裂压力的计算依据。

根据钻孔围岩的不同应力状态,可将钻孔围岩划分为 4 个区,即破裂区、塑性区、弹性区和原岩应力区,如图 9 所示。位于煤分层中的沿层钻孔起裂压力和起裂方向不仅取决于原岩应力的大小,而且还取决于侧向应力系数 λ。

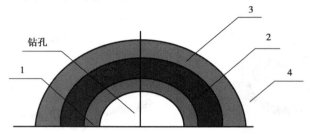

图 9　钻孔围岩状态分区

1—破裂区;2—塑性区;3—弹性区;4—原岩应力区

钻孔起裂取决于轴向应力、径向应力大小和组成钻孔周围煤岩体的性质。具体表现在径向上受弱煤分层控制,在轴向上受层理弱面控制,如图 10 所示。

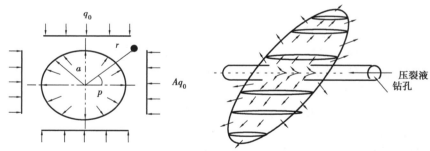

图 10　压裂孔周围应力状态及裂缝示意图

注水压力是一重要参数。若注水压力过低,不能压裂煤体,煤层结构不会发生明显变化,仅相当于低压注水湿润措施;若注水压力过高,导致煤体在地应力和水压综合作用下迅速变形破坏。若操作不当,可能诱发事故。因此,合理的注水压力应该能够快速、有效破裂煤体,进而改变煤体孔隙和裂隙的容积及煤体结构,达到排放煤体瓦斯的目的。

最低致裂水压:最低致裂注水压力取决于采深、煤层厚度、采高、煤层硬度以及煤层渗透性、封孔深度等,其下限值一般大于由上覆岩体重力引起的侧向水平应力。

压裂时间控制:压裂时间与注水压力、注水量等参数密切相关。注水过程中,煤体逐渐被压裂破坏,各种孔隙、裂隙不断沟通。高压水在已沟通的裂隙间流动时,注水压力和注水流量等参数不断变化。注水时间可根据压裂过程中压力及流量的变化来确定。若注水压力稳定一段时间后迅速下降,持续加压时压力无明显上升,或者检验孔附近瓦斯浓度明显升高或有水涌出时,说明压裂孔和检验孔之间的煤岩体已经完成压裂,此时即可停泵。

注水量:煤体润湿需要一定的水。如果单孔注水量过大,虽然容易把游离瓦斯挤排出去,但增加了压裂工作的施工量和成本;如果注水量过小,可能影响压裂效果。如果单位时间单孔注水量增大,则要求注水压力迅速增大,容易带来突出危险;如果单位时间单孔注水量减小,则要求降低注水压力,将影响压裂效果。

注水速度:注水速度是压裂工艺的一个重要参数。如果注水速度太快,新裂隙还没有生成,原有裂隙还没有扩宽并伸展,新老裂隙还没有沟通形成一个有效排泄瓦斯的孔隙、裂隙网,则影响挤排瓦斯效果;同时,注水速度过快,要求注水压力等相应地增大。如果注水速度过低,要达到一定的注水量,则注水时间增长,将影响注水作业的进度,同时要求注水压力等参数也相应地降低,可能起不到预期压裂效果。

另外,林柏泉等指出水力压裂的方法用于透气性差的煤层时,采用高压水泵注水虽然拓宽了适用范围,但水泵提供的压力有限,很难达到理想的效果。同时,注水泵的压力越高,设备的运行、维护和管理成本越高。因此,高压脉动水力压裂卸压增透技术就出现了。

高压脉动水力压裂系统工作原理:利用电机作为动力源,在变频器的作用下,通过脉动泵体,从水箱输出具有周期性脉冲射流的高压水注入煤体中,使煤层孔隙内的堵塞物疲劳破碎,从而使煤体内的孔隙裂隙贯通、扩展,增加了渗透率。在脉动压裂作用下,破裂煤体所需的应力值比在恒压载荷作用下所需的应力值低,可以通过分流阀和压力表的控制,输出一定压力的高压脉动水。

高压脉动水力压裂系统主要包括变频器、调速电机、脉动泵体、水箱和分流阀等,其系统总图如图11所示。该技术在铁法集团大兴矿进行了应用,取得了显著的效果。

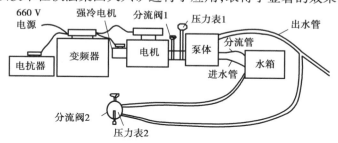

图11　高压脉动水力压裂系统总图

3.3 "水"

水力压裂中的"水"指压裂液。压裂过程中压裂液的滤失,可用滤失系数来衡量。

在大多数情况下,都常用水作为压裂煤体的压裂液和输送支撑剂。在压裂液中添加胶凝物,可显著减少压裂液的损失。为防止裂缝完全闭合,在压裂液中掺入支撑剂。目前所知,煤矿井下主要用石英砂作为支撑剂。携砂液中的石英砂支撑剂填充到压裂和溶解形成的裂缝中,在煤层中形成相互贯通并且能使液体和气体流向钻孔的通道,从而提高煤层的渗透率。

资料[18]对煤层气井中应用研究较多的压裂液和支撑剂开展了研究。

在煤层气井压裂液的添加剂中,凝胶是胶凝剂与交联剂在一定条件下经过化学交联而成的。在压裂液中,凝胶具有黏度高、携砂能力强的特点,同时降摩阻效果好。

稠化水是将胶凝剂溶于水配制成的。这种压裂液在合适的流变参数下,携砂能力也很强,并与凝胶相比,配液简便,成本较低,对基质伤害率较低。

活性水压裂液有许多优点,如单位成本低,对地层渗透率伤害小、配制方便等,在美国受到重视。

氮气泡沫压裂技术是 20 世纪 70 年代发展起来的一项压裂技术,具有携砂、悬砂能力较强,滤失小,较易造长而宽的裂缝,地层损害较小等特点,特别适用于低压、低渗透和水敏性地层的压裂改造。孙晗森等在山西沁水盆地南部潘河煤层气田钻井压裂增产改造中,应用研究了活性水加砂压裂、氮气泡沫压裂、清水-氮气压裂、清水压裂,如图 12 所示。

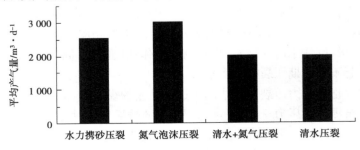

图 12　4 种压裂方式效果对比图

目前所知的煤矿井下压裂液主要为水携石英砂。郭红玉对胍胶和 ClO_2 压裂液进行了试验研究。

针对水影响煤层瓦斯解吸因素的研究:秦文贵和张延松从微观角度分析了水能进入煤体的孔隙范围,以及注水后煤质量增量与孔隙分布的关系;聂百胜等采用磁化水代替普通水进行煤层注水,从而降低高压水对瓦斯的抑制效应;陈尚斌等通过在水中添加清洁压裂液的方法来提高受高压水影响下的煤体瓦斯解吸能力;郭红玉和苏现波研究了注水影响煤层瓦斯的解吸特性,提出了启动压力梯度这一概念对解吸影响程度的描述。

利用不同注水条件与自然解吸时的最终解吸率的关系,能够真实反映各试验煤样在受水影响下的解吸能力。水进入到煤样后,对解吸能力的影响体现在以下两个方面:一是进入煤样的孔隙、裂隙通道,产生的毛细管力封堵了气体释放的通道,使得本该游离的气体仍处于吸附状态;二是在整个解吸过程中减少了瓦斯渗流的通道数量,削减了瓦斯释放的有效途径。

3.4　水力压裂实现条件——钻孔

3.4.1　选孔原则

选孔原则包括压裂孔裸眼成孔质量好,封孔器可以有效地封隔地层或环形空间,孔深能控制压裂层位;钻孔所在位置的运输、电源、材料供应条件良好,压裂设备在巷道内能合理摆放,确保施工方便;压裂后排液、抽采条件良好;距断层和含水层有适当距离。

钻孔长度取决于工作面长度、煤层透水性、钻孔方向以及钻孔施工技术与设备能力等。钻孔长度应使工作面沿倾斜全长均得到压裂,没有注水空白带。

3.4.2　注水孔间距

回采工作面注水孔间距是根据压裂钻孔的压裂半径而定。如果孔间距过小,则增加了钻孔和注水工作的施工量,同时在瓦斯抽采时容易抽出大量的水;如果孔间距过大,则可能存在注水空白带,即压裂孔的高压水不能有效地把瓦斯挤排到抽采孔,影响压裂效果和瓦斯抽采效果。

3.4.3 封孔深度与封孔方法

封孔是实现孔口密封、保证压力水不从孔口及附近煤壁泄漏的重要环节,是决定煤层水力压裂效果好坏的关键。封孔深度也是水力压裂工艺的一个重要参数,决定封孔深度的因素是注水压力、煤层裂隙、沿巷道边缘煤体的破碎带深度、煤的透水性及钻孔方向等。

一般而言,封孔深度与注水压力成正比。封孔深度应保证煤层在未达到要求的注水压力和注水量前,水不能由煤壁或钻孔向巷道渗漏。如果封孔深度过小,封孔段的煤壁可能承受不了高压水的压力,造成壁面外移,可能造成冒顶、片帮等,增加了支护的难度,甚至可能引发事故;如果封孔深度过大,则增加了封孔难度和封孔工作量,同时相应地增加了压裂钻孔的长度,增加了钻孔的施工量和施工时间,且钻孔长度过长,容易造成塌孔等现象,影响钻孔的施工成功率。

要提高钻孔封孔的成功率,必须解决三个问题:一是钻孔裂隙圈内的裂隙封堵问题;二是钻孔孔壁与封孔材料的间隙封堵问题;三是如何解决封孔材料凝固后自身产生的微裂隙问题。特别是对于较松软煤岩体的钻孔,由于松软煤层裂隙发育、极易塌孔等问题,单一封孔器、封孔材料难以输送到指定的封孔段(位置),可能导致封孔失败。

吕有厂等根据现场实测表明,压裂钻孔密封段泄漏裂隙主要由钻孔周围裂隙圈、煤(岩)体裂隙、密封体本身裂隙三种裂隙组合而成。因此,研究这三种裂隙分布情况,是压裂钻孔封孔技术研究的基础工作。一般认为,钻孔施工后,其周围的煤(岩)体可以分为破碎区、塑性区和弹性区,钻孔周围的裂隙圈主要由破碎区(卸压区)构成,其径向裂隙圈直径一般为施工直径的2倍以上(如煤体较软,则其径向卸压圈直径较大)。

3.4.4 封孔材料

目前,井下水力压裂钻孔主要采取的密封方法有水泥砂浆、封孔器等无机材料封孔。李飞等通过对膨胀水泥、聚氨酯、新型改性抗高压密封树脂的强度性能对比试验,研发了一种新型改性抗高压密封树脂材料。

吕有厂等研制了高压胶囊封孔器,如图13所示。

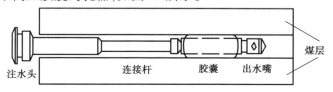

图13 高压胶囊封孔器示意图

4 实验和数值模拟研究

4.1 相似材料模拟实验

蔺海晓等通过标准型煤力学性能测定,得出合理的原料配比为煤:水泥:石膏=1.5:1:1。通过相似材料制成150 mm×150 mm×150 mm的试件,在电液伺服岩石力学实验系统上模拟煤层在不同围压比和泵注排量的情况下,水压压裂时的破裂压力、裂缝的破裂形态、扩展方向及地应力状态、泵注排量对裂缝扩展的影响等。研究结果表明,起裂压力的大小与最小水平应力的大小和注入排量有直接关系,水平地应力大,注入排量高,则起裂压力大;反之,起裂压力小。从破裂后的裂缝形态可以看出,裂缝均发生在与最小地应力垂直的方向。由于原煤中存在大量原生裂隙,裂缝的扩展方向受这些原生裂缝的影响,与最小地应力垂直方向有一定的偏离。

4.2 软件数值模拟

RFPA^{2D}是基于连续介质力学和统计损伤力学原理开发的岩石破裂过程分析系统,能够模拟岩石逐渐被破坏的力学数值模拟软件。RFPA2D具有应力分析与破坏分析的功能。实践表明,模拟软件根据摩尔-库伦准则来分析受力单元弹脆性破坏,分析裂纹的扩展与演化问题。

用户可以使用 ANSYS 软件模拟复合材料的界面分层和裂纹扩展。ANSYS 中的 Cohesive Zone Model 用来模拟界面的分离、裂纹扩展以及其他断裂现象。

5 煤矿水力压裂设备及工艺

煤层水力压裂系统由注水泵、水箱、压力表、专用封孔器、注水器等组成,如图 14 所示。

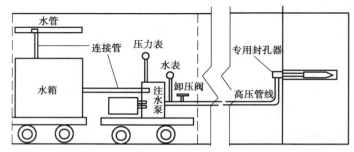

图 14 煤层水力压裂系统布置图

压裂前,首先利用电磁辐射仪、微震系统、钻屑法检测等设备和技术对预压裂地点进行数据监测并记录,然后才开始实施压裂工程。

水力压裂具体的工艺流程:①敷设高压管路,与压裂设备相连;②按要求施工压裂钻孔;③压裂孔封孔;④高压管路连接压裂孔;⑤高压管路试压检漏;⑥停电、撤人、设置警戒;⑦按照计划程序实施压裂;⑧压裂结束 40 min 后,由矿安检员和压裂作业现场指挥人员进入压裂地点查看压裂情况;⑨压裂结束后,对压裂地点再次采用电磁辐射仪、微震系统、钻屑法检测等设备和技术对压裂地点进行数据监测并记录。

6 水力压裂关键技术及存在问题

6.1 关键技术

关于水力压裂关键技术的研究包括:
①煤岩体真实结构研究。
②水力压裂的压力、流量及裂缝扩展延伸方向研究。
③水力压裂在煤矿中使用范围研究。

赵阳升等针对煤层水力压裂进行了大量的室内三维应力下的控制压裂实验和数值模拟研究,认为尽管水力压裂增加了裂缝的数量,但是煤岩中产生的裂缝数量仍然很少;由于水力压裂过程中添加了支撑剂,通过裂缝形成了一条较好的渗流通道,但在煤层压裂裂缝周围形成一高应力区,在裂缝周围反而形成一个屏障区,较大幅度地降低了裂缝周围煤体的渗透性;进一步研究认为,水力压裂技术仅仅适用于相对坚硬的裂缝性储层的煤层气开采,而对煤质较软、孔隙裂缝复杂的煤储层,水力压裂作用十分有限。

6.2 存在问题

①煤矿井下水力压裂增透为高危行业中的高压作业,当前相关的行业技术标准尚未颁布实施,缺乏指导性的作业规范和市场准入门槛标准。

②由于我国含煤地层一般都经历了成煤后的强烈构造运动,煤层的原生结构往往遭到很大破坏,塑性大大增强,导致水力压裂时,往往既不能进一步扩展原有的裂隙和割理,也不能产生新的较长的水力裂缝,而煤层主要发生塑性形变,导致一些煤层压裂效果不理想。

③水压裂缝的扩展形态主要通过注水及裂缝破裂等产生的地球物理信息来监测,但检测监测信息的准确性、可靠性还需要进一步研究。

参考文献

[1] 史小卫,林萌,王思鹏,等. 低渗煤层井下水力压裂增透技术应用研究[J]. 中国煤炭,2011(4):7-9,31

[2] 徐幼平,林柏泉,翟成,等. 定向水力压裂裂隙扩展动态特征分析及其应用[J]. 中国安全科学学报,2011,7:104-110.

[3] 王念红,任培良. 单一低透气性煤层水力压裂技术增透效果考察分析[J]. 煤矿安全,2011(2):109-112.

[4] 孙守山. 波兰煤矿坚硬顶板定向水力压裂技术[J]. 煤炭科学技术,1999(2):3-5.

[5] 郭相斌. 煤层定向水力压裂防治冲击地压的试验研究[J]. 煤炭科学技术,2011,(39)6:12-14,74.

[6] 兀帅东. 高压水力压裂技术在冲击地压矿井中的应用[J]. 能源技术与管理,2010(4):44-45,49.

[7] 煤炭科学研究院抚顺研究所地面钻孔抽瓦斯组. 抚顺北龙凤煤层水力压裂排放瓦斯[J]. 煤炭科学技术,1981(6):8-13,62.

[8] 郭红玉. 基于水力压裂的煤矿井下瓦斯抽采理论与技术[D]. 焦作:河南理工大学,2011.

[9] 李国旗,叶青,李新建,等. 煤层水力压裂合理参数分析与工程实践[J]. 中国安全科学学报,2010(12):75-76.

[10] 张国华,葛新. 水力压裂钻孔始裂特点分析[J]. 辽宁工程技术大学学报,2005(6):791-792.

[11] 倪小明,王延斌,接铭训,等. 不同构造部位地应力对压裂裂缝形态的控制[J]. 煤炭学报,2008(5):505-508.

[12] 张国华. 本煤层水力压裂致裂机理及裂隙发展过程研究[D]. 阜新:辽宁工程技术大学,2003.

[13] 黄炳香. 煤岩体水力压裂弱化的理论与应用研究[D]. 徐州:中国矿业大学,2009.

[14] 张晓伟,余加正,刘俊龙. 定向压裂增透技术在二¹煤层中的应用[J]. 华北科技学院学报,2011(3):35-38.

[15] 王佰顺,李守勤. 高瓦斯综采面水力压挤瓦斯防治技术[J]. 煤炭科学技术,2009(9):27-30.

[16] 郭峰. 低透气突出煤层水力压裂增透技术应用研究[J]. 中国煤炭,2011(2):81-83,86.

[17] 林柏泉,李子文,翟成,等. 高压脉动水力压裂卸压增透技术及应用[J]. 采矿与安全工程学报,2011(3):453-454.

[18] 郑秀华. 煤层气井压裂液的研究[J]. 西部探矿工程,1995(1):67-68.

[19] 孙晗森,冯三利,王国强,等. 沁南潘河煤层气田煤层气直井增产改造技术[J]. 大气田巡礼,2011(5):21-23.

[20] 秦文贵,张延松. 煤孔隙分布与煤层注水增量的关系[J]. 煤炭学报,2000,25(5):514-517.

[21] 聂百胜,何学秋,冯志华,等. 磁化水在煤层注水中的应用[J]. 辽宁工程技术大学学报(自然科学版),2007,26(1):1-3.

[22] 陈尚斌,朱炎铭,刘通义,等. 清洁压裂液对煤层气吸附性能的影响[J]. 煤炭学报,2009,34(1):89-94.

[23] 郭红玉,苏现波. 煤层注水抑制瓦斯涌出机制研究[J]. 煤炭学报,2010,35(6):928-931.

[24] 赵东,冯增朝,赵阳升. 高压注水对煤体瓦斯解吸特性影响的试验研究[J]. 岩石力学与工程学报,
2011,(3):552-553.

[25] 吕有厂,王玉杰,张建华,等. 井下水力压裂钻孔封孔技术研究与实践[J]. 煤矿现代化,2010(6):33-34.

[26] 李飞,林柏泉,翟成. 新型水力压裂钻孔密封材料的试验研究[J]. 煤矿安全,2012(1):12-14.

[27] 蔺海晓,杜春志. 煤岩拟三轴水力压裂实验研究[J]. 煤炭学报,2011(11):1801-1805.

[28] 张新科. 高压水力压裂技术在冲击地压防治中的应用[J]. 煤矿安全,2010(8):51-52.

[29] 易俊,鲜学福,姜永东,等. 煤储层瓦斯激励开采技术及其适应性[J]. 中国矿业,2005(12):26-29.

[30] 王东浩,郭大立,计勇,等. 煤层气增产措施及存在的问题[J]. 煤,2008(12):33-35.

水压致裂对煤微观结构的影响

巫尚蔚

摘要:随着煤层气开采技术的不断进步,通过水压致裂提高煤层透气性已成为一种可行方案。在简要介绍岩石微观结构研究发展的历史、现状及趋势的基础上,设计了一个水压致裂对煤微观结构影响的实验方案,拟从微观上分析岩石破坏的机理。该方案使用了水压致裂实验系统、CT 扫描机、ASAP-010 比表面积和孔径分析仪、扫描电镜等仪器,基本满足微观结构研究需要,但具体的实验细节仍需修改。

关键词:水压致裂;微观结构;实验方案;煤层气开采

1 选题意义

岩体稳定性的实质涉及岩体变形和岩体强度,而岩体强度的本质就是岩体的破坏。在地震学中,地震的成因通常被解释为地壳岩体中的断裂产生与发展,或是断层两侧岩体沿已有断裂的运动;在工程建设中,常见到边被的崩塌、洞室围岩的坍塌、岩爆的产生、大坝基础的失稳等现象。地震的产生和失稳,可以归结为岩体的自然破坏,而为采矿、修建道路、水坝、房屋、采油、取水等进行的爆破、挖掘、钻井等工程活动对岩体的破坏则是人为破坏。一方面要预报和防治岩体的自然破坏,另一方面,为了工程的目的也需要研究破岩技术,这些都必须对岩体的破坏进行深入的研究。

岩石破裂的研究,就其所依据研究对象的尺度大小而论,可分为宏观、细观和微观三类。关于这三类的划分,目前并没有一个统一的标准。按照谢强在《岩石细观力学实验与分析》里的观点,"野外普遍发育的,影响工程岩体力学特征的断层、节理分为宏观级;将发育在岩石结构中,用肉眼或显微镜观测,直接影响岩石的力学特征的裂纹分为细观级;将发育在矿物晶体内部,一般对岩石的宏观力学性质没有直接影响的那些位错分为微观级"。

微观结构涉及化学、生物学、物理学等诸多领域,是指无机物质、生物、细胞在显微镜下的结构,以及分子、原子,甚至亚原子的结构。可以这样说,研究煤的微观结构,就是从纳米级的数量级对煤的物质结构进行研究——原子的数量级大概在 0.1 nm 左右。

地面钻井开采煤层气的关键研究问题是如何提高采收率。为了提高煤层渗透率,可以采用水压致裂改造技术。该技术的主要原理是:通过高压驱动水流挤入煤中原有的和压裂后出现的裂缝内,扩宽并伸展这些裂缝,进而在煤中产生更多的次生裂缝与裂隙,增加煤层的透气性。

本文希望通过研究水压致裂对煤的微观结构的影响,得到煤在水压下破坏的微观机理,并试图从微观结构的变化解释宏观裂纹的出现、扩展。

2 国内外研究现状

2.1 微观结构研究的由来

微观结构的研究起源于显微镜的发明。1674 年列文胡克发明的显微镜可以说开创了生物学微观结构研究的先河,而如今电子隧道扫描显微镜把微观结构研究推向高潮。显微镜的发展史可以说就是微观结构研究的发展史,下面是一些相关历史事件:

1674 年,Leeuwenhoek 发现原生生物,并于 9 年后成为首位发现"细菌"存在的人。

1833 年,Brown 在显微镜下观察紫罗兰,随后发表他对细胞核的详细论述。

1876 年,Abbe 剖析影像在显微镜中成像时所产生的绕射作用,试图设计出最理想的显微镜。

1886 年,Zeiss 打破一般可见光理论上的极限,发明了阿比式及其他一系列的镜头,为显微学者另辟一新的解像天地。

1923 年,法国科学家考虑用电子束代替光波来实现成像。

1925 年,Terzaghi 首先提出了黏土的蜂窝状结构。

1930 年,Lebedeff 设计并搭配第一架干涉显微镜。另外由 Zernicke 在 1932 年发明出相位差显微镜,两人将传统光学显微镜延伸发展出来的相位差观察使生物学家得以观察染色活细胞上的种种细节。

1939 年,Siemens 公司制成了分辨率优于 10 nm 的第一台商品电镜。

1952 年,Nomarski 发明干涉相位差光学系统。此项发明不仅享有专利权并以发明者本人命名之。

1962 年,茂木清夫观察到岩石破裂前会发生大量的微裂纹。

1967 年,亨斯费尔德制作了一台 X 射线扫描装置,即后来的 CT。

1970 年,Scholz 详细讨论了岩石破裂过程与微裂纹的关系。

2.2 裂纹发展对变形曲线的解释

Brace(1964)、Scholz(1966)等人依据观测的事实,将变形曲线分成了与裂纹发展相对应的四个阶段。经过后来许多研究者的工作,这四个阶段的特征及其形成机制成为脆性岩石变形破坏过程的经典解释。按这种解释,岩石变形曲线依次分为下弯阶段、近于理想的线弹性阶段、微破裂及扩容的发展阶段和微裂隙的不稳定发展阶段。第一阶段也称为初始孔隙、裂隙的压密阶段;扩容始点是微裂纹产生或开始扩展的点,也称初裂点。

夏继样等(1982)曾经对裂纹的长度和数量与应力水平的关系做过测量统计。结果表明,裂纹发育与应力水平有同步增长的一致关系,证实了岩石的变形破坏是内部裂纹发育的结果。

2.3 裂纹发展与声发射记录的对应关系

Scholz(1968)利用声发射(简称"AE")接收技术记录了岩石破坏过程中的 AE 频率,并对比研究微断裂的发展。研究表明,岩石变形的四个阶段完全能够容易地在 AE 曲线上确认出来。

陈兵(2004)通过对水泥基复合材料微结构破坏时声发射记录,发现在加载初始阶段,主要是一些低振幅的声发射信号,由水泥基材料内部存在的微缺陷与微裂纹被压密实和聚合产生;当载荷较高时,开始产生一些高振幅声发射信号,表明材料内部微裂纹开始产生并扩展。在循环载荷作用下,当加载幅度较低时,具有微孔隙内部结构的粗集料水泥砂浆呈现 Felicity 效应;而结构密实的活性粉末混凝土呈现 Kaiser 效应;当加载幅度较高时,都呈现 Kaiser 效应。

苗金丽(2009)用声发射研究了花岗岩岩爆微观断裂机制。认为岩爆破坏包括了所有裂纹开裂方式,而大量连续发生的突发型及连续型高幅值声发射波是试件产生宏观破坏的前兆。对于三亚花岗岩,试件表面局部颗粒弹射并开裂产生弱岩爆以及应力略有增加,产生片状碎屑弹射的岩爆破坏,都对应着较低的 RA 值。

2.4 裂纹形态、发展方向和路径的观测

裂纹的形态可分为单个形态和组合形态两种。对裂纹形态研究的意义,在于它在很大程度上反映了岩石内部的应力特征。开口裂纹通常是张应力作用的结果,而裂纹的闭合滑动则无疑反映出剪应力作用的特征,一组斜列排列的裂纹也反映剪应力场的特征。另一方面,裂纹发展的总方向及它与主应力轴的关系也是计算力学所研究的重要内容。裂纹发展所经过的路径也可能关系到力学模型、力学参数和力学计算(特别是数值模拟计算)的精度。因此,这些观测对建立岩石破坏的力学模型、解释岩石破坏机制是至关重要的。

煤层内部裂隙的发育程度、连通性、规模和性质直接决定着煤层的渗透性,进而影响煤炭开采、安全生产和煤层气的开发。

邓广哲(2004)进行了煤岩水压裂缝扩展行为特性研究,把破坏分为 3 个阶段,分别是孔壁煤体裂缝起裂、裂缝扩展和破裂发展,并认为这与水压的变化有关。

姚素平(2011)使用原子力显微镜直观观察煤的微孔隙结构。生成的三维 AFM 图像显示煤表面的孔隙和裂隙分布状况,可从不同层面和多种角度直接对煤纳米孔隙进行三维定量测量,从而将煤的微孔隙研究深入到分子级水平。同时,为煤孔隙结构、孔径分布和孔隙率等煤储层的重要参数提供了新的检测手段。

2.5 对矿物颗粒微观结构、孔隙度的观测

张代钧(1991)研究了煤微观结构与瓦斯突出关系,认为煤微观结构在很大程度上决定着煤的物理力学性质和孔隙性,也是决定煤与瓦斯突出危险性的重要因素,并认为“流体似球状”堆砌是突出的必要条件。

张国枢(2003)采用红外光谱分析法观察了煤炭自燃微观结构变化。3 个煤矿的煤样在氧化过程中的芳烃、脂肪烃、含氧官能团变化为:芳香烃和脂肪烃的含量随氧化温度的上升而增加,含氧官能团的含量则有升有降,但总体上呈上升趋势。其中,波数为 1 736 ~ 1 722 cm^{-1} 的含氧官能团和波数为 1 604 ~ 1 599 cm^{-1} 的芳香烃的变化最有规律,均随氧化温度的上升而单调递增,且增幅较为显著,可以用来作为对煤炭低温氧化过程进行定性预测的指标。

杨春和(2006)探讨了板岩遇水软化对微观结构的影响。微观观测结果显示,在浸泡过程中,板岩内部矿物颗粒将产生体积膨胀,胶结变得更为松散,在没有限制的情况下,孔隙度将增大;在局部区域,孔隙反而会因胶结物的膨胀效应而减小;矿物颗粒产生膨胀的时间稍滞后于吸水率的变化过程。

曹树刚(2009)研究了深孔控制预裂爆破对煤体微观结构的影响。发现小孔、中孔等构成的渗透孔体积比随着与爆破孔距离的增加,先略有增大而后减小;煤体的 Langmuir 比表面积和 BET 比表面积随着与爆破孔孔距的增加而呈近似线性的递减;随着与爆破孔距离的增加,微孔的体积比、面积比先减小而后增加,小孔和中孔的体积比、面积比先增加后减小。

2.6 微观研究的三个关键性的不足

岩石微观破坏过程和破坏机制的观测研究经历了光学显微镜、电子显微镜等不同发展阶段,到目前已在较大范围内触及了岩石在受压过程中其内部裂缝的产生及增长概貌,并能与应

力应变曲线、声发射率曲线等较好地吻合;对岩石微观破坏机理也作了一定的阐述。利用这些结果,建立了一些岩石本构关系、计算方法,并用于工程实践。然而,这些结论产生于这样的实验技术:对岩石试样加压,取下试样再切割加工,在镜下观察,而对另外的试样又加压,重复上述过程直至岩样破坏。显然,这是具有间断、非同一试样连续实验观察的实验研究方法,因而存在三个关键性的不足:

①非均一试样实验。由于天然岩石的非均一性、各向异性等特性,其试样的相似性程度不能保证。

②加压后需取下试样。由于弹性变形等原因,岩石经历卸载过程,其内部微观组构变形已有变化。

③不能观测到同一岩样内部组构从变形破裂到最终破坏的全过程。

3 煤岩微观结构研究方法

3.1 压汞法和低温氮吸附法

用常规压汞技术研究岩石孔隙结构,具有快速、准确的特点,且能够涉及较高的毛细管压力范围,便于对细小孔喉分布进行测量。常规压汞技术是在一定压力条件下,进入岩样的汞体积对应一定大小的孔喉,进汞压力越高,测量的孔喉越小。最高进汞压力可达 200 MPa。压汞法可以定量得到孔径大于 715 nm 的有关孔隙大小、孔隙分布、孔隙类型等孔隙结构信息。

低温氮吸附法是利用低温氮(液氮)的吸附-凝聚原理,通常采用 77K 氮气的吸附来测出煤的比表面积和孔径分布。可以测到的最小孔径约 0.6 nm,但其所能测到的最大孔的孔直径一般只能达到 100 ~ 150 nm。

3.2 散射法

散射法又分小角 X 射线散射(SAXS)和小角中子散射(SANS)。小角 X 射线散射方法是研究多孔材料孔隙结构的有效方法之一,具有制样简单、适用范围宽等优点,如不管所研究样品是干态还是湿态,也不管其内孔隙是开孔还是闭孔。采用同步辐射作 X 射线源,强度高,可提高实验的分辨率,并缩短实验时间。小角中子散射是通过分析长波中子(0.12 ~ 2 nm)在小角度范围(在 2 b 以下)内的散射强度来研究大小从几到几百纳米范围内的物质结构的一种专门的测量技术。Radlinski 等应用这两项技术,成功地测定了煤样的孔隙度、孔隙大小分布和内表面积。

3.3 二维图像分析法

光学显微镜(Optical Microscope):光学显微镜法识别组分方便,准确性高,并可做定量分析,但由于放大倍数至多达到几千倍,识别矿物质能力有限,可获得的信息量少。

扫描电镜(Scanning Electron Microscope,SEM):扫面电镜有较高的放大倍数,在 5 万 ~ 30 万倍连续可调,分辨率达到了 0.15 nm,图像富有立体感,可直接观察各种样品凹凸不平表面的细微结构;同时,扫描电镜与 X 射线能谱配合使用,不仅可以看到样品的微观结构,还能分析样品的化学元素成分及在相应视野的元素分布。但是,SEM 的分辨率虽高,它只能在真空中对导电样品进行观察,否则,电子在到达样品之前被介质吸收,无法达到观察的目的。因此,对液体、特殊环境下才存在的一些物理现象,用 SEM 无法进行观察。

原子力显微镜(Atomic Force Microscope,AFM):原子力显微镜具有原子级分辨率,其横向分辨率和纵向分辨率可达到 0.11 nm 和 0.101 nm,即可以分辨出单个原子。利用该仪器,可实时地得到在真实空间中表面的三维图像,可用于具有周期性或不具备周期性的表面结构研究,以及表面扩散等动态过程的研究;可以观察单个原子层的局部表面结构,而不是体相或整个表面的平均性质,因此,可直接用于观察表面缺陷、表面重构、表面吸附体的形态和位置等;可以测量样品表面的硬度、粗糙度、磁场力、电场力、温度分布和材料表面组成等样品的物理特性,提供不同样品的成分信息;可在真空、气体空气或液体等多种环境下进行实验。但是,AFM 的工作区域选择非常盲目,而且工作区域非常有限,只能在微米尺度范围进行扫描,对较大样品表面进行扫描非常困难。

3.4　三维图像分析法

核磁共振成像技术(Nuclear Magnetic Resonance Imaging,NMRI):该技术实质上就是通过受检物体各种组成成分和结构特征的不同弛豫过程,根据观测信号的强度变化,利用带有核磁性的原子与外磁场的相互作用引起的共振现象而进行实验和检测。唐巨鹏等利用核磁共振成像技术研究煤层气渗流规律,建立了核磁渗透率和煤储层渗透率的关系表达式,并指出核磁 T2 分布谱与煤孔隙结构具有较好的对应关系。杨正明等研究表明,核磁共振测试的孔隙度和渗透率与实验室常规测试的孔隙度和渗透率基本一致,两者的相关性很好。

X-CT 岩心扫描三维成像技术:利用 X 射线计算机层析(Computed Tomography,CT)对岩石样品进行三维成像,空间分辨率达到几个微米,能直观地描述岩石微观孔隙结构特征和流体运动特征;同时,可以定量分析。国外一些学者应用该技术,对煤中割理的间距、宽度和角度分布等进行了研究。

3.5　分形法

自 1975 年 Mandelbort 首先提出分形概念以来,分形几何被用来研究自然界中没有特征长度而又有自相似性的形体和现象,成为定量描述不规则形体的有力工具。应用分形理论可获得煤岩破碎程度分布和煤中孔隙、裂隙分布的近似定量信息,评价煤层气的吸附-解吸、扩散、渗流及煤层有效渗透率估算。国内很多学者将分形应用于煤储层的孔隙物性研究中,指出可以用分形维数来定量表征孔隙结构的特征,得出煤岩成分越复杂分形维数越大;分形维数与煤变质程度具有较好的相关性;随煤级增加,分形维呈线性逐渐减少。

4　水压致裂对煤微观结构的影响(方案)

4.1　煤样制取

计划制作 500 mm×500 mm×500 mm 原煤试块 3 块,保持自然状态特性。水压致裂钻孔孔径取 ϕ30 mm。考虑边界效应,钻孔长度一般取煤样某方向长度的 2/3。同时,为了和型煤对比,制作 500 mm×500 mm×500 mm 型煤试块 3 块。封孔器与水泥砂浆一起浇筑。

4.2　实验仪器

在今后开展的实验研究过程中,需要利用校内外的实验资源条件,包括如下的一些实验仪器、设备:

中国矿业大学研制了 4 000 kN 大尺寸真三轴水力致裂实验系统,如图 1 所示。该系统由实验台框架、加载系统和监控系统组成。设计了立方体试样的加工模具和实验专用的封孔器,主要技术指标:①实现立方体试样的真三轴加载,模拟地应力,且三个方向加载板的压力均能达到 4 000 kN;②立方体试件的尺寸可以为 300 mm × 300 mm × 300 mm 或 500 mm × 500 mm × 500 mm 两种规格;③钻孔致裂水压力可以达到 60 MPa。

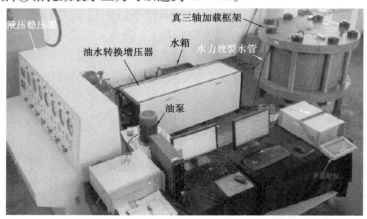

图 1　4 000 kN 大尺寸真三轴水力致裂实验系统

　　实验系统左侧为与试验框架配套的 WY30-VIC 型微机控制液压稳压加载系统与监控系统,主要由液压稳压控制台、计算机控制系统、液压泵组、油水转换系统、气源等组成,包括油道 4 组和水道 2 组,计算机及控制采集系统 1 套。系统最大流量为 2.5 L/min,静态稳压精度为 0.5%,且在精度范围内能持续稳压 1 个月以上,动态稳压精度为 2%;2 个水道采用油水转换增压器加载,能一次性向外打水 10 L;电脑自动控制可按 L/min、MPa/min 等无级程序控制加载路径;自动采集加载压力、位移、注液压强、排量等数据;流量监测采用微小流量传感器,同时,对油水加载转换器活塞运移进行位移监测,以实现对流量的间接监测;每个通道均配有换向阀等,实现双向作用。模拟压裂过程中,可采用美国物理声学公司 PCI-2 型 8 通道或 Disp 型 24 通道声发射仪、RSM 声波仪和 TDS-6 微震采集系统,监测裂缝的扩展过程和形态。在实验时,声发射、应力加载、注水压力等同时开始,同时采集信息,以保证各系统测试数据的对应关系。

　　ASAP-2010 比表面积和孔径分析仪由美国麦克仪器公司(Micrometer Co.)制造,用以确定样品的比表面积和孔隙率,如图 2 所示。

图 2　ASAP-2010 比表面积和孔径分析仪

　　扫描电镜是一种新型的电子光学仪器,具有制样简单、放大倍数可调范围宽、图像的分辨率高、景深大等特点。多年来,扫描电镜已广泛地应用在生物学、医学、冶金学等学科领域中,促进了各有关学科的发展。重庆大学材料学院中心实验室电镜室配有 TESCAN 钨灯丝扫描电镜,拟用来开展实验,如图 3 所示。

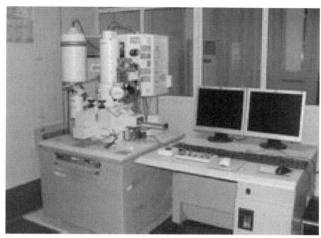

图 3　TESCAN 钨灯丝扫描电镜

　　重庆大学 ICT 研究中心从 1989 年开始从事工业 CT 技术的研究及产品开发,1993 年研制出了我国第一台实用工业 CT 样机,填补了国内空白;1996 年完成了我国第一台具有完全自主知识产权的工业 CT 商品机;1998 年开发出了我国第一台测量用 x 射线工业 CT 机;2000 年在国内首次开发了多种型号的教学用工业 CT 实验仪,用于清华大学、上海交通大学等 20 余所高校;2001 年研制成功我国第一台大型卧式工业 CT 系统;2005 年研制成功我国第一台具有高精度测量功能的高能大型工业 CT 系统。

4.3　实验方案的初步设计

　　①对实验前的煤块进行 CT 扫描、电镜扫描。

　　②煤样加载 σ_1 取 30%~50% 的埋深岩重,侧限压力依据采样点煤层的泊松比大小确定,数值由压力传感器测定并指导调整。致裂水压值分别取 10,30,60 MPa,在水中加入染料,进行水压致裂实验(其他实验条件不变)。

　　③对实验后的型煤进行 CT 扫描、电镜扫描,并用比表面积及微孔快速测定仪测定比表面积、孔容比、孔表面积比。

4.4　预计成果和可能遇到的问题

　　基础性成果:实验前后的 CT 扫描图;实验前后的比表面积、孔容比、孔表面积比;声发射记录。

　　为了完成该实验研究,可能面临的问题:①煤块较大,不易制取;②试件加工已对原煤造成破坏;③实验费用比较多;④实验细节还需完善;⑤利用外地的实验设备,如何在运输途中对试件采取可靠的保护;等等。

参考文献

[1] 谢强,姜崇喜,凌建明. 岩石细观力学实验与分析[M]. 成都:西南交通大学出版社,1997.

[2] 陈兵,吕子义. 水泥基复合材料微结构破坏声发射研究[J]. 无损检测,2004,26(4):184-187.

[3] 苗金丽,何满潮,李德建,等. 花岗岩应变岩爆声发射特征及微观断裂机制[J]. 岩石力学与工程学报,2009,28(8):1593-1603.

[4] 程庆迎,黄炳香,李增华. 煤的孔隙和裂隙研究现状[J]. 煤炭工程,2011(12):91-93.

[5] 邓广哲,王世斌,黄炳香. 煤岩水压裂缝扩展行为特性研究[J]. 岩石力学与工程学报,2004,23(20):3489-3493.

[6] 姚素平,焦堃,张科,等. 煤纳米孔隙结构的原子力显微镜研究[J]. 科学通报,2011,56(22):1820-1827.

[7] 张代钧,鲜学福. 煤微观结构与瓦斯突出关系的初步研究[J]. 西安矿业学院学报,1991(4):41-45.

[8] 张国枢,谢应明,顾建明. 煤炭自燃微观结构变化的红外光谱分析[J]. 煤炭学报,2003,28(5):473-476.

[9] 杨春和,冒海军,王学潮. 板岩遇水软化的微观结构及力学特性研究[J]. 岩土力学,2006,27(12):2090-2098.

[10] 曹树刚,李勇,刘延保. 深孔控制预裂爆破对煤体微观结构的影响[J]. 岩石力学与工程学报,2009,28(4):673-678.

[11] 李相臣,康毅力. 煤层气储层微观结构特征及研究方法进展[J]. 中国煤层气,2010,7(2):13-17.

采场瓦斯运移规律与围岩裂隙演化关系研究

李　星

摘要：在煤岩层的孔隙-裂隙结构体内，瓦斯在中、微孔系统内流动时，基本上符合扩散定律；在大孔及孔隙系统内流动时，基本上遵循达西定律。因此，瓦斯在煤层内的流动属于扩散-渗透两种流动的综合。但是，由于煤粒的尺寸不大，扩散运动受煤层裂隙网络的渗流能力的限制。通过利用许多相关研究成果，从瓦斯运移的数学模型入手，讨论卸压瓦斯储集与采场围岩裂隙时空演化关系。

关键词：采场；瓦斯运移；裂隙演化；数学模型

　　煤层与围岩属于孔隙-裂隙结构体，对于不同的煤层与岩层，孔隙、裂隙尺寸，结构形式以及发育程度的差别很大。大量的采场覆岩裂隙时空演化规律的研究结果表明，覆岩裂隙演化是动态变化的，孔隙与裂隙的闭合程度对地应力的作用很敏感。地应力增高时，其闭合程度增大，透气性变小，而地应力降低时，裂隙伸张，透气性比原始煤层透气性大很多。因此，煤层采动后，采场瓦斯流动通路较原来通畅。

　　煤体暴露出来以后，邻近煤体的瓦斯含量和瓦斯压力随煤体的暴露时间而变化。一般地说，煤体暴露初期的瓦斯涌出速度较快，压力衰减速度也较快。因此，在采场顶板瓦斯抽采工作中，煤体瓦斯的涌出速度与瓦斯压力的衰减速度是重要的影响参数。

　　在煤岩层的孔隙-裂隙结构体内，瓦斯在中、微孔系统内流动时，基本上符合扩散定律。在大孔及孔隙系统内流动时，则基本上遵循达西定律。瓦斯在孔隙-裂隙系统内流动究竟符合哪种规律，许多学者有不同的处理方法。但是，前人的研究成果表明，对扩散-渗透、低渗透-渗透与均质渗透等模型试验进行计算分析，认为采用达西定律计算煤层瓦斯流动是比较合理，既简化了计算，也满足工程实用的要求。尽管瓦斯在煤层内的流动属于扩散-渗透两种流动的综合，但是，由于煤粒尺寸较小，扩散运动受控于煤层裂隙网络的渗透流动。

1　采动卸压瓦斯输运特性

1.1　瓦斯的扩散运动

　　瓦斯气体从煤体表面和原生孔隙进入裂隙网络系统的输运是扩散过程，遵从 Fick 定律。考虑相互接触的两种不同环境、不同状态的瓦斯气体，若界面张力为零，由于分子存在着依赖于绝对温度的随机运动，一种状态下的瓦斯可能有部分分子越过界面，变为另一种状态的瓦斯气体，这种过程不断进行直至形成两种流体的均匀混合。这种传质过程称为"分子扩散"。设混合物中一种组分相对于混合物的质量平均速度为 v_a，组分 $i(i=1,2)$ 的粒子速度为 v_i，则 $(v_i - v_a)$ 是组分 i 的扩散速度。

　　设流体混合物体积为 V，质量为 m，其中两种状态下的瓦斯气体质量分别为 m_1 和 m_2，则第 i 种组分的相对（质量）浓度 c_i 定义为 $c_i = m_i/V$，于是组分 i 的扩散能量 $J_i [kg/(m^2 \cdot s)]$ 定义为

$$J_i = c_i(v_i - v_a) \tag{1}$$

由以上描述可知,分子的扩散速度与相对浓度 c_i 密切相关。单位时间内跨过单位面积的气体质量(即扩散通量)与浓度梯度成正比,即

$$\frac{1}{A}\frac{\mathrm{d}m_i}{\mathrm{d}t} = -D'\frac{\partial c_i}{\partial x} \tag{2}$$

式(2)是 Fick 扩散定律的一种表达形式。式中,D' 称为质量扩散系数,m^2/s,A 为截面积;$\mathrm{d}m/A\mathrm{d}t$ 为扩散能量 J。将式(1)与式(2)相比较,则对于多维空间,扩散速度为

$$(v_i - v_a) = -\frac{D'}{c_i}\nabla c_i \tag{3}$$

或

$$J_i = -D'\nabla c_i \tag{4}$$

对作为整体的流动体系而言,如果考虑流体向各空间维度的扩散特性相同,将下标 i 去掉,即得 Fick 定律的第一扩散定律通式为

$$(v - v_a) = -\frac{D'}{c}\nabla c \tag{5}$$

对于流体在宏观上为静止的情形,质量平均速度 $v_a = 0$,则有扩散速度 v 或扩散流量 Q_x 为

$$v = -\frac{D'}{c}\nabla c, Q_x = -\frac{ARD'T_x}{Mp_x Z}\nabla c \tag{6}$$

式中,R 为普适气体常数;M 为气体分子量;A 为面积,或扩散能量

$$J_i = -D'\nabla c \tag{7}$$

式(6)和式(7)也是 Fick 第一定律的不同表现形式。

根据质量守恒方程和连续性方程,并考虑组分 i 的热运动,有

$$\frac{\partial(\rho_i\phi)}{\partial t} + \nabla\cdot(\rho_i\phi v_a) = \rho_i q \tag{8}$$

式中,q 是源汇强度;ρ_i 是密度。若不存在源汇,用 c_i 代替密度 ρ_i,则得

$$\frac{\partial(\rho_i\phi)}{\partial t} + \nabla\cdot(\rho_i\phi v_a) = \nabla\cdot(D'\nabla c_i) \tag{9}$$

对于作为整体的网络流动系统而言,如果考虑流体向各空间维度的扩散特性相同,将下标 i 去掉,则得

$$\frac{\partial(\rho\phi)}{\partial t} + \nabla\cdot(\rho\phi v_a) = \nabla\cdot(D'\nabla c) \tag{10}$$

式(10)是 Fick 第二扩散定律的普遍形式。对于流体系统宏观上为静止的情形,$v_a = 0$,并设孔隙度 ϕ 与时间 t 无关,即在岩层相对稳定,很长一段时间内孔隙度 ϕ 不变,则

$$\phi\frac{\partial c}{\partial t} = \nabla\cdot(D'\nabla c) \tag{11}$$

对于平面径向(一维空间)和球形径向(多维空间)扩散运动,上式可分别写成:

$$\phi\frac{\partial c}{\partial t} = \frac{1}{r}\frac{\partial}{\partial r}\left(rD'\frac{\partial c}{\partial r}\right) \tag{12}$$

$$\phi\frac{\partial c}{\partial t} = \frac{1}{r^2}\frac{\partial}{\partial r}\left(r^2 D'\frac{\partial c}{\partial r}\right) \tag{13}$$

令上式中 $D'/\phi = D$，则多孔介质中分子扩散的 Fick 第二定律为

$$\frac{\partial c}{\partial t} = \nabla \cdot (D' \nabla c) \tag{14}$$

式中，D 是多孔介质中质量扩散系数，m^2/s。若扩散系数 D 与空间位置无关，则式(14)可写成

$$\frac{\partial c}{\partial t} = D \nabla^2 c \tag{15}$$

或

$$平面径向：\frac{\partial c}{\partial t} = \frac{D}{r} \frac{\partial}{\partial r}\left(r \frac{\partial c}{\partial r} \right)$$

$$球形径向：\frac{\partial c}{\partial t} = \frac{D}{r^2} \frac{\partial}{\partial r}\left(r^2 \frac{\partial c}{\partial r} \right) \tag{16}$$

1.2　煤层瓦斯运移数学模型

如前所述，从煤层解吸出来的瓦斯通过扩散由微孔隙进入裂缝流动网络，再由裂缝进入采掘空间。为此，下面对微孔、裂缝中流体运移分别进行讨论。

1.2.1　微孔隙中气体的运移

一般情况下，认为微孔隙中只有单相气体扩散。这种扩散可分为非稳态和拟稳态两种模式。非稳态扩散遵从 Fick 第二扩散定律；拟稳态扩散遵从 Fick 第一扩散定律。

（1）非稳态扩散

基质煤块中总的气体浓度由微孔中所含的游离气和表面的吸附气两部分构成。定义气体密度是每立方米孔隙空间中所含气体的质量，则游离气的浓度就等于气体密度与微孔隙度 ϕ_m 的乘积，即

$$c_1 = \rho_1 \phi_m = \frac{M p_m \phi_m}{RTZ} \tag{17}$$

式中，ρ_1 是游离气体密度；c_1 是基于整体体积的游离气体浓度。第二个等号是利用了气体的状态方程，Z 是气体的偏差因子。

根据 Langmuir 方程，不考虑煤体中的水分等因素的影响，每立方米煤体所吸附的气体质量为 $V_\infty p_m/(p_L + p_m)$，即吸附气密度 c_2，就是

$$c_m = \frac{M p_m \phi_m}{RTZ} + \frac{V_\infty p_\infty}{p_L + p_m} \tag{18}$$

$$c_m = c_1 + c_2$$

式中，c_m 就是极限吸附量，下标 m 表示基质煤块中的量。所以，基质煤块中基于整体体积的总浓度 $c_m = c_1 + c_2$ 为

$$c_m = \frac{M p_m \phi_m}{RTZ} + \frac{V_\infty p_\infty}{p_L + p_m} \tag{19}$$

在推导 Fick 定律时，其中的浓度 c 是基于孔隙空间体积定义的。很显然，对于基质煤块整体体积定义的浓度 c_m，Fick 定律同样成立。将式(19)代入式(14)，得孔隙中压力为 p_m 的方程为

$$\frac{\partial}{\partial t}\left(\frac{M \phi_m p_m}{RTZ} + \frac{V_\infty p_\infty}{p_L + p_m} \right) = \nabla \cdot \left[D_m \nabla \left(\frac{M \phi_m p_m}{RTZ} + \frac{V_\infty p_\infty}{p_L + p_m} \right) \right] \tag{20}$$

对于圆柱形和圆球形的基质块，上式可改写成

$$\frac{\partial}{\partial t}\left(\frac{M\phi_m p_m}{RTZ} + \frac{V_\infty p_\infty}{p_L + p_m}\right) = \frac{1}{r^2}\frac{\partial}{\partial r}\cdot\left[r^2 D_m \frac{\partial}{\partial r}\left(\frac{M\phi_m p_m}{RTZ} + \frac{V_\infty p_\infty}{p_L + p_m}\right)\right] \tag{21}$$

式中,R 是基质煤块内的径向坐标。

（2）拟稳态扩散

拟稳态扩散基于 Fick 第一定律式（7）。认为总浓度 c_m 对时间的变化率与差值 $c_m - c_2$ 成正比,即

$$\frac{\mathrm{d}c_m}{\mathrm{d}t} = D_m F_x(c_2 - c_m) \tag{22}$$

式中,F_x 为基质煤块形状因子,$1/\mathrm{m}^3$。基质煤块流出的流量等于浓度变化率乘几何因子 G,即

$$q_m = -G\frac{\mathrm{d}c_m}{\mathrm{d}t} \tag{23}$$

1.2.2　裂隙中气体的运移

对于裂隙网络系统中瓦斯气体的运移,由于基质煤块中不断有气体扩散进入裂隙,在连续性方程中是一个连续源分布。若煤岩层中某些点 r_i,有煤层瓦斯抽采设施,抽采瓦斯量 Q_i,则在连续方程中有点汇,于是裂隙中瓦斯流动质量守恒方程为

$$\frac{\partial}{\partial t}(\phi_f s_{fg}\rho_{fg}) = -\nabla\cdot(s_{fg}v_{fg}) + q_m - \rho_{fg}\sum Qi\delta(r - r_i) \tag{24}$$

式中,q_m 是瓦斯气体质量源,$\mathrm{kg/m}^3\cdot\mathrm{s}$;右端最后一项是汇源;下标 f 和 g 分别代表裂缝和气体;s 是饱和度;速度 v_{fg} 由两部分组成,一部分是宏观渗流速度,相当于混合物中一种组分相对于混合物的质量平均速度为 v_a,遵从 Darcy 定律,另一部分是裂缝中气体扩散速度,遵从 Fick 定律,所以

$$v_{fg} = -\left(\frac{K_g}{\mu_g}\nabla p_{fg} + \frac{D_f}{c_f}\nabla c_f\right) \tag{25}$$

式中,D_f 是裂缝中气体扩散系数,m^2/s;c_f 是裂缝中气体浓度。将式（25）密度 ρ_{fg} 和式（16）分别用压力 p_f 表示,根据气体状态方程,即有 $\nabla c_f/c_f$,

$$\rho_{fg} = \frac{Mp_{fg}}{RTZ} \tag{26}$$

$$\frac{\nabla c_f}{c_f} = \nabla\left(s_{fg}\frac{Mp_{fg}}{RTZ}\right)\Big/\left(s_{fg}\frac{Mp_{fg}}{RTZ}\right) \tag{27}$$

对于等温情形

$$\frac{\nabla c_f}{c_f} = \nabla\left(\frac{s_{fg}p_{fg}}{Z}\right)\Big/\left(\frac{s_{fg}p_{fg}}{Z}\right) \tag{28}$$

将式（26）—式（28）代入式（25）,可得

$$\frac{\partial}{\partial t}\left(\frac{\phi_f s_{fg}p_{fg}}{Z}\right) = \nabla\left[\frac{p_{fg}}{Z}\frac{fg}{\mu_g}\nabla p_{fg} + \frac{D_f}{s_{fg}}\nabla\left(\frac{s_{fg}p_{fg}}{Z}\right)\right] + \frac{RT}{M}q_m - \frac{p_{fg}}{Z}\sum Q_i\delta(r - r_i) \tag{29}$$

下面以球形基质煤块为例,讨论上式中的 q_m。设其体积、表面积和半径分别为 V_1,A_1 和 r_1,则整个基质煤块的质量流量为 $V_1 q_m$,应等于

$$v(r_1)A_1 c_m(r_1) = -A_1 D_m\left(\frac{\partial c_m}{\partial n}\right)_{r = r_1} \tag{30}$$

其中,c_m是基于孔隙体积的浓度,乘以孔隙度ϕ_m,就是基于整体体积的浓度,于是q_m可写成

$$q_m = -\frac{A_1}{V_1}D_m\frac{\partial c_m}{\partial n}\big|_{r=r_1} \tag{31}$$

其中,A_1/V_1对球形基质为$3/r_1$,对柱形基元为$2/r_1$。对于非稳态扩散,浓度c_m由式(17)或式(18)解出。对于拟稳态扩散,q_m由式(24)给出。

处在开采煤层上部的煤层,如果受到下部采动影响,该上邻近层内的卸压瓦斯就将向下部采场的上覆岩层的裂隙空间运移,其运移的力学特性基本符合上述理论分析。

1.3 瓦斯升浮输运特性

瓦斯密度是空气的0.554倍,故在矿内空气中若有瓦斯聚集体的存在,则会因其本身与周围气体的密度差而上升并漂浮。因采场覆岩断裂带的存在,瓦斯会在破断裂隙发育区上升,并漂浮到断裂带顶部的离层发育区。

瓦斯的升浮现象,其根本原因是局部对象相对于周围气体,存在着小于周围气体密度的密度差。含瓦斯煤层开采时,存在许多瓦斯涌出源,又因煤层卸压等特点,必然存在局部瓦斯聚集,使得局部地区的瓦斯浓度较高。因此,便出现瓦斯升浮现象。

根据流体力学理论,气体升浮产生的条件有二:一是气体因受热体积膨胀,密度减小,从而产生密度差;二是气体对象中含有的气体浓度相对周围气体中含有气体浓度存有差异。因此,气体在升浮过程中,必然会伴随热量传递或物质的运移。随着热量或物质与周围环境传递平衡,气体升浮即告消失。

浮力作用下的瓦斯运移,因产生浮力源不同而有异。若浮力源的作用是瞬时的,瓦斯运移是非定常的,如瓦斯突出;若浮力源的作用是持续稳定的,则会形成定常状态的运移,这时,流体受到垂向浮力、侧边剪切力(阻力)和与运移加速度相应的惯性力的共同作用,形成局部平衡。浮力作用下的瓦斯因外部环境不同所形成的流态亦不同,如静止环境中受浮力作用的运移和环境气体存在运动时的流态不一致。

2 采场瓦斯运移规律与围岩裂隙演化关系

2.1 采场覆岩裂隙演化

通过采场的力学分析,工作面上、下顺槽的上覆岩层离层区与开切眼、工作面上覆岩层的离层区贯通,形成一个联通的环形圈。一般情况,开切眼与工作面和上、下顺槽构成的几何图形为矩形,矩形周围及上覆岩层受采动的影响发生移动破坏,破坏的机理是在矩形的四边岩层破坏裂缝呈下面咬合,矩形四角破坏裂缝呈上面咬合。覆岩形成如图1所示的岩层移动过程,这种岩层移动形状称为O形圈。

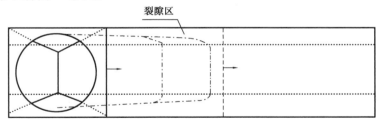

图1 覆岩形成的岩层移动过程

煤层开采后,上覆岩层中形成离层裂隙和竖向破断裂隙,离层裂隙分布呈现两个阶段特征:第一阶段,从开切眼开始,随着工作面推进,离层裂隙不断增大,采空区中部离层裂隙最发育;第二阶段,采空区中部离层裂隙趋于压实,离层率下降,而采空区四周离层裂隙仍能保持。顶板任意高度水平,第二阶段和稍后一段时期内,位于采空区中部的离层裂隙基本被压实,而在采空区四周仍存在一连通的离层裂隙发育区。O形圈随着工作面的推进是变化的,其变化过程可用如图1所描述。一定开采条件下,顶板岩层的岩性、厚度、断块长度是影响岩层离层裂隙分布的主要因素。只要有厚硬岩层的存在,即使远离开采煤层,处于所谓的弯曲下沉带内,也能产生较大的离层裂隙。根据实验室模拟试验和观测,煤层开采后在上覆岩层中形成两类裂隙,一类是离层裂隙,是随岩层下沉在层与层间出现的沿层裂隙;另一类是竖向破断裂隙,是随岩层下沉破断形成的穿层裂隙。对于工作面上、下顺槽而言,由于受到风巷一侧护巷煤柱的支撑作用,裂隙区在工作面风巷侧能较长时间的存在。根据实验室开采煤层倾向模型试验,沿倾斜方向上模型岩层离层量可用图2所示的分布曲线表示,在采煤工作面覆岩移动钻孔观测覆岩离层分析特征如图3所示。显然,工作面中部的离层量很小,几乎被压实,而上、下顺槽两侧的离层量却大于中部数倍,其分布曲线呈两端高凸中部低凹,形状如马鞍。

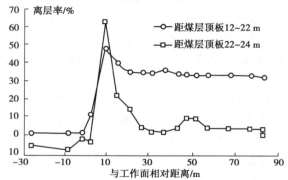

图 2 采场周围裂隙分布

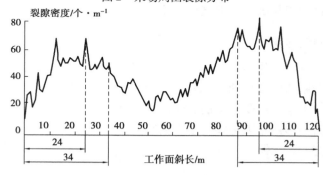

图 3 覆岩离层发育过程

2.2 卸压瓦斯储集

采动瓦斯与空气共存时,由于具有上升趋势,会漂浮在采动断裂带上部,其运动有两个过程,一是空气中存在局部的瓦斯或高浓度瓦斯的不均衡聚集,由于与其周围环境气体存在密度差而升浮;二是混入空气中的瓦斯分子在其本身浓度(或密度)梯度作用下的扩散。来自本煤层或上、下邻近层的卸压瓦斯,其涌出和运移的不均衡性和采空区冒落煤岩体空洞的局部聚集,卸压瓦斯将在浮力作用下沿采动断裂带裂隙通道上升和扩散。在瓦斯上升和扩散过程中,不断掺入周围气体,使涌出源瓦斯与环境气体的密度差逐渐减小,直至为零,混合气体则会聚集在冒落带上部的离层裂隙内。瓦斯上浮高度与本煤层及邻近层瓦斯含量及涌出强度成正比关系。

涌入采场空间的瓦斯,在其浓度梯度作用下产生扩散,一般由于空气的重力产生向下的压强梯度,则由其产生的扩散流方向与压强梯度反向,即瓦斯气体具有向上扩散的趋势。这样,从理论上解释了裂隙带是瓦斯聚集带,并为覆岩采动断裂带内钻孔抽采、巷道排采等治理瓦斯措施提供了科学依据。

煤层采动后,上覆岩层内破断裂隙和离层互相沟通。同时,煤岩体内裂隙还与采场和采空区沟通,即存在煤岩体内及采空区中新鲜风流与瓦斯同时流动现象。由于采空区上覆岩层中采动裂隙的存在,为采空区瓦斯储集提供了空间。采空区瓦斯来源于上、下邻近层及采空区遗煤析出的瓦斯,其涌出量通常占回风瓦斯的50%左右。显然,将瓦斯抽采工程和管道布置在离层裂隙发育且能长时间保持的区域,有利于卸压瓦斯流动到抽采管中,保证有效抽采时间长,抽采范围大,瓦斯抽采率高。

流向采动裂隙区的瓦斯,根据其来源不同,流动过程也不同。流向采空区的瓦斯,按来源可分为来自本煤层的瓦斯、上邻近层或下邻近层的卸压瓦斯。一般情况下,矿井空气中若有瓦斯存在,瓦斯就会升浮而漂浮在较上部的层面上。采空区遗煤析出的瓦斯会沿顶板破断裂隙向上部离层裂隙区运移。瓦斯升浮,即瓦斯在采空区、工作面或裂隙带内向上运动,造成这种运动的条件主要有两种原因:一是瓦斯密度比周围气体介质的密度小,从而产生一种升力;二是裂隙通道或漏风通道两端有压能差,具有了使瓦斯沿通道流动的能量。由于条件一的存在,瓦斯升浮,这种运动符合气体的浮力定律,而满足条件二,瓦斯升浮,其瓦斯运动符合多孔介质流体流动的渗流阻力定律。上行通风的工作面,来自采空区遗煤析出的瓦斯运动轨迹如图4所示;然而,对于来自上、下邻近层的瓦斯涌向采空区的流动轨迹如图5所示。

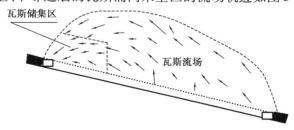

图4　采空区遗煤析出瓦斯流动情况示意图

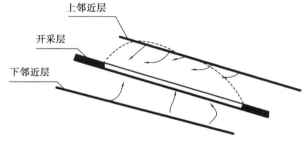

图5　上、下邻近层瓦斯涌入采空区流动情况示意图

从图4、图5可见,对于上行通风的 U 形工作面上隅角瓦斯超限的原因主要有两点:一是无论来自本煤层还是来自上、下邻近层的瓦斯,聚集到采场空间,在通风动力的作用下,最后随风流动到工作面上隅角;二是工作面的供风量不足。

从开采煤层底板到采空区空间的顶部,所有裂隙通达之处,便构成了采空区气体的流动空间。在流动空间内,由于冒落带与裂隙带的透气性不同,渗流速度和流态差别较大。在层流区内瓦斯呈上浮特性,特别是采空区深部高浓度瓦斯向工作面上隅角运移时,这种上浮特性尤为明显;在冒落带及以下到工作面,采空区漏风通道畅通,气体进入过渡流和紊流区,瓦斯与空气混合移动;在冒落带以上及离工作面较远的压实区,瓦斯气体呈上浮分层现象。

2.3 卸压瓦斯储集与采场围岩裂隙演化过程分析

根据上述分析,卸压瓦斯储集与采场围岩裂隙演化过程的关系可用图4描述,即在扩散升浮和渗流的动力作用下,来自底板煤岩层的卸压瓦斯就会向上部开采煤层的底板卸压区扩散,穿过底板卸压岩层进入采空区;同样,来自开采层顶部煤层卸压瓦斯沿着顶板裂隙网络运移到裂隙充分发育区和采空区。这样,来自上、下邻近煤层的卸压瓦斯与本煤层(可采层)的瓦斯汇合一起,在浮力、压能的作用下进入裂隙充分发育区和采空区。由于环形裂隙圈是动态的,瓦斯运输和储集也是动态变化的,其空间关系如图6所示。当裂隙区和采空区的瓦斯储集到一定量后,或者裂隙又被重新压实,就出现了裂隙区和采空区的瓦斯"溢出",进入新鲜风流中,给煤炭生产带来危害。

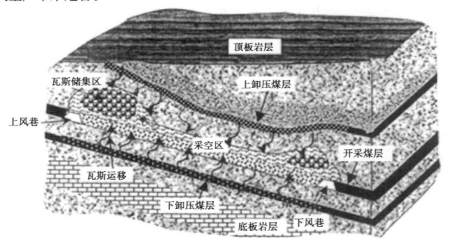

图6 采场瓦斯运移规律与围岩裂隙演化关系

3 结论

①处在开采煤层上部的煤层,如果受到采动影响,其上邻层内的卸压瓦斯就将流向采动下覆岩层的裂隙空间运移,其运移形式以扩散和渗流形式为主。

②对于开采煤层或者处在开采煤层下部的煤层,如果受到采动影响,其本煤层或下邻近层内的卸压瓦斯就将向采动上覆岩层的裂隙空间运移,其运移的形式以升浮、扩散为主。

③当来自上、下邻近卸压煤层和本煤层的卸压瓦斯大面积汇集一起后,由于瓦斯与空气共存时瓦斯比空气轻,此环境状态下的瓦斯运移力学特性主要符合升浮运动形式,同时在风流能量的作用下,部分瓦斯会同新鲜风流混在一起被带入砂井回风流中。

④随着开采工作面向前推进,顶板覆岩裂隙区要经过卸压、失稳、起裂、张裂以及裂隙萎缩、变小、闭合、封闭的演化过程;瓦斯储集也通过裂隙流动网络进入裂隙区,发生集聚、饱和、溢出、压出等运移过程。由于环形裂隙圈是动态的,瓦斯运移和储集也是动态变化的。当裂隙区和采空区的瓦斯储集到一定量后,或者裂隙又被重新压实,就出现了裂隙区和采空区的瓦斯"溢出"而进入砂井回风流中。

参考文献

[1] 孔祥言.高等渗流力学[M].合肥:中国科学技术大学出版社,1999.

[2] KORZENIOWSKI W. Reological model of hard rock pillage[J]. Rock Eng. 1991(24):155-166.

[3] 李树刚.综放开采围岩活动及瓦斯运移[M].徐州:中国矿业大学出版社,2000.

[4] 余常昭.环境流域体力学[M].北京:清华大学出版社.1992.

[5] 钱鸣高,缪协兴,许家林,等.岩层控制的关键层理论[M].徐州.中国矿业大学出版社,2003.

[6] 钱鸣高,缪协兴.岩层控制中的关键层理论研究[J].煤炭学报,1996,21(3):225-230.

[7] 涂敏,刘泽功.低透气性富含瓦斯煤层综放开采顶板裂隙变化研究[J].煤炭科学技术,2004,32(4):44-47.

[8] 罗新荣.煤层瓦斯运移物理模拟与理论分析[J].中国矿业大学学报,1991,20(3):55-60.

含瓦斯煤岩固气耦合模型的研究与运用

李铭辉

摘要:由于孔隙压力的变化,流体在多孔介质内部的渗流过程中,一方面会导致多孔介质骨架受有效应力作用,导致多孔介质的渗透率、孔隙度等发生变化;另一方面,这些变化又反过来影响流体流动和应力分布。所以,在研究多孔介质的变形特性和流体在多孔介质中的流动规律时,需要考虑流体的流动和多孔介质变形的相互影响,即要考虑多孔介质内的应力场与渗流场之间的耦合关系。从含瓦斯煤岩在三轴压缩流固耦合条件下的研究成果可知,含瓦斯煤岩在变形过程中,不仅仅只发生了弹性变形,还有不可忽视的塑性变形;同时,在整个变形过程中,含瓦斯煤试样的孔隙度和渗透率都是动态变化的。参考描述固气耦合情况下煤岩骨架可变形性和瓦斯气体可压缩性的含瓦斯煤岩弹塑性固气耦合模型,充分考虑受瓦斯压力压缩和煤基质吸附瓦斯膨胀对其本体变形的影响,以 Kozeny-Carman 方程为桥梁,建立含瓦斯煤渗透率理论模型,最后利用实验室进行的含瓦斯煤三轴压缩试验对模型进行了验证,并且以平顶山十矿的相关物性参数为基础,模拟分析了钻孔抽采瓦斯条件下的煤层瓦斯运移规律。

关键词:固气耦合;煤;瓦斯;数学模型;多孔介质

煤岩是一种典型的多孔介质。如地下岩层中石油、天然气资源的开采,地下煤层和瓦斯资源的开采,地下水资源的开采以及污染物地下传质输运等,都涉及多孔介质中能量与物质的传输过程。

渗流力学是研究流体在多孔介质内运动规律的科学。自 1856 年法国工程师达西(Darcy)提出线性渗流定律以来,渗流力学一直在向前发展,并不断地与其他学科交叉而形成许多新兴的边缘学科。如瓦斯渗流力学是由渗流力学、固体力学、采矿科学以及煤田地质学等学科互相渗透、交叉而发展形成的一门新兴学科。瓦斯渗流力学是专门研究瓦斯在煤层这个多孔介质内运行规律的科学,有时也称为瓦斯流动理论。国内外学者在研究煤层瓦斯渗流规律的基础上,进行了一些钻孔抽采瓦斯的理论研究和工程应用技术研究。肖晓春、潘一山建立了考虑滑脱效应影响的煤层气渗流模型,并模拟分析了煤层气运移的规律;赵阳升等建立了固气耦合作用下的均质煤层瓦斯流动数学模型;梁冰等考虑温度场作用下瓦斯渗流对煤体本构关系的影响,提出了煤与瓦斯耦合作用的数学模型;尹光志等在考虑煤岩体为各向同性弹塑性介质的基础上引入瓦斯吸附的膨胀应力,建立了含瓦斯煤岩固气耦合动态模型;杨天鸿等通过考虑煤层吸附、解吸作用的含瓦斯煤岩固气耦合作用模型,模拟研究了煤层瓦斯卸压抽采过程;司鹄等运用多孔介质渗流的基本定理和流固耦合的基本理论,建立了瓦斯流固耦合计算方程,模拟分析了顺层钻孔抽采条件下的瓦斯运移规律。

最早研究流体-固体变形耦合现象的是 Terzaghi。他首先将可变形、饱和的多孔介质中流体的流动作为流动-变形的耦合问题来看待,提出了著名的有效应力概念,建立了一维固结模型。Biot 将 Terzaghi 的工作推广到了三维固结问题,并给出了一些经典的、解析型的公式和算例,奠定了地下流固耦合理论研究的基础,并将三维固结理论推广到各向异性多孔介质的分析中。Verrujit 进一步发展了多相饱和渗流与孔隙介质耦合作用的理论模型,在连续介质力学的系统框架内建立了多相流体运动和变形孔隙介质耦合问题的理论模型。此后,一方面随着社会的发展,各行各业对流固耦合力学提出了新的课题,如石油天然气开采、煤矿的煤与瓦斯突出、开采引起的地面沉降防治等问题;另一方面,实验测试和计算机技术的发展也为这些问题提供了解决条件。因此,流固耦合理论的研究得到了长足的发展。在油藏工程方面,Rice,Wong,Setta 等在开采机理、热流固耦合理论及工程应用方法等方面做了很多研究工作。Lewis 长期致力于石油开采领域的热流固耦合理论研究,发展了以流体孔隙压力、温度和孔隙介质位移作为基本变量的流固耦合模型,并利用该模型分析了流固耦合作用对油气生产的影响。Bear 研究了地热开采、地下污染物传递中的流固耦合问题。国内王自明、孔祥言等人对油藏的热流固耦合作用进行了研究,建立了非完全耦合与完全耦合两类热流固耦合数学模型。在煤矿瓦斯灾害防治工程领域,赵阳升、梁冰、刘建军、汪有刚、丁继辉、李祥春、尹光志等建立了等温、非等温条件下煤层瓦斯流固耦合模型。Lewis、周晓军、丁继辉、张玉军、郭永存等将参与耦合的单相流体转向了多相流体的耦合计算,更加真实地反映了各流体之间的相互影响。

1　理论模型

1.1　基本假设

煤层中的渗透率变化非常复杂,是一个瓦斯气体运移与煤层固体变形之间相互耦合的复杂过程。为研究这一问题,引入以下假设:

①瓦斯在煤岩中吸附饱和。

②煤层瓦斯含量遵守 Langmuir 方程。

③煤层瓦斯渗流遵从 Darcy 定律。

④煤层瓦斯视为理想气体,且渗流按等温过程处理。

⑤含瓦斯煤岩为各向同性弹塑性介质。

1.2　含瓦斯煤岩有效应力

根据多孔介质有效应力原理,考虑煤岩吸附瓦斯产生的膨胀应力,可得到含瓦斯煤岩有效应力:

$$\sigma'_{ij} = \sigma_{ij} - \delta_{ij}\left(\phi p + \frac{2a\rho_s RT \ln(1 + bp)}{3V_m}\right) \tag{1}$$

式中,ϕ 为煤岩的等效孔隙率;δ_{ij} 为 Kronecher 符号;摩尔气体常数 $R = 8.314\ 3\ \text{J}/(\text{mol} \cdot \text{K})$;$T$ 为绝对温度(K);a 为给定温度下的单位质量煤岩极限吸附量,m^3/kg;b 为吸附常数,MPa^{-1};ρ_s 表示煤岩视密度,kg/m^3;p 为瓦斯压力,MPa;摩尔体积 $V_m = 22.4 \times 10^{-3}\ \text{m}^3/\text{mol}$。

1.3　孔隙率和渗透率动态变化模型

含瓦斯煤岩在加载过程中,随着变形的增加,孔隙率 ϕ 和渗透率 k 是动态变化的。所以,在建立含瓦斯煤岩固气耦合本构模型时,应考虑这些因素的变化和影响。

1.3.1　含瓦斯煤岩处于弹性变形阶段

含瓦斯煤岩的骨架体积用 V_s 表示,其变化用 ΔV_s 表示;含瓦斯煤岩的孔隙体积用 V_P 表示,其变化用 ΔV_P 表示;总体积用 V_t 表示,其变化用 ΔV_t 表示。根据孔隙率的定义,有

$$\phi_p = \frac{V_p}{V_t} = \frac{V_{p0} + \Delta V_p}{V_{t0} + \Delta V_t} = 1 - \frac{1 - \phi_0}{1 + \varepsilon_v}\left(1 + \frac{\Delta V_s}{V_{s0}}\right) \tag{2}$$

式中,V_{s0} 为含瓦斯煤岩的初始骨架体积;V_{t0} 为含瓦斯煤岩的初始总体积;ϕ_0 为含瓦斯煤岩的初始孔隙度;ε_v 为含瓦斯煤岩的体积应变。

通常认为固体的骨架是不变形的。但在实际工程中,骨架颗粒将发生变形。因此,在研究含瓦斯煤岩的固气耦合问题时,应该考虑含瓦斯煤岩的骨架变形。

由瓦斯压力变化引起的骨架体积变形为

$$\frac{\Delta V_s}{V_{s0}} = -\frac{\Delta p}{K_s} \tag{3}$$

式中,K_s 为固体骨架的体积模量;$\Delta p = p - p_0$(p_0 为初始瓦斯压力),为瓦斯压力变化。

联立式(2)、式(3),得到考虑骨架变形的含瓦斯煤岩弹性阶段孔隙率计算公式为

$$\phi_p = 1 - \frac{1 - \phi_0}{1 + \varepsilon_v}\left(1 - \frac{\Delta p}{K_s}\right) \tag{4}$$

式中,ϕ_0 代表含瓦斯煤岩的初始孔隙率;ε_v 代表含瓦斯煤岩的体积应变;瓦斯压力变化 $\Delta p = p - p_0$;K_s 为固体骨架的体积模量,MPa。

1.3.2　含瓦斯煤岩处于应变强化阶段

可假定 ϕ_s 有如下形式:

$$\phi_s = M\phi\left(\frac{\overline{\sigma} - \sigma_s}{\sigma_c - \sigma_s}\right) + N \tag{5}$$

式中,$\overline{\sigma}$ 为应力强度;M,N 为常数。

岩石试件在受压达到峰值强度时,开始出现宏观裂纹。因此,可以假设当载荷达到峰值应力时有最大孔隙率,可由实验得到。根据这种情况,结合式(5),得

$$\phi_s = (1 - \phi_p)\left(\frac{\overline{\sigma} - \sigma_s}{\sigma_c - \sigma_s}\right) + \phi_p \tag{6}$$

当含瓦斯煤岩处于应变强化阶段时,孔隙率可定义为

$$\phi_s = (\phi_{max} - \phi_p)\left(\frac{\overline{\sigma} - \sigma_s}{\sigma_c - \sigma_s}\right) + \phi_p \tag{7}$$

式中,ϕ_{max} 为载荷达到峰值应力 σ_c 时的孔隙率;$\overline{\sigma}$ 为应力强度;σ_s 为屈服应力。

根据以上分析,可以得到煤岩孔隙率为

$$\phi = \begin{cases} \phi_p = 1 - \dfrac{(1 - \phi_0)}{(1 + \varepsilon_v)}\left(1 - \dfrac{\Delta p}{K_s}\right) \\[3mm] \phi_s = (\phi_{max} - \phi_p)\left(\dfrac{\overline{\sigma} - \sigma_s}{\sigma_c - \sigma_s}\right) + \phi_p \end{cases} \tag{8}$$

根据渗流力学中 Kozeny-Carman 方程,结合文献的研究结果,得到煤岩弹性阶段的渗透率为

$$k_p = \frac{k_0}{1 + \varepsilon_v}\left[1 + \frac{\varepsilon_v + (\Delta p/K_s)(1 - \phi_0)}{\phi_0}\right]^3 \tag{9}$$

式中,k_0 为煤岩初始渗透率,m^2。

采用与孔隙率相同的处理方法,含瓦斯煤岩应变强化阶段的渗透率定义为

$$k_s = (k_{max} - k_p)\left(\frac{\overline{\sigma} - \sigma_s}{\sigma_c - \sigma_s}\right) + k_p \tag{10}$$

式中，k_{max} 为煤岩达到峰值应力时的渗透率。

通过分析，可以得到含瓦斯煤岩的渗透率为

$$k = \begin{cases} k_p = \dfrac{k_0}{1 + \varepsilon_v}\left[1 + \dfrac{\varepsilon_v + (\Delta p / K_s)(1 - \phi_0)}{\phi_0}\right]^3 \\ k_s = (k_{max} - k_p)\left(\dfrac{\overline{\sigma} - \sigma_s}{\sigma_c - \sigma_s}\right) + k_p \end{cases} \tag{11}$$

1.4 煤岩体变形场控制方程

将煤岩看作线性等向强化材料。根据 Terzaghi 有效应力原理，其应力平衡方程为

$$\sigma'_{ij,j} + (\beta p \delta_{ij}) + F_i = 0 \tag{12}$$

式中，F_i 为体积力张量，N/m^3。

含瓦斯煤岩体的几何方程为

$$\varepsilon_{ij} = \frac{u_{i,j} + u_{j,i}}{2} \tag{13}$$

式中，u_i 为位移分量，m。

对于各向同性弹性介质，弹塑性本构方程的增量形式表达如下：

$$d\sigma'_{ij} = \left[\lambda \delta_{ij} \delta_{kl} + \mu(\delta_{ik}\delta_{jl} + \delta_{il}\delta_{jk})\right](d\varepsilon_{kl} - d\varepsilon^p_{kl}) \tag{14}$$

式中，E 为弹性模量，MPa；ν 为泊松比；λ 和 μ 为拉梅常数。

采用 Drucker-Prager 屈服准则，该准则表达为

$$Q = k_1 I'_1 + \sqrt{J'_2} - k_2 - \alpha_p \tag{15}$$

式中，k_1、k_2 为材料常数，$k_1 = \dfrac{2\sin\varphi}{\sqrt{3}(3 - \sin\varphi)}$，$k_2 = \dfrac{\sigma_c \cos\varphi}{\sqrt{3}(3 - \sin\varphi)}$；$I'_1$ 为有效主应力张量第一不变量；J'_2 为有效偏应力张量第二不变量；φ 为材料膨胀角；c 为材料黏聚力。

根据文献，塑性强化准则可以定义为

$$\alpha_p = \alpha^0_p + \frac{(\alpha^m_p - \alpha^0_p)\varepsilon^{ep}}{A + \varepsilon^{ep}} \tag{16}$$

式中，α^0_p 表示塑性屈服启动阀值；α^m_p 为强化函数的最大值；ε^{ep} 为等效塑性应变；A 为控制塑性强化率的常数。

采用 Von Mises 流动法则，表达如下：

$$Q = \sigma'_i \tag{17}$$

式中，σ'_i 为有效应力强度，MPa。

1.5 煤层瓦斯渗流场控制方程

设瓦斯为理想气体，不考虑瓦斯吸附解吸过程，瓦斯在煤岩体中的渗流视为等温过程，则游离态瓦斯密度和压力满足理想气体方程：

$$\rho_g = \beta p \tag{18}$$

式中，ρ_g 为瓦斯密度，kg/m^3；$\beta = M_g / RT$，为瓦斯压缩因子，$kg/(m^3 \cdot Pa)^{-1}$；M_g 为瓦斯气体摩尔质量，$kg/kmol$。则游离瓦斯含量 Q_f 可表示为

$$Q_f = \rho_g \phi \tag{19}$$

吸附瓦斯含量由朗格缪尔等温吸附方程求得

$$Q_a = \frac{abp\rho_0}{1 + bp} \tag{20}$$

式中，ρ_0 为标准大气压下的瓦斯密度，kg/m^3。

由式(19)、式(20)可得煤岩体中瓦斯含量 Q 为

$$Q = Q_f + Q_a = \beta p \phi + \frac{abp\rho_0}{1 + bp} \tag{21}$$

考虑 Klinkenberg 效应，渗流速度 v 表示为

$$v = -\frac{k}{\mu}\left(1 + \frac{m}{p}\right)(\nabla p + \rho_g g \nabla z) \tag{22}$$

式中，k 为含瓦斯煤岩渗透率，m^2；μ 为瓦斯动力粘度系数，Pa；m 为 Klinkenberg 因子。考虑到瓦斯的重力很小，计算中忽略重力项。

瓦斯在煤岩体中的流动满足质量守恒：

$$\frac{\partial m}{\partial t} + \nabla(\rho_g \cdot v) = 0 \tag{23}$$

等温过程多孔介质孔隙率变化为

$$\frac{\partial \phi}{\partial t} = (1 - \phi)\left(\frac{\partial \varepsilon_v}{\partial t} + \frac{1}{K_s}\frac{\partial p}{\partial t}\right) \tag{24}$$

由以上分析得到渗流场控制方程：

$$2\left[\phi + \frac{p(1 - \phi)}{K_s} + \frac{abp_0}{(1 + bp)^2}\right]\frac{\partial p}{\partial t} - $$
$$\nabla \cdot \left[\frac{k}{\mu}\left(1 + \frac{m}{p}\right)\nabla p^2\right] + 2(1 - \phi)p\frac{\partial \varepsilon_v}{\partial t} = 0 \tag{25}$$

2 多物理场耦合分析软件——COMSOL Multiphysics

COMSOL Multiphysics 是一个基于偏微分方程的专业有限元数值分析软件包，是一种针对各学科和工程问题进行建模和仿真计算的交互式开发环境系统。该软件的建模求解功能基于一般偏微分方程的有限元求解。所以，可以连接求解任意物理场的耦合问题。针对不同的问题，COMSOL Multiphysics 软件可以进行静态和动态分析、线性和非线性分析、特征值和模态分析等，以及多种物理场的耦合计算。通过 COMSOL Multiphysics 的多物理场功能，可以选择不同的模块同时模拟任意物理场组合的耦合分析；可以使用相应模块直接定义物理参数，创建有限元模型；也可以自由定义自己的方程来建立相应模型。

针对不同的物理领域，COMSOL Multiphysics 软件中集成了大量的模型，主要有：

(1)结构力学模块(Structural Mechanics Module)

结构力学模块为工程师提供了一个熟悉有效的计算环境，其图形用户界面基于结构力学领域惯用的符号约定，适用于各种结构设计研究。在结构力学模块中，用户可以借助简便的操作界面，利用软件的耦合功能将结构力学分析与其他物理现象，如电磁场、流场、热传导等耦合起来进行分析。

（2）热传导模块（Heat Transfer Module）

COMSOL Multiphysics 的热传导模块能解决的问题包括传导、辐射、对流及其任意组合方式。建模界面的种类包括面-面辐射、非等温流动、活性组织内的热传导，以及薄层和壳中的热传导等。热传导模块的一个重要特征就是它的模型库分成了三个主要部分：电子工业中热分析、热处理和热加工、医疗技术和生物医学。这些模型几乎囊括了所有复杂的问题。

（3）AC/DC 模块（AC/DC Module）

AC/DC 模块试图模拟电容、感应器、电动机和微传感器等。AC/DC 模块的功能包括静电场、静磁场、准静态电磁场和其他物理场的耦合分析。当考虑电子元件作为大型系统的一个部件时，AC/DC 模块提供了一个可以从电路元件列表中进行选择的界面，以便用户可以选择需要的电路元件进行后续的有限元模拟。

（4）RF 模块（RF Module）

对于 RF、微波和光学工程的模拟，通常需要分级求解较大规模的传输设备。RF 模块则提供了这样的工具，包括功能强大的匹配层技术和最佳求解器的选择。因此，利用 RF 模块可以轻松地模拟天线、波导和光学元件。RF 模块提供了高级后处理工具，如 S-参数技术和远场分析等，使得 COMSOL Multiphysics 的模拟分析能力得以进一步完善。

（5）地球科学模块（Earth Science Module）

COMSOL Multiphysics 的地球科学模块包含了大量针对地下水流动的简易模型界面。这些界面允许快速便捷地使用描述多孔介质流体的 Richards 方程、Darcy 定律、Darcy 定律的 Brinkman 扩展，以及自由流体中的 Navier Stokes 方程等。该模块能够处理多孔介质中的热量传输和溶质反应，还可以求解地球物理和环境科学中如自由表面流动、多孔介质中的流体流动、热传导和化学转换等典型问题。

（6）声学模块（Acoustics Module）

声学模块主要用于分析产生、测量和利用声波的设备和仪器。该模块中不但可以耦合声学相关的行为，而且与结构力学和流体流动等其他物理现象进行直接耦合。该模块的应用领域包括结构振动、空气声学、声压测量、阻尼分析等。

（7）化学工程模块（Chemical Engineering Module）

化学工程模块主要处理流体流动、扩散、反应过程的耦合场以及热传导耦合场等问题。该模块通过图形方式或方程式来满足化学反应工程和传热现象的建模工作。化学工程模块主要用于分析反应堆、过滤堆、过滤和分离器以及其他化学工业中的常见设备等。

（8）微电机模块（MEMS Module）

COMSOL Multiphysics 的微电机模块用于解决微电机研究和开发过程中的建模问题。该模块处理的主要问题是电动机械耦合、温度-机械耦合、流体结构耦合和微观流体等问题。

3　理论模型的验证

为验证本文所建立的理论模型的正确性，以实验室进行的含瓦斯煤三轴压缩试验为模拟对象进行数值计算。结合上述分析内容，选用 COMSOL Multiphysics 软件中的通用 PDE 模块和结构力学模块，并对其中的偏微分方程的各项系数进行调整，将含瓦斯煤岩气固耦合关系引入到方程中。最终，在求解器中进行耦合计算，求得数值解。

3.1 模型简介

所建模型为轴对称模型,其高为 100 mm,宽 25 mm,包括含瓦斯煤岩试件直径的一半。模型有限元网格见图 1,含瓦斯煤岩试件的基本物理性质参数见表 1。

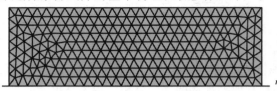

图 1　模型的有限元网格

表 1　模型物性参数值

参数名称及单位	参数值
含瓦斯煤岩体弹性模量 E/MPa	290
煤的泊松比 ν	0.32
煤的密度 ρ_s/(kg·m^{-3})	1 350
初始渗透率 k_0/m^2	3.72e−16
初始孔隙率 φ_0	0.09
瓦斯的粘度 ζ/(Pa·s)	1.34e−5
吸附常数 a_1/(m^3·kg^{-1})	14.5
吸附常数 a_2/(1·MPa^{-1})	0.73
含瓦斯煤岩体积模量 K_s/MPa	162
瓦斯压缩系数 β/(kg·m^{-3}·Pa^{-1})	0.998 2e−5
瓦斯密度 ρ_g/(kg·m^{-3})	0.714
煤岩体强化弹性模量 E_t/MPa	108
内聚力 c/MPa	0.73
剪胀角 ϕ/(°)	21
初始屈服阈值 σ_p^0/MPa	10.4
峰值强度 σ_p^m/MPa	15.8
最大渗透率 k_m/m^2	2.75e−15
最大孔隙率 φ_m	0.094 5
塑性强化常数 A	0.001
Klinkenberg 因子 b	0.000 12

3.2 边界条件与初始条件

3.2.1 初始条件

在 $t=0$ 时刻,煤岩试件初始瓦斯压力为 $p=0.1$ MPa;初始位移场 $u_i=0$;煤岩试件处于静水压力状态,$\sigma_1 = \sigma_2 = \sigma_3 = 1$ MPa。

3.2.2　边界条件

圆柱体试件周边为不透气边界,$q = 0$;上、下端面为透气边界,且上端面瓦斯压力为 0.5 MPa,下端面瓦斯压力为 0.1 MPa;考虑到端部效应,试件下端面为固定约束,上端面固定径向位移;煤岩试件围压保持不变,轴向以 0.2 mm/min 速度加压。

3.3　模拟结果分析

3.3.1　模拟结果与实测结果的应力-应变曲线对比

图 2 给出了围压 1 MPa、瓦斯压力为 0.5 MPa 情况下常规三轴全应力-应变实验值和数值模拟值的比较。从图中可以看出,模拟结果与实验的结果吻合较好。

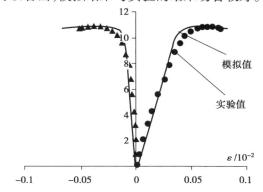

图 2　常规三轴全应力-应变曲线实验值与模拟值的比较

3.3.2　瓦斯压力分布规律

图 3 为煤岩试件处于 1 MPa 的静水压力下,在 $r = 0$ 处,不考虑煤体变形对瓦斯压力分布影响的未耦合情况和考虑耦合影响的瓦斯压力分布情况的对比图。由于考虑了煤体受载压缩变形的影响,煤体渗透率减小,使得试件各处的瓦斯压力较未耦合情况下要小。这也说明在考虑多孔介质渗流问题时,考虑耦合作用是相当有必要的。

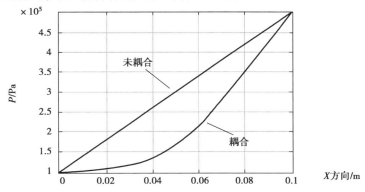

图 3　$r = 0$ m 处未耦合情况和耦合影响下的瓦斯压力分布对比图

3.3.3　孔隙率和渗透率的变化

图 4、图 5 为煤岩试件孔隙率和渗透率随加载时间的演化规律。在 $t = 0 \sim 2\,900$ s 时,模型随着轴向载荷的增加被逐渐压缩,因而渗透率和孔隙率随着载荷的增加而减小;在 3 100 s 后,模型中部开始产生塑性流动破坏,导致模型的渗透率和孔隙率增加,这与实验结果趋势是一致

的。由图 4、图 5 还可看出，含瓦斯煤岩的等效孔隙率和渗透率具有相同的演化规律。

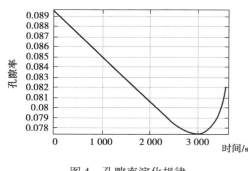

图 4　孔隙率演化规律

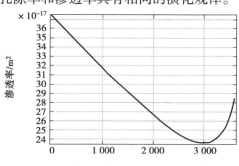

图 5　渗透率演化规律

3.3.4　模型变形位移规律

在 $t = 3\ 600\ s$ 时，模型的轴向位移达到 12 mm，模型的总位移、等效塑性应变分布和剪切塑性应变分布如图 6 至图 8 所示。

由图 6（a）可知，含瓦斯煤岩试件的边界中部位置发生了膨胀变形，与实验结果图 6（b）是相符的；由图 7 可知，最先发生塑性流动破坏的是试件中部；由图 8 可知，在试样的上下部都发生了塑性剪切破坏，由于是轴对称模型，因此图 8 对应于 X 形共轭剪切破坏的右半部分，与实验结果也是相符的。

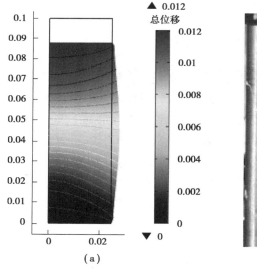

（a）

（b）

图 6　试件位移分布图

3.4　验证结论

在含瓦斯煤岩流固耦合的分析中，以多孔介质有效应力原理为基础，考虑了含瓦斯煤岩孔隙率和渗透率的动态变化，建立了含瓦斯煤岩弹塑性流固耦合渗流模型。从模拟结果来看，符合含瓦斯煤岩流固耦合三轴渗流实验规律，提出的耦合弹塑性本构模型能有效地描述含瓦斯煤岩力学特性及渗流特性。

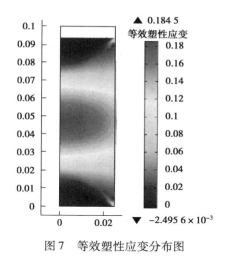

图7　等效塑性应变分布图

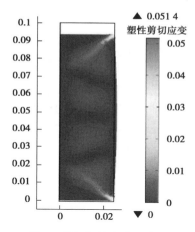

图8　剪切塑性应变分布图

4　模型在钻孔抽采瓦斯三维数值模拟中的应用

我国煤层瓦斯赋存丰富,其储量大致与天然气的储量相当。随着煤矿开采深度进一步延伸,煤层中的瓦斯含量也逐渐增大,工作面更易发生瓦斯涌出和煤与瓦斯突出等动力灾害。由于开采煤层普遍具有低渗透性的特点,特别是我国西南地区地质条件复杂,常为无保护层可采的单一煤层。钻孔抽采瓦斯不仅可以大幅降低煤层瓦斯含量,减少发生瓦斯动力灾害概率,还可将瓦斯作为一种清洁能源加以利用。

钻孔抽采瓦斯过程中,煤层中的渗透率变化非常复杂,是一个瓦斯气体运移与煤层固体变形之间相互耦合的复杂过程。基于能描述固气耦合情况下煤岩骨架可变形性和瓦斯气体可压缩性的含瓦斯煤岩弹塑性固气耦合模型,充分考虑受瓦斯压力压缩和煤基质吸附瓦斯膨胀对其本体变形的影响,以 Kozeny-Carman 方程为桥梁,建立含瓦斯煤渗透率理论模型。最后,以平顶山十矿的相关物性参数为基础模拟,分析了钻孔抽采瓦斯条件下的煤层瓦斯运移规律。

4.1　几何模型

使用基于偏微分方程(PDEs)的 COMSOL Multiphysics 系统进行二次开发来实现模拟研究。该系统构建了一个从建模到求解的完整平台,每个环节都是开放的,几乎所有细节都可以控制。本次数值计算在结构力学方程和通用 PDE 方程的基础上进行修改,实现自定义控制方程。首先,通过对三维空间中的原岩体进行开挖模拟出接近真实的地层应力分布情况,而不是简单地对其施加均布载荷,再加入瓦斯抽采钻孔,可更真实地模拟钻孔瓦斯抽采情况。数值计算区域如图9(a)所示,为 300 m×150 m×100 m 的三维模型。上覆岩层为 50 m,煤层厚度为 5 m,顺层钻孔位于开采煤层面的中心位置。图9(b)为所建立模型的网格划分图,共划分为 111 622 个单元。数值模拟以河南平顶山十矿的相关物性参数为基础进行,见表2。

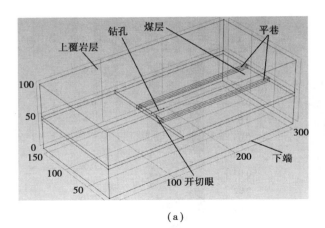
(a)

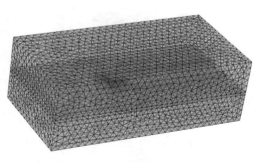
(b)

图 9   三维几何模型

表 2   模型煤层物理性质参数

参数名称	数值	单位
含瓦斯煤岩初始孔隙率 ϕ_0	0.09	—
含瓦斯煤岩初始渗透率 k_0	3.82×10^{-15}	m^2
瓦斯动力黏度 η	1.34×10^{-5}	Pa·s
含瓦斯煤岩弹性模量 E	1 623	MPa
岩层弹性模量 E_r	5 192	MPa
含瓦斯煤岩视密度 ρ_s	1 350	kg/m³
岩石视密度 ρ_r	2 500	kg/m³
含瓦斯煤岩泊松比 ν	0.36	—
含瓦斯煤岩的内摩擦角 ϕ	20	°
含瓦斯煤岩的黏聚力 c	0.72	MPa
含瓦斯煤岩的峰值应力 σ_c	21	MPa
岩石的峰值应力 σ_{cr}	68.5	MPa
吸附常数 a	14.5	m³/kg
吸附常数 b	0.72	MPa⁻¹

4.2   初始条件和边界条件

初始条件:煤层内部有 3.0 MPa 的初始瓦斯压力,抽采孔的压力为 0.1 MPa;煤层的初始应力状态为开挖平巷及开切眼后的应力分布。

边界条件:瓦斯仅在煤层中流动,开切面给定为大气压力 0.1 MPa,其余三面和顶底板均为 0 通量的不通气边界;模型四周约束方式为辊支承(约束法线方向的位移),下部固定约束,上部自由,上部承受岩层重量,应力为 5 MPa;同时,模型具有自重载荷。

计算方案:模拟研究不同钻孔抽采负压、不同抽采时间和不同钻孔孔径大小情况下的瓦斯抽采效果。

4.3   计算结果分析

图 10 给出了钻孔抽采压力分别为 0.01 MPa(负压)和 0.1 MPa(大气压力)时($t = 1e6s$)

钻孔头切面瓦斯压力的分布规律。从图可知,距钻孔中心的距离越近,瓦斯压力下降的幅度越大。究其原因,应是越接近钻孔中心,局部煤层得到的卸压越明显,煤层渗透率也相应变大,瓦斯压力下降也就越明显。对于自然排抽和负压抽采,煤层中瓦斯压力的下降趋势是相似的。负压抽采只是使钻孔周围局部煤层的瓦斯压力下降幅度稍大于自然排抽时的情况。

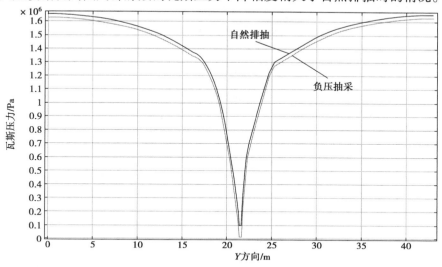

图 10　不同抽采压力时瓦斯压力分布曲线

图 11 给出了不同抽采负压钻孔抽采瓦斯煤层的瓦斯压力下降百分率。由图可知,从钻孔四周往钻孔中心方向,煤层瓦斯压力的下降率开始缓慢上升,而后急剧上升。距离钻孔中心3 m 左右范围内,煤层瓦斯压力下降幅度达到了 60% 以上。钻孔负压抽采瓦斯的影响范围与自然排抽几乎相同,只是在中心处的瓦斯下降百分率稍大。

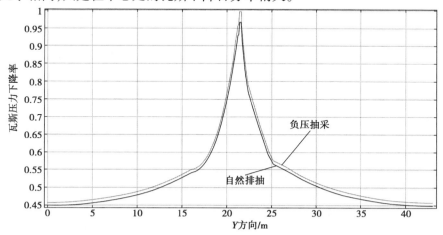

图 11　不同抽采压力时瓦斯压力下降率曲线

图 12 给出了抽采时间分别为 2e5 s,1e6 s,1.8e6 s 时钻孔抽采瓦斯时含瓦斯煤层的瓦斯压力云图。图 13 给出了抽采时间分别为 0 s,5e5 s,1e6 s,1.5e6 s,2e6 s 时以开切面钻孔中心为起点,沿垂直于开切面方向的一条直线上的瓦斯压力分布曲线。图 14 给出了煤层孔隙率随时间的变化。

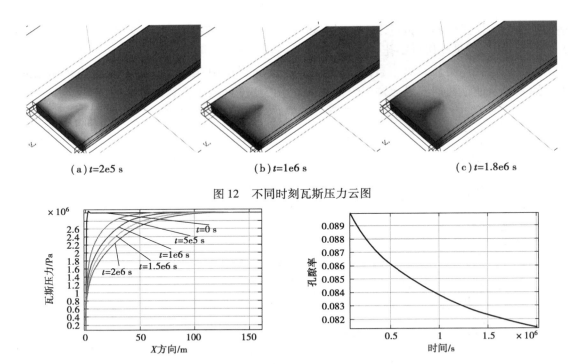

(a) $t=2e5$ s　　　　　　(b) $t=1e6$ s　　　　　　(c) $t=1.8e6$ s

图 12　不同时刻瓦斯压力云图

图 13　不同时刻瓦斯压力分布曲线　　　图 14　孔隙率随时间变化曲线

结合图 12、图 13 可以看出,随着抽采时间的增长,煤层中的瓦斯压力逐渐下降。从图 13 可知,在钻孔抽采瓦斯的初始阶段,煤层中瓦斯压力下降较快。随着抽采时间的推移,煤层中的瓦斯压力下降速率逐渐减小,表明在钻孔抽采瓦斯的初始阶段,瓦斯抽放量较大,一段时间后瓦斯抽放量趋于稳定。图 14 给出了煤层中钻孔前方 5 m 处一点孔隙率随时间的变化曲线。由该图可知,随着抽采时间的推移,该点处孔隙率逐渐减小,其孔隙率减小速率也不断减小,可能是由于随着时间的推移,煤层中的瓦斯压力逐渐减小。瓦斯压力的逐渐减小对煤层有两种作用:一是有效应力增大导致煤层孔隙被压缩,二是煤层瓦斯解吸导致煤骨架收缩。此时,有效应力增大导致的孔隙收缩要大于瓦斯解吸导致的孔隙扩张。因此,煤层孔隙率整体表现为下降。随着时间的增长,煤层孔隙率逐渐下降,钻孔抽采瓦斯的效果也会逐渐减弱。

为达到降低煤层瓦斯含量,降低或消除煤与瓦斯突出危险性的目的,钻孔抽采瓦斯应使煤层中的残余瓦斯应力小于 0.74 MPa。图 15 给出了不同抽采时间下残余瓦斯压力小于 0.74 MPa 范围内的压力等值面图。把残余瓦斯压力小于 0.74 MPa 范围内最远处距钻孔的距离称为有效抽采半径,图 16 给出了不同钻孔直径(0.1,0.2,0.3 m)情况下钻孔抽采瓦斯的有效抽采半径随着时间的变化情况。

由图 15 可知,随着抽采时间的增长,钻孔的有效抽采范围也相应增大。从图 16 可以看出,随着时间的推移,钻孔直径分别为 0.1,0.2,0.3 m 的钻孔抽采瓦斯的有效抽采半径均逐渐增大,同时有效抽采半径增大的速率逐渐减缓,最后会迫近一个定值。同一时刻的有效抽采半径随着钻孔直径的增大而增大,并且钻孔直径较小时,其有效抽采半径会较早地进入平缓上升阶段。这是由于随着钻孔孔径的增大,钻孔的体积也越大,钻孔暴露面积相应增大,其对煤层的卸压作用也越明显,从而使钻孔附近煤层渗透率和孔隙率增大。因此,煤层中瓦斯更易流动,瓦斯压力下降更明显。

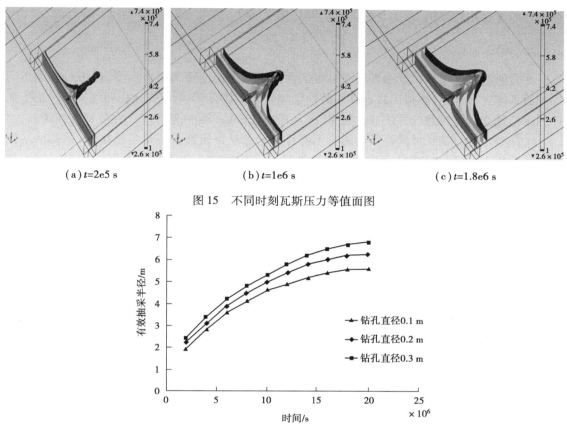

（a）$t=2e5\ s$　　　　　　　（b）$t=1e6\ s$　　　　　　　（c）$t=1.8e6\ s$

图15　不同时刻瓦斯压力等值面图

图16　有效抽采半径随时间变化曲线

为探讨钻孔周围煤体受钻孔钻进的影响范围,根据数值模拟结果得到了钻孔周围的明显卸压范围,以此作为钻孔钻进的影响范围。钻孔直径分别为 0.1,0.2,0.3 m 时,其影响范围分别大约为 0.9,1.7,2.3 m。详细结果见表3。

表3　钻孔影响范围

钻孔直径/m	影响范围/m	范围直径比
0.1	0.9	9
0.2	1.7	8.5
0.3	2.3	7.7

4.4　讨论

本文的计算模型考虑了瓦斯的膨胀压力对有效应力的影响,通过含瓦斯煤岩的孔隙率和渗透率的动态模型建立了应力与煤层透气性情况的关系。结合煤岩的孔隙率和渗透率动态模型和计算模型中给出的控制方程,可以知道瓦斯抽采过程是一个十分复杂的耦合作用过程。煤层的瓦斯运移情况与其所受的应力状况是密切相关的,而瓦斯气体的流动又会反过来影响煤层的应力情况。因此,利用事先开挖模型得到地下采矿时的应力分布状态,并在此基础上利用含瓦斯煤岩固气耦合数学模型进行数值模拟,研究结果对瓦斯抽采设计和效果分析有着十分重要的现场指导作用。

5 结论

本文通过研究煤层瓦斯抽采动态过程的含瓦斯煤弹塑性固气耦合模型,利用对三维空间中的原岩体进行开挖,模拟出接近真实的地层应力分布状态,得到了煤体在固气耦合作用下瓦斯的运移规律和煤层透气性的演化规律,符合现场瓦斯抽采的一般规律。主要研究结论:

①抽采负压对钻孔抽采瓦斯的影响不明显。无论是负压抽采还是自然排采,钻孔抽采瓦斯时瓦斯压力下降的趋势是一致的。负压抽采只是使得钻孔周围一定范围内的煤层卸压加速,瓦斯压力下降的幅度稍微增大。

②通过对不同抽采时间钻孔抽采瓦斯进行分析,得出了随着抽采时间的增长,煤层中的瓦斯压力逐渐下降,且煤层的孔隙率随时间的推移而减小。

③随着时间的推移,钻孔抽采瓦斯的有效抽采半径均逐渐增大,同时有效抽采半径增大的速率逐渐减缓,最后会迫近一个定值;同一时刻的有效抽采半径随着钻孔直径的增大而增大;钻孔周围煤体受钻孔钻进影响范围为钻孔直径的 7.7 ~ 9 倍。

参考文献

[1] 肖晓春,潘一山. 考虑滑脱效应的煤层气渗流数学模型及数值模拟[J]. 岩石力学与工程学报,2005,24(16):2966-2970.

[2] 赵阳升. 煤体-瓦斯耦合数学模型与数值解法[J]. 岩石力学与工程学报, 1994,13(3):229-239.

[3] ZHAO Y S,YANG D,HU Y Q,et al. Nonlinear coupled mathematical model for solid deformation and gas seepage in fractured media[J]. Transport in Porous Media,2004,55(2):119-136.

[4] 梁冰,章梦涛,王泳嘉. 煤层瓦斯渗流与煤体变形的耦合数学模型及数值解法[J]. 岩石力学与工程学报,1996,15(2):135-142.

[5] 尹光志,王登科,张东明,等.含瓦斯煤岩固气耦合动态模型与数值模拟研究[J].岩土工程学报,2008,10(4):1430-1435.

[6] 尹光志,王登科. 含瓦斯煤岩耦合弹塑性损伤本构模型研究[J].岩石力学与工程学报,2009,28(5):994-999.

[7] 杨天鸿,陈仕阔,朱万成,等. 煤层瓦斯卸压抽放动态过程的气-固耦合模型研究[J]. 岩土力学,2010,31(7):2247-2252.

[8] 杨天鸿,徐涛,刘建新,等. 应力-损伤-渗流耦合模型及在深部煤层瓦斯卸压实践中的应用[J]. 岩石力学与工程学报,2005,24(16):2900-2905.

[9] 司鹄,郭涛,李晓红. 钻孔抽放瓦斯流固耦合分析及数值模拟[J]. 重庆大学学报,2011,34(11):105-110.

[10] TERZAGHI K. Theoretical soil mechanics[M]. New York:Wiley,1943.

[11] BIOT M A. General theory of three-dimension consolidation[J]. J. Appl. Phys. 1941,(12):155-164.

[12] BIOT M A. Theory of elasticity and consolidation for a porous anisotropic solid[J]. J. Appl. Phys. 1954,(26):182-191.

[13] BIOT M A. general solution of the equation of elasticity and consolidation for porous material[J]. J. Appl. Mech. 1956,(78):91-96.

[14] BIOT M A. Theory of deformation of porous viscoelastic anisotropic solid[J]. J. Appl. Phys. 1956,27(5):203-215.

[15] 董平川,徐小荷,何顺利. 流固耦合问题及研究进展[J].地质力学学报,1999,5(1):17-26.

［16］孙培德,鲜学福. 煤层瓦斯渗流力学的研究进展［J］. 焦作工学院报(自然科学版),2001,20(3)：161-167.

［17］JING L R, HUDSON J A. Numerical methods in rock mechanics ［J］. Civil Zone International Journal of Rock Mechanics & Mining Sciences 2002,39：409-427.

［18］RICE J R, Cleary M P. Some basic stress diffusion solutions for fluid saturated elastic porous media with compressible constituents ［J］. Rev Geophysics and Space Physics. 1976,14(2)：227-241.

［19］WONG S K. Analysis and implications of inset stress changes during steam stimulation of cold lake oil sands ［J］. SPE Reservoir Engineering. Feb,1988,55-61.

［20］SETTARI A,PUCHYR P J,BACHMAN R C. Partially decoupled modeling of hydraulic fracturing processes ［J］. SPE Production Engineering,Feb,1990：37-44.

［21］LEWIS R W. Finite element modeling of two-phase heat and fluid flow in deforming porous media ［J］. Trans Porous Media,1989(4)：319-334.

［22］LEWIS R W. Sukirman Y. Finite element modeling of three phase flow in deforming saturated oil reservoirs ［J］. Int. J Nun Anal Methods Geoech. 1993,17：577-598.

［23］BEAR J. Flow and contaminant transport in fractured rock ［M］. San Dieo：Pr. Inc. 1993.

［24］王自明. 油藏热流固耦合模型研究及应用初探［D］. 成都：西南石油大学,2002.

［25］孔祥言,李道伦,徐献芝,等. 热-流-固耦合渗流的数学模型研究［J］. 水动力学研究与进展,2005,20(2)：269-275.

［26］赵阳升. 煤体-瓦斯耦合数学模型及数值解法［J］. 岩石力学与工程学报,1994,13(3)：229-239.

［27］赵阳升,段康廉,胡耀青,等.块裂质岩石流体力学研究新进展［J］. 辽宁工程技术大学学报(自然科学版),1999(5)：459-462.

［28］梁冰,章梦涛,王永嘉. 煤层瓦斯渗流于煤体变形的耦合数学模型及其数值解法［J］.岩石力学与工程学报,1996,15(2)：135-142.

［29］刘建军,刘先贵. 煤储层流固耦合渗流的数学模型［J］. 焦作工学院学报,1999,18(6)：397-401.

［30］刘建军. 煤层气热-流-固耦合渗流数学模型［J］. 武汉工业学院学报,2002,2：91-94.

［31］汪有刚,刘建军,杨景贺,等. 煤层瓦斯流固耦合渗流的数值模型［J］. 煤炭学报,2001,26(3)：285-289.

［32］丁继辉,麻玉鹏,李凤莲. 有限变形下固流多相介质耦合问题的数学模型及失稳条件［J］. 水利水电技术,2004,11：18-21.

［33］李祥春,郭勇义,吴世跃,等. 考虑吸附膨胀应力影响的煤层瓦斯流-固耦合渗流数学模型及数值模拟 ［J］. 岩石力学与工程学报,2007,26(增1)：2743-2748.

［34］尹光志,王登科,张东明,等. 含瓦斯煤岩固气耦合动态模型与数值模拟研究［J］. 岩土工程学报,2008,30(10)：1430-1436.

［35］周晓军,宫敬. 气-液两相瞬变流的流固耦合研究［J］. 石油大学学报,2002,26(5)：123-126.

［36］张玉军. 气液二相非饱和岩体热-水-应力耦合模型及二维有限元分析［J］. 岩土工程学报,2007,29(6)：901-906.

第四篇 | 页岩气开发

页岩气开采技术综述

黄 飞

摘要:页岩气是一种储量巨大的非常规天然气。由于页岩气藏储藏层结构复杂,具有特殊的地质特征,多为低孔、低渗型,开发技术要求很高,需要大量的技术、资金和人员投入,且采用常规气藏的开发技术时,产能低或无产能。目前,有关页岩气的研究主要集中在成藏、储层特征等地质勘探方面,对开发方面的研究只涉及水平井钻井技术和压裂技术。

关键词:页岩气;常规天然气;水平井钻井

页岩气作为资源潜力巨大的新能源领域,越来越受到世界各国的高度重视。在勘探开发技术相对成熟的北美,页岩气年产量仍以加速度增长。2009 年,美国的页岩气产量达到 $878 \times 10^8 \ m^3$,加拿大的页岩气产量也达到了 $72 \times 10^8 \ m^3$。在页岩气快速发展的欧洲,2007 年在德国的波茨坦成立了第一个页岩气研究的专门机构。目前,在波兰、德国北部等地区的盆地中开展了页岩气的规模性勘探和开发,涉及波兰、德国、瑞典、奥地利、英国、法国等众多国家。在澳大利亚、新西兰、印度、南非等国家和地区,页岩气勘探研究也已经迅速起步。

中国拥有大面积广泛分布的页岩层系,具有页岩气可能发育的广阔空间和开发生产的巨大潜力。页岩气的开发利用研究也得到了国家的高度重视。2009 年 11 月 15 日,美国总统奥巴马首次访华,中美签署了《中美关于在页岩气领域开展合作的谅解备忘录》,把中国页岩气基础研究的迫切性上升到了国家层面。相比之下,中国系统、深入地进行页岩气基础理论研究还非常薄弱。目前,理论研究进展严重滞后于勘探生产实践。对于一系列地质问题认识不足,构成了制约中国页岩气开发的瓶颈,尤其是在中国页岩气勘探快速起步的今天。因此,开展页岩气系统性研究工作,对页岩气工业的发展具有极其重要的意义。

1 页岩气资源分布概况

全球页岩气资源量为 $456.24 \times 10^{12} \ m^3$,主要分布在北美、中亚、中国、拉美、中东、北非等地区。目前,美国已对密西根、印第安纳等多个盆地进行了商业性开采,页岩气产量已超过 $200 \times 10^8 \ m^3$,占全美天然气产量的 3%。加拿大紧随美国之后,也积极开展了页岩气方面的勘探及开发试验。

在我国,从成藏机理的角度出发,结合部分勘探数据分析认为,四川盆地、鄂尔多斯盆地、渤海湾盆地、江汉盆地、吐哈盆地、塔里木盆地、准噶尔盆地等含油气盆地及其周缘均有页岩气成藏的地质条件。同时,除含油气盆地以外,如我国南方寒武系、志留系、二叠系等分布区的页岩气勘探前景亦不容忽视。四川盆地下古生界海相黏土岩裂缝发育,页岩气显示活跃,可能在一定范围内存在裂缝性泥页岩气藏。四川盆地各地区的成藏要素对比见表 1。我国科研人员采用多种方法对中国主要盆地和地区的页岩气资源量进行初步估算,结果表明,我国主要盆地和地区的页岩气资源量约为 $(15 \sim 30) \times 10^{12} \ m^3$,与美国的大致相当。

表1　四川盆地各地区的成藏要素对比

分布地区	主要发育层系	总有机碳含量/%	镜质体反射率 R_o/%	烃源岩有效厚度/m
川东地区	上二叠统	3 ~ 7.54	1.6 ~ 3.1	20 ~ 120
	下志留统	0.2 ~ 3.13	2.2 ~ 4.0	100 ~ 700(400)
	下寒武统	1 ~ 3	>3.5	(>200)
川中地区	下侏罗统	0.07 ~ 4.51(1.19)	0.7 ~ 1.12	(<20)
	上三叠统	0.5 ~ 1.5(1.14)	—	20 ~ 350
川南地区	下志留统(龙马溪组)	1.0 ~ 4.9	2.0 ~ 4.0	≤1 000
	下寒武统(筇竹寺组)	0.2 ~ 9.98(0.97)	—	200 ~ 400
川西地区	上二叠统	0.5 ~ 1.5	2.2 ~ 4.0	25 ~ 100
	侏罗统"红层"	0.23 ~ 1.61	0.51 ~ 1.04	47.5 ~ 114

注:括号内数据为平均值。

2　页岩气成藏条件

页岩气的成藏至少分为两个阶段:第一阶段是天然气的生成与吸附,具有与煤层气相同的富集成藏机理;第二阶段则是天然气的造隙及排出。由于天然气的生成来自化学能的转化,可以形成高于地层压力的排气压力,从而导致沿岩石的薄弱面产生小规模的裂缝,天然气就近保存在裂缝中。

页岩气的成藏要素包括生、储、盖、运、圈、保等,相对于天然气而言,页岩气成藏条件比较特殊,可以从以下几个方面对其进行说明。

首先是物质条件。页岩气的来源,在岩性上包括了沥青质或富含有机质的暗色、黑色泥页岩,极致密的粉细砂岩或砂质细粒岩,岩石组成一般有30% ~ 50%的黏土矿、15% ~ 25%的粉砂质(石英颗粒)和4% ~ 30%的有机质。页岩气的工业聚集需要丰富的气源物质基础,因此,要求生烃有机质含量达到一定标准,"肥沃"的黑色泥页岩通常是页岩气发育的最好岩性。

其次是储集及分布。页岩作为页岩气的储集层,但并非都有利于成藏。目前,具有工业勘探价值的页岩气藏依赖于页岩地层中裂缝的发育部位。张性裂隙发育在背斜构造缓翼靠近轴部的部分,向斜范围内也存在张性裂隙;其次,只有发育超过有效排烃厚度的烃源岩才能在内部形成原地驻留气藏。盆地边缘斜坡页岩厚度适当,且易形成张性裂隙,是页岩气藏发育的最有利区域;盆地中心区域的厚层页岩,在热裂解生气阶段若能形成大面积的超压破裂缝,也可形成页岩气藏。

最后是运聚及压力条件。页岩生成的天然气基本上是"就近"或"原地"聚集,其运移距离极短,具有典型的"自生自储"成藏模式。在某种意义上,可以认为页岩气气藏的形成是天然气在源岩中的大规模滞留,与煤层气的运聚方式非常相似。由于页岩气藏作为一个完全封闭的体系而存在,导致页岩气藏大多具有异常压力。从成岩演化上看,热裂解生气阶段形成的页岩气藏常具有异常高压,而生物化学生气成藏方式常导致气藏具有异常低压。

页岩气藏是典型的自生自储型气藏。国内外已有很多学者对页岩气藏的评价进行了研究。结合前人研究成果,从以下几个方面做深入的分析。

2.1 有机质丰度

有机质含量高低直接影响页岩含气量的大小。有机质丰度越高,页岩气含量越高。

2.2 热成熟度

热成熟度反映有机质是否已经进入热成熟生气阶段(生气窗)。因为有机质进入生气窗后,生气量剧增,有利于形成商业性页岩气藏。

2.3 含气性

页岩气主要的存在形式是游离气与吸附气。故应根据现场损失气量测定及页岩等温吸附实验,直接测定页岩的游离气量及吸附气量,以评价页岩储层的含气性。

2.4 页岩岩层厚度

指高伽马、富含有机质页岩的厚度。因为富含有机质页岩厚度越大,页岩气藏富集程度越高。页岩厚度和分布面积是保证有充足的储渗空间和有机质的重要条件,一般要求直井厚度大于 30 m。由于水平钻井和分段压裂等技术的应用,页岩有效厚度可能低于该下限值。

2.5 储层物性

通过页岩基质孔隙度、含气孔隙度、渗透率及含气饱和度测定以及裂缝组构和类型分析,评价页岩储层的储气能力大小。

2.6 矿物组成

除硅质、钙质矿物外,页岩储层中还包括黏土矿物。页岩储层的伊利石含量与吸附气含量有一定关系。硅质、钙质矿物成分越高,页岩储层加砂压裂时,越容易被压开。

3 国外页岩气开发现状

目前,全球对页岩气的勘探开发并不普遍,但美国和加拿大做了大量工作,欧洲许多国家开始着手页岩气的研究,俄罗斯仅有局部少量开采。

美国页岩气资源总量超过 28×10^{12} m^3,页岩气技术可采资源达到 3.6×10^{12} m^3,且页岩气开发的发展速度很快。20 世纪 70 年代中期,美国页岩气开始规模化发展,在 70 年代末期页岩气年产量约 19.6×10^8 m^3;2000 年 5 个页岩气产气盆地的生产井约 28 000 口,年产量约 122×10^8 m^3;2007 年页岩气产气盆地有 20 余个,生产井增加到近 42 000 口,页岩气年产量为 450×10^8 m^3,约占美国天然气年产量的 8%,成为重要的天然气资源之一。2009 年美国页岩气生产井约 98 590 口,页岩气年产量接近 $1 000 \times 10^8$ m^3,超过我国常规天然气的年产量。

加拿大页岩气资源分布广、层位多,预测页岩气资源量超过 42.5×10^{12} m^3。目前,已有多家油气生产商在加拿大西部地区进行页岩气开发试验。2007 年,该地区页岩气产量约 $8.5 \times 10^8 m$。

欧洲受美国启发,近年来一些国家开始着手页岩气的研究。2009 年初,"欧洲页岩项目"在德国国家地学实验室启动。此项跨学科工程由政府地质调查部门、咨询机构、研究所和高等院校的专家组成工作团队,工作目标是收集欧洲各个地区的页岩样品、测井试井和地震资料数据,建立欧洲的黑色页岩数据库,与美国含气页岩进行对比,分析盆地、有机质类型、岩石矿物学成分等,以寻找页岩气。目前,为此工作提供数据支持的有 Marathon、Statoi Hydro 和德国地学实验室等 13 家公司和机构。

研究人员认为,仅西欧潜在的页岩气资源量就有将近 $14.4 \times 10^{12} \mathrm{m}^3$。欧洲的沉积盆地主要发育热成因类型的页岩气,如北欧的寒武-奥陶系 Alum 页岩、德国的石炭系海相页岩。近年来,多个跨国公司开始在欧洲地区展开行动。2007 年 10 月,波兰能源公司被授权勘查波兰的志留系黑色页岩,壳牌公司声称对瑞典的 Skane 地区感兴趣。埃克森美孚公司已在匈牙利 Makó 地区部署了第一口页岩气探井,并计划在德国 Lower Saxony 盆地完成 10 口页岩气探井。Devon 能源公司与法国道达尔石油公司建立合作关系,获得在法国钻探的许可。康菲石油公司与 BP(英国石油公司)的子公司签署了在波罗的海盆地寻找页岩气的协议。

4　国外页岩气开发技术

美国将页岩气田开发周期划分为 5 个阶段:资源评估阶段,即对页岩及其储层潜力做出评估;勘探启动阶段,开始钻探试验井,测试压裂并预测产量;早期开采阶段,开始快速开发,建立相应标准;成熟开采阶段,进行生产数据对比,确定气藏模型,形成开发数据库;产量递减阶段,为了减缓产量递减速度,通常需要实施再增产措施,如重复压裂、人工举升等。整体看这 5 个阶段,开发页岩气所采用的技术与常规天然气开发技术有所区别。

4.1　地震勘探技术

地震勘探技术包括三维地震技术和井中地震技术。三维地震技术有助于准确认识复杂构造、储层非均质性和裂缝发育带,以提高探井或开发井成功率。由于泥页岩地层与上、下围岩的地震传播速度不同,结合录井测井等资料,可识别解释泥页岩,进行构造描述。应用高分辨率三维地震可以依据反射特征的差异识别预测裂缝。裂缝预测技术对井位优化起到关键作用。

井中地震技术是在地面地震技术基础上向"高分辨率、高信噪比、高保真"发展的一种地球物理手段。在油气勘探开发中,可将钻井、测井和地震技术很好地结合起来,成为有机联系钻、测井资料和地面地震资料对储层进行综合解释的有效途径。该项技术能有效监测压裂效果,为压裂工艺提供部署优化的技术支撑,这是页岩气勘探开发的必要手段。

4.2　钻井技术

自从美国 1821 年完钻世界上第一口页岩气井以来,页岩气钻井先后经历了直井、单支水平井、多分支水平井、丛式井、丛式水平井的发展历程。2002 年以前,直井是美国开发页岩气的主要钻井方式。随着 2002 年 Devon 能源公司 7 口 Barnett 页岩气实验水平井取得巨大成功,水平井已成为页岩气开发的主要钻井方式。丛式水平井可降低成本,节约时间,在页岩气开发中的应用正逐步增多。

国外在页岩气水平井钻/完井中主要采用的相关技术:①旋转导向技术,用于地层引导和地层评价,确保目标区内钻井;②随钻测井技术和随钻测量技术,用于水平井精确定位、地层评价,引导中靶地质目标;③控压或欠平衡钻井技术,用于防漏、提高钻速和储层保护,采用空气作循环介质在页岩中钻进;④泡沫固井技术,用于解决低压易漏长封固水平段固井质量不佳的难题;⑤有机和无机盐复合防膨技术,确保井壁的稳定性。

4.3　测井技术

现有测井评价识别技术可用于含气页岩储层的测井识别、总有机碳(TOC)含量和热成熟度(Ro)指标计算、页岩孔隙及裂缝参数评价、页岩储集层含气饱和度估算、页岩渗透性评价、页岩岩矿组成测定、页岩岩石力学参数计算。

水平井随钻测井系统可在水平井整个井筒长度范围内进行自然伽马、电阻率、成像测井和井筒地层倾角分析,能够实时监控关键钻井参数,进行控制和定位,可以将井筒数据和地震数据进行对比,避开已知有井漏问题和断层的区域,及时提供构造信息、地层信息、力学特征信息,将天然裂缝和钻井诱发裂缝进行比较,用于优化完井作业,帮助作业者确定射孔和气井增产的最佳目标。

4.4　页岩含气量录井和现场测试技术

页岩孔隙度低,以裂缝和微孔隙为主,绝大多数页岩气以游离态、吸附态存在。游离态页岩气在取芯钻进过程中逸散进入井筒,主要是测定岩芯的吸附气含量。录井过程中,需要在现场做页岩层气含量测定、页岩解吸及吸附等重要资料的录取。这些资料对评价页岩层的资源量具有重要意义。针对页岩气钻井对录井的影响,可以通过改进录井设备、方法和措施,达到取全、取准录井资料的目的。

4.5　固井技术

页岩气固井水泥浆主要有泡沫水泥、酸溶性水泥、泡沫酸溶性水泥以及火山灰 + H 级水泥等4种类型。其中,火山灰 + H 级水泥成本最低;泡沫酸溶性水泥和泡沫水泥成本相当,高于其他两种水泥,是火山灰 + H 级水泥成本的 1.45 倍。固井水泥浆配方和工艺措施处理不当,会对页岩气储层造成污染,增加压裂难度,直接影响后期采气效果。

4.6　完井技术

国外一些公司认为,页岩气井的钻井并不困难,难在完井。主要是由于页岩气大部分以吸附态赋存于页岩中,而其储层渗透率低,既要通过完井技术提高其渗透率,又要避免钻井对地层的损害。这是施工的关键,直接关系到页岩气的采收率。

页岩气井的完井方式主要包括套管固井后射孔完井、尾管固井后射孔完井、裸眼射孔完井、组合式桥塞完井、机械式组合完井等。对完井方式的选择,关系到工程复杂程度、成本及后期压裂作业的效果。适合的完井方式能有效简化工程复杂程度、降低成本,为后期压裂完井创造有利条件。

5　我国页岩气开发现状

2005—2012 年,自然资源部油气资源战略研究中心在川渝鄂、苏浙皖及中国北方部分地区共 40×10^4 km² 范围内开展调查、勘查示范研究,正式开始对页岩气这一新型能源的资源进行勘探开发。项目实施的第一口地质资料井已于 2009 年11月在重庆市彭水县开钻。

中国石油、中国石化、中国海洋石油已经施工 7 口页岩气探井并压裂,利用老井复查若干口,浅井 20 余口,正在施工的水平井 2 口。页岩气勘查工作在四川威远、湖北等地取得了良好的勘查效果,已有 4 口探井获得了工业气流。

中国石油 2007 年 10 月与美国新田石油公司签署了《威远地区页岩气联合研究》协议,研究内容是四川威远地区页岩气资源勘探开发前景综合评价,是中国页岩气开发对外合作签署的第一个协议;还与美国沃思堡盆地页岩气生产中最有实力的 Devon 公司签约联合研究。另一方面,中国石油正着手研究从中国已进行和正进行的油气勘探中取得第一手的页岩气资料。

中国石油在吐哈盆地侏罗系实施了油气兼探,以新的手段专门获得页岩吸附气、游离气含量的资料,认识含油气盆地的测井和地震响应。特别值得一提的是,在四川宜宾实施的 1 口页岩气专探井,设计 200 m 的井深取芯 154 m,进行多项目大量的测试分析,该井已于 2008 年 11 月完钻。此外,为了促进该项工作,2009 年 12 月,中国石油西南油气田公司成功开钻我国第一口页岩气井——威 201 井。2010 年 9 月,威 201 井获气。2011 年 1 月,西南油气田公司又开钻了国内第一口页岩气水平井威 201-H1 井,目前该井已完钻。此外,西南油气田公司还同壳牌公司开展了页岩气合作,对富顺—永川区块页岩气进行联合评价。

中国石化中原油田于 2012 年 5 月成功实施大型压裂改造的页岩气井"方深 1 井",顺利进入排液施工阶段。该气井的压裂施工成功,标志着中国石化页岩气勘探开发工作迈出了实质性的重要一步。

参考文献

[1] BOWKER K A. Barnett Shale gas production,Fort Worth Basin:issues and discussion[J]. AAPG Bulletin,2007,91(4):523-533.

[2] 李新景,胡素云,程克明.北美裂缝性页岩气勘探开发的启示[J].石油勘探与开发,2007,34(4):392-400.

[3] Montgomery S L,Jarvie D M,Bowker K A,et al. Mississippian Barnett Shale,Fort Worth basin,north-central Texas:Gas-shaleplay with multi-trillion cubic foot potential [J]. AAPG Bulletin,2005,89 (2):155-175.

[4] 宋岩,赵孟军,柳少波,等.中国 3 类前陆盆地油气成藏特征[J].石油勘探与开发,2005,32 (3):1-6.

[5] 张金,徐波,聂海宽,等.中国页岩气资源勘探潜力[J].天然气工业,2008,28 (6):136-140.

[6] 李登华,李建忠,王社教,等.页岩气藏形成条件分析.天然气工业,2009,29(5):22-26.

[7] 谭蓉蓉.21 世纪初的美国页岩气勘探开发情况[J].天然气工业,2009(5):62.

[8] MILAN K. Database gathers europe shale data[J]. AAPG explorer,2009,30(11):10.

页岩气开采中渗透率的变化规律

张树文

摘要:渗透率是油气藏工程、煤与瓦斯抽采、煤层气开采、页岩气开采等重大工程研究的一个重要的技术参数。在现有的研究基础上,系统地分析了有关渗透率的研究成果,推导出达西定律及一维、三维渗透率公式,对低气压中出现的克林伯格效应进行了质疑,并提出了今后在渗透率研究方面需要侧重的方向。分析研究成果对有关渗透率方面的研究与应用有一定的理论指导意义和使用价值。

关键词:渗透率;达西定律;克林伯格效应

渗透率是研究油气藏工程、煤与瓦斯突出、瓦斯抽采、煤层气开采、煤炭地下气化等重大工程的研究、设计、建设中经常要涉及的主要技术参数之一。如果对渗透率开展定性定量分析,涉及的因素很多,因素之间的相互作用关系很复杂。

目前,关于煤体渗透率的研究,国内外学者做了大量的工作。在低渗和特低渗透的油气藏中,学者主要进行了非达西定律的研究,对非达西系数进行了深入的探讨。许凯针对水电工程渗流分析的具体情况,应用数值模拟试验手段,得出有针对性的惯性系数 β 计算公式,并讨论了 β 值对非达西渗流场非线性现象的影响;董大鹏考虑了启动压力梯度的影响后,得出相对渗透率曲线;在型煤与原煤的渗透率研究中,周世宁和林柏泉对比研究型煤与热压煤样的渗透性;尹光志等研究了型煤的渗透特性和型煤与原煤的变形特性与抗压强度特征;曹树刚等从细观损伤力学的角度对原煤和型煤进行了深入的对比分析。在煤样全应力-应变过程中渗透率的研究方面,李树刚等研究了全应力-应变过程中软煤样的渗透特性;张宏敏针对砂岩全应力-应变过程中气体的渗透特性、围压对砂岩渗透特性的影响进行了试验研究;在不同压力条件渗透率的研究中,苏承东研究了煤样在不同应力条件下的强度和变形特征;在孔隙结构对渗透率的研究中,曹树刚等研究了孔隙结构与渗透特性之间的关系;李顺才等研究了破碎岩体的渗流特性等。另外,还有较多的学者从有效应力、温度对渗透率的影响,吸附作用对渗透率的影响,外加电场、声场对渗透率的影响等开展了研究。但是,目前对渗透率的研究很少涉及平面径向渗流、低气压中克林伯格效应以及三维渗透率方程的应用等方面研究,相关报道较少。下面,基于对渗透率研究的重要性与复杂性,全面回顾和介绍了有关渗透率的基本知识,对达西定律、边界条件、水平渗流公式、平面径向渗透率公式等进行了详细的推导,对克林伯格效应进行了全面的分析,并提出了一定的质疑。

1 渗透率的基本概念

在自然界中物质的聚集可分为气体、液体和固体等三种状态,其中气体与液体可以统称为流体。在一定的压差下,岩石允许流体通过的性质称为岩石的渗透性。岩石渗透性的好坏,用渗透率的数值大小即渗透系数来表示。渗透率是度量岩石渗透能力的参数,是一个具有方向性的向量,其方向与压力降低的方向相反。在工程岩体研究中,渗透率又可分为绝对渗透率、有效渗透率与相对渗透率等三种：

①绝对渗透率：岩芯中100%被一种流体饱和时所测定的渗透率。岩石的绝对渗透率要求岩石孔隙中只有一种流体（单相）存在，且流体不与岩石起任何物理、化学反应。在瓦斯抽采、煤与瓦斯突出实验中，大部分的渗透率测试都是指绝对渗透率，也只有绝对渗透率才能真正反映岩石渗透的本质特性。

②有效渗透率：多相流体在多孔介质中渗流时，其中某一相流体的渗透率称为该相流体的有效渗透率。

③相对渗透率：多相流体在多孔介质中渗流时，其中某一相流体在该饱和度下的渗透系数与该介质的饱和渗透系数的比值称为相对渗透率，是无量纲量。

有效渗透率和相对渗透率多用于油气藏对岩石渗透率的测试。在油气藏的开采中，为了提高石油天然气的采收率，采取的注水开采过程涉及非混相驱替的过程。因此，存在两相流体和多相流体在多孔介质中的渗流。此时，测试的渗透率多为有效渗透率和相对渗透率。

2 达西定律及其表达式

达西定律是1856年法国亨利·达西在解决城市供水问题时，用直立均质未胶结砂柱做水流渗滤试验，得出的一个经验公式。后人为纪念他，把这一公式命名为达西公式或称达西定律。

在砂柱中，顶底分别用渗透性铁丝网封住，紧靠砂柱顶、底分别与测压管相连接。当水流通过砂柱时，水在测压管内分别上升到相对于任一基准面以上 h_1 和 h_2 的高度。实验中发现，无论砂柱中砂层类型如何改变，流量总是与测压管水柱高差及砂柱横截面积成正比，而与砂柱的长度成反比。据此，得出如下相互之间的比例关系式：

$$Q = kA \frac{h_1 - h_2}{L} = kA \frac{\Delta h}{L} \tag{1}$$

$$v = \frac{Q}{A} = k \frac{h_1 - h_2}{L} = k \frac{\Delta h}{L} \tag{2}$$

式中，Q 为通过砂柱的总流量，cm^3；A 为砂柱的横向截面积，cm^2；v 为水流经砂柱的渗流速度，可以理解为单位时间内单位截面积的注入量，cm/s；h_1 为砂柱上端离基准面的垂直距离，cm；h_2 为砂柱下端离基准面的垂直距离，cm；Δh 为相对于某个基准面压力计的液面高差，cm；k 为比例常数，也称介质的渗流系数，cm^2。

在该项实验中，其边界条件如下：

①渗流的液体是均质、不可压缩的水，水的黏度不变，因此没有考虑黏度对渗流规律的影响。

②均质砂柱由极细小的细砂组成，具微小的连通孔隙通道。在试验中，达西改变砂子类型，实际上仅改变了 k 的大小。

③试验装置始终保持在垂直条件下。

针对该项实验的边界条件，有学者对该项实验进行了改进和边界的调整。当在改变边界条件①时，即用各种液体而不仅仅是水做实验时，达西定律仍成立，但发现流体黏度对流量有影响；通过改变边界条件②，用实际岩芯代替砂柱进行实验，证明达西定律是成立的，但介质特性（k）对流量有影响；改变边界条件③（即将实验装置摆放成各种角度的倾斜位置）重复进行达西实验,结果发现不管装置倾斜程度如何,只要测验管水头差(h_1-h_2)相同,则流量相同。

因此,达西公式可以进一步表示为

$$Q=\frac{kA(h_1-h_2)}{\mu L} \tag{3}$$

式中,Q为总流量,cm^3;A为截面积,cm^2;μ为流体的运动粘度,$Pa\cdot s$;k为比例常数,也称介质的渗流系数,cm^2。

3 达西公式的推广

3.1 达西公式的微分方程

对于实际不均匀的孔隙介质,加上不均质的流体(即多相流体)同时渗流时,常作非平面、非稳定的线性渗流。大量实验证明,包括利用岩样做实验,达西定律也是适用的。由此得到达西公式的一般表达式为

$$Q=\frac{KA\Delta Pr}{\mu L}=\frac{KA[(P_1-P_2)+\rho g(h_1-h_2)]}{\mu L} \tag{4}$$

式中,ΔPr为岩样两端的压力差,MPa;L为岩样的长度,cm;P_1为流体流入岩样端部的压力,MPa;P_2为流体流出岩样端部的压力,MPa;ρ为流体的密度;其他符号意义同上。

在式(4)中,当岩样两端的压差ΔPr和岩样的长度L无限小时,式(4)可写成:

$$v=\frac{Q}{A}=\frac{-K}{\mu}\frac{\mathrm{d}(\Delta Pr)}{\mathrm{d}L}=\frac{-K}{\mu}\frac{\mathrm{d}(P+\rho gZ)}{\mathrm{d}L} \tag{5}$$

式(5)即为达西公式的微分形式。公式前面的负号代表压力增加的方向与渗流距离增加的方向相反。

对于一维空间的渗透率研究,达西公式在一维空间可以表示为

$$v_x=-\frac{K}{\mu}\frac{\mathrm{d}p}{\mathrm{d}x} \tag{6}$$

同理,达西公式在三维空间可以表示为

$$v_\mathrm{m}(v_x,v_y,v_z)=\begin{cases}v_x=-\dfrac{K}{\mu}\dfrac{\mathrm{d}p}{\mathrm{d}x}\\[2mm]v_y=-\dfrac{K}{\mu}\dfrac{\mathrm{d}p}{\mathrm{d}y}\\[2mm]v_z=-\dfrac{K}{\mu}\dfrac{\mathrm{d}p}{\mathrm{d}z}\end{cases} \tag{7}$$

在实际渗透率测试中,一般多在一维空间的范围里进行测试。由于工程岩体是一种多孔介质的材料,且具有各向异性,这就导致了各个方向的渗透率不相等。尤其对页岩等沉积类岩层,在垂直层理方向与平行层理方向的渗透率大不相同。由此,一维空间的渗透率对实际工程的渗透率研究具有一定的限制,而达西公式在三维空间更能全面地反映工程岩体的渗透特性。因此,在实际研究中,应当更加倾向于三维空间渗透率的研究及三维渗透率研究成果的应用。

3.2 不可压缩液体渗流的达西公式

流体分为液体和气体。对于液体来讲,一般具有不可压缩的性质。因此,在渗透率研究中,应该区分两者的渗透率测试的计算方法。对于不可压缩的液体而言,达西公式主要有以下

两种形式。

3.2.1　水平线性稳定渗流

地下流体的渗流是相当复杂的。对于水平线性稳定渗流而言,依据达西定律一般表达式,将 $h_1 = h_2$(试验装置处于水平状态)代入,得到:

$$Q = \frac{KA(p_1 - p_2)}{\mu L} \tag{8}$$

3.2.2　平面径向渗流

对于平面径向渗流,依据一维渗透率微分方程得到:

$$v = -\frac{K}{\mu}\left(\frac{\mathrm{d}p}{\mathrm{d}L} + \rho g\frac{\mathrm{d}Z}{\mathrm{d}L}\right) \tag{9}$$

边界条件:$\mathrm{d}L = -\mathrm{d}r, A = 2\pi rh$。

通过对边界半径和边界压力进行积分,可以推导出:

$$Q = \frac{2\pi Kh(p_e - p_w)}{\mu \ln(r_e/r_w)} \tag{10}$$

式中,h 为地层厚度,m; P_e 为外边界压力,Pa;P_w 为内边界压力,Pa;r_e 为外边界半径,m;r_w 为内边界半径,m。

3.3　可压缩液体渗流的达西公式

可压缩气体的最大特点是当压力减小时,气体会发生膨胀。温度一定时,气体的膨胀服从波义耳定律:

$$\overline{Q} = \frac{p_0 Q_0}{\overline{p}} \tag{11}$$

式中,$\overline{p} = \frac{p_1 + p_2}{2}$。

只要将流量用平均流量代替,即可求出可压缩流体渗流的水平线性稳定渗流和平面径向渗流的达西表达公式。

3.3.1　水平线性稳定渗流达西公式

$$\overline{Q} = \frac{KA(P_1 - P_2)}{\mu L}$$
$$Q_0 = \frac{KA(p_1^2 - p_2^2)}{2p_0\mu L} \text{或} K = \frac{2Q_0 p_0 \mu L}{A(p_1^2 - p_2^2)} \tag{12}$$

3.3.2　平面径向渗流达西公式

$$\overline{Q} = \frac{2\pi Kh(p_e - p_w)}{\mu \ln(r_e/r_w)}$$
$$Q_0 = \frac{\pi Kh(p_e^2 - p_w^2)}{\mu p_0 \ln(r_e/r_w)} \text{或} K = \frac{Q_0\mu p_0\ln(r_e/r_w)}{\pi h(p_e^2 - p_w^2)} \tag{13}$$

3.4　达西定律的适用范围

对大多数油气开发而言,油气渗流一般服从达西定律,但对于高速流动的流体,尽管边界条件不变,流型可能变得瞬息万变,会产生涡旋,这种流速变大而导致的流型改变的转换可用

"临界点"来加以描述。流速在该点以下时,流体以定常流的形式流动,称为层流;当流速超过"临界点"时,流线会变成非定向、不规则的流动形式,称为紊流(或湍流)。这两种不同的流动形式具有不同的渗流特性。

当渗流速度增大到一定值后,流速与压力梯度关系由线性转变为非线性,即流动形式从线性渗流转变为非线性渗流,达西定律就不适用了。

对于低渗透性致密岩石,在低速渗流时,由于流体与岩石之间存在吸附作用,或在黏土矿物表面形成水膜。当压力梯度很低时,流体不流动。因此,存在一个启动压力梯度 a。在低于该压力梯度范围内,流速与压力梯度不呈线性关系,达西定律也不适用。

达西定律的适用性,苏联科学家卡佳霍夫提出的判断指标——雷诺数

$$Re = \frac{v\sqrt{K\rho}}{1\,750\mu\phi\,\sqrt{\phi}} \tag{14}$$

式中,Re 为雷诺数,反映了惯性力与黏性力的比值,也反映了孔隙介质的特点;ρ 为流体密度,g/cm^3;1 750 为单位换算系数,与规定的各物理量的单位有关。

当 $Re \leqslant 0.3$ 时,渗流服从达西定律。

4 渗透率研究方法

目前,对工程岩体的渗透率研究主要有间接法和直接法两种。

4.1 渗透率的间接研究方法

以 Carman-Kozeny 经验式为基础开展研究:

$$k = \frac{\phi}{k_z S_P^2} = \frac{\phi^3}{k_z S_B} \tag{15}$$

式中,k_z 为无量纲常数,取值约为 5;ϕ 为孔隙率;S_B 为单位体积多孔介质内孔隙的表面积,m^2/m^3;S_P 为孔隙介质单位孔隙体积的孔隙表面积,m^2/m^3,其表达式为

$$S_P = \frac{A_s}{V_P} \tag{16}$$

式中,A_s 为岩体孔隙的总表面积,m^2。

4.2 渗透率的直接研究方法

以重庆大学鲜学福院士等根据实验方法为基础开展研究:

$$K = K_c \exp(Bt - k\overline{\sigma}') \tag{17}$$

式中,t 为温度;B 为热膨胀系数;k 为体积压缩系数,其中:

$$\overline{\sigma}' = \overline{\sigma}_i - \alpha p \tag{18}$$

式中,$\overline{\sigma}'$ 为平均有效应力;$\overline{\sigma}_i$ 为平均地应力;P 为气体压力;α 为孔隙压系数;K_c 为室温 1 个大压下煤体的渗透率,与煤结构有关。

5 克林伯格效应

5.1 克林伯格关系式

当用气体测量岩石的渗透率时,测量结果不仅比液测值高,而且还出现了较强的压力依赖性(图 1)。1941 年,L. J. Klinkenberg 发现了该现象,并把该现象归因于气体在岩石孔隙中的

滑脱行为所致,此即所谓的滑脱效应或 Klinkenberg 效应,并且总结出 K_g 与 K_∞ 的关系:

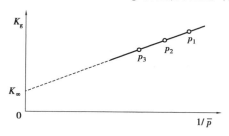

图1　气测渗透率与压力的关系曲线图

$$K_\infty = \frac{K_g}{1 + \dfrac{b}{P}}$$ （19）

式中,K_g 为在平均压力 $\overline{P}$ 和平均流量 $\overline{Q}$ 下测得的气体渗透率;K_∞ 为克氏渗透率;b 为滑脱系数,由孔道大小与气体分子自由行程决定的系数,其中

$$b = \frac{4C\lambda \overline{p}}{r}$$ （20）

式中,λ 为对应于平均压力 $\overline{p}$ 下气体平均自由行程;r 为毛管半径;C 为近似 1 的比例常数;$\overline{p}$ 为岩芯进出口平均压力,$\overline{p} = \dfrac{p_1 + p_2}{2}$;$\lambda = \dfrac{1}{\sqrt{2}\,\pi d^2 n}$;$d$ 为分子直径,与气体类型有关;n 为分子密度,与平均压力 $\overline{p}$ 有关。

5.2　液体流动与气体流动的区别

克林伯格从分析孔隙内气、液流速分布入手,解释了液体流动与气体流动的差异,认为:

①液体流动:液测岩石渗透率的达西公式是建立在液体(确切讲是牛顿流体)渗流实验基础上,认为液体黏度不随流动状态改变,即所谓的黏性流动。液体流动时,液体与管壁分子间出现了黏滞阻力。由于液-固间的分子力比液-液间的分子力大,在管壁附近表现出的黏滞阻力最大,可使得管壁处液体的流速为零,管道中心黏滞阻力最小,流速最大。管内液体流速分布呈圆锥曲线(图2)。

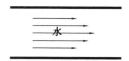

图2　管内液体流速分布

②气体流动:孔道壁表面的气体分子与孔道中心的分子流速几乎没有差别。气测渗透率时,除了气-固间的分子作用力小以外,相邻层的气体分子还可以由于动能交换而使得管壁处的气体分子层与孔道中心的分子层的流速被不同程度均一化。管壁处的气体分子层流速不为零(图3)。

图3　管内气体流速分布

5.3 克林伯格效应数据处理方法

考虑渗流的 klinkenberg 效应,则渗流方程变为

$$v = -\frac{k_\infty}{\mu_g}\left(1 + \frac{b}{p}\right)\nabla p \tag{21}$$

流过试件底部端面的瓦斯气体渗流速度为

$$v = \frac{v_1 Ap}{p_0} = \frac{AK_g}{2\mu p_0}\frac{\partial(p+b)^2}{\partial y} \tag{22}$$

假设渗流试验为层流流动且恒温,因而惯性-湍流修正系数 $\delta = 1$,偏差因子 Z 以及气体黏度 μ 可认为恒定不变。由于该渗流试验为轴向稳态渗流,定义试件的轴向为 y 轴,横向 x 轴,其下端部中心为坐标系原点,则瓦斯渗流的边界条件为

$$\frac{\mathrm{d}p}{\mathrm{d}x} = 0, p\mid_{y=0} = p_0, p\mid_{y-h} = p \tag{23}$$

令

$$\lambda = \frac{\mu h p_0 v}{A(p_h - p_0)}, \beta = \frac{p+p_0}{2}, \theta = \frac{1}{K_g} \tag{24}$$

可以得出 $\beta = -b + \lambda\theta$ 的线性关系。通过数值拟合,即可得出 K_∞ 和滑脱因子 b 的大小。

根据目前现有的研究结论,可以总结出渗透率与孔隙压力关系的一般模式,如图 4 所示。

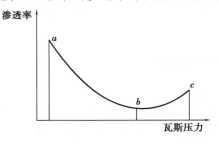

图 4　渗透率与孔隙压力关系的一般模式

在孔隙压力比较低的阶段,渗透率随着孔隙压力的增大而减小。究其原因,可以解释为在低孔隙压力阶段,由于 klinkenberg 效应的出现,导致渗透率降低,克林伯格效应占主导因素,但随着孔隙压力的增大,克林伯格效应的影响逐渐降低。

随着孔隙压力的逐渐增大,在某一瓦斯压力时,渗透率降到最低。此时,瓦斯压力与克林伯格效应对渗透率降低的影响达到最大。瓦斯压力继续增加,渗透率随着瓦斯压力的增大而逐渐增大。此时,瓦斯压力对渗透率的影响起主导作用。

5.4 克林伯格效应渗透率测量中存在的问题

1991 年 McPhee 和 Arthur 的研究表明,Klinkenberg 渗透率的测量对所使用获取和分析数据的方法、过程及技术都很敏感,主要包括以下 3 点:

①所使用的流动模式的选择。

②压力误差的敏感性。

③非常数滑脱因子影响。

6　对克林伯格效应的质疑

针对克林伯格效应,目前有学者对此进行了质疑。有学者认为克林伯格效应其实是不存在的,从下面三个方面提出了质疑:

①渗透率:渗透率是岩石本身的物理性质。出现渗透率对压力的依赖,就从根本上否定了渗透率的原始定义,则测试方法或计算方法有问题。

②黏度影响:高压气体的黏度对压力不敏感,但低压气体的黏度对压力却十分敏感。由于室内测试都是在低压下进行。因此,渗透率才出现了较强的压力依赖性。如果把黏度的变化因素扣除,则渗透率的压力依赖性就会大幅度减弱。

③边界层影响:任何一种流体(气体或液体)在固体表面上流动时,都存在一个流动滞缓的边界层,边界层的流速远低于内部流体的流速。边界层的存在,是固体表面对流体分子亲和作用的结果。在紧贴固体表面的地方,流速一定为零,否则,流体的速度梯度(剪切速率)将为无穷大,剪切应力也将为无穷大。

参考文献

[1] 许凯,雷学文,孟庆山,等.非达西渗流惯性系数研究[J].岩石力学与工程学报,2012,31(1):164-170.

[2] 董大鹏,冯文光,赵俊峰,等.考虑启动压力梯度的相对渗透率计算[J].天然气工业,2007,27(10):95-96.

[3] 周世宁,林柏泉.煤层瓦斯赋存与流动理论[M].北京:煤炭工业出版社.1990.

[4] 尹光志,李晓泉,赵洪宝,等.地应力对突出煤瓦斯渗流影响试验研究[J].岩石力学与工程学报,2008,27(12):2557-2561.

[5] 曹树刚,李勇,郭平,等.型煤与原煤全应力-应变过程渗流特性对比研究[J].岩石力学与工程学报,2010,29(5):899-909.

[6] 李树刚,钱鸣高,石平五.煤样全应力应变过程中的渗透系数—应变方程[J].煤田地质与勘探,2001,29(1):22-24.

[7] 张宏敏.砂岩全应力-应变过程气体渗透特性试验[J].煤炭学报,2009,34(8):1063-1066.

[8] 苏承东,翟新献,李永明,等.煤样三轴压缩下变形和强度分析[J].岩石力学与工程学报,2006,25(增1):2963-2968.

[9] 曹树刚,李勇,刘延保,等.深孔控制预裂爆破对煤体微观结构的影响[J].岩石力学与工程学报,2009,28(4):673-678.

[10] 李顺才,缪协兴,陈占清.破碎岩体非达西渗流的非线性动力学分析[J].煤炭学报,2005,30(5):557-561.

[11] 李传亮.滑脱效应其实并不存在[J].天然气工业,2007,27(10):85-87.

页岩层理面对水力压裂的影响

张 靖

摘要:依据许多相关研究文献,探讨了世界页岩气资源分布情况,分析了页岩层理对页岩基本力学参数和水力压裂过程的影响。在此基础上,初步讨论了页岩岩层渗透性实验方案。

关键词:页岩气;渗透性;开发利用

1 研究意义

据联合国贸易和发展会议(UNCTAD)2018 年 5 月发布的一份报告显示,如图 1 所示,中国的页岩气储量排名全球第一(达 31.6 万亿 m^3),而阿根廷(22.7 万亿 m^3)、阿尔及利亚(20 万亿 m^3)、美国(17.7 万亿 m^3)和加拿大(16.2 万亿 m^3)分别排名第二至第五位。2018 年,全球可开采的页岩气总储量预计达到 214.5 万亿 m^3,相当于此前全球天然气 61 年的总消费量。这一报告数据也在稍早前美国能源情报署的预测报告中得到印证,报告称,中国拥有最多的页岩气储备国的资源,远远超过世界第二大页岩气储备国阿根廷。

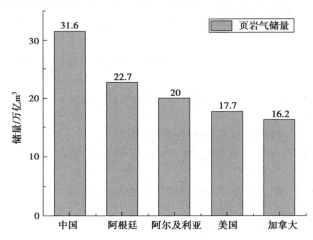

图 1 2018 年页岩气储量(资料来源:UNCTAD)

如图 2 所示。页岩气藏储层岩性以暗色页岩为主,外观具有明显的层理构造,且微裂隙较发育。层理面胶结强度较低,是地层中的薄弱面,往往会先于页岩基质体破坏。

页岩储层具有复杂的层理构造,其水力压裂裂纹已不再是平面裂纹。因此,其水力压裂规律与常规储层不同,页岩储层层理方向对水力压裂裂纹的扩展有直接影响。这可能会使水力裂缝易于沿层理面延伸,而影响其在主应力场作用下的扩展规律。已有的研究成果认为页岩可假设为横观各向同性介质。

水力压裂技术在页岩气开发中应用广泛,对提高储层渗透率、提高油气采收率具有重要作用。为进一步提高储层渗透率,形成多条或复杂缝网,学者们采用了预制水力裂缝、CO_2 压裂等。

图2　页岩气储层

研究层理对水力压裂过程的影响,利用页岩层理构造来增加裂缝的多样性,沟通层理面的联系来提高储层渗透率。

2　页岩气开发研究现状

页岩层理的影响主要分为页岩层理对基本力学参数的影响和对水力压裂过程的影响。页岩层理对基本力学参数包括层理对力学强度的影响、层理对弹性模量的影响和层理对泊松比的影响;页岩层理对水力压裂过程的影响主要分为对起裂压力的影响和裂缝扩展的影响。

2.1　层理对基本力学参数的影响

2.1.1　层理对单轴压缩参数的影响

振坤,杨春和等通过大量单轴实验发现单轴抗压强度曲线近似呈两头大中间小的 U 形,当加载方向与层面夹角 θ 在 0°和 90°附近时取得最大值;当 θ 在 30°附近时,页岩单轴抗压强度达到最低值。

其各向异性原因较多。从微观上说,是微裂隙发育程度不同所致;从宏观角度来讲,主要是其不同破坏模式所致。弹性模量和波速具有类似的变化规律,两者相关性较好,都随着角度的增加而减小。

2.1.2　层理对三轴力学参数的影响

衡帅,杨春和等发现页岩的三轴抗压强度,相同围压下,0°页岩的强度最高,90°次之,30°最低,总体上也呈现出两边高、中间低的 U 形变化规律。

单轴压缩时,随着层理角度的增大,弹性模量逐渐减小;三轴压缩时,随着围压的增大,各角度页岩的弹性模量均逐渐增大,但增加幅度逐渐减小;同一围压下,弹性模量的增加速率随层理角度的增大逐渐减小;对 60°和 90°页岩,围压的增大对弹性模量的变化几乎没有影响。0°、30°和 60°、90°页岩的泊松比随围压的增加呈现出了相反的变化规律。0°和 30°页岩的泊松比随围压的增加不断增大,而 60°和 90°页岩的泊松比随围压的增加不断减小。这可能是层理间孔隙和微裂隙较发育,压力对水平层理方向变形影响较小,对垂直层理方向变形影响较大引起的。

单轴压缩时,0°页岩为沿层理的张拉劈裂破坏,30°为沿层理的剪切滑移破坏,60°为贯穿层理和沿层理的复合剪切破坏,90°为贯穿层理的张拉破坏。三轴压缩时,0°为贯穿层理的共轭剪切破坏,30°为沿层理的剪切滑移破坏,60°和90°为贯穿层理的剪切破坏。

2.1.3 层理对抗拉强度的影响

侯鹏,高峰等发现页岩的抗拉强度受层理角度的影响很明显。90°即层理面与加载方向垂直时,页岩的抗拉强度最大;30°时抗拉强度最小,其平均值仅为90°时的0.36倍。0°~30°时,裂纹从试样的加载基线面的下端沿着加载基线向上部延伸扩展,主要为压裂性拉伸破坏;45°时则是裂纹起裂和裂纹扩展近乎同时完成;60°~90°时,裂纹则是从试样的中心位置向试样的上下两端扩展。45°~90°的各试样的断裂面为弧面或曲面,由拉伸滑移破坏导致。

在确定了页岩地层的各向异性材料参数后,就可以进一步分析层理性页岩地层的水力裂缝起裂及扩展规律等。

不同层理角度页岩破裂的不同形式、主控因素等为水力压裂破裂模式提供参考。

2.2 层理对压裂参数的影响

Lin C,He J等发现页岩破裂压力在0°时最高,在90°时最低。He J,Zhang Y等认为裂缝的扩展受层理方向的影响,表现出沿层理的扩展和被层理阻挡的扩展两种不同的模式。

Yixiang Zhang,Jianming He等认为随着层理面角度的增加,页岩的破裂压力有下降的趋势,0°和90°页岩试件的破裂压力分别为最高和最低。裂缝有三种扩展方式,即穿层理方向扩展(破裂压力最大)、斜交层理层扩展和沿层理方向扩展(破裂压力最小)。

Zhang X,Lu Y等发现最大水平应力与最小水平应力之差的大小导致主裂缝形态的变化。当水平地应力差较小时,裂缝主要分布在模拟钻孔周围,并与天然裂缝和层理连接。当应力差较大时,裂缝可沿顺层面直穿,形成单一主裂纹。

Liu D,Shi X等做了数值模拟研究。结果表明,在水力压裂试验中,试样破裂时,破裂压力随着预制裂缝角度的增大而增大;当β等于0°或30°时,裂纹的扩展主要受软弱地层影响,沿层理传播;然而,当β等于45°,60°或90°时,预制裂纹起主导作用。

之前的研究主要集中在层理角度对水力压裂的破裂压力等的影响,其关于层理对水力压裂破坏形式研究较少。最大张应力破坏准则对层理发育的页岩是否适用?

对于层理面对裂缝扩展影响的研究也较少,之前的实验条件为圆柱小试件,应力条件为假三轴。本研究可以从立方大试件出发,利用大型真三轴压裂渗流设备为实验条件。

3 渗透性实验研究计划

3.1 实验设备

计划采用的大型真三轴压裂渗流实验装置主要由三轴模型系统、轴向和侧向加载系统、围压加载系统、伺服控制系统、温度加热控制系统、渗透性测试系统、测量检测系统、数据采集处理系统等组成,适用于200 mm × 200 mm × 200 mm、300 mm × 300 mm × 300 mm尺寸的立方体岩石试件,如图3所示。

三轴模型系统由三轴承压腔体、立方体胶筒、轴/侧向加载杆、轴/侧向加载压板、载荷传感器、自适应滑块等组成。轴、侧向加载板由高强度钢板构成,通过错位的布置方式实现了对试件的刚性加载和柔性同步压缩。三轴加载系统控制方式为力和位移控制,力加载速率0.01~1 kN/s,位移加载速率0.001~10 mm/s,连续保载时间大于72 h,且力和位移控制之间可平滑转换。系统对各个油缸内部压力进行检测,捕捉各个载荷信号。精准采集后,伺服控制系统对电磁比例阀进行控制,即通过程序控制电磁比例阀确保载荷的精准度,伺服系统精密控制油缸输出压力,并根据试件载荷传感器反馈的信号,精准控制油缸的工作压力,为系统的三轴加载提供精确基础。轴向和侧向加载系统可加载应力0~25 MPa,分辨率0.01 MPa,加载精度±1%;围压加载系统通过承压腔体内的围压水可加载应力0~20 MPa,精度±0.5%,水浴温度控制室温最高达到95 ℃。

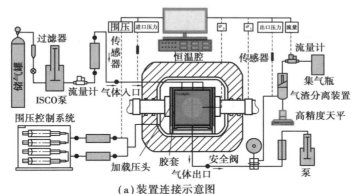

(a)装置连接示意图

(c)试件承压胶筒　　　　　　　(d)三轴承压腔体

图3　大型真三轴渗流实验装置

渗透性测试系统主要由注气系统、回压控制组件、出口气体流量计组成。注气系统包括气瓶、真空泵、减压阀等,采用双缸驱替泵,高精度注入,渗透压力15 MPa,精度±0.1%,流量精度0.000 034 mL/min。液体介质分辨率0.01 mg/min,气体介质分辨率0.01 mL/min。实验气体为99%浓度的CH_4。高压流量计流量范围0.1~8 000 mL/min,精度±2%,气压分辨率:

1 kPa,流量分辨率:0.01 L。

加载压力、位移监测系统用于监测实验过程中页岩应力、应变变化,包括高精度引伸计(LVDTs)和数据采集分析计算机,其中 LVDTs 刚性连接在测试框架上,连续监测试件表面的相对位移;气体压力、流量监测系统用于监测试件孔隙压力变化,包括高精度数字压力传感器、气体流量计和数据采集与存储终端。

3.2　研究内容

①利用大型真三轴压裂渗流设备,对层理发育的不同层理角度的页岩进行压裂渗流试验。

②利用工业 CT 等手段观察裂缝扩展情况,对层理对页岩破坏模式、裂缝的扩展形式进行研究。

③采用实验结合数值模拟的手段,对实验结果进行验证。

参考文献

[1] ZHAO X ,HUANG B ,XU J . Experimental investigation on the characteristics of fractures initiation and propagation for gas fracturing by using air as fracturing fluid under true tri-axial stresses[J]. Fuel,2019,236:1496-1504.

[2] HE J ,LIN C ,LI X ,et al. Initiation,propagation,closure and morphology of hydraulic fractures in sandstone cores[J]. Fuel,2017,208:65-70.

[3] 振坤,杨春和,郭印同,等.单轴压缩下龙马溪组页岩各向异性特征研究[J].岩土力学,2015,36(9):2541-2550.

[4] 衡帅,杨春和,张保平,等.页岩各向异性特征的试验研究[J].岩土力学,2015,36(3):609-616.

[5] 侯鹏,高峰,杨玉贵,等.考虑层理影响页岩巴西劈裂及声发射试验研究[J].岩土力学,2016,37(6):1603-1612.

[6] LIN C ,HE J ,LI X ,et al. An Experimental investigation into the effects of the anisotropy of shale on hydraulic fracture propagation[J]. Rock Mechanics & Rock Engineering,2016,50(3):1-12.

[7] HE J ,ZHANG Y ,LI X ,et al. Experimental investigation on the fractures induced by hydraulic fracturing using freshwater and supercritical CO_2 in shale under uniaxial stress[J]. Rock Mechanics and Rock Engineering,2019:1-12.

[8] ZHANG Y ,HE J,et al. Experimental study on the supercritical CO_2 fracturing of shale considering anisotropic effects[J]. Journal of Petroleum Science and Engineering,2019,173:932-940.

[9] ZHANG X ,LU Y ,TANG J ,et al. Experimental study on fracture initiation and propagation in shale using supercritical carbon dioxide fracturing[J]. Fuel,2017:370-378.

[10] LIU D ,SHI X ,ZHANG X ,et al. Hydraulic fracturing test with prefabricated crack on anisotropic shale:Laboratory testing and numerical simulation[J]. Journal of Petroleum Science & Engineering,2018,168:409-418.

第五篇 矿山环境保护

煤炭的无废(清洁)开采

廖雪娇

摘要:煤炭在我国能源结构中的主导地位在近几十年内不会有根本性的改变。煤炭在为人类文明和社会进步做出巨大贡献的同时,也给社会带来严重的环境和社会问题,如煤炭开采过程中排出矸石、废气、废水,产生粉尘、噪声,引起地表塌陷等,污染矿区生态环境。清洁开采就是在生产高质量煤炭的同时,采取综合治理措施,使煤炭开采过程中对环境的污染和破坏减少到最低限度。本文依据相关资料,讨论了煤炭的开发利用对环境带来的负面影响,进一步分析了控制煤矸石生成及利用技术、矿坑水的资源化及污染控制技术、控制废气污染的开采技术、控制地面沉陷的开采技术、矿井粉尘污染控制技术等煤矿清洁生产技术。

关键词:煤矿;环境污染;清洁开采

煤矿开采将排出废水、废气及废渣等污染物。人类为了自身的发展和生存,以及将来子孙后代的健康与幸福,决不能再继续走"生产—污染—再生产—再污染"或"先污染,再治理"的老路。如何在开采过程中减少废物的排放,保护生态环境,提高矿山的综合经济效益,使矿业走上可持续发展的良性轨道,是人类当前乃至今后相当长一段时间内的一项重要任务。在这个背景下,无废采矿工艺的研究与推广就显得越来越重要。

1 煤炭开采对环境所造成的污染和破坏

煤炭开采对环境造成的污染和破坏主要表现为地面塌陷,产出煤矸石、废气、矿坑水、粉尘等。

地面塌陷是指由于采空区和巷道破坏了原岩的应力平衡,引起顶板和围岩的下沉、垮落,向上发展到地面,形成塌陷。地下煤炭大面积开采导致地表沉陷,在地下潜水位较高的矿区(如华东矿区),地表沉陷会引起塌陷区积水,严重破坏土地资源。据统计,全国因采煤区地表塌陷造成的土地破坏总量达 40 万 hm^2 以上,开采万吨原煤所造成土地塌陷面积平均达 $0.20 \sim 0.33$ hm^2,每年因采煤破坏的土地以 $3 \sim 4$ 万 hm^2 的速度递增。这一问题在粮食和煤炭复合主产区显得尤为突出。2010 年底,全国采煤塌陷面积累计达 $55 \sim 60$ 万 hm^2,直接经济损失数十亿元。煤炭开采造成矿区土地塌陷、占用耕地、诱发滑坡、垮塌等地质灾害和水土流失,迁村移民等一系列生态与社会问题。

开采过程中排放的矸石,运到地面后将占用大量的土地和良田,而且形成污染源。全国现有大小矸石山几万座,其中国有重点煤矿的 121 座矸石山在自燃,排放出大量的有害气体;由于矸石含硫化物或其他有害物质,经雨水淋蚀后产生酸性水,污染周围的土地。据统计,我国煤矸石年排放量占当年煤炭产量的 $10\% \sim 15\%$,历年积存的煤矸石总量已超过 60 亿 t,且正以每年约排矸 2.4 亿 t 的速度递增,形势相当严峻。初步统计我国现有的 1 600 余座煤矸石山,矸石堆积量已超过 60 亿 t,占地 7 万 hm^2 以上。以山西省为例,煤矸石累计堆积量高达 10 多亿 t,形成了 300 多座矸石山,随着煤炭生产的高速增长,每年新增煤矸石约 8 000 万 t。煤矸石堆积占用大量土地,侵蚀大片良田;矸石风化后产生的扬尘危,影响周边大气环境;淋溶水经地面径流和下渗,所含的硫化物和重金属元素严重污染地表水体、土壤和地下水源;长期堆存时,经空气、水的综合作用,产生一系列物理、化学和生物变化,发生自燃而释放包括 SO_2 在内的大量有害有毒气体,破坏矿区生态,诱发附近居民呼吸道疾病和癌症;矸石山的不稳定极易导致滑坡和喷爆,引发地质灾害,酿成重大灾害,造成人员伤亡,毁坏财产和地面设施。

瓦斯对大气环境的温室效应有严重的影响。我国煤矿每年向大气层排放的瓦斯约 100 亿 m^3。煤矿瓦斯不仅对大气环境造成严重影响,同时也是煤矿安全生产的重大隐患。

全国煤矿每年排出矿井水约 22 亿 t。矿坑水主要来源于地表渗水、岩层孔隙、裂隙水、地下含水层的疏放水以及矿井生产中的防尘、灌浆、充填等废水。这些矿坑水如果不经处理任意排放,将对地表河流及地下水资源产生较大的污染。

矿井采掘工作面和运输转载点等都会产生粉尘,容易引发煤尘爆炸等事故,而且给矿工的身体健康带来严重影响,引起硅肺病等。据统计,我国煤矿每年向大气排放 40 万 t 矿井粉尘,而全国患有尘肺病的工人几十万,发病平均年龄仅 45 岁左右。

2　煤炭清洁开采的含义

清洁开采实际上是洁净煤技术的延伸与扩展,其内涵就是指人们在大量生产高质量煤炭的同时,采取综合治理措施,利用新技术、新工艺和新装备,在煤炭开采过程中尽量避免污染物的产生或最大程度控制污染物的生成量及污染物的污染程度,使煤炭开采对环境的污染和破坏降到最低限度的开采技术。

清洁生产包括两方面的内容:一是开采过程中尽量减少污染物;二是对排放的污染物进行处理利用,使之"变废为宝",属于资源化技术。清洁生产技术包括对水资源的"保水开采"技术或水资源处理复用技术、减少煤矸石排放技术和煤矸石的综合利用技术、"煤与瓦斯共采"技术,离层注浆、充填与条带开采技术以及煤炭地下气化技术等。其中,煤炭地下气化是在煤层赋存地点直接获得可燃气体,其实质是只提取煤炭中含能组分,将灰渣等污染物留在井下。

3　控制煤矸石生成及利用技术

煤矸石是煤炭生产和加工过程中产生的一种固体废弃物,主要来源于地下的岩巷、半煤岩巷、井筒、硐室等掘进工艺及井巷和采场的局部冒顶,通常矸石的排放量约为原煤产量的10% ~20%,平均约为 15%,是我国排放量最大的工业固体废弃物之一。煤矸石排放堆积,不仅浪费资源,而且占压土地,污染环境。为此,国家出台了一系列支持和鼓励政策,激励煤炭企业投入大量的财力、物力,通过制砖、发电、填埋等多种处置方式,力求最大程度降低煤矸石的不良影响。但是,煤矸石的总体利用率仍处于较低水平。伴随煤炭产出规模的扩大,煤矸石产量不断增加,治理任务也日益艰巨,由此对企业及周边地区造成的经济负担、环境负担也越来越繁重。因此,煤矸石的处理和利用,已成为很多煤炭企业发展进程中面临的突出问题之一。

3.1　矸石不出井的开采技术

为了减少井下矸石的产生量或让矸石不出井而堆放在地面,可以采用如下技术:

①采用宽巷掘进。当在薄煤层中掘巷时,由于煤层比较薄,需要掘出一些顶底板岩石。此时,可以采用宽巷掘进方式,在掘进时增大掘进巷道的宽度,再将掘出的矸石就近堆砌于掘进巷道的一侧或两侧作巷旁支护,形成一个窄的但满足生产需要的巷道。采用该方式掘进巷道,

既改善了巷道的维护,又能使掘出矸石就地消化。

②将掘进出矸堆放在井下废弃的巷道或硐室内。

③在井下适当的位置开掘专用的储矸巷道或硐室。如在井下永久性的保安煤柱内,既提高了资源的回收率,又提供了储矸空间。

④掘进出矸直接用于采空区充填。

3.2　井下少出矸的开采技术

①在开拓部署和采区巷道布置中,多采用全煤巷布置。尽量将阶段大巷、采区上(下)山、区段巷布置在煤层中,尽可能取消或减少岩石巷道;在条件适合时,甚至于井筒(如斜井)也可沿煤层掘进。采用这种井巷布置,可以在很大程度上减少井下矸石的生成量。

②简化巷道布置。无论大巷、区段巷尽量采用单巷布置,以减少相应巷道的数目,也可以减少井下出矸量。

③采用无煤柱开采技术。无论沿空掘巷还是沿空留巷,相对于同时掘进的双巷布置来讲,均可节省联络巷的掘进量,而对于沿空留巷,在每个区段上还可少开一条区段巷,从而可大幅度降低巷道的掘进率及矸石生成量。

④适当加大各回采单元尺寸(如水平高度、采区沿走向长度、工作面长度等),以有效减少巷道掘进总量及出矸量。

⑤因地制宜选择巷道断面。在缓倾斜煤层中掘巷时,可采用不破顶的掘进工艺,使巷道成不规则的四边形,从而减少出矸量。

⑥优化巷道的钻爆参数,严格控制掘进断面,尽量避免超爆现象,如采用光爆锚喷技术、微差爆破技术等。

⑦采用先进的采煤机(如具有自动识别煤岩界面、自动调高等功能),严格控制采高,避免破顶、挖底。

⑧加强巷道和采面的支护与维护,尽可能杜绝出现局部冒顶。

⑨在采场将从煤壁上破落的夹矸或局部漏顶的矸石抛置于采空区内。

⑩在厚煤层实行分层开采时,尽可能以夹矸层作为分层界面等。

3.3　出井矸石的综合利用

煤矸石虽然属于一种固体废弃物,但其中也包含了若干有用组分。因此,从另一个角度看,它又是一种可利用的资源。

(1)煤矸石发电

鉴于煤矸石中通常都含有一定程度的可燃物(如残煤、硫铁矿、炭质页岩等),固定碳的含量一般在10%~30%之间,发热量高者可达12 000 kJ/kg以上,低者约为6 000 kJ/kg。对于发热量较高的煤矸石,可以直接或掺和少量原煤用于发电。如江西丰城矿务局矸石发电厂拥有4台35 t/h沸腾炉,3台6 000 kW的汽轮发电机组,仅两年时间,就燃用煤矸石33.2万t,共发电1.14亿kW/h,创产值4 425万元,上缴利税900多万元,经济效益、环境效益十分显著。

(2)煤矸石制砖、制水泥

对低发热量的煤矸石可用于制砖、制水泥。如丰城矿务局先后建成了3个矸石砖厂,总规模达3 700万块/a,年耗煤矸石12万t以上,年产值720万元,年利润达150万元。如利用煤矸石代替黏土作为普通硅酸盐水泥的掺合料时,对于1 000 t/d熟料水泥生产线,每年可消耗煤矸石7.5万t,若以3 000 t/d规模建厂,则年耗矸石量可达22万t以上。

（3）煤矸石生产肥料

对于富含腐植酸的煤矸石,可应用生物工程原理,以70%的煤矸石粉为主要原料,再加入适量的生物菌种、磷铁粉、淀粉等原料,可以配制成具有较好肥效的肥料。据洼里煤矿的生产实践资料,若以每年生产肥料2万t计,年耗矸石量可达1.4万t左右,可创利税600万元左右。

（4）充填塌陷区、复垦造地或筑路

我国有不少矿区在采动影响下,地表出现范围不等的移动盆地、塌陷坑、裂隙带。可利用井下废矸对上述区域进行充填并复垦造田,以弥补由开采带来的农产损失,缓解矿、农矛盾。此外,我国有些矿井井口地势低洼,可充分利用建井期间的掘进出矸填平工业场地以及用于修筑矿区公路等。

（5）其他

煤矸石的资源化用途十分广泛。除上述用途外,尚可根据其有用组分的含量,生产氯化铝、聚合氯化铝等净水剂,回收硫铁矿作为制作硫酸的原料,用于制作陶器的原料等。

4　矿坑水的资源化及污染控制技术

矿坑水主要来源于地表渗水、岩层孔隙水、裂隙水、地下含水层的疏放水以及矿井生产中的防尘、灌浆、充填等废水。由于受到井下采、掘、运等生产过程中散落的煤粉、岩粉、乳化液等杂物的混入以及煤炭中伴生物的分解、氧化等,导致矿坑水被进一步污染。

对于矿坑水,一方面为满足矿井生产的需要,需要不断对其进行疏干、外排,浪费十分可贵的水资源,而且还污染环境;另一方面,我国约有70%的矿区水资源匮乏,外排矿坑水更增加了水资源匮乏的严重程度。因此,减少矿坑水的排除量并使之资源化,同时,尽可能降低矿坑水的污染程度,并做到达标排放,就成为清洁开采技术的重要内容之一。

4.1　减少矿坑水涌出的开采技术（保水开采）

①当煤系顶板上一定距离外赋存有较大含水层时（如三叠纪的某些灰岩,某些矿区的太原组灰岩）,尽可能采取条带式采煤法、充填采煤法、房柱式采煤法和离层带注浆充填法等采后顶板移近量较小的特殊开采技术,使煤层顶板的冒落高度不致导通上覆含水层。

②当煤层底板有强含水层时（如北方矿区的奥陶纪灰岩、南方某些矿区的茅口灰岩）,应将井下巷道布置在这些含水层上方的安全距离处。如遇断层切割,则应进行渗水或突水的严密封堵。

③当矿区地面有水体时（如河流、湖泊、水库等）,应在地下相应范围留设隔离煤柱或采用特殊的采煤法（如充填采煤法、条带采煤法等）。

④对于实现水力化采煤的矿井（区）,应采用闭路循环供水系统。

4.2　矿坑水资源化

由于矿坑水的来源不同,其水质也有很大差别。为使其资源化,可遵循"清污分流、分质处理、分级应用"的原则,采用不同的处理方式,排上不同的用场。

4.2.1　洁净矿坑水

对基本未受污染的矿坑水（如奥灰岩、太原组灰岩、茅口灰岩等岩层渗出来的地下水）,一般水质呈中性,硬化度与浊度较低,基本不含有毒、有害离子,可在井下涌水水源附近拦截汇聚。然后,通过专用的管道引至井底,再经水泵排至地表,不用处理(或稍作消毒处理)即可直接作为生活用水(如邢台煤矿、后所煤矿等)。

4.2.2 主要含悬浮物的矿坑水

此类矿坑水的主要污染物为悬浮物(SS),其含量多在 $100 \sim 400$ mg/L,一般含少量的有机物及细菌。通常可采用混凝、沉淀、过滤及消毒杀菌处理工艺进行处理。经处理后的矿坑水,可作为生活饮用水及井上、下工业用水(如平顶山矿区、门头沟煤矿)。

4.2.3 高矿化度矿坑水

对于此类矿坑水,除通常含有一定程度的悬浮物外,其含盐量还大于 $1\,000$mg/L。水中的含盐量主要来自 Ca^{2+}、Mg^{2+}、Na^+、SO_4^{2-}、Cl^-、HCO^{3-} 等离子,水质多偏碱性,带苦涩味,其硬度往往也较高。对该类矿坑水的处理通常分两步:第一步,采用混凝、沉淀的预处理,主要去除悬浮物及杂质;第二步,通常采用电渗法脱盐处理。处理后的矿坑水一般可作工业用水,有的还可作饮用水(如西北、中原、华东等部分矿区)。

4.2.4 酸性矿坑水

系指 pH 值小于 5.5 的矿坑水。该水酸度大,具有较强的腐蚀性,一般含有大量的 Fe(Fe^{2+}、Fe^{3+})、SO_4^{2-}、Cl^-、HCO^{3-} 等离子。目前,我国大多采用酸碱中和法进行处理。经处理后的酸性矿坑水,一般可作为某些工业用水或达标后外排作农灌用水(如涟邵、资兴、长广、梅田等矿区)。由于酸性矿坑水的水质一般较复杂,若将其处理为生活饮用水,其成本较高。

4.2.5 含特殊污染物的矿坑水

系指诸如含重金属、放射性元素、氟化物等的矿坑水。由于它们对环境的污染和对人体的健康危害性较大,且处理工艺较复杂,成本也较高,按常规方法处理后一般很难满足生活饮用水及工业用水的标准,通常只要求被处理后达标排放,仅作农灌用(如砚台煤矿、阜新矿区)。

4.3 井下减少矿坑水污染的措施

为了便于矿坑水资源化,或降低矿坑水处理难度,在井下可以采用一些减少矿坑水污染的技术措施:

①定期清理井下水仓。

②完善井下排水系统,水沟规范并严加盖板。

③以水介质代替乳化液,或使用柴油时尽量采用油路系统的闭路循环。

5 控制废气污染的开采技术

在矿井生产过程中,经风井排至地面的废气中,含有不同程度的 CH_4、CO_x、NO_x、H_2S 等有害气体及少量粉尘,将恶化矿区的大气环境,影响人们的健康。据估计,我国每年从井下排入大气中的 CH_4 近 10 Gm^3 及大量的 CO_2 气体,对矿区及其周围的生态环境造成严重危害。另外,矿井内煤炭的自燃,也会产生大量的 CO、CO_2 及 H_2S 等有毒、有害气体,直接威胁作业人员的安全。下面,仅从源头出发,提出几项有助于控制废气污染的开采技术。

5.1 大力推行瓦斯抽采,实现瓦斯资源化

由于种种原因,我国仅有部分煤矿实行了瓦斯抽放,而且在抽出的瓦斯中,除一部分用于民用、发电及少量作为化工原料外,其余相当一部分都放空,不仅白白浪费了可贵的资源,而且

严重地污染了环境。尤其对于高瓦斯矿井或煤与瓦斯突出矿井来说,如果不进行瓦斯抽采,无论对于矿井的安全生产,还是实现矿井的高产高效都是十分不利的。因此,对这些矿井而言,必须实现瓦斯抽采和瓦斯的综合利用,见图1。

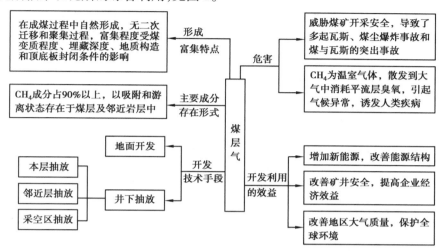

图1　煤层气(瓦斯)的生成、危害和开发利用技术及综合效益

据初步估算:1 m³的CH_4所产生的热效率约相当于5 kg的标准煤。我国目前在瓦斯资源化方面存在的主要问题是抽采率低、利用率低。据统计,我国2001年煤矿井下瓦斯的抽采量近10亿 m³,其抽出率仅为20%左右,抽出瓦斯的综合利用率为30%左右。解决的技术途径是让CH_4富集,是指通过某种工艺,如采用活性炭,将低浓度的CH_4气变为高浓度的CH_4气。

5.2　采用控制炸药爆破的开采技术

①在采、掘工作面尽可能采用机采、机掘,力求消除井下爆破作业。

②在必须使用爆破作业的场所,应优化钻爆参数,在保证一定爆破效果的同时,尽量降低破碎单位岩石体积的炸药消耗量。

③在条件适宜的矿井,积极推广水力采煤。

④以高压空气筒代替炸药爆破。

⑤适当加大工作面两巷的宽度,并配备短机头刮板机和长摇臂采煤机,实现采面的无缺口开采,避免人工爆破开缺口带来的爆破废气污染。

⑥大力推广水炮泥或在炮泥填塞物中加入石灰或其他碱性物,降低爆破时有害气体的生成量。

5.3　严格控制井下煤炭的自燃

①大力推广无煤柱采煤法。

②优化回采工艺,尽量减少采空区遗煤。

③及时对采空区密闭并实施黄泥灌浆。

④对煤柱壁及采空区喷洒阻燃剂或采用注氮防灭火技术。

6　控制地面沉陷的开采技术

我国煤矿以井工开采为主,且大多采用长壁采煤法,并以冒落法管理采空区顶板。由于地下采动造成上覆岩层的移动、破坏与垮落,直至引起地表的沉陷。据测定,开采缓斜和倾斜煤层时,地表的最大下沉值约为煤层开采总厚度的70%,而地表的沉陷面积一般是开采面积的1.2倍。据不完全统计,"九五"期末全国约有40万 hm² 的土地因煤矿开采而造成不同程度的沉陷,且以每年约2万 hm² 的速度递增。煤矿开采引起的地表沉陷,可能导致地面建筑物破坏、水体疏漏、交通线路中断。此外,还将造成塌陷区的积水或农田变形与漏水,危及农田的安全及保水。

6.1　特殊开采法

6.1.1　房柱式采煤法

在采区(或盘区)内,将煤层划分为煤房与煤柱,将煤房采空后并回收部分煤柱,以留下部分煤柱来支撑上覆岩层。与陷落采煤法相比,该种方法可较大幅度地降低地表变形与沉陷的幅度,大体上只相当于陷落法的1/6~1/4,可避免地表出现台阶下沉和大面积的塌陷。本法在美、澳、南非等国使用较为普遍,由于煤损耗较大且使用条件较苛刻,目前在我国应用不多。

6.1.2　特殊条带式采煤法

依据煤层的赋存条件,将开采煤层划分为若干沿煤层走向或倾斜布置的条带。在条带之间交替采用采留方式,用保留的条带煤柱支撑上覆岩层,以控制顶板的沉陷,其地表的下沉系数变化于0.2~0.3。虽然该法的煤损耗也较大(约为40%),但由于适用范围广,在我国某些矿区获得了应用,并取得了较好的效果。

6.1.3　充填采煤法

用砂石、岩块、飞灰或尾矿砂等充填材料对采空区进行充填,依赖充填体抵制上覆岩层的移动,是减少地表沉陷最有效的方式。当采用充填采煤法时,其顶板下沉系数仅为0.15~0.2,地表仅呈现较为平缓的均匀下沉。由于传统的充填工艺复杂,成本较高,过去主要应用于我国抚顺、阜新及新汶等少数几个矿区特厚煤层的开采。目前,该方法的应用范围越来越广泛。

此外,协调采煤法、分层间隙采煤法和逐层开采法等方法对缓和地表的下沉也有一定的效果,可作为一种辅助的技术与其他主要手段配合使用。

6.2　离层带高压充填法

当地下煤层开采后,上覆岩层会产生变形和移动,岩层间将产生不同程度的离层。为此,可在地面或井下向离层带空间打钻孔,然后通过钻孔对离层空间用高压注浆体充填离层带,可以减缓地表的下沉量。该法若能与条带采煤法结合起来,实行"部分条带先期开采——对已采条带充填固结采空区——剩余条带后期开采"三步采煤法,不仅可大幅度减少上覆岩层的下沉量(其下沉系数仅为0.25左右),而且还可使煤炭的采出率达80%左右。

7　矿井粉尘污染控制技术

近几年,国内外矿山在综合防尘方面已经做了很多工作,从除尘方式到装备都有了许多进步,井下许多大型设备上都安装了各种类型的自动喷雾装置,有效地抑制了粉尘的飞扬。

煤矿井下各生产场所粉尘的控制,应主要从两个方面采取措施:①从源头抓起。实施煤层注水、放炮喷雾、装煤(岩)洒水、湿式打眼等。其中,对采、掘工作面开采前进行煤层注水是主要的也是最有效的方法;②对已产生的粉尘进行捕捉,采取降尘措施。如果源头预防措施做得不好,或因煤层地质原因达不到预期效果时,必须采取"围、堵、截"措施进行捕尘。

"围",主要采取的措施是把落煤或其他生产过程中产生的粉尘收集起来,进行集中消灭。这种方法适用于产尘量大的工序或地点。采煤机的负压除尘器(煤机滚筒回风侧设一集尘器,集中灭尘)、掘进工作面的水射流风机等;"堵",是在粉尘即将产生或刚刚产生时进行灭尘的方法,如回采工作面主产尘工序是采煤机的落煤,在煤机割煤时,有效使用内喷雾,合理使用外喷雾,防止粉尘的扩散;"截",在各通风巷道中,设置能覆盖巷道断面的净化水幕,对飞扬在风流中的粉尘进行捕捉。

综上所述,通过采用新技术、新装备,把矿井粉尘浓度降到最低,消除由于粉尘产生的各种隐患。

8　其他污染源的控制技术

对煤矿开采来讲,除上述主要污染源外,还有噪声等污染源,也可通过设备的合理选型、优化采掘工艺、完善生产系统、配备专用设备等,将其污染程度降至最低限度。

目前,煤炭在我国能源结构中占据了相当重要的位置,煤炭资源的开发利用不仅不会终止,而且还会有所发展。然而,由此带来的环境污染问题也必须引起高度的重视。为解决这个问题,固然应对煤炭在加工、利用过程中所出现的环境污染采取有效的防治措施,更重要的是必须首先从源头上,从煤炭在矿井生产的过程中,采用相应的无废开采技术,也称为洁净煤开采技术,对各污染源进行有效的控制,将污染物的生成量及污染程度降至最低限度,以保持煤炭工业长期、稳定、可持续的发展,实现企业、社会、环境"三赢"的局面。

参考文献

[1] 钟巨全.关于清洁生产对治理矿山环境问题的探讨[J].节能与环保,2011,37(4):115-116,121.
[2] 代其彬.冀中能源峰峰集团清洁生产工作的实践与创新[J].能源环境保护,2011,25(5):61-64.
[3] 汤斐.浅析我国煤炭清洁高效利用的必要性和可行性[J].产业研究,2011(12):51-52.
[4] 丁江林.煤炭开采利用环境问题及洁净煤技术应用[J].生态与环境工程,2011(14):181.
[5] 田韶华.煤炭清洁开采技术的探讨与展望[J].山西煤炭;2011,32(2);25-27.
[6] 丁双根,杨东伟,田尚仁.煤炭行业清洁生产水平评价[J].中州煤炭,2011(5):35-36,59.
[7] 李晓丽,景丽岗.煤矿开采的发展方向[J].煤炭技术,2011,30(2):3-4.
[8] 王晓宇,卢明银.露天煤炭绿色开采评价指标体系研究[J].理论研究,2010(21):20,27-28.

人工冻结尾矿力学特性的试验研究

杨永浩

摘要:尾矿的冻结会影响尾矿坝的稳定性。本文通过室内单轴压缩试验,研究了经人工冻结四类尾矿(尾中砂、尾细砂、尾粉砂和尾粉土)的力学特性及其四个影响因素(平均粒径、干密度、含水率和加载速率)。结果显示,冻结尾矿单轴压缩破坏有斜面剪切破坏、径向拉伸破坏和复合式破坏等三种形式;全应力-应变曲线可分初始应变软化阶段、线性应变硬化阶段、非线性应变硬化阶段和非线性应变软化阶段等四个阶段。在四个影响因素中,冻结尾矿的单轴抗压强度与平均粒径呈对数关系,与干密度呈指数关系,与含水率呈线性递增关系,与加载速率呈二次抛物线增长关系,而变形模量与平均粒径呈自然对数关系,与干密度亦呈指数函数关系,与含水率则呈二次抛物线关系,与加载速率呈指数函数增长关系。

关键词:尾矿;单轴压缩;力学性质;变形特征;冻结尾矿

1 引言

在寒冷地区,当气温低于零度时,地表以下一定范围内土层中的水会冻结成冰,使土层形成冻土。文献[1]给出了冻土的定义,即温度低于 0 ℃ 的土或岩石。在冻土中,除了固体土颗粒外,总是有如固体状的冰和一定数量的未冻水以及气体存在,冻土中的冰以冰晶或冰层的形式存在。冰晶的几何形态可小到微米甚至纳米级,而冰层的厚度可达到米或百米级,从而构成冻土中五花八门、千姿百态的冷生构造。由于固、液、气各相之间的相互作用,使得冻土表现出的力学性质更复杂,且冻土的力学行为表现出比非冻土更强的温度依赖性,使得冻土的测试比常规土力学更难,技术要求更高。

我国疆域辽阔,从北向南(包括海南岛,不包括其他岛屿)大致跨越了 35 个纬度(北纬 53° ~ 18°),从东向西相隔了 61 个经度(东经 135° ~ 74°),气候类型多。在寒冷的冬季,我国的冻土呈现出类型多、分布面积广等特点。根据冻结时间长短的不同,我国的冻土可分为多年冻土、季节冻土和瞬时冻土等三大类。

多年冻土是指地面年平均气温低于 0 ℃,划分指标为大片连续的年平均气温为 − 5 ~ − 2.4 ℃,不连续的年平均气温为 − 2 ~ − 0.8 ℃。多年冻土保存时间不少于两年,呈现季节融化的特征。我国多年冻土主要分布在青藏高原、帕米尔高原、西部高山(包括祁连山、天山、阿尔金山、阿尔泰山和西准噶尔山等)、东北大小兴安岭以及东部地区一些高山顶部。季节冻土是指地面最低月平均温度不大于 0 ℃,划分指标是年平均气温为 8 ~ 14 ℃。季节冻土保存时间不少于一个月,呈现季节冻结、不连续冻结的冻融特征。季节冻土分布于不连续多年冻土的外围地区,其南界大致从云南省的挖苦河向东北方向沿着横断山脉和喀拉山脉的坡脚,经大巴山南麓向东南绕过四川盆地后,又从湖南省的咱果附近向东北方向延伸,直至江苏省连云港附近。瞬时冻土的划分前提为极端最低地面温度不大于 0 ℃,划分指标是年平均气温为 18.5 ~ 22 ℃。瞬时冻土是指冻结时间小于一个月,呈现不连续冻结、夜间冻结的特征。瞬时冻土的南界大致与北回归线一致。在此界限以南,除部分山地外,一般无冻土。我国各类冻土的面积数量见表1。

表1 我国各类冻土面积的数量

冻土类型	分布面积/ ×10⁴ km²	占全国面积的百分数/%
多年冻土	206.8	21.5
季节冻土	513.7	53.5
瞬时冻土	229.1	23.9

国内外一些科研人员对冻土进行了专门研究,取得了许多成果。在20世纪90年代初,Wijeweera等通过试验研究了细砂的含量对冻结黏土强度的影响,认为冻结黏土的抗压强度随细砂含量的增大而增大;Christ等研究发现温度和含水量对冻结粉土的抗压强度和抗拉强度有较大的影响;赖远明总结了我国冻土方面的研究现状及其发展前景;李海鹏研究了饱和冻结黏土的单轴抗压强度与温度、应变率、破坏时间和干密度之间的关系;刘增利等对冻黏土进行了单轴压缩试验,获得了冻结黏土的载荷-位移曲线,并对试样的破坏特征进行了分析;杨玉贵通过压缩试验,研究了砂土在−6 ℃冻结后的力学行为特性;陈锦等研究了冻结条件下含水量对冻结含盐粉土单轴抗压强度和破坏时的应变的影响;李洪升等通过单轴压缩试验,研究了给定温度下冻土单轴抗压强度与应变速率的关系,并得出了冻土应力计算公式。

尾矿是一种矿渣。我国是一个矿业大国,每年排弃的尾矿近3亿t。除一部分被利用外,其余部分按规定都应堆存在尾矿库中。目前,我国已有12 000多座尾矿库,分布在全国除了上海、天津之外的其他省份,而且还以每年新建100~200座尾矿库的速度在递增。尾矿库是一个非常复杂的土工结构物,亦是矿山最大的危险源。尾矿库在生产中的运行好坏,不仅影响到一个矿山企业的经济效益,而且与库区下游居民的生命财产安全及周边环境息息相关。如果尾矿库一旦失事,将会造成非常严重的后果。例如,2008年山西襄汾尾矿库溃坝事故,造成277人死亡、4人失踪、33人受伤,直接经济损失达9 619.2万元。

通过中国知网、万方数据库、维普期刊资料平台和百度等搜索,发现有关冻融循环对尾矿物理力学影响方面的研究文献资料比较少。唐艳华通过剖析高寒地区细颗粒尾矿筑坝实例,深入讨论了高寒地区细颗粒尾矿的沉积规律、沉积特性和尾矿坝稳定状况;刘石桥等研究了冬季高寒地区尾矿库堆积坝内深层冰冻层对尾矿库稳定性的影响,认为深层冰冻层可以导致坝体浸润线升高,降低坝体的稳定性,影响尾矿坝渗流,从而导致尾矿库构筑物变形甚至破坏,提出了如何防治冻结对尾矿库稳定性影响的系列工程措施;沈楼燕等结合在西藏高原矿山项目的工程实践经验,提出在高原高寒地区尾矿库设计工作中,应当注意冻土、高寒气候对尾矿堆坝的影响,并讨论了尾矿库防洪库容设计的技术要求。

我国有91.4%的尾矿库位于冻土区,如图1所示,在冬季存在不同程度的冻结结冰现象。现场勘察揭示,冬季高寒地区尾矿坝除了表层会冻结外,还存在有深层的冰冻层。这些固体冻结层对尾矿坝的稳定性有较大的影响,轻则会影响尾矿坝的渗流场,降低坝体的稳定性,重则会导致尾矿坝变形破坏。另外,尾矿库内大量的水冻结,等气候变暖结冰融化,会造成尾矿库产生春汛。因此,针对冻结条件下尾矿的力学特性开展研究很有必要。研究成果不仅可以用于提高寒区尾矿库的安全管理水平,而且可以丰富尾矿的力学基础理论知识。

图 1　北方冬季时尾矿坝概貌

2　人工冻结尾矿室内试验

2.1　试验尾矿样的制备及其性质

试验用尾矿样取自马鞍坪公司的小打鹅尾矿库内的铜矿尾矿。往库内实际放矿过程中，在重力作用下尾矿按照粒径大小从放矿口往库内沿干滩面会产生粗细自然分级现象，大致的分布规律为靠近放矿点粗，越往库内越细。因此，为了使试验测试结果与实际情况相吻合，在试样制备和选择应该考虑不同粒径的尾矿样。为此，在试样制备前，将现场采取的全尾矿倒入大的容器中，然后加水充分搅拌，尾矿颗粒在重力作用下，大的颗粒沉降较快，最终沉积在底部，而相对小的颗粒留在上部，在容器中形成上细下粗的自然分层结构，最后分四层取出尾矿进行试验(图 2)。

图 2　不同层位的尾矿样

将分级处理的尾矿按从细到粗的顺序进行编号，分别为 1,2,3,4 号，而全尾矿编为 5 号尾矿样。将这五组尾矿先进行颗粒分析和液塑限试验。五种尾矿样的颗粒组成结果见表 2，颗粒分布曲线如图 3 所示，物理性质指标见表 3。从试验结果可以看出，1 号和 5 号尾矿属于级配良好的尾矿，2 号、3 号和 4 号尾矿属于级配不良的尾矿。

表2 五种试验尾矿样的颗粒组成

粒径/mm	>0.25	0.25~0.125	0.125~0.074	0.074~0.018	0.018~0.005	<0.005
1号	0.8	4.19	9.24	51.84	23.66	10.27
2号	3.72	22.39	31.31	36.26	4.84	1.48
3号	21.84	43.13	20.12	12.82	2.09	0
4号	64.15	22.65	6.24	6.24	0.72	0
5号	17.06	25.87	16.22	29.01	9.06	2.78

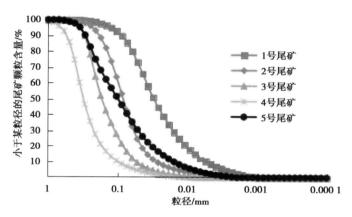

图3 五种尾矿样的颗粒分布

表3 试验尾矿样的主要物理性质指标

试样编号	尾矿类别	塑限/%	液限/%	塑性指数	d_{50}/mm	C_u	C_c
1号	尾粉质黏土	14.5	25.8	11.3	0.032 0	7.35	1.29
2号	尾粉砂	13.3	24.1	10.8	0.083 6	3.52	1.26
3号	尾细砂	13.1	23.0	9.9	0.168 9	3.65	1.14
4号	尾中砂	12.1	21.4	9.3	0.310 5	3.38	1.40
5号	尾粉砂	12.7	20.8	8.1	0.107 9	8.99	1.22

2.2 试验方案

有关冻土力学特性研究结果表明,很多冻土强度特性是通过冻土的单轴压缩试验来进行判定的,而且不同的平均粒径、干密度、含水率和加载速率等都会对冻土的力学特性产生一定的影响。为此,针对冻结尾矿力学特性及其影响因素的研究,亦采用单轴压缩试验,设置了4组试验方案,分别考虑了尾矿的平均粒径、干密度、含水率和加载速率等四个因素对其抗压强度和变形模量的影响。由于在尾矿分类方面,通常用尾矿颗粒的平均粒径来表述,因此,本次研究选用尾矿颗粒的平均粒径来表征不同类尾矿,以便进行定量分析。在研究干密度、含水率和加载速率的影响时,采用了全尾矿样(5号尾粉砂)进行试验;在研究平均粒径的影响方面,分别采用四种配置的尾矿样(1号尾粉质黏土、2号尾粉砂、3号尾细砂、4号尾中砂)进行试验。

现场尾矿坝的工勘资料显示,尾矿的密度会随着埋深的增加而增大,干密度的变化范围大体在 $1.49 \sim 1.76 \ g/cm^3$;现场尾矿库内采取的尾矿样的含水率一般在 5% ~ 25% 之间,根据尾矿样的具体位置不同而有差异。因此,本次试验的干密度和含水率参照现场的具体情况进行配置。正式试验之前,探讨了 5,10,15 和 20 mm/min 四种加载速率变化对试验结果的影响。为了减少试验时间,在研究平均粒径、干密度和含水率的影响时,加载速率选择 20 mm/min。具体的试验方案见表 4。

表 4   试验方案

试验方案	平均粒径(尾矿组样) d_{50}/mm	干密度 $\rho_d/(g \cdot cm^{-3})$	含水率 $\omega/\%$	加载速率 $v/(mm \cdot min^{-1})$
1 组	0.319 7,0.835 8,0.168 9,0.310 5 (1 号,2 号,3 号,4 号)	1.58	15	20
2 组	0.102 3(5 号)	1.48,1.58,1.64,1.71	15	20
3 组	0.102 3(5 号)	1.58	5,10,15,20	20
4 组	0.102 3(5 号)	1.58	15	5,10,15,20

2.3   试样制备与试验过程

在常规土工试验中,试样制备分两种:原状土的试样制备和扰动土的试样制备。原状土的试样制备需要经历土样的开启、描述、切取等工序。原状土试样内部结构没有被破坏,最能反映研究对象的力学特性,但试样采取和保存较为困难。扰动土的试样制备需经历风干、碾散、过筛、分样和贮存等工序,可准确控制试件干密度、含水率等物理性质,制作过程和方法也较为简便,更易被实验室试验采用。

由于尾矿冻结后呈块体状态,而目前没有冻结尾矿试验的技术规范,本次冻结尾矿的力学特性试验基本按照岩石力学试验的要求进行。试样为圆柱形,直径 50 mm,高度 100 mm。试样制备时,先将尾矿样按照设定的含水率加水混合均匀。

为了尽可能使尾矿样中含水量比较均匀,将配置好的尾矿样装入塑料袋中进行密封,放置一昼夜。然后,称取制样。试样制成后用保鲜膜包好(图 4),放入设定温度为 − 16 ℃的冷藏箱中冷冻 24 h,然后取出进行相关试验。

图 4   人工冻结尾矿试样

单轴压缩试验设备采用重庆大学国家重点实验室内的岛津 AG-I25KN 电子精密材料机(图6)。该试验机具有 1.25 ms 超快采集数据的功能,试验数据的采集安全可靠,获得的数据能在通用软件上进行查看、编辑;采用高刚度的框架,能长期、准确的检测材料变形;通过伺服马达实现宽范围的加载速度控制,可以进行多种材料、多种加载条件下的试验。

试验前设定加载参数,安放试样。由于试件端部与压力机接触部位存在温差,为防止试验过程中试件端部融化,在两者接触面处放置隔热的塑料薄片(图5)。整个试验过程均由计算机自动控制,实时自动采集试验数据。

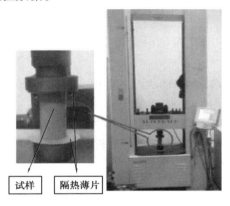

图5　单轴压缩试验装置

3　试验结果与分析

3.1　冻结尾矿单轴压缩破坏形式

试验发现,单轴压缩下冻结尾矿试件的破坏形式可归纳为三种:

①斜面剪切破坏,如图6(a)和(b)。在加载过程中,先是试样局部出现裂隙,之后裂隙不断扩展,相互贯通形成裂缝,最后形成一个贯穿整个试样的剪切斜面,或者是形成两个相互交叉的剪切面;当尾矿的平均粒径较大,或者试样含水率较高时,易发生此类形式的破坏。

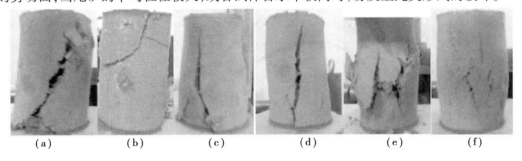

(a)　　　　　(b)　　　　　(c)　　　　　(d)　　　　　(e)　　　　　(f)

图6　冻结尾矿试样的破坏类型

②径向拉伸破坏,如图6(c)和(d)。在轴向压应力作用下,在试样中间产生径向拉应力;当拉应力超过冻结尾矿抗拉强度时,试件沿轴向产生贯穿型裂缝,发生劈裂破坏;当尾矿的平均粒径较小,或者试样含水率较小,或者加载速率较小时,易发生此类破坏。

③复合式破坏,如图6(e)和(f)。试样在中部出现局部鼓胀,且产生斜向交叉裂纹而破坏;有的试样侧面出现片状折断破坏,其余部分伴随有剪切破坏;当尾矿干密度较低或者加载

速率较大时,易发生此类破坏。

3.2　冻结尾矿单轴压缩变形特性

由于试样中可能存在未冻结的水,冻结尾矿样属于四相组合体(尾矿颗粒、冰、水和气)。其变形特性比较复杂。已有的天然冻土试验发现,在荷载作用下其变形表现出弹性、塑性和黏性特性。当荷载比较小时,冻结尾矿表现为弹性变形,主要为剪应变和体应变的可逆性,在颗粒间的偏移和冰晶格的可逆变化范围之内;随着荷载的增大,冻结尾矿表现为塑性变形,为剪应变和体应变的不可逆性,主要是因为荷载作用下矿物颗粒的移动、气体的排出、未冻水的迁移和冰的不可逆相变与重新组合引起的;随着荷载的继续增大,超过极限荷载后,则冻结尾矿表现为流变变形,即剪应变和体应变随时间而变化,主要由未冻水和冰的黏性蠕动、矿物颗粒沿未冻水膜移动引起。

冻结尾矿试件在单轴压缩试验中的全应力-应变曲线如图7所示。从图中可看出,冻结尾矿的变形分为四个阶段:

①初始应变软化阶段(OA):该阶段很短,应力值很小,应变速率较大,OA线段开始与横坐标轴夹角很小,几乎呈近似水平,类似蠕变。分析其原因,是试样与压力机的压力板及隔热薄片之间存在温差,造成试样端部会出现微量的融化,在应力很小的情况下出现较大的变形。不过,随着轴压的加大,σ-ε曲线从A点开始向上弯曲。

②线性应变硬化阶段(AB):随着轴压的加大,应力与应变呈现线性增加关系,其σ-ε曲线为近似直线。

③非线性应变硬化阶段(BC):随着应力的增加,应变继续增加,σ-ε曲线呈弯曲状,切线变形模量越来越小,最终应力达到极限值。此阶段试件开始出现斜向和纵向的微裂纹。随着应力的增加,裂纹也越来越多。

④非线性应变软化阶段(C点以后):应力超过试件的峰值强度后,试样进入应变软化阶段。随着应变的增加,应力逐渐减少。在此阶段,试件中的裂隙开始贯通与汇聚,形成大的裂纹,试样开始出现局部的破碎并伴有滑脱,最终达到破坏。

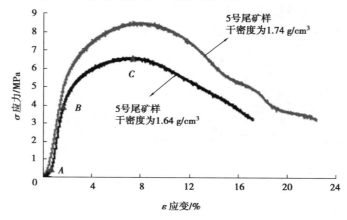

图7　冻结尾矿单轴压缩应力-应变曲线

3.3　冻结尾矿抗压强度和变形模量的变化规律

在单轴压缩荷载作用下,试件达到破坏前所能承受的最大压应力称为单轴抗压强度,应力增量及与其在同一方向上所产生的应变增量的比值称为变形模量。冻结尾矿的单轴抗压强度主要由尾矿颗粒和冰的强度,以及冰与尾矿颗粒胶结后形成的黏结力和内摩擦力决定。尾矿的变形模量在定义上与一般弹性理论中的弹性模量是相同的,考虑到与《土力学》中的名词一致性,选用了"变形模量",而没有选"弹性模量"。

3.3.1　尾矿平均粒径对抗压强度和变形模量的影响

从图 8 和图 9 中可以看出,冻结尾矿的单轴抗压强度和变形模量均随平均粒径的增加而增加,但增加的幅度随平均粒径的增大变得越来越小。产生这种现象的可能原因是尾矿的平均粒径越大,其颗粒表面越粗糙,导致试样内部颗粒之间的摩擦作用越大,冻结尾矿的抗压能力也越大。

通过对试验数据进行拟合,发现冻结尾矿的单轴抗压强度 σ_c 与平均粒径 d_{50} 呈现自然对数关系,即

$$\sigma_c = 1.258\,1\,\ln(d_{50}) + 0.597\,1 \quad (R^2 = 0.970\,8) \tag{1}$$

而变形模量 E 与平均粒径 d_{50} 同样呈现自然对数关系,即

$$E = 147.88\,\ln(d_{50}) - 258.79 \quad (R^2 = 0.942\,9) \tag{2}$$

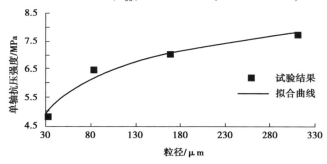

图 8　单轴抗压强度随粒径的变化规律

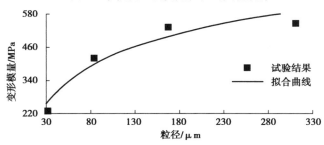

图 9　变形模量随粒径的变化规律

3.3.2　尾矿干密度对抗压强度和变形模量的影响

从图 10 和图 11 中可以看出,随着尾矿样干密度的增加,冻结尾矿的单轴抗压强度和变形模量均逐渐增大。造成这种结果的原因应是随着干密度的增加,孔隙率减小,尾矿颗粒之间的接触更加充分,其承载能力也越强。

采用拟合的方法对试验数据进行处理,发现冻结尾矿的单轴抗压强度 σ_c 与干密度 ρ_d 呈现指数关系,即

$$\sigma_c = 0.333\,3\,e^{1.848\,5\rho_d} \quad (R^2 = 0.963\,5) \tag{3}$$

而变形模量 E 与干密度 ρ_d 呈现幂函数关系：

$$E = 54.46\rho_d^{4.074\,1} \quad (R^2 = 0.949\,6) \tag{4}$$

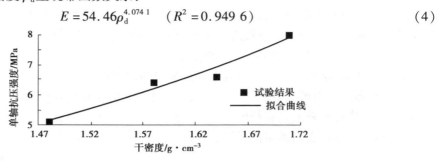

图 10　单轴抗压强度随干密度的变化规律

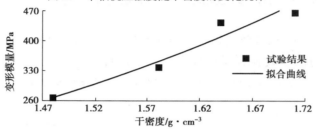

图 11　变形模量随干密度的变化规律

3.3.3　尾矿含水率对抗压强度和变形模量的影响

从图 12 和图 13 中可以看出,随着含水率的增加,冻结尾矿的单轴抗压强度和变形模量均逐渐增大。这是由于随着试件中水分的增多,冻结后试件中所含的冰也越多,由于冰的胶结作用,使得冻结尾矿的抗压强度和弹性模量均增强。

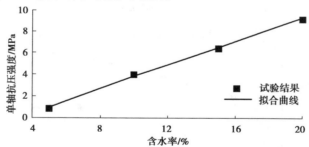

图 12　单轴抗压强度随含水率的变化规律

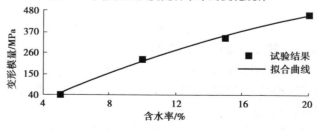

图 13　变形模量随含水率的变化规律

采用拟合的方法对试验数据进行处理,发现冻结尾矿的单轴抗压强度 σ_c 与含水率 ω 呈现线性关系,即

$$\sigma_c = 0.544\,2w - 1.694 \quad (R^2 = 0.997\,1) \tag{5}$$

而变形模量 E 与含水率 ω 呈现二次抛物线关系：

$$E = 0.629\,5w^2 + 43.061w - 153.93 \quad (R^2 = 0.996\,2) \tag{6}$$

3.3.4 加载速率对冻结尾矿的抗压强度和变形模量的影响

从图 14 和图 15 可以看出,冻结尾矿开始的单轴抗压强度随加载速率的增加而呈线性增加,之后慢慢趋于平稳;冻结尾矿的变形模量与加载速率呈指数函数关系。在加载速率较低时,冻结尾矿试件变形表现出延性变形特征;在较高加载速率下,冻结尾矿试件更多表现出脆性变形特征。

采用拟合的方法对试验数据进行处理,发现冻结尾矿的单轴抗压强度 σ_c 与加载速率 v 呈现二次抛物线关系,即

$$\sigma_c = -0.015v^2 + 0.518\,3v + 1.996\,2 \quad (R^2 = 0.997\,1) \tag{7}$$

而变形模量 E 与加载速率 v 呈现指数函数关系：

$$E = 223.42v^{0.136\,7} \quad (R^2 = 0.998\,2) \tag{8}$$

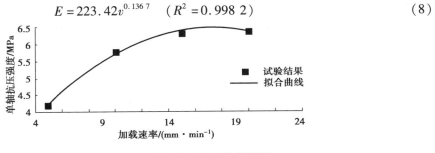

图 14 单轴抗压强度随加载速率的变化规律

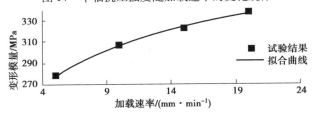

图 15 变形模量随加载速率的变化规律

4 结论

通过室内单轴压缩试验,得到了人工冻结尾矿的力学特性及其在不同影响因素(平均粒径、干密度、含水率、加载速率)下的变化规律。主要研究结果有:

①冻结尾矿单轴压缩破坏可归纳为斜面剪切破坏、径向拉伸破坏和复合式破坏等三种形式。

②冻结尾矿单轴压缩应力-应变曲线可分为初始应变软化阶段、线性应变硬化阶段、非线性应变硬化阶段、非线性应变软化阶段等四个阶段。

③在四个影响因素中,冻结尾矿的单轴抗压强度与平均粒径呈现自然对数关系,与干密度呈现自然指数关系,与含水率呈现线性关系,与加载速率呈二次抛物线增长关系;冻结尾矿的变形模量与平均粒径呈现自然对数关系,同样与干密度亦呈指数函数关系,与含水率则呈现二次抛物线关系,与加载速率呈指数函数增长关系。

参考文献

[1] 徐学祖,王家澄,张立新.冻土物理学[M].北京:科技出版社,2010.

[2] 周凤玺,赖远明.冻结砂土力学性质的离散元模拟[J].岩土力学,2010,31(12):4016-4020.

[3] WIJEWEERA H,JOSHI R C. Compressive strength behavior of fine grained frozen soils [J]. Canadian Geotechnical Journal,1990,27(3):472-483.

[4] MARTIN C,YOUNG-CHIN K. Experimental study on the physical-mechanical properties of frozen silt [J]. Geotechnical engineering,2009,13(5):317-324.

[5] LAI Y,XU X,DONG Y,et al. Present situation and prospect of mechanical research on frozen soils in China [J]. Cold Regions Science and Technology,2013,87(3):6-18.

[6] 李海鹏,林传年,张俊兵,等.饱和冻结黏土在常应变率下的单轴抗压强度[J].岩土工程学报,2004,26(1):105-109.

[7] 刘增利,张小鹏,李洪升.原位冻结黏土单轴压缩试验研究[J].岩土力学,2007,28(12):2657-2660.

[8] YANG Y,LAI Y,CHANG X. Laboratory and theoretical investigations on the deformation and strength behaviors of artificial frozen soil [J]. Cold Regions Science and Technology,2010,64(7):39-45.

[9] 陈锦,李东庆,邴慧,等.含水量对冻结含盐粉土单轴抗压强度影响的试验研究[J].冰川冻土,2012,34(2):441-446.

[10] 李洪升,杨海天,常成,等.冻土抗压强度对应变速率敏感性分析[J].冰川冻土,1995,17(1):40-48.

[11] 魏作安,尹光志,沈楼燕,等.探讨尾矿库设计领域中存在的问题[J].有色金属(矿山部分),2002(4):44-45.

[12] VICK S G. Tailings dam failure at Omai in Guyana [J]. Mining Engineering,1996(11):34-37.

[13] RICO M,BENITO G,DIEZ-HERRERO A. Floods from tailings dam failures [J]. Journal of Hazardous Materials,2008,(154):79-87.

[14] RICO M,BENITO G,SALGUEIRO A R,et al. Reported tailings dam failures—A review of the European incidents in the worldwide context [J]. Journal of Hazardous Materials,2008(152):846-852.

[15] 梁雅丽.10·18南丹尾矿坝大坍塌[J].沿海环境,2000(12):7.

[16] 杨丽红,李全明,程五一,等.国内外尾矿坝事故主要危险因素的分析研究[J].中国安全生产科学技术,2008(4):28-31.

[17] 唐艳华.高寒地区细颗粒尾矿筑坝技术[J].黄金,1995,16(1):25-28.

[18] 刘石桥,陈章友,张曾.冬季高寒地区冻土对尾矿库的危害及防治措施[J].工程建设,2008,40(1):22-26.

[19] 沈楼燕,罗敏杰.西藏高原尾矿库设计问题探讨[J].中国矿山工程,2008,37(2):14-16.

[20] 沈楼燕.关于西藏高原尾矿设计的一些问题的探讨[J].金属矿山,2009,391(1):156-158.

煤矿采动顺层滑坡机理研究

王艳磊

摘要：在复杂的地形地质条件下进行地下采矿，尤其是在丘陵山区进行地下采矿活动，将会引起上覆岩体的变形和破坏，诱发一系列的地质灾害问题，如引起地表山体滑坡、裂缝、崩塌、塌陷等，尤以采动滑坡最为突出。由于地下采矿诱发滑坡是一个涉及多方面影响因素的复杂的力学过程，如何准确分析评价边坡的稳定性，从而预防滑坡是当前一棘手难题。因此，研究采动滑坡的机理有着重要的理论与现实意义。本文从矿山采动上覆岩层的移动和变形规律入手，研究了采动引起的岩层移动破坏过程和破坏形式，分析了影响采动顺层坡体稳定性的主要因素，最后，提出矿山顺层滑坡体的控制措施。

关键词：地下开采；顺层滑坡；岩层移动；影响因素；控制措施

1　研究背景及意义

在具有滑坡地形地质条件的山体下采矿而诱发的采动滑坡是山区地表采动损害的主要形式之一。由于地下采动破坏了采区周围岩体内部的原始应力平衡状态，使岩层产生移动、变形和破坏。当开采面积达到一定范围后，起始于采场附近的移动将扩展到地表，引起地表变形、沉降、山体滑动及其他灾害问题，给人们的生命财产和经济建设造成重大损失。但随着国民经济的进一步发展，现有露天矿的开采已经满足不了经济发展需要大量开采矿产资源的状况，而深部地下的矿产资源储量丰富，故开采逐渐向更深的地下转移。然而，由于地下的大量挖空，将会引发一系列的矿山地质灾害问题，如地面塌陷、地裂缝、滑坡、泥石流等，其中常见、影响严重的灾害就是由开采引起的山体滑坡。开采的影响将导致地裂缝的产生和地表变形与沉降，在降雨和开采扰动的诱发下，最终导致山体滑动。

因此，滑坡问题不仅是关系矿山企业能否持续发展的重大问题，而且是直接影响国民经济可持续发展的重要问题。进行地下开挖对地面滑坡影响的研究，可以合理地利用我国的矿产资源，同时可用于分析交通土建工程中地下开挖对滑坡及地表的影响，提出合理的开挖顺序，解决部分滑坡问题，为国家的经济建设做出一定的贡献。

由于边坡失稳的地质过程、形成条件、诱发因素的复杂性、多样性及其变化的随机性、非稳定性，导致其动态信息难以捕捉，加之边坡动态监测技术的不成熟和失稳时间预报理论的不完善，边坡稳定性问题一直是公认的尖端课题。

顺层坡或顺向坡是指坡面走向和倾向与地表岩层走向和倾向一致或接近一致的层状结构岩体斜坡的统称，包括自然顺层斜坡和人工开挖顺层边坡。顺层坡在自然界中的分布相当广泛，是山区铁路、公路和水利水电工程建设中经常遇到的一类斜坡，同时也是发生安全问题最多，给人类工程建设和人民生命财产造成危害最大的一类斜坡，如意大利 Vojant 水库库岸滑坡、湖南拓溪水库塘岩光滑坡、三峡鸡扒子滑坡、抚顺西露天矿滑坡和成昆铁路铁西滑坡等都是顺层斜坡失稳，发生滑坡并带来灾难性后果的著名例子。

许多学者对顺层滑坡的变形特征和破坏过程进行了研究,建立了以极限平衡理论为基础的平面刚体滑移破坏模型和滑移-溃屈失稳破坏模型,为顺层斜坡的稳定性计算提供了力学依据。实际上,人们早已注意到斜坡的环境和坡体结构要素对滑坡的发育有重要的影响,并进行了相应的研究工作,但针对顺层滑坡进行系统的研究,公开报道的文献尚不多见。

目前,针对顺层边坡的研究,平面滑动和楔体滑动机理已广为人知,采用刚体极限平衡理论的各种分析方法和把边坡作为变形体研究的有限元、离散元等分析方法比较成熟。斜坡岩体沿岩层层面、软弱夹层面或层间错动面发生剪切滑移而形成顺层滑坡是其主要的变形破坏方式。在溃屈破坏方面,一般采用梁板弯曲变形力学模型进行分析,但尚难以有效地使用到具体的边坡分析中。因此,深入进行边坡变形破坏机理的研究,能为边坡稳定性分析和治理提供准确的地质力学模型和重要依据。

一般而言,人们通过现场观测、物理模拟和数值计算模拟等三种技术途径对边坡变形破坏机理进行研究,而且三者可以相互验证。它们不仅可为工程施工提供科学的理论依据,而且对顺层边坡加固和滑坡的预测预报也具有重要的指导作用。

目前,我国地下开采矿山约 38 000 个,约半数在中西部地区。据 2005 年统计,因地下采矿诱发滑坡达 1 200 多起。本项目的研究成果不仅可用于科研设计单位和矿山生产技术部门在进行矿井设计、采掘方案编制和作业规程编写的具体技术工作中,也可用于矿山地质环境保护与恢复治理方案编制的地灾危险性评估技术工作中。

2   国内外研究现状

我国约有 1/3 的煤矿位于山区,且多为地下开采,矿区地表因此会受到不同程度的损害。地下采煤会造成地表山体边坡失稳,如滑坡、裂缝、崩塌、塌陷等,尤以采动滑坡最为突出。

煤矿采动顺层滑坡是指地下采煤造成地面斜坡岩体沿着与坡面倾向大致相同的岩层层面、软弱夹层或层间错动面产生剪切滑移而形成的一类滑坡灾害,不同于由于自身构造原因而产生的自然滑坡。该类滑坡除与地层岩性、地质构造、岩体结构等有关外,还与开采活动、开采条件密切相关。中国、美国、加拿大、澳大利亚、德国及南非等均有大量关于采动引起的滑坡地质灾害的报道。如四川达州因金刚煤矿开采造成马桑湾、作坊沟的大滑坡、重庆武隆因小煤窑开采造成鸡冠岭大滑坡、因共和铁矿开采造成鸡尾山特大型滑坡等。

目前,人们对矿山地质灾害的发生机理和控制方法还认识不足。实际上,矿山地质灾害问题是矿山岩体大结构与小结构的关系问题。在山区,大结构是指采矿影响范围内的整个山体,小结构是指依附于这个山体上的致灾地质体(如危岩、滑坡体等)。在地下矿层被大面积采空之后,上覆岩层移动破坏一直波及地表,引起地表的变形破坏和移动,而且往往矿层开采若干年后,整个上覆岩层都未稳定,一直持续产生移动变形。

由于地下采矿活动,整个矿区的区域地应力场发生了巨大的变化,岩体大结构的岩体完整性、位置状态、水文地质条件等基本属性与矿山开采前已完全不同。因此,矿山地质灾害所面临的岩体大结构与自然因素和地面工程建设引发的地质灾害所面临的岩体大结构截然不同,前者是运动的、欠稳定或不稳定的,而后者是静止的、稳定的。例如在治理滑坡时,我们通常认为滑床是不动的,是稳定的,而在矿山地质灾害防治中,因地下矿层全部或部分采空之后,整个上覆岩体包括滑面都在产生移动变形。因此,开展煤矿采动顺层滑坡机理的研究具有重要的理论和现实意义。

国内外从 20 世纪 70 年代初开始了对采动引起的山体滑坡(简称"采动滑坡")的理论研究和工程实践,主要集中在英国、德国、土耳其、乌克兰及中国等采煤历史悠久的国家。目前,针对采动诱发滑坡的研究,国内学者普遍采用的方法包括理论分析法、数值分析法以及相似模拟试验。汤伏全(1989)应用开采沉陷理论较为系统地分析了采动滑坡发生的机理,初步建立开采沉陷学和滑坡学之间的联系。梁明等(1995)以陕西省韩城象山采动滑坡为模型,利用有限元数值分析与相似材料模拟实验,研究了采动诱发山体顺层滑坡的机制以及采动滑坡的特点。胡海峰(2000)收集并分析大量采动滑坡的资料,提出利用有限元数值分析法研究采动对坡体稳定性影响的方法,并通过建立计算模型进行对比分析,得出与实际的采动滑坡有较好的一致性。张建全等(2002)通过相似模拟实验揭示了综放开采条件下,采场上覆岩层离层带内应力大小、方向及其发展变化规律。张永彬等(2003)借助 RFPA 数值模拟系统,通过露天转地下矿井的代表性断面,模拟开挖过程中境界矿柱的变形和破坏情况,确定出合理的境界矿柱厚度。孙世国等(2004)应用随机介质理论,结合边坡稳定性的极限平衡分析理论与方法,推导出边坡稳定性的综合评价方法,并通过改变开挖宽度与深度,研究开挖对边坡稳定性的影响。尹光志等(2011)以云南磷化集团晋宁磷矿为研究对象,通过相似模拟试验,建立采区内缓倾斜中厚磷矿露天转地下开采的模型,研究了露天矿边坡的应力分布及采空场周围顶底板围岩的变形破坏情况。王瑞青等(2013)针对重庆武隆鸡尾山滑坡,采用二维离散元方法(UDEC2D),分别建立了前缘崩塌体和后缘滑动体的简化二维数值模型,对地下开采作用下滑坡体前缘发生崩塌和后缘发生滑动失稳机制分别进行了研究,分析了地下开采作用对滑坡体前缘应力场和滑坡体后缘位移场的影响。马天辉等采用 MSC. PATRAN 和 MSC. NASTRAN 三维数值分析软件,建立整个矿区的数值计算模型,通过反复调整模型参数并对不同模型进行分析对比,最终确定顶柱的合理宽度。这一系列的研究对于揭示采动滑坡机理起了极其重要的作用。

国外学者对于采动滑坡的研究主要通过理论分析与数值模拟。Bhandari,R. K 应用"head-end interaction""tail-end interaction"及"phenomenon of neighborhood interference"这三种滑坡力学基础综合方法预测滑坡;美国 Sharjach 大学 Al-Homoud,A. S 博士应用三维滑坡体动态稳定性进行计算机模拟分析;Sogang 大学 Youn, So-Jeong 进行了基于协同方法(Coordination method)方面的研究等。德国学者 Foerster, W. (1998)应用"Kinematic-Element-Method"方法,分析了 Berzdrf 矿井开采引起滑坡灾害。Sydney 大学 Hull, T. S. (1999)通过调查并采用极限平衡理论计算大量的采动滑坡实例,证明其预测采动滑坡的可靠性较低。Yoshida, R. T. 教授(1992)应用断裂力学分析模型(Failure-Analysis-models)分析采动山体滑坡的机理。

对顺层滑坡,邓荣贵等(2002)针对重庆顺层岩质路堑边坡实例,建立了顺层边坡岩体失稳破坏长度计算式,探讨其失稳的临界长度。顺层岩体滑坡的破坏形式主要表现为溃屈和剪切滑动。李云鹏等(2000)通过对顺层边坡岩体结构屈曲和后屈曲变形因素进行分析,提出了以位移形式表示层状边坡溃屈破坏的上限值,并根据边坡岩体渐进性破坏的机理得出了不同情况下边坡岩体剪切滑动破坏的极限长度,给出了顺层边坡岩体结构的稳定性位移判据。陈志坚等(2003)针对包气带裂隙水对边坡稳定性的影响,将裂隙水概化为经水力折减后的面力,借助三维非线性有限元法和可变容差优化方法,建立了基于潜在滑裂面剪切位移实测值的边坡稳定性预测预报模型。黄洪波等(2003)根据多层层状结构岩质边坡的屈曲破坏模式,建立了相应的力学模型,对这种形式的边坡破坏机理进行了理论研究,得到相应力学模型的挠曲曲线的理论解。白云峰等(2004)通过现场勘测和调查,对涪陵区至西阳县龙潭镇渝怀铁路沿线顺层滑坡的发育环境及其分布特征进行了系统的统计分析,发现岩层中的软弱夹层及层间错动面是滑坡发育的基本条件,并研究了滑坡的发育环境,如暴雨、坡高、岩层走向与斜坡临空面走向间的夹角等对滑坡的影响。程圣国(2006)认为柔度与顺层岩质边坡的力学模型、破坏形态以及临界长度密切相关,采用其作为刚度指标,认为当柔度小于临界柔度值时,边坡的力学模型可简化为杆模型,当柔度大于临界柔度值时,可根据实际坡长简化为梁或杆模型,并分析了柔度大小与其破坏特征之间的关系。成永刚(2008)运用 Geoslope 软件对公路顺层边坡在进行全断面开挖后的坡体状态进行了数值模拟。邹宗兴等(2012)定义弱化后滑带的剪切刚度与初始剪切刚度比值为滑带弱化系数,并引入 S 形曲线表述滑带弱化系数空间特征,提出一种新的力学模型,即渐进锁固力学模型,并给出该模型的数学表达式。

许多学者已对顺层滑坡的变形特征和破坏过程进行了研究,建立了以极限平衡理论为基础的平面刚体滑移破坏模型和滑移—溃屈失稳破坏模型,为顺层斜坡的稳定性计算提供了力学依据。事实上,对于斜坡的环境和坡体的结构对滑坡灾害发育的影响,人们早已做了相关的研究,而对于顺层滑坡的系统研究,公开报道的文献尚不多见。目前,针对顺层边坡的研究,平面滑动和楔体滑动机理已广为人知,采用刚体极限平衡理论的各种分析方法和把边坡作为变形体研究的有限元、离散元等分析方法比较成熟,但仍然存在一些缺陷。对于边坡变形破坏机理的研究,主要采用的方式有现场观测、数值模拟以及物理模型试验,而这三者之间常可进行相互验证。物理模型方法是一种发展较早、应用广泛的研究边坡稳定性的方法。由于物理模型试验耗时长、费用高的缺点,很少有将模型试验应用于边坡稳定性的研究,但其优势也非常明显,一是能够直接观测和记录研究斜坡岩体的变形、破坏演变过程;二是可以通过试验应力分析,获得研究对象的变形演变过程中各阶段的应力分布状态,以及由于变形与局部破坏导致的应力重分布情况。因此,运用物理模型试验研究顺层边坡的稳定性具有非常重要的意义。

3 采动岩层移动和变形规律

在地下矿物被采出前,岩体在地应力场作用下处于相对平衡状态。岩体内的应力状态主要取决于上覆岩层的重量和性质。当部分矿体被采出后,在岩体内部形成一个采空区。采空区周围原有的应力平衡状态受到破坏,引起应力的重新分布,从而引起岩层的移动、变形与破坏,并由下向上发展至地表,引起地表的移动和沉陷。

3.1 岩层移动和破坏过程

当地下矿层开采后,采空区直接顶板岩层在自重应力及上覆岩层重力的作用下,产生向下的移动和弯曲。当其内部应力超过岩层的应力强度时,直接顶板首先断裂、破碎,相继冒落,而老顶岩层则以梁、板的形式沿层面法向方向移动、弯曲,进而产生断裂、离层。随着工作面向前推进,受采动影响的岩层范围不断扩大。当开采范围足够大时,岩层移动发展到地表,在地表形成一个比采空区大得多的下沉盆地。为便于理解,首先以近水平矿层开采为例,说明岩层移动和破坏过程和应力状态的变化,如图 1 所示。

由于岩层移动和破坏的结果,致使顶板岩层悬空及其部分重量传递到周围未直接采动的岩体上,使采空区周围岩体内的应力重新分布,形成增压区(支承压力区)和减压区(卸载压力区)。

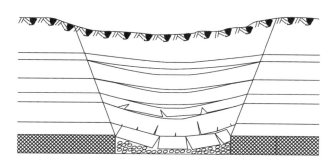

图1　采空区上覆岩层移动示意图

在采空区边界矿柱及其边界上、下方的岩层内形成支承压力区,其最大压力为原岩应力场的3~4倍。该区的矿柱和岩层被压缩,有时被压碎,矿层被挤向采空区。由于增压的结果,使矿柱部分被压碎,承受载荷的能力减小,于是支承压力区向远离采空区方向转移。在回采工作面和采空区的顶、底板岩层内形成减压区,其压力小于开采前的正常压力。由于减压的结果,使岩层像弹性恢复那样发生膨胀,因此,在顶板岩层内可能形成离层。根据岩层移动和变形特征及应力分布情况,在移动过程终止后的岩层内可大致划分为三种移动特征区:充分采动区(减压区)、最大弯曲区、岩石压缩区(支承压力区),如图2所示。

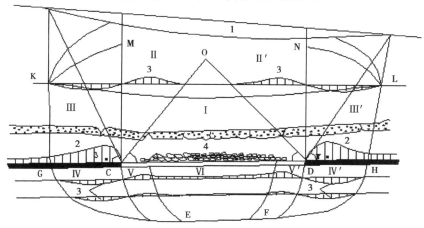

图2　开采影响范围内各影响带的划分

1—地表下沉曲线;2—支承压力分布曲线;3—沿层面法向岩石变形曲线;4—垮落带

Ⅰ—充分采动区;Ⅱ、Ⅱ′—最大弯曲区;Ⅲ、Ⅲ′—顶板压缩区;

Ⅳ、Ⅳ′—地板压缩区;Ⅴ、Ⅴ′—底板不均匀隆起区;Ⅵ—底板均匀隆起区

充分采动区(减压区):该区范围如图中COD范围,位于采空区中部的上方,矿层顶板处于受拉状态,先向采空区方向弯曲;然后,破碎成大小不一的岩块向下冒落而充填采空区;此后,高位岩层成层状向下弯曲,同时伴随有离层、裂隙、断裂等现象。成层状弯曲岩层的下沉,使其下冒落破碎的岩块逐渐被压实。移动过程结束后,此区内下沉的岩层仍平行于它的原始岩层,层内各点的移动向量与矿层法线方向一致,在同一层内的移动向量彼此相等。

岩石压缩区(支承压力区):位于采空区边界矿柱上方GKMC和HLND范围内。在支承压力区之上的岩层内,不仅有沿层面法线方向的拉伸变形,而且还出现沿层面法线方向的压缩变形。

最大弯曲区:图中Ⅱ、Ⅱ′位于充分采动区Ⅰ和支承压力区Ⅲ、Ⅲ′之间。在此范围内,岩层向下弯曲的程度最大。由于岩层弯曲的原因,在层内将产生沿层面方向的拉伸和压缩变形。

上述分析是在水平矿层或缓倾斜矿层开采条件下的岩层移动特征。在倾斜矿层,特别是急倾斜矿层开采条件下,岩层移动的主要特征是岩石沿层面错动。在采动区上边界上方,岩层和矿柱在自重力的作用下,顶板岩层在产生法向弯曲的同时,受沿层理面分力的作用而产生沿层理面向采空区方向的错动和滑落。当矿层倾角接近和大于50°时,这种现象可扩展到矿层的底板岩层。若矿层的顶、底板岩层强度均较小时,则顶、底板可同时产生沿层理面的下滑。

3.2 岩层移动和破坏形式

在岩层移动过程中,采空区周围岩层的移动和破坏形式主要有以下几种:

(1)弯曲

弯曲是岩层移动的主要形式。当地下矿物被开采后,从直接顶板开始,岩层整体沿层面法线方向弯曲,直到地表。此时,有的岩层可能会出现断裂或大小不一的裂隙,但不产生脱落,保持层状结构。

(2)垮落

垮落(又称冒落)这是岩层移动过程中最剧烈的形式,通常只发生在采空区直接顶板岩层中。当矿层采出后,采空区上方邻近岩层弯曲而产生拉伸变形。当拉伸变形超过岩层的允许抗拉强度时,岩层破碎成大小不一的岩块,无规律地充填在采空区。此时,岩体体积增大,岩层不再保持其原有的层状结构。

(3)岩石沿层面的滑移

在开采倾斜矿层时,岩石在自重力的作用下,除产生沿层面法线方向的弯曲外,还会产生沿层面方向的滑动。岩层倾角越大,岩层沿层面滑移越明显。沿层面滑移的结果,使采空区上山方向的部分岩层受拉伸,甚至剪断,而下山方向的部分岩层受压缩。

(4)岩石下滑

当煤层倾角较大,而且开采自上而下顺序进行,下山部分矿层继续开采而形成新的采空区时,采空区上部垮落的岩石可能下滑而充填新采空区,这种现象称为岩石的下滑(包含岩石的滚动)。岩石的下滑会使采空区上部的空间增大,下部空间减小,使位于采空区上山部分的岩层移动加剧,而下山部分的岩层移动减弱。

(5)底板隆起

当底板岩层较软且倾角较大时,在矿层采出后,底板在垂直层面方向减压,在顺层面方向加压,导致底板向采空区方向隆起。

在某具体的岩层破坏和移动过程中,以上几种移动破坏方式不一定同时出现。另外,松散层的移动形式是垂直弯曲,不受矿层倾角的影响。在水平矿层条件下,松散层和基岩的移动形式是一致的。

3.3 采动影响岩层的"三带"

矿层采出后,使周围岩体产生移动。当移动和变形超过岩体的极限变形时,岩体破坏。从矿山岩层控制的角度,岩层移动和破坏稳定后按其破坏的程度,大致分为三个不同的开采影响带,即冒落带、裂缝带和弯曲下沉带,可以简称为"三带",如图3所示。

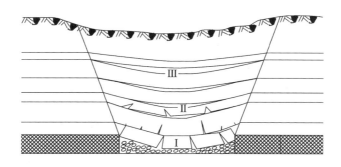

图3 采空区上覆岩层内移动分带示意图
Ⅰ—冒落带；Ⅱ—裂缝带；Ⅲ—弯曲下沉带

3.3.1 冒落带

冒落带，又称垮落带，是指由采矿引起的上覆岩层破裂并向采空区垮落的岩层范围。随着矿层的开采，采空区直接顶板在自重力的作用下，发生法向弯曲；当岩层内部的拉应力超过岩石的抗拉强度时，便产生断裂、破碎成块而垮落，冒落岩块大小不一，无规则地堆积在采空区内。冒落带内岩层破坏特征：

①在冒落带内，从矿层往上岩层破碎程度逐步减小。

②冒落岩块间空隙较大，连通性好，有利于水、砂、泥土通过。

③由于冒落岩石的碎胀性能，当冒落岩石堆满采空区后，冒落自行停止。

④冒落带高度主要取决于采出厚度和上覆岩层的碎胀系数，通常为采出厚度的3~5倍。

⑤冒落岩石间的空隙随时间的延长和工作面的推进，在上覆岩层压力作用下，在一定程度上得到压实。

3.3.2 裂缝带

在采空区上覆岩层中产生裂缝、离层及断裂，但仍保持层状结构的部分岩层所在区域称为裂缝带，位于冒落带和弯曲带之间。裂缝带内岩层产生较大的弯曲、变形及破坏，其破坏特征如下：

①规律性。裂缝的形式分布有一定规律。

②具有明显的分带性。由下往上依次出现严重断裂、一般开裂和较小断裂。

③断裂岩层成层状，能导水。

冒落带和裂缝带合称为"两带"，又称为冒落裂缝带，均属于破坏性影响区。一般是上覆岩层离采空区距离越大，破坏程度越小。当采深较小、采厚较大、用全部垮落法管理采空区顶板时，裂缝带可发展到地表，甚至冒落带达到地表。这时地表和采空区连通，地表呈现出塌陷或崩落。"两带"高度与岩性有关。一般情况下，软弱岩石形成的两带高度为采厚的9~12倍，中硬岩石为采厚的12~18倍，坚硬岩石为采厚的18~28倍。准确地确定两带高度，对解决水体下采煤问题有特别重要的意义。

3.3.3 弯曲下沉带

弯曲下沉带位于裂缝带之上直至地表。此带内岩层的移动特点如下：

①隔水性：一般情况下该带岩层具有隔水性。

②整体性：岩层移动是成层的整体移动，在垂直方向上各部分的下沉差相差很小。

③高度主要受开采深度影响。

大量研究表明,"三带"在水平或缓倾斜矿层开采时表现比较明显,但由于地质条件和采矿条件的差异,覆岩中的"三带"不一定同时存在。

4 影响采动顺层坡体稳定性的主要因素

控制边坡岩体稳定性和变形失稳破坏机理的主要因素包括岩体物理力学性质、岩体应力、地下水条件、岩体(包括不连续面和完整岩石)的力学参数、地形地貌特征和边坡几何形状、动荷载(如地震和爆破效应)、气温等。

4.1 坡体自然因素

4.1.1 岩体物理力学性质

坡体岩性是影响边坡稳定性的主要因素之一。地下开采引起的顺层滑坡,主要是岩体在采动影响下沿软弱层面发生剪切破坏而形成贯通滑动面,最终致使坡体失稳而滑动。因此,岩体及软弱层本身的强度愈大,整体性愈好,其抗剪性能和抗采动能力也愈强,滑坡就不容易发生;相反,若岩体本身强度愈低,结构愈松散,其抗剪切和抗采动能力也愈低,滑坡就容易发生。发生顺层滑坡的滑动面一般在软弱层与较坚硬层相接的层面上。所以,软弱岩层的存在对顺层边坡稳定性的影响大。

4.1.2 坡体几何形态

从坡体的几何形态来看,坡体变形大多发生在凸形斜坡上。一般坡体两侧有纵深沟谷,坡脚紧临河谷,造成三面临空地形。这种平面上凸出且较狭窄的坡体由于缺少两侧岩土体支撑,抗拉和抗剪能力都较差,因而在地下开采影响下较易发生变形,进而产生滑动;反之,如果坡体平面为凹形,由于受两侧凸出坡体的夹持而处于压应力状态,两边受挤压而具有抗滑的剪切力,故在采动影响下不容易发生滑动。

坡体岩层的倾角及坡面平均倾角对顺层边坡的稳定性及其变形破坏有重要影响。一般来说,岩层倾角较小时,开挖后坡体较为稳定;当岩层倾角接近开挖角时,采动坡体的附加剪力较大,边坡具有较大的下滑力和下滑空间,容易发生采动滑坡;当岩层倾角较大时,由于没有下滑空间,边坡一般较为稳定,但不排除当条件合适时产生顺层倾倒破坏和溃屈破坏的可能。

4.1.3 坡体地质构造

采动滑坡的滑动面与滑动周界往往受岩体节理、层理和断裂等结构面的控制。特别是当采动坡体内有较大的断裂构造或软弱夹层时,如斜切断层、节理及裂隙通常构成边坡滑动的侧向及后缘边界,成为地表水下渗通道,加速软弱夹层的风化。同时,采动裂缝往往沿岩土裂隙或原有节理等软弱结构面发生。当节理裂隙极度发育时,岩体弱化为散体结构或碎裂结构,坡体的完整性差,其抗拉能力降低,地表采动裂隙发育,导致坡体更加破碎,在地震、降雨等外界因素的诱发下,更易于形成滑坡,其破坏形式以层面顺层滑动转化为类圆弧形滑动。

4.1.4 岩体应力

岩体应力是影响岩体稳定和破坏机理的一个重要内在因素。边坡岩体应力分布是极其复杂的。假定边坡为均质、各向同性、弹性体材料,在边坡坡面附近应力一般很低,而在坡顶附近通常为拉应力集中区,在坡脚附近却为剪应力集中区。同时,由于岩体常包含有大量的不连续面,受结构面切割,其应力分布会更复杂。对于人工开挖边坡而言,由于开挖面形成后,边坡初始应力释放,同样会导致边坡应力重分布。因此,边坡岩体的变形、失稳破坏与岩体应力存在着一定的关系。

4.1.5　水的影响

大量的事例证明,大多数边坡岩体的破坏和滑动都与水的活动有关。在很多地区的冰雪解冻和降雨季节,滑坡事故一般较多,都说明水是影响边坡岩体稳定性的重要因素。

影响边坡稳定性的水主要包括地下水和大气降水,其作用主要是降低岩体结构面上的内聚力和摩擦力,产生静水压力、动水压力和悬浮力,从而降低岩体的抗剪强度和抗滑力,更有利于采动滑坡的发生。沿张裂缝和贯通滑动面的空隙水压力及沿坡体渗透形成的动水压力,会降低有效应力,一方面使作用在潜在破坏面上的法向应力降低而导致抗剪力降低,另一方面也会导致岩体的强度降低(尤其是含泥质物的软弱夹层和断层等)。后缘张裂缝空隙水压力沿滑面法向的分力减少了滑面上的摩擦力,沿滑面方向的分力增大了滑坡体的下滑力。其次,水对岩体有着明显的化学、物理作用,会侵蚀和溶解岩体,地下水渗流产生的淘蚀作用以及渗流中细粒物质被带走,也会降低岩体的强度。同时,水还相当于一个润滑介质,颗粒间或裂面间的摩擦系数在一定的范围内随湿度的增大而急剧下降。

4.2　地下开采影响因素

在边坡体下进行地下开采,边坡体的一部分或全部位于地下开采影响范围内。两者从空间对应关系来看,边坡岩体变形受到地下开采后形成的采空区应力重新分配的影响,致使边坡岩体在空间不同位置上原岩应力发生根本性变化。在地下开采过程中,采空区邻近顶板岩层失去支撑而冒落。随着工作面的推进,直接顶板的移动变形发展到上部岩层。由于沿层面发生水平错动,岩层间失去了结合力,而下部岩层弯曲下沉后,上部岩层也开始产生弯曲和变形。这样,岩层的弯曲下沉过程迅速向上传递直至地表,影响地表边坡岩体的稳定性。

4.2.1　采动滑坡的发展阶段

采动滑坡的发展一般可划分为蠕动、挤压、微动、滑动、大滑动和滑带固结等六个阶段。各个阶段的特点、性质和稳定程度大致归纳如下:

(1)蠕动阶段

在此阶段,主滑带蠕动变形,滑体与滑带并未分离,仅在滑坡后缘地表上隐约出现一些不连续的张性微裂隙,观察不到滑体有变形迹象。

(2)挤压阶段

滑坡的前部抗滑体受到明显挤压。此时,主滑地带的滑面已经基本形成,后部被牵引的滑体已经有少量的移动,而主滑体也有微量移动,滑体后缘有不连续张开裂缝,后缘连续主弧形张开裂缝已贯通并错开,斜坡两侧出现羽毛状张扭性裂缝,但未撕开,前缘隐约可见 X 形微裂隙。由挤压向微动阶段过度时,两侧的剪切裂缝已贯通,前缘的 X 形微裂隙已明显,有时在前缘出口一带出现一些潮湿现象。

(3)微动阶段

此时,主滑体已经在明显移动,抗滑地段的滑带逐渐形成,后缘的张裂缝继续下错,斜坡侧界有连续张扭性裂缝,边坡上有横向挤压隐形闭合裂缝,纵向臌胀张开裂缝,边坡两侧出现羽毛状压扭性裂缝等。有的滑坡还在后部隐约出现了反方向的下错裂隙,两侧剪裂缝已贯通并有微量撕开现象;有的滑坡在前缘已显露出微微隆起的现象,且有断续的放射状裂缝出现,在后缘坡面上具有 X 形的裂隙处,有时也产生局部坍塌现象;有的滑坡在前缘出口附近已呈现明显的潮湿带。当滑坡的滑带全部形成时,滑坡的出口已连通,有的滑坡沿出口一带普遍渗水,呈带状分布。

(4)滑动阶段

滑动阶段指整个滑坡时滑、时停,做缓慢移动的阶段。此时,后缘的张裂缝在不断地大量下错,且后倾的张裂缝也已贯通;边坡的侧界有连续压扭性裂缝,坡角出现错开压扭性裂缝(滑坡出口)等,并有少量的下错现象。两侧的剪裂缝已明显撕开,并产生相对位移。滑体上分条、分级、分块的裂缝已出现,并有纵横交错的趋势。有的滑坡前缘继续隆起,并出现了明显贯通的横向挤张裂缝和纵向放射裂缝,滑舌不断错出;有的且有出水现象;一般滑坡的前缘及两侧坡面多产生小量坍塌。由一般滑动向大滑动阶段过度时,滑动的加速度在明显增大,前缘隆起裂缝呈放射状,不但贯通而且错开,滑体中各分条、分级、分块裂缝均已贯通,并明显发展,前缘坡面的土石大量坍塌。有的滑坡因滑带中含有岩石碎块而发生微小的岩石破碎声;有的滑坡出口流出大量的滑带水;有的滑坡水位、水量和水质发生显著的变化等。这些迹象都是大滑动的前兆。出现了其中任一迹象,都是预报大滑动即将产生。

(5)剧烈滑动阶段

剧烈滑动是指整个滑坡做急剧滑动和变化阶段。此时,滑带土的结构和强度在逐渐的破坏和消弱,有的滑坡已分成几大块,各块之间产生明显的不均匀的移动,彼此间产生了巨大的错距。滑体上出现次生弧形张开裂缝,次生不规则裂缝及滑舌等。整个滑坡向前运动的速率由急剧的增大至逐渐减弱,由加速、等速而减速直至停止。在大滑动时,有的滑坡前部有气浪,并在滑动中产生巨大的响声,有的随滑舌前移带出大量的滑带水等。由大滑动向滑带固结阶段过渡时,大滑动基本停止,但后缘及滑体的两侧和前缘斜坡上的松散土、石仍在坍塌,滑体各块之间仍在继续变形,但很小。有的滑坡舌部仍流出浊水,但流量已逐渐减少;有的滑坡前部仍有微小的隆起,并继续形成垣、垄。

(6)滑带固结阶段

滑带固结指滑带在压密下排水固结的阶段。此时,滑带在自重作用下,由前向后逐次受横向推挤而压密,在逐渐固结下恢复了部分强度。滑体中的运动在逐渐减少,各滑块之间的变形也逐步停止,地表裂缝逐渐消失为垂直压密下产生的不均匀沉陷裂缝。滑体裂缝逐渐闭合、充填,并逐渐消失。此阶段整个滑坡的稳定系数逐渐大于1.0,直到地表上无任何裂缝,滑体中土石已压实达到中等密实程度。地表面及前缘的坡面均平顺而不坍塌时,滑体才达到基本压实的程度。此时滑带也固结终止,其稳定系数约为 $1.05 \sim 1.15$。在仪器观测下,无任何移动,滑坡只是暂时稳定,此时稳定系数为1.20。除非地表夷平,消失了外貌景观,滑坡才算停止。

4.2.2 影响采动滑坡的开采条件

开采沉陷对采动滑坡的影响与采煤方法及开采条件有关。因此,发生采动滑坡必须具备一定的地形地质和开采条件。基于工程实际资料与山区开采沉陷的理论分析,影响采动滑坡的开采条件主要有:

(1)开采矿层赋存条件

矿层赋存条件主要包括矿层倾角、埋深、厚度、深厚比。不同的赋存条件,不仅影响着覆岩移动及地表开采沉陷涉及的范围大小,同时也影响其移动变形量大小及移动破坏程度。因此,矿层赋存条件对坡体的稳定性有直接的影响作用。在开采倾斜和急倾斜矿层时,对坡体的稳定性影响较大的因素为矿层倾角。倾角越大,对坡体稳定性的影响越大。在开采近水平或缓倾斜矿层时,矿层倾角对坡体的稳定性影响较小。如果赋存条件与顶板管理方法以及其他条件都相同时,影响覆岩及坡体移动破坏的主要开采因素为地下开采的深厚比。

（2）开挖卸荷作用

自然坡体在进行开挖之前，由于长期的地质作用影响，形成了一定的地表外貌及处于一特定应力场的动态平衡状态。在进行开挖之后，将形成新的临空区域，从而使得原有的平衡发生破坏，导致岩体应力场变化，发生岩体应力松弛以及岩体变形。此时，边坡岩体可能会处于新的动态平衡状态，坡体依旧维持稳定；岩体的变形和应力场的变化可能超出边坡的自我调节能力，从而导致大规模的变形破坏，致使边坡失稳，发生滑坡。

（3）采煤与顶板管理方法

众所周知，开采沉陷引起覆岩和地表移动破坏程度的大小与工作面开采面积及煤炭采出率呈某种正比函数关系。工作面开采面积愈大，采出率愈高，覆岩和地表的移动破坏就愈严重；反之则较轻微。工作面的开采面积和采出率与采煤方法及顶板管理方法有关。长壁式开采的工作面较大，遗留煤柱少，工作面的采出率可达80%以上，因而开采沉陷引起的覆岩与地表移动和破坏大，对坡体稳定性的影响也大，发生采动滑坡的频率就高；反之，采用房柱式、条带式的工作面较小，对坡体稳定性的影响也较小，故采动滑坡发生的可能性也就较小。

（4）工作面推进方向

对于顺层边坡而言，地下采煤工作面的推进方向对坡体稳定性的影响，主要从顺坡开采和逆坡开采两方面来分析。由于覆岩及地表的开采沉陷移动变形是由采空区向上传递的，因而坡体受开采影响的范围以及影响程度与采空区的相对位置有关。采用不同的开采顺序所引起的滑坡形式也不尽相同。

1）滑坡区顺坡开采方法

如果工作面推进方向与坡体成顺坡推进，坡体移动由上向下发展，坡顶部位首先受拉应力作用形成较宽的地表裂隙，降低坡体的稳定性。当开采深厚比较小时，由于坡顶张性裂隙较多，从而为地表降水向下渗透提供了渠道，使坡体含水量增大，增加静水压力，坡体重力增大，下滑力增大，抗滑力降低，可能导致滑坡。当开采深厚比较大时，地表张性裂隙较少，同时下沉盆地的地表移动方向与坡体滑移方向相反，可以有效地遏制坡体的滑移。因此，当深厚比较小时，顺坡开采可能诱发顺层滑坡；当深厚比较大时，顺坡开采不易诱发顺层滑坡。

2）滑坡区逆坡开采方法

如果工作面推进方向与坡体成逆坡推进，坡体移动由下向上发展，坡底部位首先受拉应力作用形成较宽的地表裂隙，降低坡体的稳定性。此时，下沉盆地引起地表移动方向与坡体滑移方向一致，将加剧坡体的不稳定性。受坡体下部向采空区移动变形的牵引作用，可能会导致滑坡发生。

5　滑坡体控制措施

5.1　治理滑坡的工程措施

如果经过分析最终可能导致坡体滑移，则可以提前通过工程治理措施加固边坡，防止滑坡的发生。边坡加固首先应根据滑坡的性质、成因、规模大小、滑体厚度以及对工程的危害程度提出相应的治理工程措施。到目前为止，治理滑坡的工程措施大致有以下几种：

（1）绕避

对一些规模巨大、难以整治的滑坡，如果对它们进行整治则工程浩大，一般采用绕避措施。

（2）加载反压

对于前缘失稳的牵引式滑坡，整治的工程措施是在滑坡前缘修建片石垛加载反压，增加抗滑部分的土重，使滑坡得到新的稳定平衡。

（3）清方减重

整治推移式滑坡，在滑坡体上部（下滑区）清方减重，以减少下滑力来稳定滑坡。

（4）抗滑挡墙

对浅层滑坡可采用重力式抗滑挡墙整治。为增加墙身抗剪力，可将基底作成倒坡或加凸榫。

（5）抗滑明洞

人工挖方引起的工程滑坡，破坏原来山体的平衡，滑坡前缘临空面高，下滑力大。如果用抗滑明洞，在明洞顶部回填土恢复山体平衡，则较其他工程措施显得经济合理。

（6）排水整治

滑坡一般发生在雨季，主要是雨水可以湿化坡体，降低土体强度，润化滑面，促使和加剧滑体滑动，故有"十滑九水"之说。所以，滑坡体的排水工程是非常重要的。地表排水设施有滑坡体外环形水沟、滑坡体内树枝状或人字形排水沟、支撑渗沟等，可起到了很好的作用；地下排水设施有渗沟、泄水隧洞等。

（7）抗滑桩

对于一些中、深层滑坡，用抗滑挡墙难以整治的情况下，可以用抗滑桩。抗滑桩在滑坡体上挖孔设桩，不会因施工破坏其整体稳定。桩身嵌固在滑动面以下的稳固地层内，借以抗衡滑坡体的下滑力，这是整治滑坡比较有效的措施。

（8）锚杆（索）加固

即在滑坡体上设置若干排锚（杆）索，锚固于滑动面以下的稳定地层中，地面用梁或墩作反力装置给滑体施加一预应力来稳定滑坡。

（9）综合治理

整治滑坡用单一的工程措施往往不是最佳的方案，而是采用多种工程措施组合起来进行综合整治。这些措施有：

①清方减重和抗滑挡墙相结合。

②明洞和抗滑桩相结合。

③明洞和抗滑挡墙相结合。

④抗滑桩和抗滑挡墙相结合。

⑤锚杆（索）和抗滑挡墙相结合。

⑥锚杆（索）和抗滑桩相结合。

以上仅列举了一部分综合整治工程，还有很多其他组合方案，主要是根据各个滑坡点的地形地质情况因点而异，其目的是将各种整治措施组合成为最有效的工程措施，降低整治滑坡的工程造价。在各种综合整治工程中，一定要注意伴以地表排水工程，减少水对滑坡的危害。在可能的条件下，就滑坡范围内进行绿化。

5.2　加固方案

滑坡防治加固措施一般分为两种类型：一类是减滑工程措施，包括在滑坡上减重、滑坡下方加重和滑坡后部做排水工程以及增设防水护面等；另一类是抗滑支挡工程措施，包括挡土墙、抗滑桩、锚杆(锚索)加固等。

在我国南方地区,特别在含有一定膨胀土的残积土边坡,由于雨水较多,尽管做了防水保护措施,仍不可避免地要受到雨水的影响。老滑动面在水的作用下,产生不同程度的软化。若边坡属于中深层滑坡时,其下滑力较大。20世纪60~70年代在以应用排水工程和抗滑挡土墙为主的同时,大力应用第二类加固措施,特别是抗滑桩的开发应用更引起国内外的关注。由于其稳定滑坡见效快,安全可靠,是滑坡治理中首先考虑的措施。第二类加固措施中适合于中深层滑坡加固、又经济可靠的有抗滑桩加固、锚索加固、锚索抗滑桩加固三种。

5.2.1　抗滑桩加固

抗滑桩可分为全埋式和半埋式两种。半埋式多用于开挖路堑、由于工程不当造成的滑坡。桩前有一定高度的临空面,在桩与桩之间可采用挡土板或挡土墙进行封闭。全埋式一般用于整治滑面以上桩前有抗力的整体滑动的滑坡。桩身截面有矩形、方形、圆形,一般多用矩形截面。桩身设置在下滑区和抗滑区分界附近,桩间距一般为截面宽度的3~5倍。

抗滑桩适用于一些中、深层滑坡,用抗滑挡墙难以整治的情况下采用。抗滑桩在滑坡体上挖孔设桩,不会因施工破坏其整体稳定,施工方便,是整治滑坡比较有效的措施。由于抗滑桩一般造价较高,投资巨大,因此,人们对抗滑桩的结构形式、适用条件、设计理论和施工方法等给予了更多的关注和研究。

5.2.2　锚索加固

用锚索单独稳定滑坡。通常在滑坡体上设置若干排锚索,锚固于滑动面以下的稳定地层中,地面用梁或墩作为反力装置,给滑体施加一预应力来稳定护坡。

根据铁道部门的设计、论证和比较结果,采用锚索加固方法加固边坡比单独采用抗滑桩可节省工程投资约50%。锚索措施比较适合于岩石边坡或土体黏聚力较强边坡的加固,对于土体较松散、黏聚力较小且正在活动的土边坡,容易产生土体蠕变,或者容易产生土体压缩变形而使锚索预应力损失,或者锚索应力逐渐增加到不可承受的程度。所以,单独锚索加固多数用于临时工程。

5.2.3　锚索抗滑桩加固

在抗滑桩顶部加2~4束锚索,增加一个拉力,改变了原普通抗滑桩的悬臂受力状态,接近简支梁受力,大大减少了抗滑桩的截面和埋置深度。

锚索抗滑桩解决了滑体压缩造成的预应力损失问题,并发挥了抗滑桩和锚索两者的优点,无论对土质滑坡或岩质滑坡都是适用的。根据铁道部科学研究院西北分院在四川省江油松花岭滑坡、成昆线莫洛滑坡上的应用,与普通抗滑桩相比,可节省投资约40%。

综合上所述,抗滑桩方案施工方便,但与其他两个方案相比造价高出40%~50%,投资巨大,经济上不合理,不宜过多采用;单独采用锚索方案加固比抗滑桩方案要节省约50%的工程投资,但对于土体较松散、黏聚力低、有明显蠕变现象的边坡,也不宜采用,以免由于土体变形,使锚索预应力损失,达不到加固阻滑的效果;锚索抗滑桩方案解决了滑体压缩造成的预应力损失问题,发挥了抗滑桩和锚索两者的优点,无论对土质边坡还是对岩质边坡都适用,而且使用锚索抗滑桩较普通桩可节省工程投资约40%。因此,锚索抗滑桩方案是一个技术可行,经济合理的中、深层滑坡加固方案。

6　结论

①开采活动造成采空区周围原有的应力平衡状态受到破坏,引起应力的重新分布,从而引

起岩层的变形、移动与破坏,并由下向上发展至地表,引起地表的移动和沉陷。

②地下开采不仅造成围岩应力的重新分布,还导致地面滑坡体向采空区及下坡方向的移动变形以及产生采动裂隙。同时,开挖厚度越大,坡体变形破坏越明显,稳定性也随之降低,越易诱发采动滑坡。

③坡体在未采动时处于稳定状态,但开采活动会降低坡体的稳定性。无论采用哪种开采方式,导致顺层坡体滑动面下沉曲线呈何种形态,顺层坡体的稳定性均比自然状态下有所减小,表明采动会造成顺层坡体的稳定性下降。

④从滑面和滑体两个方面研究了采动顺层滑坡控制措施和方法。后期还应针对不同的顺层滑坡成灾模式,研究井下合理的开采方法、煤柱留设、开采程序和采空区处理方法等;在滑坡体稳定性分析基础上,研究了治理滑坡的工程措施和加工方案。

参考文献

[1] 邓喀中.开采沉陷中的岩体结构效应[M].徐州:中国矿业大学出版社.1998.

[2] 钱鸣高,缪协兴.采场上覆岩层活动规律及其对矿山压力的影响[J].煤炭学报,1982,7(2):1-12.

[3] [波]M.鲍莱茨基,M.胡戴克.矿山岩体力学[M].于振海,刘天泉.煤炭工业出版社,1985.

[4] M.D.G沙拉蒙.地下工程的岩石力学[M].北京:冶金工业出版社,1982.

[5] 张国权,岩层与地表移动理论的探讨[J],东北工学院学报,1963,9(5):81-92.

[6] BERRY D S,Sales T W,An elastic treatment of groun movement due to mining—Ⅱ.Transversely isotropic ground[J].Journal of the Mechanics and Physics of solids,1961,19(1):52-62.

[7] MARRY V M,SAUZAY J M.Borehole Instability:Case Histories Rock Mechanics Approach,and Results[J],SPE,1987.

[8] FREDICH J T,DIETRICK G L,JOSE G A,et al. Reservoir compaction,surface subsidence,and casing damage.JPT,1998,50(12):68-70.

[9] 张蒙.山区煤矿采动滑坡地形条件分析[D].徐州:江苏师范大学,2013.

[10] 汤伏全.采动滑坡的机理分析[J].西安矿业学院学报,1989,3:32-36.

[11] SPECK R,HUANG S,KROEGER E. Large-scale slope movements and their affect on spoil-pile stability in Interior Alaska[J].International Journal of Surface Mining and Reclamation,1993,7(4):161-166.

[12] KWIATEK J. Ochrona obiektów budowlanych na terenach górniczych[J].Wydawnictwo GIG,2000:45-56.

[13] 许强,黄润秋,殷跃平,等.2009年6.5重庆武隆鸡尾山崩滑灾害基本特征与成因机理初步研究[J].工程地质学报,2009,17(4):433-444.

[14] 殷跃平.斜倾厚层山体滑坡视向滑动机制研究[J].岩石力学与工程学报,2010,29(2):217-226.

[15] 白云峰,周德培,王科,等.顺层滑坡的发育环境及分布特征[J].自然灾害学报,2004,13(3):39-43.

[16] 梁明,汤伏全.地下采矿诱发山体滑坡的规律研究[J].西安矿业学院学报,1995,15(4):331-335.

[17] 胡海峰.采动坡体稳定性的有限元数值模拟[J].矿山测量,2000(2):14-16.

[18] 张建全,戴华阳.采动覆岩应力发展规律的相似模拟实验研究[J].矿山测量,2004(4):49-51.

[19] 张永彬,赵兴东,杨天鸿,等.用数值模拟方法确定露天转地下境界矿柱厚度[J].矿业工程,2003,1(4):25-28.

[20] 孙世国,林国棋,白会人,等.地下工程开挖对斜坡体影响的研究[J].市政技术,2005,22(6):357-358.

[21] 尹光志,李小双,魏作安,等.边坡和采场围岩变形破裂响应特征的相似模拟试验研究[J].岩石力学与工程学报,2011(S1):2913-2923.

[22] 王瑞青,张春磊.地下采矿条件下坡体移动变形分析[J].山西建筑,2013,39(10):91-93.

[23] 马天辉,唐春安,杨天鸿.露天转地下开采中顶柱稳定性分析[J].东北大学学报(自然科学版),2006,27

(4):450-453.

[24] 颜荣贵.地基开采沉陷及其地表建筑[M].北京:冶金工业出版社,1995.

[25] CUNDARI T R, SAUNDERS L. Modeling lanthanide coordination complexes. comparison of semiempirical and classical methods[J]. Journal of chemical information and computer sciences,1998,38(3):523-528.

[26] CHAU K. Onset of natural terrain landslides modelled by linear stability analysis of creeping slopes with a two-state variable friction law[J]. International journal for numerical and analytical methods in geomechanics, 1999,23(15):1835-1855.

[27] DRUCKER H, CUN Y. Improving generalization performance using double backpropagation[J]. IEEE Transactions on,1992,3(6):991-997.

[28] 邓荣贵,周德培,李安洪.顺层岩质边坡不稳定岩层临界长度分析[J].岩土工程学报,2002,24(2): 178-182.

[29] 李云鹏,杨治林,王芝银.顺层边坡岩体结构稳定性位移理论[J].岩石力学与工程学报,2000,19(6): 747-750.

[30] 陈志坚,李筱艳,孙英学.基于剪切位移的层状岩质边坡稳定性预测预报模型[J].岩石力学与工程学报,2003,22(8):1315-1319.

[31] 黄洪波,聂德新.层状岩质边坡的屈曲破坏分析[J].山地学报,2003,21(1):96-100.

[32] 程圣国.顺层岩质边坡刚度与破坏特征关系研究[J].灾害与防治工程,2006(1):1-4.

[33] 成永刚.顺层滑坡数值模拟与监测分析[J].岩石力学与工程学报,2008,27(2):3746-3752.

[34] 邹宗兴,唐辉明,熊承仁.大型顺层岩质滑坡渐进破坏地质力学模型与稳定性分析[J].岩石力学与工程学报,2012,31(11):2222-2231.

[35] 任光明,李树森,聂德新.顺层坡滑坡形成机制的物理模拟及力学分析[J].山地研究,1998,16(3): 182-187.

[36] 黄昌乾,丁恩保.边坡工程常用稳定性分析方法[J].水电站设计,1999,15(1):53-58.

[37] 卢世宗.我国矿山边坡研究的基本情况和展望[J].金属矿山,1999(9):6-10.

[38] 袁大祥,朱子龙.高边坡节埋岩体地质力学模型试验研究[J].三峡大学学报:自然科学版,2001,23(3): 193-197.

[39] 殷跃平.中国典型滑坡[M].北京:大地出版社,2008.

[40] 中国科学院力学研究所.重庆武隆鸡尾山滑坡失稳机理研究初步结果[R].北京:中国科学院力学研究所,2010.

[41] 刘传正.重庆武隆鸡尾山危岩体形成与崩塌分析成因[J].工程地质学报,2010,18(3):297-304.

[42] 冯振,殷跃平,李滨,等.重庆武隆鸡尾山滑坡视向滑动机制分析[J].岩土学,2012,33(9):2704-2712.

[43] 刘君,王丽丽.鸡尾山滑坡全过程数值模拟[C]//颗粒材料计算力学研究进展.大连:大连理工大学出版社,2012:239-246.

[44] 许强,黄润秋,殷跃平,等.2009 年 6·5 重庆武隆鸡尾山崩滑灾害基本特征与成因机理初步研究.[J].工程地质学报,2009,17(4):433-444.

[45] 李晓红,岩石力学实验模拟技术[M].北京:科学出版社,2007.

[46] 顾大钊.相似材料和相似模型[M].徐州:中国矿业大学出版社,1995.

[47] 袁文忠.相似理论与静力学模型试验[M].成都:西南交通大学出版社,1998.

[48] 康建荣,何万龙,胡海峰.山区采动地表变形及坡体稳定性分析[M].北京:中国科学技术出版社,2002.

[49] 姜德义,朱合华,杜云贵.边坡稳定性分析与滑坡防治[M].重庆:重庆大学出版社,2005.

第六篇 | 前沿采矿技术

地下工程定向控制爆破技术研究现状

栗登峰

摘要:本文依据许多相关研究成果,分析了采矿工程、岩土工程定向爆破研究及应用现状;进一步介绍了切槽爆破研究现状、高压水射流破岩研究现状。在此基础上,介绍了将高压水射流切槽与定向爆破结合起来的高压水射流切槽定向爆破技术。该技术发挥了高压水射流高度聚能、无损切割的优势,克服了传统机械刻槽具有容易出现卡钻、刀头磨损严重的缺陷。

关键词:定向爆破;高压水射流;切槽

随着社会经济的不断发展,我国公路、铁路建设也进入了"高速时代"。在交通欠发达的西部山岭地区道路建设也正在有序推进。由于崇山峻岭的地形,不可避免地要进行隧道、地下硐室等地下工程建设,且数量越来越多,规模也愈来愈大。另外,在地下采矿过程中也需要挖掘大量的井筒巷道。隧道工程开挖(包括地下巷道、硐室)、地面石材开采等工程中多采用钻爆法。大量爆破施工过程中发现,爆破时不仅在炮孔间形成贯通裂纹,而且也在炮孔周围其他方向形成随机径向微裂纹,对围岩造成破坏,在裂隙发育岩石或低强度岩石中还会引起欠挖、超挖。因此,在复杂地质条件下爆破施工巷道将面临一系列的关键技术问题。

一般认为,普通光面爆破存在许多问题,如炮孔间距小,增大了钻孔工作量,增加了起爆器材消耗量;由于超挖,对围岩造成破坏,且增加了出渣工作量和支护材料用量。如何提高爆破效率、降低爆破对非开挖岩体的损伤是隧道建设中亟待解决的关键问题,也是实现隧道低损伤掘进所面临的最大技术难题。高压水射流具有无磨损、无火花、降尘、能量集中、可定向控制切割等特点,在岩石钻孔割缝方面具有独特的优势。近年来,高压水射流技术也逐渐成熟。因此,有研究者提出了水射流辅助定向聚能爆破法,即采用高压水射流对炮孔预切槽,同时采用预切缝的无毒硬质PVC管制作切缝药包,爆破时使切缝方向与孔壁射流缝槽方向一致,从而实现定向断裂。PVC管的存在可以起到缓冲作用,有效地保护围岩,并具有一定的聚能作用,促进定向裂缝发展;射流缝槽在提高爆破能量利用率的同时,也克服了传统机械刻槽的缺陷。相对于单纯的机械切槽爆破和切缝药包爆破,特别是要求普通光面爆破时,水射流辅助定向聚能爆破法极大地提高了隧道成型质量,节省了爆破成本及围岩支护费用,可产生良好的经济效益和社会效益,还能进一步完善与发展以传统控制爆破技术为基础的"矿山法"隧道施工技术,具有重要的科学意义和学术价值。

1 定向断裂控制爆破技术研究现状

由于光面爆破技术本身存在诸多问题,造成超挖和对围岩也产生了损伤,从而影响了经济效益。因此,为了从根本上克服光面爆破技术的缺陷,广大科研工作者在不断实践积累之上提出了控制爆破技术,即对爆破效果和爆破危害进行双重控制的爆破技术。根据工程要求和爆破环境、规模、对象等具体条件,通过精心设计和严格施工,采用合理的爆破技术和有效防护等技术措施,严格控制炸药爆破能量的作用方式和对介质的破坏程度,既要达到预期的爆破效果,又要将爆破危害等控制在规定的范围之内。在岩石爆破工程中称之为岩石定向断裂控制爆破,通过在炮孔壁上切槽、制作带有聚能槽的药包,或者具有聚能效应的异形药包,以及将药包装入轴向切槽之后的硬质管制成切缝药包等三种形式实现岩石定向断裂。

我国早在 20 世纪 60 年代就开始研究岩体定向断裂控制爆破技术,并不断应用于生产实践。郑平泰等分别通过理论建模、数值计算和实验方法,研究了药包聚能爆破的过程,对各爆破阶段进行了详细的理论建模。在模型中,考虑了炸药爆轰、金属驱动、药型罩压垮以及射流和杵体的形成过程,并采用该模型对某一聚能装药结构进行了计算。研究结果表明,药型罩顶部和底部微元的压垮速度较小,射流头部形成反向速度梯度;根据流体模型和流体-弹塑性模型分别推导了侵彻孔深和孔径的计算公式。理论计算值与试验测量值的对比分析表明,该工程计算方法可用于聚能装药对混凝土的侵彻参数计算,有一定的实用价值。利用 ANSYS/LS-DYNA 有限元分析软件,对聚能射流侵彻混凝土介质的全过程进行了数值模拟,重点分析了药型罩锥角、药型罩厚度、壳体厚度、炸高和装药长度对聚能射流侵彻效能的影响规律。

罗勇等以爆炸动力学、岩石断裂力学理论为基础,对聚能药包用于岩石定向断裂爆破时导向裂缝的形成,裂纹的起裂、扩展和贯通进行了研究。结果表明,由聚能射流形成的切缝药包爆破具有明显的定向作用。

梁为民等分析了定向断裂控制爆破中聚能装药结构和装药外壳切缝爆破技术导向成缝机理,提出了炸药爆炸能量随爆炸动、静作用变化分配观点,指出定向断裂控制爆破实质是对炸药爆炸能量在介质中的作用加以控制的问题,指出研究新型装药结构,提高炸药爆炸的能量利用率和定向断裂方向的爆炸能流是改善定向断裂控制爆破效果的主要研究方向。

宗琦应用岩石断裂力学理论和爆生气体膨胀准静压理论,建立了岩石中炮孔不偶合装药孔壁预切槽爆破时的脆性断裂力学模型,分析了裂缝的扩展规律,包括起裂条件、止裂条件、起裂方向、扩展长度和裂缝扩展过程中的速度变化等,并说明了岩石中固有裂纹大小对炮孔装药量和炮孔间距的影响规律,同时提出爆破参数的设计原则和方法。

杨仁树、李清等分别应用超动态测试系统和爆炸加载的透射式动焦散线测试系统,分析了切槽孔爆破模型的裂纹动态变化特征及裂纹扩展规律;陆渝生、刘殿书、龚敏等人用动光弹实验方法,研究了在爆炸或冲击作用下应力波的传播过程;朱震海采用动态光弹性实验方法,研究了浅地表处爆炸产生的应力波在地下传播及与地下结构物(立柱)的相互作用的动光弹过程;随后,吴春平等利用动光弹原理做了切槽定向控制爆破试验,探讨了在切槽爆破作用下岩石和混凝土的断裂判据,建立了在切槽爆破作用下岩石和混凝土的断裂力学模型,并由此得出切槽定向断裂控制爆破机理。这些研究均表明切槽具有明显的导向作用。

张志呈、郭学彬、蒲传金等讨论了切缝药包定向断裂控制爆破作用机理,并通过实验和数值模拟验证了切缝药包定向断裂机理的可靠性,还进一步优化了爆破参数。结果表明,切缝药包爆破具有明显的聚能效应和护壁作用。戴俊等利用数值方法研究切缝药包岩石定向断裂爆破炮孔间贯通裂纹的形成机理,分析切缝管的切缝宽度的影响因素,提出切缝管的切缝宽度和爆破形成的初始导向裂纹长度的计算方法。

综上所述,定向断裂控制爆破技术就是通过对装药形状(聚能药包)、装药结构(装药切缝)的改变,或者在介质中人为造成缺陷(炮孔刻槽)等技术措施,达到引导爆炸能量在断裂方向集中的目的,从而实现定向断裂。根据炮孔壁上初始裂纹形成机制和方式的不同,大体上分为三类,即切槽炮孔定向断裂爆破、聚能药包定向断裂爆破和切缝药包定向断裂爆破,如图 1 所示。

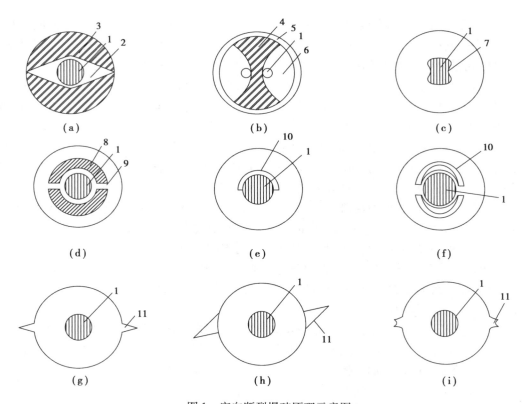

图 1 定向断裂爆破原理示意图

1—药包;2—药包衬套;3—衬套切槽;4—反射体;5—套管;6—水;7—聚能槽;
8—药包套管;9—套管切缝;10—护壁;11—孔壁沟槽

以上三类定向断裂爆破方法中,聚能药包爆破在实际应用过程中存在定向困难、药包加工复杂、技术要求高等难题,工业应用很难推广;切槽炮孔定向断裂爆破主要受制于传统的机械刻槽法难以推广,因为传统的机械切槽法容易出现卡钎、不易定向、槽口有扭曲且刀头磨蚀严重,修理不方便等问题,在复杂工况条件下应用更是难上加难;切缝药包定向断裂爆破在定向断裂效果方面不及前两种方式。

2 切槽爆破研究现状

早在 1905 年,Foster 就提出在岩石中预制裂缝来控制爆破断裂方向的设想。20 世纪 60 年代,瑞典的 U. Langefors 等人就改变炮孔形状后的爆破效果进行分析研究,结果表明,在圆形孔壁上开 V 形槽是既简单又典型的控制炮孔形状的方法。美国 W. L. Forney 等用速燃剂作为破碎剂,在有机玻璃模型上进行了切槽炮孔爆破实验。实验中所有模型均沿切槽方向断裂为两半,断面平整光滑,且炮孔壁无压碎现象。在工程应用中,Barke 最先采用带预制 V 形裂纹的短棒对灰岩、粉砂岩进行了断裂实验;随后,Costin 用这种方法对油页岩进行了实验,取得了较好的试验效果。

我国学者从 20 世纪 80 年代对切槽爆破进行了研究。

杜云贵等详细研究了切槽爆破中 V 形切槽在爆炸冲击波的动态压力和爆生气体的准静态压力作用下产生的力学效应。在此基础上,进一步阐明了 V 形切槽对岩石定向破裂的控制机理,提出了切槽爆破中裂缝扩展的力学判据。最后,对所得结论用实验结果进行了验证。

陆文、张志呈等用脆性介质宏观断裂力学理论,讨论了 V 形对称双切槽炮孔爆破的断裂机理,确定出切槽尖端介质中的断裂韧度和抗压、抗拉强度,导出使岩石沿切槽方向理想断裂所需的爆生气体作用于孔壁的最小压力和允许的爆生气体作用于孔壁的最大压力,从而提出切槽爆破炮孔装药量的合理范围,并通过大理石矿采用 V 型槽口炮孔爆破切割大理石的现场实验及试验数据表明,切割效果较好。

解文彬、周翔等应用岩石断裂力学理论和爆生气体膨胀准静压理论,通过理论计算得到了适合切槽爆破切割汉白玉石材的基本爆破参数,并在现场实验中获得了较好的实验效果,对提高汉白玉石材开采效率起到了一定的指导作用。

从上述研究中可以看出,国内外学者对切槽爆破进行了大量的理论、数值模拟以及实验研究,对切槽爆破的理论分析和实践应用研究均已比较全面、成熟,但是,通过将高压水射流引入岩石切槽方面的应用研究还比较少见。针对传统机械切槽爆破现场应用困难的问题,提出利用高压水射流切割破碎岩石具有能量集中、易于控制、效率高等特性对岩石进行切槽,同时利用切缝药包定向效果好以及保护围岩的作用,将切槽爆破和切缝药包爆破有机结合起来,提出水射流辅助定向爆破的方法。目前,国内外还未见这方面的研究报导。

3　高压水射流研究现状及应用

3.1　高压水射流破岩研究现状

水射流技术最早始于 20 世纪 50 年代,虽已被用于多个领域,但发展比较缓慢。进入 20 世纪 60—80 年代,水射流技术在石油行业得到了快速发展,并在切割、冲洗、采掘等行业相应取得了较好的效果。水射流技术的发展大致经过了四个阶段:20 世纪 60 年代初以前,是低压水射流采煤(矿)为主的初期阶段;20 世纪 60 年代初—70 年代初,是高压水射流设备研制阶段;20 世纪 70 年代初—80 年代初,是高压水射流设备的工业试验和工业应用阶段;20 世纪 80 年代至今,是高压水射流技术的迅速发展阶段。

高压水射流破岩过程的破碎模式多变,破碎过程短暂,破碎机制复杂。所以,高压水射流破岩的内在机理和真实过程一直未能被准确揭示,导致其理论研究滞后于实际应用。但经过国内外学者对高压水射流破岩所做的大量实验与理论研究,逐渐形成了多种成因的破岩理论学说。倪红坚等将高压水射流冲击岩石看作动态载荷过程,采用 Lemaitre 各向同性连续损伤模型进行岩石的损伤分析,以损伤变量作为岩石破坏的判据,建立了水射流冲击岩石的宏微观损伤耦合模式。M. Kond 等将高压水射流对岩石的冲击过程看作是准静态的集中荷载对岩石的破坏作用,并在此基础上建立弹性力学理论模型,推导出岩石破碎的强度判据。Q. L. Zhou 等运用应力波理论解释了岩石在水射流冲击下出现横向裂纹的现象。S. C. Crow 通过研究得出,射流的空化效应使得岩石表面产生强大的压差,而这种压力差具有很强的破坏作用,是引起水射流冲击过程中岩石破坏的主要原因。黄飞等用应力波效应分析了超高压水射流破岩过程,提出超高压水射流作用下岩石的破坏主要表现为拉伸破坏;岩石受高压水射流冲击后在应力波效应下呈现两种状态,即先拉伸、后压缩应力状态。Douglas C. Echert 等人以围压和靶距作为变量,进行了深水磨料射流切割钢板实验,得到了随着围压和靶距的增加,切割性能有非线性减小的趋势的结论。王晓川等将磨料射流切割系统应用到煤矿,对煤层底板泥质灰岩进行切割实验,研究得到了间距、喷嘴移动速度、往复次数与切割深度的关系。日本学者 R Ko

Bayashi 教授对磨料射流切割铝合金断面形状进行了系统研究。宋拥政从工业切割条件出发,采用 100~300 MPa 高压磨料射流,对其切割机理进行了相应分析和研究。在工业切割中,为了达到材料破坏强度,常以磨料射流作为切割介质。

3.2 高压水射流技术的应用现状

3.2.1 高压水射流种类

纯水连续射流柔性比较大,在打击力度上有限,应用到破坏高强度材料时达不到材料的破坏强度。所以,为了提高射流的打击力,高压水射流又分为几种主要的射流:

(1)高压脉冲水射流

脉冲射流的原理就是通过动力源把能量传给流体,流体获得能量后变为高能流体通过喷嘴高速喷射出去,射到目标物体上,在瞬间将流体的能量转变为压力使物体破坏。根据产生间断脉冲射流的方法不同,主要分为阻断式脉冲水射流、激励式脉冲水射流、挤压冲击式脉冲水射流等类型。

(2)空化射流研究

空化射流就是当液流局部的绝对压力降到当地温度下的饱和蒸汽压力时,液体内部原来含有的很小的气泡将迅速膨胀,在液体内部形成含有水蒸汽或其他气体的空泡,从而产生空化现象。空化射流就是用空泡溃灭引起的极大冲击力来加强其破碎能力。

(3)磨料射流

在纯水射流较低压力情况下,在水中加入一定量的磨料粒子,可以很大程度提高射流的打击能力,将这种混有研磨材料的射流称为磨料射流。磨料射流有两种类型:一是磨料水射流,二是磨料浆体射流。

3.2.2 高压水射流技术适用领域

由于水射流技术的射流材料廉价、无污染,工件切口窄而整齐光滑,工作时无火花、粉尘,对切割材料的无选择性,体积小且自动化程度高,可以适用于以下行业:

(1)工业切割

水射流切割工艺,既可以切割高强度材料,如钢铁,也可以切割脆性材料,如玻璃,还可以切割塑性材料,如橡胶和纤维等。

(2)表面清洗

利用高压水射流清洗飞机跑道、汽车、下水道及其他物体表面的锈渍和祛除油污。

(3)岩石切割与掘进

高压水射流联合辅助钻进的应用。

(4)挖掘、开采和钻探

水力采煤的应用、高压水射流技术进行钻探矿产资源。

(5)材料破碎

利用高压水可将煤粉碎成细小颗粒,以便进行清洗和生产清洁燃料,还可以用水力制浆法分离木纤维。

4 高压水射流定向爆破

由于传统机械刻槽具有容易出现卡钻、刀头磨损严重的缺陷,而高压水射流具有高度聚能、无损切割的优势,将高压水射流切槽与定向爆破结合起来,形成高压水射流切槽定向爆破技术,即利用高压水射流在地下工程开挖周边眼炮孔指定预切割一条缝槽,同时,在保护围岩方向添加护壁材料,从而达到保护围岩及定向爆破的双重目的,如图2所示。

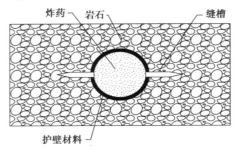

图2　高压水射流切槽定向爆破原理示意图

在炸药爆炸过程中,高压水射流切槽所形成的缝槽一方面使爆炸应力波在缝槽方向积聚、加强,使爆生裂纹主要集中于缝槽方向,并抑制应力波在炮孔其他方向的作用;其次,缝槽的存在使得爆生气体在缝槽方向产生应力集中,以准静态作用促使主裂纹方向沿缝槽方向扩展,并抑制爆生气体对炮孔其他方向裂纹的作用,从而达到定向爆破的目的。

参考文献

［1］傅冰骏.国际岩石力学发展动向［J］.岩石力学与工程学报,1997,16(2):195-196.

［2］王玉杰.爆破工程［M］.武汉:武汉理工大学出版社,2010.

［3］韦爱勇.控制爆破技术［M］.成都:电子科技大学出版社,2009.

［4］孙家骏.水射流切割技术［M］.徐州:中国矿业大学出版社,1992.11(3):9-13.

［5］LI X H. Experimental Investigation on Hard Rock Cutting with Collimated Abrasive Water Jets［J］. International Journal of Rock Mechanics and Mining Sciences. 2000,37:1143-1148.

［6］LU Y Y,LI X H,LIAO Y,et al. Experiments on deflecting and oscillating waterjet［J］. Journal of Chongqing University-Eng,2002,1(1):11-15.

［7］郑平泰,杨涛,秦子增.聚能射流形成过程的理论建模与分析［J］.国防科技大学学报,2006,28(3):28-32.

［8］郑平泰,杨涛,寇保华,等.聚能射流侵彻混凝土靶板的工程计算方法研究［J］.弹箭与制导学报,2007,27(2):144-147.

［9］郑平泰,杨涛,秦子增,等.射流侵彻混凝土介质数值模拟及影响因素研究［J］.弹箭与制导学报,2007,27(4):114-118.

［10］郑平泰,杨涛,秦子增,等.聚能射流侵彻混凝土靶实验研究［J］.弹箭与制导学报,2006,26(1):391-393.

［11］郑平泰,杨涛,秦子增,等.基于改进SDM模型的聚能射流侵彻混凝土介质孔型计算［J］.弹箭与制导学报,2006,26(2):574-577,581.

［12］罗勇,沈兆武.聚能药包在岩石定向断裂爆破中的应用研究［J］.工程爆破,2005,11(3):9-13.

［13］梁为民,杨小林.定向断裂控制爆破理论与技术应用［J］.辽宁工程技术大学学报,2006,25(5):702-703.

［14］宗琦.岩石炮孔预射流缝爆破断裂成缝机理研究［J］.岩土工程学报,1998,20(1):30-34.

［15］宗琦.软岩巷道光面爆破技术的研究与应用［J］.煤炭学报.2002.27(1):45-49.

［16］杨仁树,宋俊生,杨永琦.射流缝孔爆破机理模型试验研究［J］.煤炭学报,1995,20(2):197-199.

［17］李清,王平虎.射流缝孔爆破动态力学特征的动焦散线实验［J］.爆炸与冲击,2009,29(4):413-408.

［18］陆渝生,邹同彬,连志颖,等.应力波和动光弹等差条纹的分析与判读［J］.力学与实践,2004,26(1):34-37.

［19］刘殿书,王万富,杨吕俊,等.初始应力条件下爆破机理的动光弹实验研究［J］.煤炭学报,1999,24(6):

612-614.

[20] 龚敏,陈向东.硐室爆破空腔比的动光弹研究与工程应用[J].北京科技大学学报,2005,27(6):645-648.

[21] 朱震海.爆炸波与地下结构物相互作用的动光弹探讨[J].爆炸与冲击,1989,9(3):21-24.

[22] 张志呈,肖正学,胡建.切缝药包定向断裂控制爆破机理研究[J].化工矿物与加工,2006(3):22-25.

[23] 蒲传金,郭学彬,肖正学,等.护壁爆破动态应变测试及分析[J].煤炭学报,2008,33(10):1163-1167.

[24] 戴俊,王代华.切缝药包定向断裂爆破切缝管切缝宽度的确定[J].有色金属,2004,56(4):110-113.

[25] FOSTER C L N. A Treatise of Ore and Stone Mining[M]. London:Charles Griffin & Comp.,1905.

[26] BARKER L M. A simplified method for measuring plane fracture toughness[J]. Eng Fract Mech,1977,9:361-364.

[27] COSTIN L S. Static and dynamic fracture behavior of oil shale[J]. Fracture Mechanics for Ceramics,Rocks,and Concrete,1981:169-184.

[28] FOURNEY W L,DALLY J W,HOLLOWOUR D C. Model studies of well stimulation using propellent charges[J]. Int. J Rock Mech Min Sci & Geome Abstr,1983,20(2):91-101.

[29] 杜云贵,张志呈.圆形炮孔切槽后对岩石破坏方向控制作用的力学分析[C]//全国第四届岩石破碎学术讨论论文集.中国岩石力学与工程学会,1989.

[30] 陆文,张志呈.切槽爆破断裂应力强度因子及其装药量的确定[J].西南工学院学报,1994,9(1):46-51.

[31] 解文彬,周翔.切槽爆破技术在汉白玉石材开采中的应用研究[J].爆破,2007,02:45-48.

[32] 李晓红,卢义玉.水射流理论及其在矿业工程中的应用[M].重庆:重庆大学出版社,2007.

[33] 倪红坚,王瑞和,葛洪魁.高压水射流破岩的数值模拟分析[J].岩石力学与工程学报,2004,23(4):550-554.

[34] 沈忠厚.水射流理论与技术[M].北京:中国石油大学出版社,1998:54-96.

[35] ZHOU Q L,LI N,CHEN X,et al. Analysis of water drop erosion on turbine blades on a nonlinear liquid-solid impact model[J]. International Journal of Impact Engineering,2009,36(9):1156-1171.

[36] CROW S C. A theory of hydraulic rock cutting[J]. International Journal of Rock Mechanics and Mining Sciences,1973,10(6):567-584.

[37] 卢义玉,黄飞,王景环,等.超高压水射流破岩过程中的应力波效应分析[J].中国矿业大学学报,2013,42(4):519-525.

[38] 王晓川,卢义玉,康勇,等.磨料水射流切割煤岩体实验研究[J].中国矿业大学学报,2011,40(2):247-250.

[39] 宋拥政,温效康,梁志强.磨料水射流等现代切割技术的研究与分析[J].锻压机械,1994(4):50-54.

煤岩界面识别研究现状及发展趋势

孙　喆

摘要:在综合机械化采煤技术向自动化、智能化发展的过程中,需要解决煤岩识别的问题。通过广泛收集、整理相关研究成果,全面总结了放射性探测技术、振动监测技术、电磁测量技术、红外探测技术、图像识别技术和电参量检测技术在煤岩识别中的研究现状及应用情况,并指出了各种测量技术在对煤岩识别时存在的识别精度、识别速度和适用范围等技术问题;提出了煤岩精确识别的未来发展方向是研制新型的多传感器网络、融合多种技术的交叉识别、改进单种探测技术缺陷、研究新型检测传感器等。

关键词:煤岩识别;自动化开采;智能化开采

1　研究意义

煤炭作为我国的主要能源,在保障国民经济稳定发展方面起着关键性的作用。目前,我国煤炭开采主要是地下开采,为了增加煤炭产量、提高劳动生产率、降低重大恶性事故发生率及改善劳动条件,煤炭开采机械化、自动化和智能化已经成为煤炭安全、高效开采必然的技术发展途径。

目前,大多数煤矿普遍采用了综合机械化(主要设备是采煤机、刮板输送机和液压支架)构成了综合机械化采煤工作面,简称“综采工作面”。但是,由于综采工作面的空间狭窄,重型机械装备多,噪声大,粉尘浓度较高,是煤矿生产过程中安全事故的高发地带,容易发生煤尘爆炸、局部冒顶、大面积切顶、垮面等事故,造成严重的人员伤亡和财产损失。因此,进一步提高综采工作面机械设备的自动化、智能化水平,最大程度降低工作面生产作业的人数,是煤矿开采急需解决的问题。在该过程中,面临的技术难题之一就是工作面内的煤岩自动识别问题。

在采煤机工作过程中控制采煤机滚筒截割高度的方法,国外采煤机少数采用存储切削模型高度控制法,国内大多数是靠人工调高。为了调整滚筒的垂直位置,操作工依靠听觉和视觉判断采煤机滚筒是处于截割煤还是截割岩的状态。实际上,因为在截割过程中产生很多煤尘和很大噪声,工作面现场的环境噪声大且能见度低,操作工很难及时和准确地判断出采煤机的切割状态。尤其是处在薄煤层开采过程中,工人就更难在工作面行走,严重干扰了操作工及时调整滚筒的高度。调整不及时就会切到顶板或者底板的岩石,倘若不及时处理将会产生许多问题,如加剧滚筒截齿的磨损;切割岩石的过程中产生火花引起煤尘爆炸等事故;甚至严重的振动会造成大面积的顶板岩石坍塌,对设备和人身安全都会造成不利影响;截割岩石落下的尘土不仅对工人的视线造成影响,还有损身体健康;截割下的岩石掺入原煤中会使原煤的质量降低。除此之外,倘若滚筒位置调整的不合适,还可能导致顶板或底板留煤太厚,减少了煤炭产量,浪费了煤炭资源。

我国的采煤工艺是尽量不留顶煤,这就要求滚筒沿煤层顶部煤岩界面截割。但是,人工操作是很难控制滚筒的高度与顶板的距离。因此,在煤煤机工作过程中经常切割到顶板岩石。所以,实现采煤机滚筒的自动调高是解决该问题的好方法。但是,若要实现采煤机滚筒的自动调高,就要能识别采煤机的截割状态,从而根据识别的结果实现滚筒高度的自动调整。采煤机自动调高系统主要由自动识别系统和滚筒状态控制系统两部分组成。实现滚筒自动调高不仅是生产过程自动化的重要环节,同时还能延长机器的寿命,提高设备的稳定性和工人的安全性,保证煤炭的质量,而且,煤岩智能识别技术对后续采煤机的智能控制研究具有很大促进作用。实现滚筒自动调高的第一步就是煤和岩石界面的识别,需要采煤机在工作过程中能检测到截齿切到的是煤层还是岩石,或者能识别出剩余煤层的厚度。因此,要求煤岩界面识别方法具备可靠性、实时性、高精度和适应性。如果这几个问题不解决,后续滚筒调高工作就更加困难。因此,开展煤岩界面识别技术的研究具有重要意义。

2 国内外研究现状

2.1 国外研究现状

1966 年,英国首先提出采用具有辐射特性的煤岩自然 γ 射线 NGR(Natural Gamma Radiation)传感器法,即通过在顶煤下方安装人工放射源和放射性探测器,采用放射性探测器来探测人工放射源放出的与顶煤发生作用后的 γ 射线。γ 射线的强度与顶煤的厚度有关。该方法相对适用于高瓦斯煤矿,但受采煤工艺的限制,即要求预留一定厚度的顶煤,且顶、底板围岩必须同时具有放射性元素,很大程度地降低了煤炭的采出率,且适用性较差。50% 的英国矿井以及 90% 的美国矿井采用了这一技术,而我国适用此方法的矿井仅有 20%,因而这种方法在我国的推广使用具有很大的局限性。

1980 年,英国与美国合作研究了一种天然 γ 射线法。其原理是根据顶底板岩石中钾、砷、铀三大放射性元素含量的差异而导致放射出的 γ 射线能量和强度不同。由于射线能量在煤层中不断衰减,通过煤层中射线能量的变化来判断煤层的厚度。应用此方法,具有无放射源、便于管理、探测范围比较大以及传感器不易损坏等优点。但该方法不适用于顶板无放射性元素,或放射性元素含量较低或煤层中夹矸太多的煤层开采。

到了 20 世纪 80 年代,英、美开始致力于研究基于截割力响应的煤岩识别方法,其原理是根据煤岩截割过程中截齿所受的截割阻力不同,因而表现出来的力学特征也各不相同。基于截割力响应的煤岩识别方法不受采煤工艺的限制,通过采集截割过程中摇臂的振动信号、截齿的应力信号、电流信号及调高油缸压力信号等对采煤机的截割状态进行识别。美国麻省理工学院采矿系统改造中心于 1985 年研制了一台截齿振动监测样机系统。采用实时监测方法发现截齿的振动随煤岩层性质的变化而变化,但采煤机在截割过程中,滚筒一直处于连续旋转状态,信号不易于实现传输。此后,该项研究一直处于停滞状态。

红外探测技术是近年来重点研究的煤岩界面识别技术。煤岩界面红外线探测装置是根据煤、岩对温度的敏感程度,采用热成像红外摄像机探测开采煤层和邻近岩层的温度变化。当装置的视频探测装置发现煤层或岩层的温度出现变化后,即发出报警信号。美国矿业局与美国匹茨堡研究中心针对这一技术展开了大量研究,分别开发了无源红外煤岩界面探测系统与煤岩界面红外线探测装置。但到目前为止,尚未见到成熟的方法及产品问世。

美国 JOY 公司应用角位移传感器、倾角传感器等开发了记忆切割法。通过拾取采煤机沿工作面第一次截割的相应数据,传输到数据采集与控制系统进行分析、处理,确定采煤机的截割路径,采煤机后续运行均以此路径为准进行截割。但由于综采工作面面临的煤岩走向错综复杂,记忆截割方法无法处理岩石走向突变等特殊工况。

世界各主要产煤国如英国、澳大利亚、美国和苏联等自 20 世纪 60 年代起就开展了大量关于煤岩识别的研究,主要分为两大类:

①通过测煤层厚度来探测煤岩界面即煤岩界面识别。

②通过一种装置来判断滚筒截齿是否切入了顶底板岩层。当判定滚筒切割到岩层时,立刻调整滚筒高度,即煤岩(介质)识别。

这两类方法一直是国内外的研究热点并衍生出了一系列的探测方法。

2.2　国内研究现状

20 世纪 80 年代末期,我国在国外研究的基础上也进行了基于自然 γ 射线探测的研究。中国矿业大学在煤矿现场做了大量的测试和试验,用来探究自然 γ 射线穿过顶煤后的衰减规律,同时也对屏蔽尺寸影响自然 γ 射线的状况做了大量研究,为以后设计自然 γ 射线传感器奠定了坚实的理论基础。

根据 γ 射线辐射放射源的不同,γ 射线法可以分为两种方法:γ 射线背散射法和自然 γ 射线法。人工提供 γ 射线放射源并将其放置在顶煤下方的放射性探测器接收的方法称为 γ 射线背散射法。

人工提供的 γ 射线放射源放出的 γ 射线与顶煤发生相互作用,经过反射被放置在顶煤下方的探测器探测到。但是人工放射源的散射,射线穿透能力不强,再加上由顶煤反射回来的射线强度与顶煤厚度有关,所以,测量煤层厚度小于 250 mm 时,不能保证与顶煤发生作用,并且煤中的一些夹杂物质严重影响探测的精度。

利用顶板煤岩中含有的钾 K、钍 Th、铀 u 三大放射性元素产生 γ 射线的方法称作自然 γ 射线法。但是每个煤(岩)层特性不尽相同,所含的放射性元素含量也不相同,导致所放射出的 γ 射线强度也不相同。因此,这种方法不适用于顶板岩层中放射性元素含量较低或不含放射性元素的工作面。

2016 年王昕等人通过探地雷达方法进行煤岩界面探测。同时,建立了煤岩界面的分层介质模型,并结合雷达方程分析了雷达波在该模型中的散射规律。根据散射规律,提出煤岩界面雷达回波强度计算方法,为实际煤岩识别提供了理论依据。

2017 年张强等人通过测试和提取不同煤岩截割比例条件下的声发射特征信号,提出一种基于声发射信号的煤岩界面动态识别方法,并且采用小波分析方法提取煤岩截割的声发射信号特征值;同时,建立了不同煤岩截割比例条件下声发射信号的最小隶属度函数,实现了煤岩截割比例的实时在线监测。李力等人利用煤与岩的声阻抗差异以及相控阵技术,在分析煤样与岩石的声速和超声波衰减系数等参数的基础上,提出了基于超声相控阵的煤岩界面识别方法,并通过建立超声相控阵的煤岩识别模型,实现了煤岩界面的准确识别。

对于红外探测技术,由于红外辐射对粉尘的穿透力强、探测灵敏度高,并且能够准确检测出煤岩界面切割时产生的红外辐射、采掘工作面的粉尘浓度。因此,目前通过红外探测技术,识别煤岩界面已经成为一种新的发展趋势。如 2016 年张强等人通过对采煤机截齿截割煤岩过程中的红外热像特性以及瞬态闪温差异进行研究,并且在采煤机截齿截割煤岩试验台上,分析得到了截齿截割煤、岩过程中的温度演化规律及闪温特征,为实现煤岩界面动态识别提供了重要的理论及数值依据。2017 年王昕等人研究了在不同时刻的任意频率对吸收谱线的作用,分析了基于太赫兹时域光谱技术的煤岩界面识别过程,并通过实验验证了采用 Hilbert 谱和边际谱提取出的光谱特征值,较好地实现了煤岩介质的识别。

3 煤岩识别研究的发展趋势

3.1 研制新型的多传感器网络

由于同种类型传感器识别煤岩特性单一,为了能够实现煤岩精确识别,提高采煤机滚筒自动化水平,研制新型的多传感器网络将成为发展趋势。例如,基于采煤机切割力响应的煤岩识别方法,通过采用多种类型的传感器分别监测电动机电参量信号、采煤机的振动信号、调高油缸压力信号等;其次,通过核心处理器将采集到的各个信号进行综合数据处理和分析,减少单一识别方法的盲区,提高识别精度和适用范围。多传感器网络的信息融合,能够有效避免上述各种方法的不足,得到较好的煤岩界面识别率。

3.2 融合多种技术的交叉识别

由于同种煤岩识别技术在不同的采掘工作面并不能完全适用,采用接触式与非接触式相结合的煤岩识别技术,利用多种技术的优点进行交叉识别将是一个主要发展方向。例如,在煤岩普氏系数相近的开采区域,选用射线探测、图像识别等非接触检测技术;在煤岩普氏系数差异较大的开采区域,选用红外探测法、震动检测法、电参数检测等接触式检测技术。同时结合两者的优点,进行交叉识别后既可解决煤岩普氏系数差异变化的问题,还可解决工作环境对识别系统的影响问题。

3.3 改进单种探测技术缺陷

改进单种探测技术缺陷。在煤岩识别中,每一种识别技术都存在不同的缺点,但随着技术的发展,改进单种探测技术的缺陷也将成为一个发展趋势。例如,可将雷达探测获得的动态数据与静态数据相结合,进而提高识别效果;改善工作面的光照条件和降低工作面的粉尘浓度,从而提高工业摄像机获取的煤岩图像质量;优化探测传感器的安装地点,采用屏蔽措施或光电隔离电路,提高信号的抗干扰能力;改善各类特征提取方法和识别算法,并借助纹理特征实现煤岩界面自动识别等。

3.4 研究新型检测传感器

当前煤岩识别所采用的传感器多为电磁式传感器,识别精度较低、可靠度与稳定性较低。因此,在煤岩识别中研究新型的检测传感器将是未来的发展方向之一。如采用光电传感器,提高抗干扰能力、灵敏度,从而提高识别精度;采用光纤传感器,提高抗粉尘、电磁波的能力,满足远距离检测等。

4 结论及讨论

4.1 简论各种识别方法存在的问题

自然伽马测井是沿井身测量岩层的天然 γ 射线强度的方法。岩石一般都含有不同数量的放射性元素,并且不断地放出射线。例如,在火成岩中,愈近酸性,放射性强度愈大;在沉积岩中含泥质愈多,其放射性愈强。利用这些规律,根据自然伽马测井结果就有可能划分出钻孔的地质剖面、确定砂泥岩剖面中砂岩泥质含量和定性地判断岩层的渗透性。自然伽马测井的一个直接用途是用来找出放射性矿产(铀、钍等),以及具有放射性的其他矿产,如钾盐。当前放射性探测技术存在的关键问题是射线穿透能力有限,所能测得的顶煤厚度不大于 250 mm;探测传感器易受粉尘等因素干扰;射线在工作面中存在射线衰减问题;必须留一定厚度的顶煤,这样降低了采出率;难于保证与顶煤良好接触;煤中夹杂物影响探测精度;不适用于顶板不含放射性元素或放射性元素含量较低的工作面,以及煤层中夹矸太多的情况。例如,对于页岩顶板有较好的适应性,而对于砂岩顶板则适应性极差。因此,这种方法的推广使用受到了限制。

振动监测技术存在的一些关键问题:振动监测传感器的识别精度容易受到机械振动如自身抖动等影响;传感器提取参数过多,造成信号响应迟滞,识别速度慢;对复杂工作面,如夹矸煤层等处理较难;传感器抗干扰能力不强,影响识别精度;工作中截齿经常切入岩石,因此,截齿的损耗也较大些;对某些采煤工艺要求预留顶煤或面对高瓦斯工作面,推广受到了限制。

红外探测技术在实际应用主要存在的一些问题:美国矿业局率先尝试了无源红外煤岩识别,原理是利用煤与岩石的硬度不同,截割时产生的温度也不同,通过实时温度的监测,来判断是否截割到顶板。这种方法适用与煤岩硬度差异较大的条件,当煤层中含有矸石或煤岩硬度差异不大时,该方法较难奏效。

当前基于图像识别技术的煤岩识别主要存在的问题:图法是指基于可见光图和红外图识别煤岩的方法。20 世纪 80 年代,英国和美国率先采用此方法进行了测试,但效果并不太理想。近几年,以中国矿业大学(北京)孙继平团队为代表的研究者们提出了利用图特征判别煤岩介质的方法,并取得了一定的成果,但该方法目前还处于初步研究阶段。

声波测试法在实际应用中主要存在的一些问题:声波测试法大致分为两种,第一种是利用声波作为探测源向煤层发射,通过接收到反射波的时间差来计算煤层的厚度。山东科技大学于师建等人将该方法和小波分析结合起来实现了煤岩界面的识别。但由于声波在空气中衰减严重,该方法属于接触式探测,较难实现。第二种方法是根据煤和岩石的物理差异,通过提取煤岩介质与截齿、支架、刮板等装备碰撞声音而实现煤岩介质的识别,但在采动环境下,该方法的识别率有待提高。

雷达测试法在实际应用中主要存在的一些问题:探测环境的电磁干扰、含水地层的信号衰减、煤岩分界面明显的电导率和磁导率差异。

4.2　可能进行研究的切入点

煤岩界面识别方法的多样性是由于煤岩分界面本身物理条件复杂和环境条件复杂。这些条件包括煤岩的岩性、密度、硬度、放射性、光谱特性、温度特性、电性、磁性差异等物理条件以及水的影响、裂隙的影响、有无顶煤、顶煤厚度、地温场条件、应力场、探测的距离等环境条件。另外,在特定条件下,选择不同的探测方法时,算法方面可以考虑计算效率,放大有效的物理差异,压制其他的干扰。未来研究中,还应进一步提高仪器的探测能力和精度水平、建立煤岩分界面数据判别模式和研究容错性更强的新的探测方法。

4.3　有关智能工作面的思考

智能工作面不能脱离人工智能的作用。以下先探讨人工智能的定义。人工智能(Artificial Intelligence),英文缩写为 AI,是研究、开发用于模拟、延伸和扩展人的智能的理论、方法、技术及应用系统的一门新的技术科学。它企图了解智能的实质,并生产出一种新的能以人类智能相似的方式做出反应的智能机器。该领域的研究包括机器人、语言识别、图像识别、自然语言处理和专家系统等。人工智能是对人的意识、思维的信息过程的模拟。人工智能不是人的智能,但能像人那样思考,也可能超过人的智能。

智能矿山的智能化与人工智能之间还有相当大的实现距离。目前的智能矿山应该处于接近高度自动化的阶段。自动化与人工智能的区别主要是机器的学习能力,能否同过感知数据建立合理的学习模型并不断改进。近年来,火热的人工智能主要来自深度学习技术,而矿山仍然处于初级人工智能阶段或者是实现自动化生产的初期到中期。所以,矿山智能化开采仍然任重道远,要想与真正的智能接轨,必须深入了解、学习目前其他行业取得的人工智能成果,并引进人工智能界、数学界、物理界、化学界等高端人才,与国际上通用意义上的人工智能开发与应用接轨。

参考文献

[1] 王东.煤岩界面识别及微机控制采煤机滚筒自动调高系统的研究[J].矿业世界,1997(3):1-3.

[2] 徐瑛.国外煤岩界面传感器开发动态综述[J].煤矿自动化,1995(2):1-3.

[3] 秦剑秋.自然 7 射线煤岩界面识别传感器的理论建模及实验验证[J].煤炭学报,1996,21(5):513-516.

[4] 廉自生.基于采煤机截割力响应的煤岩界面识别技术研究[D].北京:中国矿业大学,1995.

[5] WANG G,LUO X. Design and debugging of communication between controller and Kingview based on CAN bus [J]. World Journal of Engineering,2013(4):395-399.

[6] 刘俊利,赵豪杰,李长有.基于采煤机滚筒截割振动特性的煤岩识别方法[J].煤炭科学技术,2013,41(10):93-116.

[7] 黄韶杰.基于聚类的煤岩分界图像识别技术研究[D].北京:中国矿业大学,2016.

[8] 刘春生.滚筒式采煤机记忆截割的数学原理[J].黑龙江科技学院学报,2010,20(2):85-90.

[9] 薛光辉,赵新赢,刘二猛,等.基于振动信号时域特征的综放工作面煤岩识别[J].煤岩科学技术,2015,43(12):92-97.

[10] 张强,王海舰,王兆,等.基于红外热像检测的截齿煤岩截割特性与闪温分析[J].传感技术学报,2016,29(5):686-692.

[11] 王昕,胡克想,俞啸,等.基于太赫兹时域光谱技术的煤岩界面识别[J].工矿自动化,2017,43(1):29-34.

[12] 陈晓坤,蔡灿凡.不同因素对煤岩导热系数影响的实验研究[J].煤矿安全,2017,48(3):18-20.

[13] 张强,王海舰,郭桐,等.基于截齿截割红外热像的采煤机煤岩界面识别研究[J].煤炭科学技术,2017(5):22-27.

[14] 孙继平,余杰.基于支持向量机的煤岩图像特征抽取与分类识别[J].煤炭学报,2013,38(8):508-512.

[15] 徐超,冯辅周,闵庆旭,等.基于形态学和 OTSU 算法的红外图像降噪及分割[J].红外技术,2017,39(6):512-516.

煤系地层"三气"单井筒合采可行性分析

李新岭

摘要:高效开发非常规天然气是保障我国能源安全的重大战略需求,而我国煤层气及煤系气资源丰富。鄂尔多斯盆地作为我国煤层气和致密砂岩气主要赋存区域,开采潜力巨大。针对单一气体资源开发难度大、经济效益低的问题,通过利用多方面相关的研究成果,系统地探讨不同类型储层微观非均质性和多尺度特征,揭示不同煤岩储层吸附、解吸规律及扩散动力学特性;建立含煤岩系天然气合采过程中多类型储层-多相-多尺度-多物理场耦合条件下解吸渗流理论模型,探索层间干扰因素对煤系气合采的影响机理,揭示多气合采工程、煤系气协同产出规律,为发展多气合采、提高资源综合利用率奠定渗流理论基础。

关键词:煤层气;页岩气;致密砂岩气;联合开采

1 研究背景及意义

1.1 天然气需求日益增长,供需矛盾突出

我国天然气需求日益增长。2018 年进口天然气 9 040 万 t,对外依存度超过 45% ,严重威胁我国能源安全。从图 1 可以看出,我国在 2020 年天然气需求缺口达千亿立方米,进口依赖度将达到 52% 左右。我国经济社会发展的新常态将推动能源结构不断优化调整,促进天然气等清洁能源的利用。2017 年,国家发改委出台了《加快推进天然气利用的意见》,指出到 2020 年,天然气在一次能源消费结构中的占比力争达到 10% 左右。随着国际油气价格走高,世界油气勘探发展逐渐由常规天然气转向非常规天然气。

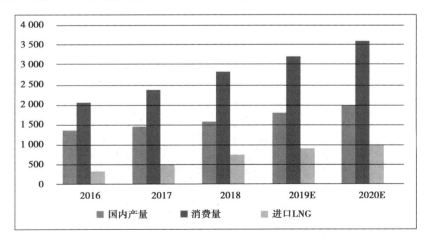

图 1 我国天然气供给需求及预测/亿 m³

1.2 煤系气资源储量丰富,开发潜力巨大

我国非常规天然气储量丰富,总量约 $190 \times 1\,012\ m^3$,为常规天然气储量的 5.01 倍,其中煤层气储量 $37 \times 1\,012\ m^3$,页岩气可采储量 $26 \times 1\,012\ m^3$,致密气储量 $12 \times 1\,012\ m^3$。实现非常规天然气大规模商业开发,对于保障国家能源安全具有重要意义。

在煤系地层中赋存大量丰富的煤层气、页岩气、致密砂岩气,均属于非常规天然气,简称"三气"或"煤系气"。其中,煤层气作为优质清洁能源,资源储量丰富且开发潜力巨大。

鄂尔多斯盆地作为我国煤层气和致密砂岩气储量最为丰富区域,其中煤层气资源储量达到 $9.86 \times 10^{12}\ m^3$,约占全国总量 27%,致密砂岩气储量预计达 $8.0 \times 10^{12}\ m^3$,是我国最具有规模化开采煤系气的区域。该地区石炭-二叠纪含煤地层为本溪组、太原组和山西组,含 5 ~ 10 层煤层,煤层总厚度为 8 ~ 30 m。煤层的层数多,且间距较小,储层压力呈欠压-常压状态,有利于煤层气的富集。

1.3 单一储层开采产量低成本高,合层开采是发展趋势

煤系非常规天然气的埋深较深、储层较致密、储层渗透率低,煤系地层具有多层系、垂向上具复合气藏共生共存的特点。仅开采单一储层内部的非常规天然气,不仅产量低,开发难度大,而且开发成本高。从提高储量动用程度、降低单层开采成本、提高单井经济产量角度出发,对煤系气藏的开发应可以采用合层开采的方式。近年来,在鄂尔多斯盆地东缘临兴—神府地区开展的三气合采现场的试验初步显示了多气合采的可行性(工艺过程如图 2 所示)。开发多气合采技术,可提高资源利用率,降低开发成本,并提高综合经济效益,同时可降低后期煤矿开采过程中瓦斯事故隐患。煤系气多气合采方案包括同井同时合采、同井同时分压合采、同井产层接替合采等开采程序。但是,由于 3 种天然气的赋存形式、储层敏感性和生产方式等不同,产层解吸渗流机理和层间干扰因素等不明确,且对储气层厚度、储层渗透特性、储层压力、含水饱和度等诸多因素对多气合采的影响规律研究甚少。目前,仍处于试验探索阶段,并未实现规模化生产。

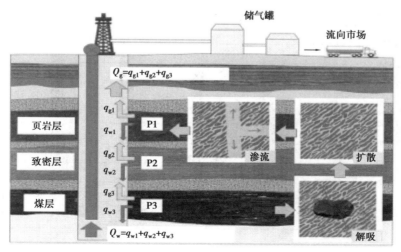

图 2 煤系"三气"合采工艺过程示意图

2　国内外研究现状

在煤系气合采过程中,随着压力下降,吸附煤层气解吸,并扩散到裂隙系统中,进而流动到开采井中,因此,其开采过程是一个流体渗流、多孔介质弹塑性变形与温度场耦合作用极强的过程。国内外学者目前在煤层气解吸渗流机理和运移过程等方面开展了诸多研究,为多层煤系气合采应用奠定了渗流理论基础。

2.1　煤层气解吸-扩散机理

煤系储层中煤层气、页岩气和致密气三气的赋存形式、成藏特征、储层特性和产出机理存在较大差异。以游离气为主的致密气生产衰竭较快,主要集中在开采前期,而以吸附态为主的煤层气生产周期更长,需要达到临界解吸压力后才开始大量生产。在合采过程中,涉及不同储层解吸、扩散的时空匹配关系等问题。所以,对煤系气合采效果研究主要从煤层气吸附、解吸和扩散影响机制等方面开始着手。基于不同假设,国内外学者提出多种不同的吸附理论模型,主要为单分子层吸附模型、多分子层吸附模型和微孔充填理论模型,其中 Langmuir 提出的单分子层吸附模型在目前广泛应用于煤层气资源评价。国内对煤层气解吸机理研究始于 20 世纪 90 年代。煤层临界解吸压力是评价多层煤系气是否适合多层合采的判别标准。当上、下多层储层临界解吸压力接近或者下部储层临界解吸压力大于上部储层临界解吸压力时,适合多层开采。由此,可见掌握各储层临界解吸压力同样对于多层合采至关重要。

从上述内容可知,虽然前人针对同种气藏多层合采过程中煤层气解吸扩散进行了一定的研究,但是,目前在研究多层不同气藏合采过程中并未考虑层间干扰因素对煤层气解吸扩散的影响,针对临兴-神府区块不同储层解吸、扩散的时空匹配关系更未涉及,这也是阻碍该地区煤层气和致密气多气合采成功的重要原因。

2.2　煤系储层渗流机理

煤系气储层渗透率是影响产气量的关键因素。由于甲烷气体在储层中涉及微孔-微裂隙-裂缝-井筒不同尺度的流动,渗流机理较为复杂。国内外学者通过大量试验、理论研究,总结概括煤岩渗透率主要受到滑脱效应、基质收缩效应和有效应力效应的影响。随着水气的产出,储层有效应力增加并导致储层渗透率降低,而煤层气的解吸引起基质收缩、提高基质孔隙率并导致渗透率增加。在煤系气多层合采过程中,不同类型储层受到压力差和渗透率差等干扰因素的影响,易形成气水倒灌或煤层应力敏感性、渗透率损伤等储层伤害,从而造成多层合采效果不佳。杨胜来等人研究有效应力对不同类型储层渗透性的试验研究,发现煤层压力敏感性远超砂岩储层。当有效载荷增加 10 MPa,煤层渗透率降低 80%,远超过砂岩的 10%。鄂尔多斯盆地东缘临兴-神府地区煤层、致密砂岩和泥岩储层相互叠置,不同类型储层物性和孔缝差异明显。现有研究偏重于单一储层渗流特性,但多气合采过程中煤系气渗流流动涉及多类型储层-多相-多尺度-多物理场耦合条件,不同储层渗流过程的耦合机制及层间相互干扰机理尚不明了。

2.3　多气合采产能预测

煤系气的多层合采是否可以取得预期的经济效益,主要取决于能否掌握多类型储层煤系气储运机理和协同产出规律。李彬刚等认为上部储层渗透率损伤、产水层影响和产层间距过大等原因是造成多层合采效果差的主要原因。王蕊等人综合考虑煤层气和致密气的不同赋存机理和渗透特性,建立了煤层气和致密气合采数学模型,并分析影响合采产能的敏感性因素。结果表明,当煤层气储层渗透率大于致密气储层时,合采效果较好,且煤层气和致密气合采的合理压力差小于 2.1 MPa,否则会发生倒灌现象,从而破坏储层,造成渗透性损伤。

综上所述,目前我国非常规天然气资源开发主要限于单层开采或同种气藏多层合采等简单模式,且主要集中在理论方面的研究。

3 三气合采可行性分析及工程难题

3.1 可行性分析

从煤系气体成藏机理、不同类型含气储层特征和开采特征等方面,分析煤系"三气"共采可能性。分析煤层气、页岩气、致密砂岩气的分布可知,含页岩气资源盆地与含煤层气资源盆地重叠,含致密砂岩气资源盆地与含页岩气资源盆地重叠,即 3 种非常规天然气资源分布区域重叠,且均在含煤盆地地层中。对已发现的含 3 类气藏的盆地的研究表明,3 类气藏均处于整套含煤岩系内,在物源类型、沉积环境、构造热演化等方面,具有显著一致性。这也说明了我国煤层气、页岩气、致密砂岩气具有"同盆共存"的特点。

煤层气是煤在高温高压作用下经煤化作用及生物化学作用生成的烃类气体,主要赋存于煤层及邻近岩层,是自生自储式气藏。受盆地发育史的影响,煤层气可分为生物成因气、热成因气以及混合成因气。煤层气初次赋存及运移,受地质演化及构造特征影响显著。影响储层含气性的地质因素包括地质构造条件、储层埋深、水文地质、沉积环境、储层物性和岩浆活动等,其中地质构造条件包括构造演化特征及构造类型,储层物性包括煤变质程度、煤孔隙结构及煤层气的后期赋存及运移,主要受构造演化和水动力条件影响显著。地质构造演化一方面改变地层断层结构和孔裂隙结构,改变煤层气的赋存状态及流动方向。断层和大裂隙的形成为煤层气的流动提供了通道,引导了煤层气的流动方向,同时,也不利于煤层气成藏;另一方面,构造演化引起的地层抬升与沉降,影响煤岩的 2 次生烃和煤层气的保存。煤层气储层含水饱和度较高,煤层中的水不仅溶解有一定量的气体,而且影响着煤储层的压力,同时煤层中水的流动直接影响煤层气的吸附解吸程度,对煤层气的封存(逸散)有重要的影响。

页岩气藏是一类富有机质烃源岩在温度、压力持续作用下生成的烃类气体,是典型的自生自储型气藏。储层孔隙度和渗透率都很低,几乎无自然产能。页岩气的成因与煤层气类似,包括热成因、生物成因及混合成因,赋存状态也包括吸附态、游离态、溶解态,与煤层气不同的是,吸附态页岩气含量在不同气藏中差别很大,最低可达 20%,最高可达 85%。页岩气成藏过程体现了煤层气到根缘气再到常规气成藏过渡特征,兼顾了吸附气成藏机理、活塞式气水排驱成藏机理和置换式运聚成藏机理。控制页岩气成藏的主要因素有总有机碳含量、有机质成熟度、岩石矿物成分、页岩埋藏深度、地质构造、优质页岩厚度、储层的孔隙度和渗透率、地层压力、温度等,其中构造不仅直接影响泥页岩的沉积、成岩和造缝作用,影响泥页岩的生、储能力,还会造成泥页岩的抬升、下降,控制页岩气的成藏过程。此外,页岩气藏主要赋存于构造转折带、地应力相对集中带以及褶皱-断裂发育带。

致密砂岩气藏是一种低孔隙度、低渗透率、低含气饱和度的非常规天然气藏,是天然气克服毛细管压力作用,经活塞式运移形成的,具有"源储紧邻、源盖一体、持续充注"的成藏特点。致密砂岩气藏的形成需要具备充足的气源、足够大的早期圈闭、具有一定的储集性能、保存条件好、处于油气运移指向区的古隆起高部位、良好的配置关系等。已发现的大型致密砂岩气藏,例如四川盆地、鄂尔多斯盆地、吐哈盆地,其气源岩多为煤系烃源岩,储层与烃源岩层之间相互叠加,保证了足够的气源,减少了气体运移中的损失,有良好的盖层。

在煤系地层中,煤层气、页岩气、致密砂岩气"三气"具有很好的"共生共存基础"。在煤系地层层序中,煤层、泥页岩层、砂岩层重复交替出现,可形成多套"生储盖组合",是各类气藏形成的关键。煤系地层中的烃源岩种类多,垂向上旋回性强,使得煤系地层烃源岩生气范围广,烃类气体成因多样,生气潜力大,生气量多。富含有机质烃源岩在沉积、构造、热液等的作用下,生成大量烃类气体。生成的气体一方面以吸附状态自生自储于煤层、页岩层中,形成煤层气、页岩气;另一方面以裂隙断层为通道运移,并聚集在其他储集空间形成气藏。其中,生成的烃类气体经短距离活塞式运移聚集在与烃源岩大面积紧密接触的致密砂岩中,并主要以游离气形式形成致密砂岩气藏。煤层和泥页岩层都可为致密砂岩气藏提供烃源岩,而致密砂岩与烃源岩之间往往相互叠加形成三明治型储盖配置,互为盖层。泥页岩除是自生气体的烃源岩和储气岩外,还是煤层生成的烃类气体很好的储气层,是煤层气藏很好的盖层。因此,我国煤系三气单井筒合采在资源条件方面具有良好的可行性。

3.2　需解决的工程难题

以我国鄂尔多斯盆地为例,其临兴-神府地区煤系气储层具有如下特征:

①含气层系多,涉及煤层气、页岩气、致密气的多类型储层共存(图3、图4)。

②单层厚度薄,变化幅度大,如煤层在1~18 m变化。

③吸附气含量高,临界解吸压力差异大。煤层气以吸附为主,页岩气吸附游离共存。

④低孔隙率、低渗透率。煤层分别为4%~6%、0.04~9.86 mD,砂岩层分别为4%~8%、0.01~53.07 mD。

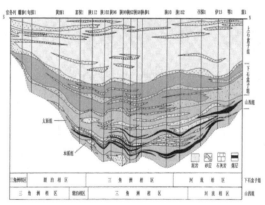

图3　鄂尔多斯盆地石炭系-二叠系南北向剖面

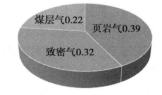

图4　临兴-神府区块煤系气占比

在该地区,应用的开采技术主要包括分层压裂接替开采技术和分层/合层压裂合层开采技

术。实践中,遇到的工程难题如下:

①不同地层力学特性差异显著,压裂改造通道表征困难。

②吸附气临界解吸压力差异明显,多层同时高效解吸困难。

③压力系统不兼容,渗流特性差异大,层间干扰严重。

④水敏、速敏和压敏效应强,储层伤害显著。

⑤煤系气合采技术门限不明。

由此,直接导致煤系气产量底下,开采成本高昂。可见,强化吸附气解吸、促进渗流、理清合采技术适用条件是煤系"三气"高效合采的关键。

4 关键科学问题

4.1 多类型储层孔隙-天然裂缝-人工裂缝多尺度表征

在多类型储层中,不仅存在着复杂的微孔隙、天然裂隙,同时,由于实施水力压裂进行储层改造,人工裂缝扩展规律复杂,成为流动通道表征的黑匣子。多类型储层流动通道类型多,存在着小到纳米,大到米级的裂缝,跨尺度表征困难,尺度效应显著,如图5所示。

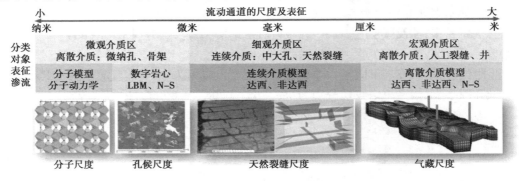

图5 流动通道的尺度及表征

基于此,从多类型储层岩石孔隙、天然裂缝多尺度定量表征及工程诱导下人工裂缝网络多尺度定量表征两方面着手,测定临兴-神府地区深煤层的镜质组、无机物等煤岩矿物组成;重构并分析其微观三维结构,明确孔径分布,孔比表面积、连通性、迂曲度、个性异性等几何和统计特征;基于多种测试手段、分形理论,定量表征煤储层孔隙、裂隙网络以及孔隙-颗粒界面粗糙的微观非均质性和多尺度特征,分析得到制约煤层气运移的关键孔隙环节;最终,建立孔缝介质多尺度定量表征方法。

4.2 多类型储层-多相-多尺度-多场耦合条件下解吸渗流规律

在"三气"合采的储层气体解析渗流方面,存在多尺度流动通道并存、跨尺度流动机理复杂、多场耦合效应明显、层间干扰严重、多相流体共存及储层伤害显著等问题。基于此,首先应针对多类型储层煤系气解吸扩散规律(图6、图7),从多场多相条件下煤系气吸附解吸机理、煤系气多尺度多类型扩散动力学两个切入点开展研究,揭示工程扰动下多类型储层煤系气解吸扩散规律;其次,针对多类型储层-多相-多尺度-多场耦合渗流规律(图8、图9),从煤系气跨尺度流体输运网络多场多相渗流机理、煤系气合采层间干扰条件下渗流规律出发,研究考虑层间干扰、多场耦合下煤系气的渗流理论。

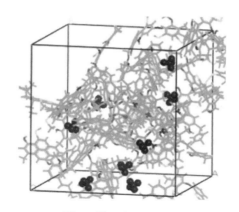

图6 煤吸附甲烷模型

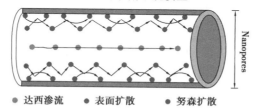

● 达西渗流 ● 表面扩散 ● 努森扩散

图7 甲烷解吸扩散类型

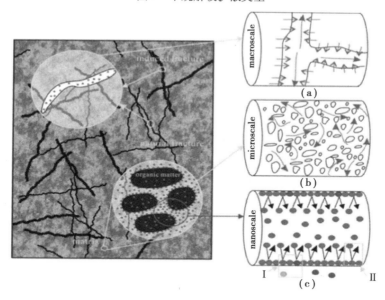

图8 煤系气多尺度渗流

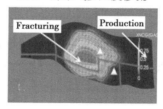

图9 水力压裂工程尺度数值仿真

253

基于多种测试手段、分形理论,定量表征煤储层孔隙、裂隙网络以及孔隙-颗粒界面粗糙的微观非均质性和多尺度特征,分析得到制约煤层气运移的关键孔隙环节;研究不同温度、不同压力及水分条件下煤岩的吸附、解吸和扩散规律,分析煤层气解吸量、解吸速率及气体压力随解吸时长的动态变化规律,探索解吸过程中气体分子在煤基质内的动力学扩散特征,揭示煤层微观结构和多尺度特征对煤层气吸附、解吸和扩散的影响机制,建立考虑煤层微观结构、温度、压力和储层伤害条件下的煤层气吸附、解吸和扩散数学模型;测定不同应力、加载路径、加载时间、温度、流体压力、含水率对不同尺度煤岩系多类型储层原生孔缝和次生人造裂缝微、细观结构的影响规律和气-水多相渗流运动规律及流态特征,建立多场耦合作用下煤岩多尺度孔缝介质跨时效、多相、多组分渗流理论和数学模型。

4.3　多气合采高效协同产出机理

开发多场耦合条件下煤层及煤系储层合采大尺度相似模拟实验技术,并建立煤岩储层孔隙、裂隙双重介质多场耦合三维数值仿真模型;通过大尺度相似模拟实验和工程尺度数值模拟,研究揭示多气(煤层气、砂岩气、页岩气)合采过程中不同工况、不同地质条件及不同物性条件下各煤系储层应力-渗流-温度场的三维时空演化特征及其对煤层气、砂岩气的三维时空解吸扩散影响规律,分析多气合采过程中各储层物性参数变化对气体流动的作用机理,探索储层厚度、含气性、渗透率、孔隙率、储层压力、含水饱和度等因素对煤系气共采的影响规律,阐明煤系气的协同运移机制和相互影响的关键因素,明确煤层及煤系储层吸附、解吸、渗流的工程诱发条件和高效产出机理。

5　结论

①在我国天然气需求日益增长、供需矛盾突出的形势下,对资源储量丰富的煤系地层非常规天然气进行开采是实现国家能源自给自足、保障能源安全的战略需求,也是减轻污染、保护环境的内在要求。

②从煤系"三气"成藏机理、共生共存关系及各自开采特点分析,认为我国煤系气具有合采的可行性,但工程实践中面临着压裂改造通道表征困难、多层同时高效解吸困难、层间干扰严重、储层伤害显著等诸多急需解决的难题。

③应该大力开展多类型储层孔隙-天然裂缝-人工裂缝多尺度表征、多类型储层-多相-多尺度-多场耦合条件下解吸渗流规律、多气合采高效协同产出机理等关键科学问题的研究,阐明多层合采干扰影响因素及干扰形式,建立含煤系气多类型-多相-多尺度-多物理场耦合条件下的解吸渗流理论,为开展多气合采、提高资源利用率奠定理论基础。

参考文献

[1] 邹才能,张国生,杨智,等.非常规油气概念、特征、潜力及技术—兼论非常规油气地质学[J].石油勘探与开发,2013,40(4):385-399.

[2] 李增学.非常规天然气地质学[M].徐州:中国矿业大学出版社,2013.

[3] 谢英刚,孟尚志,高丽军,等.临兴地区深部煤层气及致密砂岩气资源潜力评价[J].煤炭科学技术,2015,43(2):21-24.

[4] 陈刚,秦勇,李五忠,等.鄂尔多斯盆地东部深层煤层气成藏地质条件分析[J].高校地质学报,2012,18(3):465-473.

［5］刘鹏,王伟锋,孟蕾,等.鄂尔多斯盆地上古生界煤层气与致密气联合优选区评价［J］.吉林大学学报,2016,46(3):692-701.

［6］毛峥,赵俊.煤系"三气"合采可行性及技术研究［J］.当代化工,2018(11):2430-2434.

［7］洪炳沅,李晓平,李愚,等.多气合采地面集输面临的关键问题及研究建议［J］.石油科学通报,2018,3(02):195-204.

［8］申建,张春杰,秦勇,等.鄂尔多斯盆地临兴地区煤系砂岩气与煤层气共采影响因素和参数门限［J］.天然气地球科学,2017,28(3):479-487.

［9］LANGMUIR I. The adsorption of gases on plane surfaces of glass,mica and platinum［J］. Journal of the American Chemical society,1918,40(9):1361-1403.

［10］孟尚志,李勇,王建中,等.煤系"三气"单井筒合采可行性分析——基于现场试验井的讨论［J］.煤炭学报,2018,43(1):168-174.

［11］杨胜来,杨思松,高旺来,等.应力敏感及液锁对煤层气储层伤害程度实验研究［J］.天然气工业,2006,26(3):90-92.

［12］李彬刚.煤层气井合层排采过程中储层伤害问题研究［J］.中国煤炭地质,2017,29(7):33-35.

［13］王蕊,石军太,王天驹,等.煤层气与致密气合采敏感性因素的数值模拟［J］.断块油气田,2016,23(6):812-817.

井下无线定位技术及其应用

王 舒

摘要:采用无线技术对人员进行定位与跟踪是增加煤矿监控手段、保障煤矿安全生产的主要途径之一。国内对于井下人员定位与跟踪技术的研究目前仍然是一个相对薄弱领域。随着地面无线通信、网络技术和无线定位技术的日益发展与成熟,井下人员定位与跟踪的可行性、可实现性也日益提高。本文在介绍井下无线定位技术研究现状的基础上,对比分析了多种无线定位技术和定位测量方法,简要阐述了实际工作中应解决的问题。

关键词:无线定位;巷道;定位测量

1 研究背景

我国是世界上最大的煤炭生产国,煤炭工业在国民经济和社会建设中占有十分重要的地位。煤炭是我国最主要的能源,占能源消费总量的七成以上,占发电燃料的八成以上,在国内能源生产和消费中仍处于主体地位。我国煤矿安全技术与装备技术总体水平较低,矿井防灾抗灾能力较差,凸显建立与完善先进的安全监测与监控系统的必要性、紧迫性和现实性。其中,井下移动目标的定位监控是煤炭行业多年来期待解决的技术难题,研究和开发井下移动目标的定位与跟踪技术对于提高生产效率、保障井下人员的安全、灾后及时施救与自救都具有十分重要的意义。

在过去的几十年里,无线通信与网络技术取得了突飞猛进的发展,不断涌现的各种新技术、新系统正日益进入我们的生活和生产中,影响和改变着我们的生活方式、生产方式。随着地面无线通信、网络技术和无线定位技术的日益发展与成熟,井下无线通信、无线监测和监控的可行性、可实现性也日益提高。将无线通信与网络技术引入井下通信与监控,实现有线技术和无线技术的联合或融合,势必可以提升和加强井下监测与监控系统的整体水平,使其更具可扩展性、柔韧性和鲁棒性。井下人员定位属于监控系统的一部分,将无线定位技术应用于井下人员和移动设备的定位是目前研究的重要课题和热点之一。国内外科技人员为此做了大量的工作,取得了一定的成果,研发和试验了许多相关的技术与产品,期望改善、提高井下无线监测与监控的质量。

然而,与地面或室内情况不同,井下作业环境有其特殊性。井下巷道可达数十千米,生产作业地点分散,人员流动性大,工作环境恶劣。对于无线信号的传输来说,井下巷道又是一个复杂、特殊而又独立的信道环境。无线信号在巷道内传输存在着大量的反射、散射、衍射以及透射等现象,呈现出很强的多径效应。有关封闭巷道内的电磁信号的传输模型及其对无线定位影响的研究至今还不完善,无法对无线定位精度的提升提供理论上的指导和支持,严重制约了无线通信技术和无线定位技术向井下应用领域的拓展。目前,国内使用的井下人员定位与跟踪技术,从技术本质上说,仅仅是一种考勤记录系统或者仅停留在粗略定位的层面上,完成大致的位置确定,而非精确的人员定位跟踪。国内对于井下人员定位与跟踪技术的研究仍然是一个相对薄弱的领域。

总之,煤矿安全生产的现实对井下精确定位系统的要求十分迫切,无线定位技术的井下应用势必可以丰富井下安全监控的技术手段,提高安全生产的技术保障。地面无线定位理论和技术的发展为井下无线精确定位提供了技术支撑。因此,研究井下人员或移动设备的无线精确定位是必要的、可行的,且具有重要的理论价值和现实意义。

2　无线定位基本原理

对于无线定位技术的研究,应尽可能地利用现存网络资源,低成本地实现对用户的精确定位。可以采用的定位方法通常分为三类:推算定位、接近式定位和无线电定位,其中推算定位基于一个相对参考点或者起始点,借助地图匹配算法来确定移动目标位置,适用于对运动目标的连续定位;接近式定位又称信标定位,运动目标的位置可以通过与之最靠近的固定参考检验点来估计确定;无线电定位又可以分为卫星无线电定位和地面无线电定位,其中卫星定位是利用 GPS、GLNOASS、北斗等卫星系统的多个卫星实现移动目标的三维位置定位,而地面无线定位是通过测量红外、音频或无线电波从发射机到接收机的传播时间、传播时间差、信号场强、相位或信号入射角等参数来实现目标节点或移动终端的测距与测向,然后再通过一定的定位算法实现目标的定位,其过程如图 1 所示。

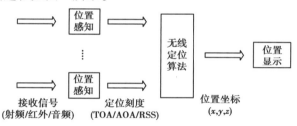

图 1　无线定位的原理

3　井下无线定位技术研究现状

随着数据业务和多媒体业务的快速增加以及矿山安全生产和井下作业监控的要求不断提高,矿山对定位与导航的需求日益增大,常常需要确定移动终端或其持有者、设施与物品的位置信息。目前,无线定位技术已经在矿山地下人员、设备跟踪、井下考勤、应急救援、危险监测等方面得到了广泛的应用,并且取得良好的效果。目前,国内外地下矿山采用的定位跟踪技术主要有射频识别技术(RFID, Radio Frequency Identification)、Zigbee 定位技术、Wi-Fi(Wireless Fidelity)定位技术、超宽带(UWB, Ultra Wideband)定位技术等。

RFID 射频识别定位技术是从 20 世纪 80 年代开始逐步走向成熟的一种自动识别技术。它是一项利用射频信号通过空间耦合,实现无接触信息传递,并通过所传递的信息达到识别目的的技术,一般由电子标签(射频标签)和阅读器组成。这种技术在国外发展非常迅速,如在北美、欧洲、大洋洲、亚太地区以及非洲南部等地区的矿山领域已得到了广泛应用。其中,南非的采矿业使用的由位于 Pretoria 的 IPico 公司生产的射频识别产品,用于跟踪照明、救援、瓦斯检测和急救装备管理;澳大利亚矿山技术公司开发的 T/T 井下人员跟踪系统,也是采用了射频识别技术实现对井下携卡人员、设备的动态信息及其在井下的位置分布情况实现实时掌握。目前,我国已有多家企业致力于该项技术的研发,其产品也在我国的煤矿及非煤矿上得到了广泛的应用。梅山铁矿的井下信标系统即采用该技术来实现井下人员、设备的跟踪定位。但是，该技术存在通信距离短、无线基站发射功率大，多人通过基站时有漏卡现象，且射频信号无法实现全井覆盖，并非真正意义上的人员定位跟踪系统。

ZigBee 技术是 2001 年 9 月才发展起来的一种新兴的无线传输协议标准，并以其低复杂度、低速率、低功耗、低成本、容量大、自组网等特点，吸引了国内外许多企业和矿山领域研究者的普遍关注。重庆大学资源及环境科学学院的谢晓佳、程丽君、王勇，西安科技大学的杨兴、郝迎吉、王洪波，河南理工大学计算机科学与技术学院的张长森、董鹏勇、徐景涛，电气工程与自动化学院的王志忠、董爱华，湖南科技大学的李润求、彭新等矿山领域的研究学者从 Zigbee 技术的原理、技术可行性、方案设计等方面进行了透彻的分析和论证。近年来，我国也涌现出了一些致力于 Zigbee 产品的生产研发企业，比较有代表性的有杭州辰林信息技术有限公司、北京索通紫蜂通讯工程技术有限公司、苏州博联科技有限公司、赫立讯科技（北京）有限公司等，其中北京索通紫蜂通讯工程技术有限公司的 Zigbee 定位产品已在四川甘孜州锡矿、陕西包家山隧道、北京西六环隧道和北京地铁大兴隧道的人员定位考勤、多元信息预警和安全管理方面得到了成功的应用，其他几家单位也已形成了较为成熟的解决方案。

Wi-Fi 技术是一种无线保真技术，具有覆盖范围广、有效距离长、传输速度快、可靠性高等特点。该技术的定位精度和接收到的 AP 信号有很大关系，接收到的 AP 信号越多，定位的结果就越准确，目前可使用的技术标准有 IEEE802.11a、IEEE802.11b 和 IEEE802.11g。云南玉溪矿业公司大红山铜矿也已建设了基于 Wi-Fi 技术的无线定位系统，很好地满足矿山调度对人员设备跟踪定位的需求，为井下跟踪定位提供了基础平台。

UWB 技术，即超宽带技术，具有高分辨率、抗多径干扰能力强、对信道衰落不敏感、发射信号功率谱密度低、系统复杂度低、能提供数厘米级的定位精度等特点，近年来也备受研究学者的关注。加拿大魁北克 Laval, Sainte-Foy 大学电子与计算机工程系的 Abdellah Chehri、Paul Fortier、Pierre Martin Tardif 等研究人员于 2008 年就对该技术用于解决地下矿井定位问题的可行性做了必要的研究，并给出了适合解决井下定位问题的定位算法，从理论上论证了该技术用于解决地下矿井定位问题的可行性。此外，中国矿业大学信电学院的王艳芬、于洪珍，北京交通大学电子信息工程学院的庞艳、乔静，华东师范大学信息科学技术学院的王秀贞等研究人员也对 UWB 技术应用于井下无线定位问题作了初步的探讨和研究。

4　无线定位技术在井下定位系统中的应用

4.1　RFID 技术在井下定位系统中的应用

基于 RFID 技术的井下人员定位系统由井上和井下两部分组成。井上部分主要包括监控管理软件和共享网络终端两部分；井下部分以 CAN（Controller Area Network）控制器局域网络总线作为传输媒介，其设备主要包括阅读器、电子标签、天线、中继器等几个部分。井下人员定位系统包括射频定位子系统、总线传输子系统和管理子系统，如图 2 所示。

4.1.1　射频定位子系统

射频定位子系统主要是由阅读器、标签和天线组成。实际工程部署时，需要将阅读器安装在井下一些重要的硐室、危险场所等需要监控的地方，分布区域的大小可视井下具体环境而定。标签内嵌在安全帽中，当矿工进入井下以后，只要通过或接近放置在坑道内的任何一个读卡器，读卡器感应到信号，并通过与之相连的通信线缆，将获得信息立即上传到控制中心的计算机上。因为读卡器之间不具备无线通信能力,故所有部署于井下的读卡器均需要通过 CAN 总线与工业以太网连接,实现定位数据的实时回传。

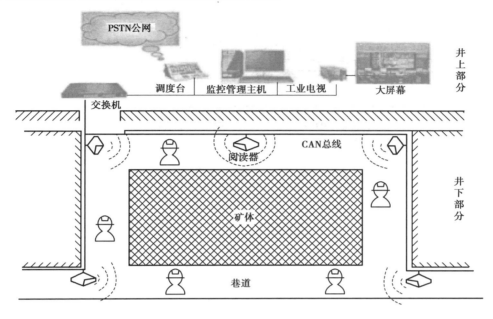

图2　基于 RFID 技术的井下定位系统示意图

4.1.2　总线传输子系统

RFID 定位系统的数据通信采用工业以太网和 CAN(Controller Area Network)总线并存的工作模式,其中 CAN 总线用于井下传感器网络的数据传输,工业以太网用于井上控制系统的建设。

4.1.3　管理子系统

管理子系统是基于 GIS 技术的地理信息显示、查询统计系统,是定位系统的人机界面接口。通过该系统,调度管理人员可直观地了解到井下人员、设备的分布情况,也可设置各种参数,控制系统的运行。

4.2　Zigbee 技术在井下定位系统中的应用

基于 Zigbee 技术的井下人员定位跟踪系统包括地面监控与信息处理中心系统和井下定位系统两部分。地面监控与信息处理中心通过以太网(Ethernet)或 CAN(Controller Area Network)总线与井下的定位系统相连;井下定位系统主要包括固定通信节点(参考节点)和移动节点(标识卡)。井下人员定位系统主要包括无线定位子系统、数据传输子系统和管理子系统三大部分,如图3所示。

4.2.1　无线定位子系统

该部分主要是基于 Zigbee 的无线定位网络平台,包括固定定位识别基站、定位标签和标准电缆等。井下部署时,需将 Zigbee 读写器(Zigbee 网路模块)布置在人员出入的井口及井下主要巷道的分岔口、各工作面入口等关键部位。一般是根据现场实际需要,沿巷道间隔 200 ～ 400 m,工作面作业环境复杂、人员密集度高,故在工作面部署时距离可降低为间隔 50 m,安装在巷道适当位置(如顶部)。

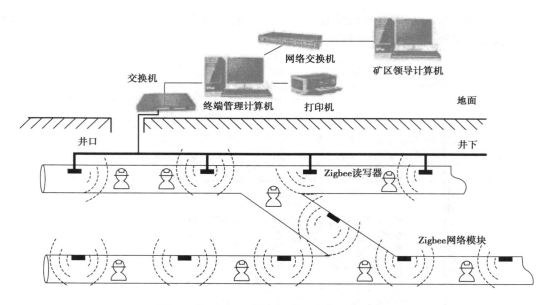

图3　基于Zigbee技术的井下定位系统示意图

4.2.2　数据传输子系统

传输子系统将各基站互连,通过数据传输接口连接到调度中心的管理子系统中的计算机,构成计算机与基站之间的通信网。通过传输子系统,既可以收集各个基站的数据并传输到终端管理计算机,还可以将计算机发出的控制和调度指令发送到各个基站。传输子系统既可以通过有线进行连接,也可以采用基于 Zigbee 技术的无线连接。一般情况下,骨干网采用有线连接,而在布线不方便的地方可采用无线连接。

4.2.3　管理子系统

管理子系统主要由监控调度中心的终端管理计算机和运行在其上的管理软件组成。它是定位系统的人机界面接口,具有收集定位信息、数据库存储、实时显示、统计分析、报表打印、参数设置等功能。

4.3　Wi-Fi 技术在井下定位系统中的应用

基于 Wi-Fi 技术的井下定位系统,是利用井下以太网,根据实际覆盖要求和现场测试结果部署若干台无线接入点,建立井下 Wi-Fi 无线网络,实现井巷的覆盖。此外,在该定位系统中还需要采用 Wi-Fi 模块的手机、PDA 等移动通信终端或 Wi-Fi 标识卡。基于 Wi-Fi 技术的井下定位系统,如图4所示。

4.4　UWB 技术在井下定位系统中的应用

基于 UWB 技术的井下定位系统包含有三个组成部分:无线传感器(Sensor)、有源定位标签(Tag)和定位软件平台。在该系统中,定位标签利用 UWB 脉冲信号发射位置信息给传感器。传感器内置有天线阵列和位置分析模块,当其接收到标签发来的脉冲信号后,将采用TDOA 和 AOA 定位算法对标签位置进行分析,最终通过有线以太网传输到定位服务软件。在该定位系统中,定位单元可以实现无缝蜂窝连接,将定位网络无限拓展,定位标签可以在各个定位单元内自由行走。通过定位软件平台分析,结合电子地图,将定位目标以虚拟动态二维或三维效果直观地展示给用户。基于 UWB 技术的井下定位系统,如图5所示。

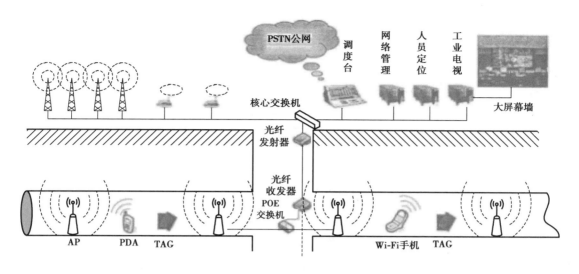

图 4　基于 Wi-Fi 技术的井下定位系统示意图

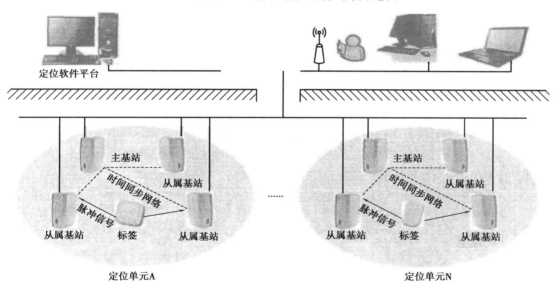

图 5　基于 UWB 技术的井下定位系统示意图

4.5　几种无线定位技术比较

近年来,随着无线通信技术、无线定位技术突飞猛进的发展,以及国家、矿山企业对井下安全生产的重视程度不断提高,无线定位技术被越来越广泛地应用于矿山井下人员定位。四种无线定位技术的具体参数见表1。

表 1　无线定位技术参数比较

	RFID	ZigBee	Wi-Fi	UWB
成本	较低	最低	较高	最高
电池寿命	几年	几年	几天	几小时
有效距离	100 m	10 ~ 75 m	100 m	30 m

261

续表

	RFID	ZigBee	Wi-Fi	UWB
定位结果	区域定位	区域定位	区域定位	精确定位
定位效果	2D	2D	2D	3D
传输速率	2.4～2.5 GHz 的扩频通信方式 2 Mb/s	20/40/250 kb/s	5.5/11 Mb/s	40～600 Mb/s
定位精度	高频下无源标签 10～30 m；低频下无源标签 3～10 m	10～75 m	10 m 左右	15～30 cm
采用协议	标准 RS232、TTL 电平 RS232、LD 自定义格式通信协议	802.15.4	802.11b	尚无
通信频道	低频 125 kHz；高频 13.54 MHz；超高频 850～910 MFz；微波 2.45 GHz	868 MHz/915 MHz/2.4 GHz	2.4 GHz	3.1～10.6 GHz

从目前几种无线定位技术研究和应用情况来看,有如下认识:

①以 RFID 为核心的井下人员定位系统是现在地下矿山人员定位系统的发展主流。该技术已经过实际验证,达到了预期的目的,极大地满足了实时掌握下井人员的动态分布及安全管理的需要,可实现考勤管理及快速指导矿井突发性事故的救援工作。

②ZigBee 是一种新兴的短距离、低速率无线网络技术,介于射频识别和蓝牙之间。ZigBee 以其低功耗、低成本、抗干扰强、协议完善、通信可靠等特点,已成功地在国内外一些矿山井下定位中得到应用。但是,同 RFID 技术一样,在精确定位上仍存在许多不足之处。

③当前比较流行的 Wi-Fi 定位系统大多采用经验测试和信号传播模型相结合的方式,易于安装,需要很少基站,能采用相同的底层无线网络结构,系统总精度高。

但是,从定位结果上看,以上三种定位技术实质上都属于区域定位,且得到的定位效果都是基于二维环境下的点,无法实现三维模式下的精确定位。

④UWB 无线定位可以满足未来无线定位的需求,在众多无线定位技术中有相当大的优势。目前的研究表明,超宽带定位的精度在实验室环境已经可以达到十几厘米级。随着超宽带技术的不断成熟和发展,精确的超宽带无线定位系统势必也将会在矿山井下作业环境中得到广泛应用,从而更有效地满足矿山井下实时调度、安全生产的需求。

5 常用的定位测量方法

在定位测量方法上,按照所取参数的不同,可分为基于接收信号强度的测量法(RSSI, Received Signal Strength Indication)、基于到达角度的测量法(AOA, Angle of Arrival)、基于到达时间的测量法(TOA, Time of Arrival)和基于到达时间差的测量法(TDOA, Time Difference of Arrival)等。

5.1 RSSI 测量法

该方法是通过计算信号传播模型损耗,使用的理论或经验的信号传播模型将传播损耗转化为距离。

例如,在自由空间中,距发射机 d 处天线接收到的信号强度可根据公式得出:

$$P_r(d) = \frac{P_t G_t G_r \lambda^2}{(4\pi)^2 d^2 L} \tag{1}$$

式中,P_t 为发射机功率;$P_r(d)$ 为在距离 d 处的接受功率;G_t、G_r 分别是发射天线和接收天线的增益;d 为距离,m;$L(L\geqslant1)$ 为与传播无关的系统损耗因子;λ 为信号波长,m。

由式(1)可知,在自由空间中,接收机功率随发射机与接收机距离的平方衰减。这样,通过测量接收信号的强度,利用以上公式即可计算出收、发节点之间的大概距离。得到参考节点与未知节点的距离信息后,采用三边测量法(Trilateration),便可计算出未知节点的位置。三边计算的理论依据是,在三维空间中,知道一个未知节点到三个参考点的距离,就可确定该点的位置,如图 6 所示。

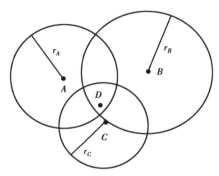

图 6　三边测量法的定位原理

5.2　AOA 测量法

该方法是在视距传播的情况下,通过未知节点接收器天线或天线阵列,测出信标节点发射电波的入射角,形成一根从未知节点到信标节点的方向线,即测位线。由两个信标节点得到两根方向线的交点,即为未知节点的位置,如图 7 所示。

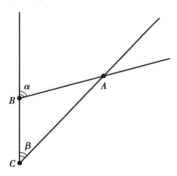

图 7　AOA 测量法示意图

如图 7 所示,未知节点 A 得到与信标节点 B、C 所构成的角度后,即可确定其自身所在位置。该方法的硬件系统的设备较复杂,即要求未知节点的天线必须为方向性极强的天线阵列,而且要求两节点之间为视距传输(LOS,line of sight)。因此,大大限制了该测量法在无线定位网络中的应用。

5.3　TOA 测量法

该测量法也称为到达时间测量法,是通过测量信号传播时间来测量距离。若电磁波从信标节点到未知节点的传播时间为 t,电磁波传播速度为 v,则信标节点与未知节点之间的距离为 vt。TOA 法要求接收信号节点知道电磁波传输的起始时刻,并要求两节点之间的时钟保持同步。使用该测量法最为典型的定位系统是 GPS(Global Position System)全球定位系统。这种系统需要昂贵、高能耗的电子设备来精确同步卫星时钟。但是,在无线传感器网络中,节点间的距离较小时,采用 TOA 测距难度较大。此外,节点硬件尺寸、价格和功耗也限制了该测距法在无线传感器定位网络中的应用。

5.4 TDOA 测量法

此种测量法是通过计算两种不同无线信号达到节点的时间差,再根据两种信号传播速度来计算未知节点距离。该法将两种信号到达信标节点的时间差转换为到未知节点的距离差,从而得到自身所在位置,如图 8 所示。

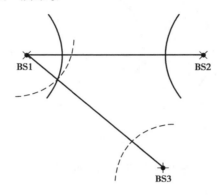

图 8　TDOA 测量法示意图

TDOA 定位在二维平面上的几何意义是,得到未知节点到两个信标节点的距离差,即可知未知节点位于以两个信标节点为焦点的双曲线上;通过测量得到未知节点所属的两个以上双曲线的距离,这些双曲线的交点既是未知节点的位置。根据 TDOA 测量法测距的方程详见如下公式:

$$\sqrt{(x-x_1)^2+(y-y_1)^2}-\sqrt{(x-x_2)^2+(y-y_2)^2}=c(t_1-t_2)$$
$$\sqrt{(x-x_1)^2+(y-y_1)^2}-\sqrt{(x-x_3)^2+(y-y_3)^2}=c(t_1-t_3)$$
$$\sqrt{(x-x_2)^2+(y-y_2)^2}-\sqrt{(x-x_3)^2+(y-y_3)^2}=c(t_2-t_3)$$
$$\cdots$$
$$(2)$$

TDOA 测量法不是采用绝对时间确定节点的位置,降低了对时间同步的要求。但是,因其仍需要较精确的计时功能,且无线传感器网络具有分布密集和无线通信范围较小特点,故该定位方法不适于应用在无线传感器定位系统中。

6　结论

由于无线通信技术的不断发展,新的技术必将对无线定位技术产生新的促进和帮助。目前,各种定位方法由于误差影响,普遍精度不高。综合或融合各种定位方法的测量数据,利用多种测量数据或冗余信息,是目前无线定位技术中较好的解决方案。对于煤矿井下信道的实测和建模研究的深入,认真选择合适的技术或技术组合,打造矿井无线监控网络是很有现实意

义和挑战性的事情。对于无线定位与跟踪技术和井下无线技术的研究,应着重进行以下方面的研究:

①进一步研究基本定位方法和定位算法,提出新的定位原理和方法,重点研究提高定位算法在非视距和多径、多址干扰情况下的定位能力。

②在现有定位算法研究基础上,深入研究影响定位精度的主要误差源,尝试建立符合实际的误差模型,或对影响定位精度的误差统计特性进行适当假定和合理描述。

③针对煤矿井下特殊的信道状况,结合实测的方法,找出涵盖性更广、更普遍的信道模型,为无线技术的井下应用奠定基础。

④充分利用现有定位方法,研究定位数据的综合或融合。各种定位方法和算法各有所长,又都具有局限性,同时,它们的实现方法和实现复杂度各有不同,对它们进行综合或融合,提高定位精度,是目前一个很有意义的研究方向。

⑤井下多径环境中,当有多于一个的人员进入监测站的作用范围内时,携带的移动编码发射器将同时向接收机发送信号。因此,可以研究如何避免各发射器间传输信号的相互干扰,得到准确位置估计,即所谓的多源多径问题。

参考文献

[1] 李俊霞,陈峰.井下人员定位系统的设计与实现[J].河南师范大学学报(自然科学版).2013.41(2):165-168.

[2] 刘琨.国内煤矿无线电通信技术的综述和展望[J].通信电源技术.2011(05):62-65.

[3] 吴东旭,曾庆田,唐飞.Impact综合通讯系统在地下矿上的研究应用[J].矿业工程.2008(03):39-42.

[4] 王雪莉,卢才武,顾清华,等.无线定位技术及其在地下矿山中的应用[J].金属矿山.2009(4):121-123.

[5] 郭撰,李郴,郑岚,等.煤矿井下人员定位系统的现状和发展[J].江西煤炭科技.2008(2):33-36.

[6] 梁松.RFID技术在国外矿山中的应用[J].2005,31(11):7.

[7] 李润求,施式亮,彭新.基于Zigbee技术的煤矿井下人员跟踪定位系统研究[J].煤.2009,18(2):4-7.

[8] 张长森,董鹏永,徐景涛.基于Zigbee技术的矿井人员定位系统的设计[J].工矿自动化.2008(2):48-50.

[9] 王志中,董爱华.Zigbee技术及其在井下人员定位系统中的应用[J].煤矿安全.2008年5月:62-65.

[10] 谢晓佳,程丽君,王勇.基于Zigbee网络平台的井下人员跟踪定位系统[J].煤炭学报.2007,32(8):884-888.

[11] 杨兴,郝迎吉,王洪波.基于Zigbee通信的井下现场综合监测系统[J],矿山机械.2007,35(10):149-151.

[12] 马卜林,杨帆.煤矿井下WiFi人员定位GIS系统设计与实现[J].西安科技大学学报.2012(03):301-305.

[13] 庞艳,乔静.UWB无线定位技术探讨[J].论文选粹.2005(11):49-51.

[14] 王艳芬,于洪珍,张申,等.超宽带无线通信技术在煤矿井下的应用探讨[J].工矿自动化.2005(6):1-4.

[15] 王秀贞.基于超宽带技术的矿山井下无线定位研究[J].山东科技大学学报.2007,26(2):40-42.

[16] 何艳丽.无线传感器网络质心定位算法研究[J].计算机仿真.2011(05):163-166,219.

[17] 林玮,陈传峰.基于RSSI的无线传感器网络三角形质心定位算法[J].现代电子技术.2009(02):180-182.

金属矿山前沿研究领域和研究重点

张 鑫

摘要:为探讨采矿科学技术的前沿领域和重点研究问题,本文以金属矿业发展的现状,通过收集大量实例,讨论采矿科学的内涵。综合各种相关资料和研究成果,认为金属矿业未来的发展主题是绿色开发,遵循矿业可持续发展模式是智能采矿;加强深部开采技术攻关,开拓金属矿业的前沿领域。因此,绿色开发、智能采矿和深部开采等三大发展主题将引领金属矿业的发展方向,并影响未来金属矿业发展的历史轨迹。

关键词:科学技术;绿色开发;智能采矿;深部开采

中国现有人口约 14 亿,到 21 世纪末可能将超过 15 亿,矿产资源人均占有量远低于世界平均水平。经过长期大规模的开发,埋藏于浅地层的高品位矿产资源大部分已消耗殆尽,矿产资源开发正朝着千米以下深部资源和低品位矿产资源过渡。由于矿产资源开发活动的地下工程结构是在地壳浅部岩体内进行,工程环境受到构造应力场、地下水、地温等很多条件的交互影响,加之矿岩本身的非均质性、各向异性、不稳定性等,使地下开采过程处在一个环境十分复杂的状态下,同时也决定了现代数学、物理、力学等理论远远不能满足描述资源开发实际过程的需要。因此,资源开发领域需要更多的符合自身特征的相关理论、方法和技术。为了找到新的矿产资源和实现传统资源开发模式的变革,矿产资源开发创新要考虑可持续性、环境协调、安全与经济等彼此相关的重大基础问题。

当前,我国正处在工业化的中期阶段,是国家经济的快速发展、人均金属消耗量增长最快的时期。1990—2010 年,我国人均 GDP 增长 20.8 倍,而在金属消耗量中,钢增长了 8.4 倍,10 种主要有色金属增长了 7.5 倍。事实表明,没有金属矿业的发展,就没有国家的工业化和国防现代化。

由于国家对金属矿物需求量的大幅增长和采选科学技术的进步,我国金属矿床的开采目标正逐步扩大到赋存条件更加复杂的 5 类矿床,即深部矿床、贫矿床、松软破碎矿床、水体下矿床和高寒地区矿床。这种开采区域的转变给我国采矿科技工作者和采矿工程师们带来了许许多多的科学技术难题。

我国金属矿山 90% 以上采用地下开采。在科学技术飞速发展的今天,我国矿业在生产工艺、机械装备、资源回收、综合利用、数字矿山、矿业信息化等方面虽然取得长足进步,但在 9 000 多座金属矿山中,真正代表国家金属矿业水平,达到或接近世界先进水平的现代化矿山还为数不多;相当数量的中型矿山,其装备技术仍处于 20 世纪 70 年代水平;大量的小型矿山机械化水平低,管理粗放,安全环境问题突出。

当前金属矿业突显许多矛盾,面临着种种挑战,承受着巨大压力,主要表现在 4 个方面:

①国家的工业化、城市化对金属的需求量仍持续大幅攀升。

②资源形势严峻,大宗矿产的对外依存度已达 50% 以上。

③由矿产、土地、水体、森林构成的矿区环境系统严重劣化。

④矿业科技水平,特别是采掘装备与信息化水平相对落后。

目前,世界采矿科学技术与20世纪90年代相比,已经不可同日而语。新的学术思想、理论、装备、技术与工艺不断涌现,已突破了传统的学科范畴。因此,必须站在世界矿业科技前沿的高度,去审视我国金属矿业的发展状况,思考未来,走向前沿。否则,就会失去发展动力,甚至失去发展先机。

1 采矿科学的定义

采矿工程可以分为煤矿类和非煤矿类。采矿是自地壳内或地表开采矿产资源的技术和科学,一般指金属或非金属矿床的开采,广义的采矿还包括煤和石油、天然气的开采及选矿,其实质是一种物料的选择性采集和搬运过程。采矿工业是一种重要的原料采掘工业,如金属矿石是冶金工业的主要原料,非金属矿石是化工原料和建筑材料,煤和石油是重要的能源。多数矿石需经选矿富集,方能作为工业原料。维基百科定义,采矿业是从地下开采有经济价值的矿物或其他物质的活动,开采的部位都是矿物比较集中的矿床,采矿业开采的物质包括铝矾土、煤、钻石、铁、稀有金属、铅、石灰石、镍、磷、岩盐、锡、铀和钼等,几乎任何不能由农业生产的原始物质都是由采矿业提供的。从广义来说,石油、天然气、甚至地下水的开采都能算作采矿业范畴。

采矿科学技术的基础是岩石破碎、松散物料运移、流体输送、矿山岩石力学和矿业系统工程等理论,需要运用数学、物理、力学、化学、地质学、系统科学、电子计算机等学科的最新成果。采矿工业在已基本达到的高度机械化基础上,通过改进综采设备的设计、造型、材质、制造工艺、检验方法和维修制度等,将进一步提高其生产能力和设备利用率。同时,矿井在提升、运输、排水、通风、瓦斯监控等许多环节将实现自动化和遥控。地下和露天矿都将实现计算机集中自动管理监控。有的国家已将机器人试用于井下回采工作面,开采对人员损害较大的矿种。另一方面,随着人类对地下矿产的不断开采,开采品位由高到低,资源紧缺,迫使开采低品位矿产,需要选择适当的采矿方法和选矿方法,进行综合采选、综合利用,提高矿产资源的利用率和采出率,降低矿石的损失率和贫化率。采矿和选矿过程中生成的有毒气体、废水、废石和粉尘等物质以及噪声和振动等因素,对环境、土地、大气和水质等造成危害,一直是人们关心的课题。各国研究环保问题中进一步提出了资源的长期利用问题,特别着眼于废渣、废石、废液的重复使用、破坏后土地复用等,要求制订强有力的法律,采取有效措施确保矿山环境。

2 绿色开发

2.1 绿色开发的理论基础和相关概念

矿山开采对区域生态环境影响较大,是制约矿山可持续发展的重要因素之一,而矿山生态学是一门将矿山生产与生态环境作为一个大系统来研究人类在矿山生产圈内对环境影响的规律性的科学。从采矿对环境影响规律看,矿山生态建设不仅是破坏后的重建,还包括采前的规划和开采过程中的生态保护;矿山生态建设以系统工程的方法贯穿采矿全过程,旨在建设一个良性(健康)的矿山生态系统,其理论基础是工业生态学。绿色矿山概念是由中国学者提出并赋予内涵,在矿山生态学和绿色经济理念基础上的进一步突破和发展创新,即试图克服经济发展和环境保护之间的尖锐矛盾,适应今后现实发展的需要而提出;绿色矿山的概念尚处在实践中,需要不断完善和发展阶段。迄今为止,不少学者对此概念提出自己的观点和主张,为绿色矿山建设提供一些理论基础。钱鸣高等认为绿色矿山包含科学采矿的内涵,而科学采矿是指既能最大限度地高效开采出矿产品而又保证安全和保护环境的开采技术。在科学开采的概念中,指出科学开采要实行矿产品完全成本化的思路,在此基础上构建资源与环境协调的绿色开采技术体系。

汪云甲认为矿区的绿色开发是将矿区资源与环境作为一个整体,考虑各种自然资源,实现矿区资源的综合、立体、协调的开发利用,是一个开放的复杂大系统,是一种立体综合协调开发,需解决大量基础理论、技术工艺、系统优化及政策法规等方面的问题。黄敬军将绿色矿山的基本内涵概括为确立矿山资源环境一体化、突出生态园林矿山、强化经营绿色的理念,认为绿色矿山是一种全新的矿山发展模式,是解决矿山可持续发展的最佳途径,其本质是循环经济的倡行者。类似的概念解读还有很多,不一而论。学者对绿色矿山概念及理论的表述,虽有不同的角度和侧重点,但都从专业的角度对矿业开发作了较深入的探讨,构成绿色矿山概念研究的部分基本成果。从实践上看,已颁布的"国家级绿色矿山"的条件要求包括依法办矿、规范管理、资源综合利用、技术创新、节能减排、环境保护、土地复垦、社区和谐、企业文化等九大方面。推广执行绿色矿山认定工作的积极意义毋庸赘言,但从要求的内容看,目前很多细节规定还很缺乏并难以定量,而且由于概念内涵本身表达不清晰给执行也带来困难。

总体看,绿色矿山的概念已经得到国家部门、矿山企业和学术界的高度重视,既要认识现阶段绿色矿山概念的实践内涵,也需要深入研究和拓展这一概念的深层次的意义和价值,以便在推进现有工作的同时,提高认识,改进、丰富和完善绿色矿山的完整内涵,为政策完善或实践操作提供有价值的理论指导。

2.2 绿色开发概念的界定和表述

从字面上看,绿色矿山可有多重理解。矿山即是一个自然的地质体,也有区域和经济体含义。绿色可以是环境景观的体现,也可体现安全、自然、协调与可持续发展的本意。一方面,矿山作为企业将追求经济效益最大化目标,无可厚非;另一方面,基于矿产资源不可再生和矿山开发对自然生态环境的改变破坏,矿山企业将可持续发展、社会责任设为其应有的目标,有一定的客观依据。在矿山开发生产的活动中,能满足经济开采活动的需要,同时又保证自然环境得以保护,实现人与自然的和谐,这样的矿山应称之为"绿色矿山"。因此,绿色矿山应至少包含两层意思:一方面是环境友好型矿山或环保型矿山,即矿产资源开发的客体保持良好的生态系统,不应由经济开发而根本改变和破坏;另一方面,矿山环境保护不排斥经济发展,即矿山经济体系"绿色化"或生态化,使矿山生态系统与矿山开发所形成经济系统保持一定的协调性。

"绿色矿山"是新形势下对矿产资源开发管理和矿业发展道路的全新思维。绿色矿山是从地质勘探、矿山设计与建设、采选冶加工到矿山闭坑后的生态环境恢复重建的全过程,按科学、低耗、高效、安全、环保的方式合理开发利用矿产资源,并实施循环经济和低碳经济,力促外部成本内生化,着力资源综合利用和环保产业链开发和经营,实现矿山资源开发与生态环境保护协调发展、可持续发展的目标。

绿色矿山建设不是简单地进行矿山复垦和绿化,而是一项复杂的系统工程,有着深刻的内涵和实质内容。为保持政策的前瞻、适用和连续性,实现绿色矿山建设目标,需要系统深入解析这一概念。

2.3 绿色开发的内涵

2.3.1 矿区资源的绿色开发设计

矿产资源开发过程中,矿区生态环境不可避免会受到破坏,但其破坏程度是可预见的。由于矿区生态环境与矿山的开发设计和生产密切相关,所以,矿区环境保护与生态修复应由过去的"先破坏、后修复"的被动模式,转变为贯穿于矿区开发全过程的动态的、超前的主动发展模式。为此,传统的矿山设计应该转变为矿区资源绿色开发设计(包括矿床开采设计、矿区生态环境设计和矿山闭坑规划设计),使矿山在生产、流通和消费矿产资源过程中,能更好地推行矿山废弃物减量化、资源化和再利用。

2.3.2 固体废料产出最小化和资源化

在金属矿物的洗选加工过程中,原料中的80%~98%被转化为废料。当前,我国金属矿山的废石、尾砂、废渣等固体废物堆存量已达180多亿t,每年的采掘矿岩总量还以超过10亿t的速度在增长。因此,大力开发和推行废石、尾砂回填采空区的工艺技术,推行尾砂、废石延伸产品的规模化加工利用,有相当大的发展空间。

现代矿山的开拓系统与采掘工程设计在满足生产高度集中、工艺环节少和开采强度大的同时,要从源头上控制废石产出率,采用合理的采矿方法,降低矿石损失贫化,强化露天边坡的管理与控制,减少废石剥离量等,努力去实现废石产出最小化。

2.3.3 矿产资源的充分开发与回收

矿产资源的主要特征是稀缺性、耗竭性和不可再生性,人类必须十分重视合理开发利用和保护矿产资源。当前,我国露天矿的矿石采出率为80%~90%,而地下矿只有50%~60%。我国金属矿床主要采用地下开采,并大量采用传统的两步骤回采模式,所留矿柱的矿量高达35%~45%;由于矿柱不及时回收,受到破坏,造成资源大量损失的情况必须根本改变。另外,崩落法的矿石损失也很大,要大力创新采矿技术。

2.3.4 矿产资源有价元素的综合利用

我国金属矿床的贫矿多、富矿少,多金属共生矿多、单一金属矿床少。因此,生产工艺复杂、流程长。采选回收率低(铁矿为65%~70%,有色行业为40%~75%);废石和尾矿中大量有价元素的利用率也很低,铁矿约20%,有色金属矿为30%~35%(国外利用率在50%以上),表明我国资源回收利用的潜力还相当大。提高资源综合利用率是我国建设资源节约型、环境友好型社会的重要战略举措。

2.3.5 矿区水资源的保护、利用与水害防治

采矿过程中,矿岩被采动后所形成的导水裂隙可能破坏地下含水层,使含水层出现自然疏干过程,致使矿区地下水位发生变化,也可能进一步破坏到地表,疏漏地面水体,对地表的生态带来严重影响;在开采过程中,耗水量过高,不仅浪费水资源,同时增大了污水排放量和水体污染负荷;水污染使水体丧失或降低了其使用功能,并造成水质性缺水,加剧水资源的短缺。所以,矿区水资源的保护与利用直接影响人类的健康、安全和生态环境,关系到矿业的发展。

2.3.6 矿区生态环境建设与复垦

我国的采矿量越来越大,开采品位越来越低,废弃物量越来越大,而国家对生态环境保护的要求越来越高。当前,矿区生态环境建设严重滞后,矿山废弃土地的复垦率只有12%(发达国家为(70%~80%)),废弃物中残存大量硫化物氧化所产生的酸性水,夹带大量的重金属离子,严重污染水系和土地。

采矿活动对环境的破坏程度可以预见。所以,人们应采取超前防治措施,对矿区生态系统的组成、结构和功能进行积极的调控、恢复和重建,同步开展生态环境修复,实现整体协调、共生协调和发展协调。

3 智能采矿

3.1 智能采矿内涵

进入21世纪,现代高新技术和信息科技为世界矿业带来了前所未有的发展机遇,使传统矿业迈入一个信息化、自动化、智能化的崭新而充满活力的科技发展时期,如"智能化矿山""数字矿山""远程采矿""遥控机器人采矿""自动导向设备"和"GPS全球定位调度系统"等诸多新概念也不断涌现。

所谓"智能化矿山",是指采用现代高新技术和全套矿山自动化设备等来提高矿山生产率和经济效益,并通过对生产过程的动态实时监控,将矿山生产维持在最佳状态和最优水平。智能化矿山的基本要素包括:矿山信息与数据采集系统、双向高速矿山通讯与信息网络系统(实时监测和控制)、计算机信息管理系统,矿山计划、调度和维护系统,与矿山信息网相连的自动化机械设备、与公共网络相连的通讯和监测系统。

3.2 国外"智能采矿"的发展状况

从20世纪90年代开始,芬兰、加拿大、瑞典等国家先后实施了"智能化矿山"的技术发展规划,并取得采矿工业的技术竞争优势。后来,南非、澳大利亚、智利、印尼等10多个国家也开展了这项研究。加拿大弗如德·斯大托比(Frood·Stobien)镍矿采用智能采矿已有10多年的历史;智利的埃尔·特尼恩特(Er·Teniente)铜矿智能采矿的采区生产能力达到1万t/d。下面,列举两个实例:

①瑞典基鲁纳矿(Kiruna):早在1970年,主要运输水平的机车运输就实现了在控制室遥控装载与卸载,机车运输无人驾驶自动运行;其后,又实现了在控制中心遥控Simba46W凿岩台车和由机载计算机及导航系统控制25 t斗容的Toro2500Es装载机,见图1。

图1　控制中心遥控凿岩台车

②加拿大国际镍公司(lnco):1996年开始实施了为期5a的采矿自动化计划。其计划研究内容有5项:a. 先进的地下移动计算机网络;b. 采矿过程监控与遥控软件系统;c. 适合远程遥控采矿的特殊采矿法;d. 先进的智能化采矿设备;e. 地下铲运机的自动定位和导航系统。到2000年11月,该公司除遥控装药以外,见图2,其他研究内容均已完成。应用表明,采矿作业从每天(24 h)1个循环提高到3个循环;采矿劳动生产率从2006年的3 350 t/(人·a),提高到2008年的6 350 t/(人·a)。

图2 远程遥控采矿

3.3 我国对智能化采矿的探索

可以看出,数字化是实现矿山信息化与智能化的基础环境,信息化与智能化是实现智能采矿的创新过程;智能采矿是矿山数字化、信息化与智能化发展和追求的最终目标。矿山数字化、信息化与智能化三者支架的关系,是在"智能采矿"发展过程中相互渗透、融合的有机整体。

实现"智能采矿"的核心内涵是建设包括资源、设计、生产、安全及管理等功能集于一体的矿山综合信息平台;研发(或引进)自动定位和导航、遥控全自动高效采、掘、运等成套设备,以及地下矿山无线通信系统等;研究与智能采、掘设备相适应的集约化开采系统和以矿段为回采单元的、规模化的采矿工艺技术。

我国自21世纪初,开始引进国外薄煤层自动化开采设备(如自动刨煤机、螺旋钻机等),并开展了煤矿工作面三机(采煤机、液压支架和刮板运输机)自动控制系统的跟踪研制工作。2000年铁法小青煤矿引进德国设备,装备了国内第一个薄煤层自动化无人工作面;2004年山东新汶矿业集团实现了螺旋钻机无人工作面;2005年大同煤矿集团实现了国内首个薄煤层刨煤机综采无人工作面;2007年兖矿集团建成中国首个具自主知识产权的自动化工作面;神华集团神东分公司则从2004年开始对中厚偏薄煤层的自动化高效开采进行了实践探索,试验了5个自动化综采工作面,在采煤机与支架联动、采煤机记忆截割、有线远程控制等方面取得成功经验;2011年,张家口煤机公司与天地玛珂公司合作开发了全自动无人工作面刨煤机。这些进展,标志着中国煤炭行业的综采自动化与无人工作面已初现成效。

我国金属矿山已步入无人采矿的初期阶段,广东梅山铁矿、凡口铅锌矿等企业已采用遥控凿岩台车,一种全新的数字化与智能化的矿山模式——高度现代化的无人采矿模式呼之欲出。"十一五"期间,科技部已将"地下无人采矿技术"列为"863"支撑计划的首批启动专题方向之一;此后,国家科技部继续加大了对无人采矿的支持力度。

4 深部开采

4.1 国内外深部工程现状

据不完全统计,国外开采超千米深的金属矿山有 80 多座,其中南非最多。南非绝大多数金矿的开采深度大都在 1 000 m 以下。其中,Anglogold 有限公司的西部深井金矿,采矿深度达 3 700 m;West Driefovten 金矿矿体赋存于地下 600 m,并一直延伸至 6 000 m 以下。印度的 Kolar 金矿区,已有三座金矿采深超 2 400 m,其中钱皮恩里夫金矿共开拓 112 个阶段,总深 3 260 m。俄罗斯的克里沃罗格铁矿区,已有捷尔任斯基、基洛夫、共产国际等 8 座矿山采准深度达 910 m,开拓深度到 1 570 m,预计将来达到 2 000 ~ 2 500 m。另外,加拿大、美国、澳大利亚的一些有色金属矿山采深亦超过 1 000 m。国外一些主要产煤国家从 20 世纪 60 年代就开始进入深井开采。1960 年前,西德平均开采深度已经达 650 m,1987 年已将近 900 m;20 世纪 80 年代末苏联就有一半以上产量来自 600 m 以下深部。

根据目前资源开采状况,我国煤矿开采深度以每年 8 ~ 12 m 的速度增加,东部矿井以每年 10 ~ 25 m 的速度发展。近年已有一批矿山进入深部开采。其中,在煤炭开采方面,沈阳采屯矿开采深度为 1 197 m、开滦赵各庄矿开采深度为 1 159 m、徐州张小楼矿开采深度为 1 100 m、北票冠山矿开采深度为 1 059 m、新汶孙村矿开采深度为 1 055 m、北京门头沟开采深度为 1 008 m、长广矿开采深度为 1 000 m。在金属矿开采方面,红透山铜矿开采已进入 900 ~ 1 100 m 深度;冬瓜山铜矿已建成 2 条超 1 000 m 竖井来进行深部开采;弓长岭铁矿设计开拓水平 750 m,距地表达 1 000 m;夹皮沟金矿二道沟坑口矿体延伸至 1 050 m;湘西金矿开拓 38 个中段,垂深超过 850 m。此外,还有寿王坟铜矿、凡口铅锌矿、金川镍矿、乳山金矿等许多矿山都将进行深部开采。可以预计,在未来我国很多煤矿将进入到 1 000 ~ 100 m 的深度开采,金属和有色金属矿山将进入 1 000 ~ 2 000 m 深度开采。

4.2 国内外深部开采技术研究现状

早在 20 世纪 80 年代初,国外已经开始注意对深井问题的研究。1983 年,苏联的权威学者就提出对超过 1 600 m 的深(煤)矿井开采进行专题研究。当时的西德还建立了特大型模拟试验台,专门对 1 600 m 深矿井的三维矿压问题进行了模拟试验研究。1989 年,国际岩石力学学会曾在法国专门召开"深部岩石力学"问题国际会议,并出版了相关的专著。近 20 年来,国内外学者在岩爆预测、软岩大变形机制、隧道涌水量预测及岩爆防治措施(改善围岩的物理力学性质、应力解除、及时进行锚喷支护、合理的施工方法等)、软岩防治措施(加强稳定工作面、加强基脚及防止断面挤入,防止开裂的锚、喷、支,分断面开挖等)等各方面进行了深入的研究,取得了很大的成绩。一些有深井开采矿山的国家,如美国、加拿大、澳大利亚、南非、波兰等的政府、工业部门和研究机构密切配合,集中人力和财力紧密结合深部开采相关理论和技术开展研究。南非政府、大学与工业部门密切配合,从 1998 年 7 月开始启动了一个"deep mine"的研究计划,耗资约合 1.38 亿美元,旨在解决深部的金矿安全、经济开采所需解决的一些关键问题。加拿大联邦和省政府及采矿工业部门合作,开展了为期 10 a 的 2 个深井研究计划,在微震与岩爆的统计预报方面的计算机模型研究,以及针对岩爆潜在区的支护体系和岩爆危险评估等方面进行了卓有成效的探讨。美国 Idaho 大学、密西根工业大学及西南研究院就此展开了深井开采研究,并与美国国防部合作,就岩爆引发的地震信号和天然地震或化爆与核爆信号的差异与辨别进行了研究。西澳大利亚大学在深井开采方面也进行了大量工作。

4.3 深部矿床开采的灾害问题

深部开采是人们涉足较晚的领域,其开采环境与浅部不同,突出表现为"三高",即高应力、高井温、高井深,是特殊的开采环境,导致采矿过程出现种种深井灾害。

4.3.1 关于高应力(40~80 MPa)灾害

在高应力环境下,如果采掘空间围岩内形成较大的集中应力和聚集大量的弹性变形能,则变形能可能在某一诱因下突然释放,导致岩石突然从岩体工程壁面弹射、崩出的一种动态破坏现象,即为"岩爆"。岩爆是以一种突发性的碎岩喷射现象,其猛烈程度足以致人伤亡,甚至造成井下重大事故,如美国某矿1906年发生一次岩爆,地震强度达到了里氏3.6级,导致铁轨弯曲,还诱发空气爆炸,导致火灾。我国胜利煤矿于1933年最早出现岩爆问题。目前,红透山铜矿等20多个矿井也有过发生岩爆的记录。在深部高应力环境下,围岩受到岩性、水分、温度等因素的影响,可能发生大变形;如果围岩过量变形,就可能出现岩石断裂、采场片帮、冒落、巷道臌底、断面收缩等。如果传统采矿工艺和支护技术与深井高应力环境不相适应,必然危及作业安全。

关于高应力灾害,国内外开展过许多研究,主要包括岩爆发生机理、微震监测、岩爆预报、岩爆区的支护体系、岩爆和天然地震信号与核爆信号的差异判别等。

4.3.2 关于高井温(30~60 ℃)灾害

根据欧洲对2 000 m的钻孔观测,地温梯度大体为0.025~0.03 ℃/m。在深部开采的特殊环境下,影响井下温度的因素很多,主要热源有围岩散热、坑内热水放热、矿岩氧化放热、机电设备放热、空气压缩放热和人体放热等。我国冬瓜山铜矿(井深1 100 m)开拓范围内的井温为32~40 ℃,南非的西部矿(井深3 300 m)井下气温达到50 ℃,而日本丰羽铅锌矿(井深500 m)因受裂隙热水影响,井下气温达到80 ℃。深井高温环境对人的生理影响很大,使工伤事故上升,劳动效率大幅下降。根据国外统计资料,当井下温度超过26 ℃以后,温度每增加1 ℃,井下工伤事故上升5%~14%,工人劳动生产率下降7%~10%;当井下气温超过35 ℃时,将威胁人的生命。此外,深井通风和降温费用增加,生产成本大增。高硫的铁矿、铜矿、铅锌矿、锡矿、金矿大约占各矿种的10%。在深井高温环境下,井下高硫矿石除可能产生结块外,矿石自燃、炸药自爆的危险性也将增大,给工作面人员带来极大的心理压力,严重威胁作业安全。我国《煤矿安全规程》规定,井下工作面温度不得超过26 ℃,超过30 ℃就必须采取降温措施。南非矿井降温系统的设计井温控制在28 ℃以内。在深部开采中,仅靠通风往往达不到降温要求时,需采用制冷降温,一般采用地表集中制冷降温的方法。制冰设备安装在地表,维修容易,预冷塔制冷效率高,可提高冷量输送效率。地表制冰破碎后,用管道输送到井下冷库,然后通过热交换系统对空气和水进行冷却。因为井上安装设备、减少井下的泵水量,泵水成本较低。如南非斯坦总统金矿,井深3 200 m,原岩温度高达63 ℃,在地表建立7 000 kW的制冷站,制造100 L/s的冷却水,再送井下空气降温,收到很好效果。我国孙村煤矿建立了我国第一个集中制冷站。

4.3.3 关于高井深(1 000~5 000 m)难题

高井深将直接影响矿井提升、通风、充填、排水、供水、供电、信息等各大系统的工程复杂性,增加系统建设、运行和维护的困难,增大系统的运行成本。深井通风系统的风流路线长,总通风阻力大,导致井下通风降温所需风量大,能耗大。此外,风流沿千米风井垂直下行时,在井筒围岩干燥的情况下,风流的自压缩将成为进风井筒升温的主要热源,将助升井下热环境。

充填采矿法是深部开采的主要采矿法之一。由于深井垂直高度大,由地面至井下的充填砂浆压力过高,易引起充填系统漏浆和管爆;若输送砂浆的流态不稳定,易产生水击现象,也会引发充填爆管事故。此外,充填砂浆在垂直输送的过程中,由于高速运动的砂浆向管壁迁移冲刷,会造成管路高速磨损。如果管段带有倾斜,则磨损更加严重。

对于深井提升,随着井深增加,提升钢绳的质量直线增大,而提升机的有效提升量(矿石)则显著下降,提升费用大幅增加。如果开采深埋贫矿床,则提升成本将很大程度影响到开采的经济性。

关于深部开采的合理深度问题,国外深井提升一般不超过 2 000 m,当达到 2 000 ~ 4 000 m 井深时,往往采用两段提升。南非德兰士瓦公司在设计矿井时以 4 000 m 作为极限开采深度,因为 4 000 m 深井的地压大,采矿爆破后可能集中引发岩爆,甚至出现一次能量大释放的地震事故;另外,4 000 m 深处的原岩温度通常达到 45 ~ 50 ℃,矿井降温、排水和通风问题更加突出。

深井提升的实例:南非卡里顿维尔矿,主井 2 座,开拓深 4 154 m,采深 3 800 m,年产矿石 3 329 万 t;矿井采用两段提升(分别为 2 300 m 和 2 000 m),采用直径 6 m 的滚筒式提升机,21t/箕斗,提升速度为 15 ~ 20 m/s。

4.4 深部开采的科学技术问题

①深部开采的岩体力学行为与成灾机理。重点研究深井掘进和采矿活动诱致岩爆、突水等成灾机理,为灾害预防、预测提供理论基础。

②深井高应力矿岩诱导致裂的研究。重点研究高应力环境下矿岩诱导致裂机理、工程动力扰动的能量传递、矿岩致裂的临界环境,为寻求坚硬矿岩的致裂方法、创造深部矿岩诱导破碎采矿技术提供科学依据。

③深部采动围岩二次稳定控制理论。重点研究深部采动围岩应力的时空分布及矿压显现规律,以建立采掘空间、变形破坏自适应控制与支护相互作用的二次稳定性控制理论,开发相关控制技术。

④深井开采高温环境控制研究。岩体裂隙介质中多相流耦合作用机制、深井热环境控制方法,深井高温、高湿环境的事故诱发机理等。

⑤深井原创性采矿模式研究。重点研究采动围岩结构与采场、巷道动力灾害的关系,揭示高应力岩石破裂演化与岩体分区破碎的机理,为建立诱导破碎连续采矿模式、采矿系统与工程结构等提供科学依据。

5 结束语

在 21 世纪,世界已经进入全球化的知识经济时代,中国将再次走到世界的前列。要充分认识未来经济社会的走向,深入了解世界矿业的发展势态,把握好矿业的三大发展主题,深入研究采矿科学的前沿研究领域和重点研究问题,为实现我国矿业现代化和中华民族伟大复兴,贡献自己的一份力量。

参考文献

[1] 王素萍.关于绿色矿山建设规划编制的探讨[J].中国国土资源经济.2012(02):32-34.

[2] 夏光."绿色经济"新解[J].环境保护.2010(07):8-10.

[3] 黄敬军.论绿色矿山的建设[J].金属矿山.2009(04):7-10.

[4] 黄敬军,倪嘉曾,赵永忠,等.绿色矿山创建标准及考评指标研究[J].中国矿业.2008(07):36-39.

[5] 卞正富,许家林,雷少刚.论矿山生态建设[J].煤炭学报.2007(01):13-19.

[6] 钱鸣高,缪协兴,许家林.资源与环境协调(绿色)开采及其技术体系[J].采矿与安全工程学报.2006(01):1-5.

[7] 汪云甲.论矿区资源绿色开发的资源科学基础[J].资源科学.2005(01):14-19.

[8] 过江,古德生,罗周全.区域智能采矿构想初探[J].采矿技术,2006(3):147-150.

[9] 胡省三,谭得健,丁恩杰.应用高新技术改造传统煤炭工业[J].中国煤炭,2002,28(3):5-10.

[10] 云庆夏,陈永锋,卢才武.采矿系统工程的现状与发展[J].中国矿业,2004,13(2):1-6.

[11] 何满潮,谢和平,彭苏萍,等.深部开采岩体力学研究[J].岩石力学与工程学报 2005,16:2804-2813.

[12] 何满潮.深部开采工程岩石力学现状及其展望[A].第八次全国岩石力学与工程学术大会论文集[C].中国岩石力学与工程学会,2004:88-94.

海洋矿产资源开采概述

孙传猛

摘要:通过收集、整理许多相关科技文献,介绍了海洋矿产资源概况及工程地质环境,分析了我国海洋矿产资源开发利用现状,其中重点分析了以深海矿产资源为代表的海洋矿产资源开采方法。另外,针对海洋矿产资源开采面临的问题做了简要分析,并提出了应对措施。

关键词:海洋;矿产资源;采矿方法

海洋是一个巨大的资源宝库,不仅蕴藏着大量的生物资源和能源,而且还拥有极其丰富的金属矿产资源。在占地球表面三分之二的海洋中,大约有 15% 的海底表面覆盖着锰结核。随着人口的不断增长,21 世纪将需要更多的矿产资源;随着陆地矿产资源的不断开采而日趋枯竭,向海底索取潜在的矿产资源已成为不可抗拒的趋势。人们已经把海洋作为重要的资源产地,21 世纪将是海洋开发时代。因此,海洋矿产资源开发利用具有重大意义。

1 海洋矿产资源概况及工程地质环境

1.1 海洋矿产资源概况

用"聚宝盆"来形容海洋资源是再确切不过。单就矿产资源来说,其种类之繁多,含量之丰富,令人咋舌。在地球上已发现的百余种元素中,有 80 余种在海洋中有存在,其中可提取的有 60 余种。这些丰富的矿产资源以不同的形式存在于海洋中,如海水中的"液体矿床";海底富集的固体矿床;从海底内部滚滚而来的油气资源等。

海水中溶有大量的矿物质,迄今已发现大约 77 种元素,其中包括金属和非金属元素。据估计,海水中含有的黄金可达 550 万 t、银 5 500 万 t、钡 27 亿 t、铀 40 亿 t、锌 70 亿 t、钼 137 亿 t、锂 2 470 亿 t、钙 560 万亿 t、镁 1 767 万亿 t 等。这些资源,大都是国防、工农业生产及日常生活的必需品。海水中的铀、锂等水溶解物质是核聚变的重要原料。如果把这些元素通过核聚变燃烧,所释放出来的能量相当于 300 个地球的海域大小的油库燃烧的能量。

随着相关技术的发展,未来的海洋将成为一座可供人类开发不尽的"水中矿山"。

海水是宝,海洋矿砂也是宝。海洋矿砂主要有滨海矿砂和浅海矿砂。它们都是在水深不超过几十米的海滩和浅海中由矿物质富集而具有工业价值的矿砂,是开采最方便的矿藏。从这些砂子中,可以淘出黄金,而且还能淘出比金子更有价值的金刚石,以及石英、独居石、钛铁矿、磷钇矿、金红石、磁铁矿等。所以,海洋矿砂成为增加矿产储量的最大的潜在资源之一,愈来愈受到人们的重视。

在深海海底,更有着许多令人惊喜的矿产资源。

多金属结核就是其中最有经济价值的一种,由英国"挑战者"号考察船于 1872—1876 年在北大西洋的海底深处首次发现。这些黑色或者褐色的多金属结核的鹅卵团块,直径一般不超过 20 cm,呈高度富集状态分布于 3 000～6 000 m 水深的大洋底部表层沉积物上。据估计,整个大洋底部多金属结核的蕴藏量约 3 万亿 t。如果开采得当,将是世界上一种取之不尽、用之不竭的宝贵资源。目前,海底锰多金属结核矿成为世界许多国家的开发热点。在海洋这一表层矿产中,还有许多沉积物软泥,也是一种非同小可的矿产,含有丰富的金属元素和浮游生物残骸。例如覆盖1亿多 km² 的海底红黏土中,富含铀、铁、锰、锌、钴、银、金等,具有较大的经济价值。

近年来,科学家们在大洋底发现了33处"热液矿床",是由海底热液成矿作用形成的块状硫化物多金属软泥及沉积物。这种热液矿床主要形成于洋中脊,海底裂谷带中。热液通过热泉,间歇泉或喷气孔从海底排出,遇水变冷,加上周围环境及酸碱度变化,使矿液中金属硫化物和铁锰氧化物沉淀,形成块状物质,堆积成矿丘。有的呈烟筒状,有的呈土堆状,有的呈地毯状,从数吨到数千吨不等,是又一种极有开发前途的大洋矿产资源。

石油和天然气是遍及世界各大洲大陆架的矿产资源。石油可以说是海洋矿产资源中的宠儿。全世界海底石油储量为1 500多亿 t,天然气140 万亿 m³。油气的价值占海洋中已知矿产总价值的70%以上。目前,全世界已开采石油640 亿 t,其中绝大部分产自陆地。陆地石油的过快耗竭使得人们转而求助于海洋石油资源。天然气是一种无色无味的气体,又称为沼气,主要成分是甲烷。由于含碳量极高,所以极易燃烧,放出大量热量。1 000 m³ 天然气的热量,可相当于两吨半煤燃烧放出的热量。因此,天然气的价值在海洋中仅次于石油而位居第二。

下面,按照矿产资源在海底的赋存部位,分别加以介绍。

1.1.1　浅海矿产资源

浅海海底的矿产资源是指大陆架和部分大陆斜坡处的矿产资源,其矿种和成矿规律与陆地基本相似,但由于海水动力作用的加工,还形成一些独特的外生矿床。浅海矿产资源主要是石油、天然气和各类滨海砂矿,最近还发现一种极富发展前景的天然气水合物等。

(1)大陆架油气

中国大陆架都属陆缘的现代拗陷区。因受太平洋板块和欧亚板块挤压的影响,在中、新生代发育了一系列北东和东西向的断裂,形成许多沉积盆地。陆上许多河流(如古黄河、古长江等)挟带大量有机质、泥沙流注入海,使这些盆地形成几千米厚的沉积物。构造运动使盆地岩石变形,形成断块和背斜。伴随构造运动而发生岩浆活动,产生大量热能,加速有机物质转化为石油,并在圈闭中聚集和保存,成为现今的陆架油田。中国海自北向南有渤海、北黄海、南黄海、东海、冲绳、台西、台西南、珠江口、琼东南、莺歌海、北部湾、管事滩北、中建岛西、巴拉望西北、礼乐太平、曾母暗沙—沙巴等16个以新生代沉积物为主的中、新生代沉积盆地,总面积达130 多万 km²。这些盆地面积之广,沉积物之厚,油气资源之多在世界上也是少见的。因此,引起许多国家的关注。

根据我国勘探成果预测,在渤海、黄海、东海及南海北部大陆架海域,石油资源量就达到275.3 亿 t,天然气资源量达到 10.6 万亿 m³。我国石油资源的平均探明率为38.9%,海洋仅为12.3%,远低于世界平均73%的探明率;我国天然气平均探明率为23%,海洋为10.9%,而世界平均探明率在60.5%左右。我国海洋油气资源在勘探上整体处于早中期阶段。近年来,在近海大陆架上的渤海、北部湾、珠江口、莺琼、南黄海、东海等六大沉积盆地都发现了丰富的油气资源。国外有人估计,中国近海石油储量约 40 亿 t(300 亿桶),其中渤、黄海各为7.47 亿 t(56 亿桶),东海为 17 亿 t(128.4 亿桶),南海(包括台湾海峡)为 11 亿 t(80.3 亿桶)。这一预测可能偏低。外国还有人认为,仅渤海湾海底石油储量即达 50 ~ 100 亿 t(375 ~ 750 亿桶),钓鱼岛周围东海大陆架一个地区约150 亿 t(1 125 亿桶)。就按国外的估计数,中国近海的石油储量大约与中国陆上的石油储量相当,为 40 ~ 150 亿 t(300 ~ 1 125 亿桶)。无疑,中国是世界海洋油气资源丰富的国家之一。

(2)滨海砂矿

滨海砂矿是指在滨海水动力的分选作用下富集而成的有用砂矿。该类砂矿床规模大、品位高、埋藏浅,沉积疏松、易采易选。所谓滨海砂矿的范畴,由于地质历史上的海平面变动,包涵滨海和部分浅海的砂矿。滨海砂矿主要包括建筑砂砾、工业用砂和矿物砂矿。建筑砂、砾集料和工业用砂(如铸造用砂和玻璃用砂等)是当今取自近海最多和最重要的砂矿。随着陆上建筑集料和工业砂资源的开采殆尽,城市的持续扩大和地价的不断增加,品质优于陆上的海洋建筑集料与工业砂原料势必变得更为重要。

滨海矿物的砂矿种类很多,如金刚石、金、铂、锡石、铬铁矿、铁砂矿、锆石、钛铁矿、金红石、独居石等。这些滨海砂矿绝大多数属于海积型砂矿床,少部分属冲积型和残积型砂矿。世界上现已开采利用 30 余种滨海砂矿,其资源量与开采量在世界矿产中都占有重要的位置。例如,世界金红石总资源量约 9 435 万 t(钛含量),其中砂矿占 98%;钛铁矿总资源量 2.46 亿 t(钛金属),砂矿占 50%;锆石已探明的资源量 3 175.2 万 t,96% 为滨海砂矿。滨海砂矿的开采量在世界同类矿产总产量中所占的百分比为钛铁矿 30%,独居石 80%,金红石 98%,锆石 90%,锡石 70% 以上,金 5% ~ 10%,金刚石 5.1%,铂 3% 等。滨海砂矿在浅海矿产资源中,其价值仅次于石油、天然气。

我国拥有漫长的海岸线和广阔的浅海。目前,已探查出的砂矿矿种有锆石、钛铁矿、独居石、磷钇矿、金红石、磁铁矿、砂锡矿、铬铁矿、铌钽铁矿、砂金和石英砂等,并发现有金刚石和铂矿等。我国的滨海砂矿的矿种几乎覆盖了黑色金属、有色金属、稀有金属和非金属等各类砂矿,其中以钛铁矿、锆石、独居石、石英砂等规模最大,资源量最丰。因经受多次地壳运动,中国大陆东部岩浆活动频繁,为形成各种金属和非金属矿床创造了有利条件,钨、锡、铜、铁、金和金刚石等很丰富。在大面积分布的岩浆岩、变质岩和火山岩中,也含有各种重要矿物。现已发现有钛、锆、铍、钨、锡、金、硅和其他稀有金属,分布在辽东半岛、山东半岛、福建、广东、海南和广西沿海以及台湾周围。台湾和海南岛尤为丰富,主要有锆石—钛铁矿—独居石—金红石砂矿,钛铁矿—锆石砂矿,独居石—磷钇矿,铁砂矿,锡石砂矿,砂金矿和砂砾等。台湾是中国重要的砂矿产地,盛产磁铁矿、钛铁矿、金红石、锆石和独居石等。磁铁矿主要分布在台湾北部海滨,以台东和秀姑峦溪河口间最集中。北部和西北部海滩年产铁矿砂约 1 万 t。在西南海滨,独水溪与台南间的海滩上分布着 8 条大砂堤,最大的长 5 km,为独居石—锆石砂矿区,已采出独居石 3 万多吨,锆石 5 万多吨,南统山洲砂堤的重要矿物储量在 4.6 万 t 以上,嘉义至台南的海滨又发现 5 万 t 规模的独居石砂矿。海南岛沿岸有金红石、独居石、锆英石等多种矿物。福建沿海稀有和稀土金属砂矿也不少。锆石主要分布在诏安、厦门、东山、漳浦、惠安、晋江、平潭和长乐等地。独居石以长乐品位最高,达 2 kg/m³ 左右。金红石主要分布在东山岛、漳浦、长乐等地,而诏安、厦门、东山、长乐等地均有铁钛砂。铁砂分布很广,以福鼎、霞浦、福清、江阴岛、南日岛、惠安和龙海目屿等最集中。至于玻璃砂和型砂,不仅分布广,质量好,含硅率亦高。平潭的石英砂含硅率达 98% 以上。辽东半岛发现有砂金和锆英石等矿物,大连地区探明一个全国储量最大的金刚石矿田,山东半岛也发现有砂金、玻璃石英、锆英石等矿物,广东沿岸有独居石、铌钽铁砂、锡石和磷钇等矿。有些滨海砂矿已向大陆架延伸,如台湾橙基煤矿已在海底开采多年,辽宁大型铜矿也从陆上发展到海底开采,山东的金矿、辽宁某些煤矿以及山东龙口、蓬莱的一些煤层也伸至海底。

（3）天然气水合物

天然气水合物是在一定的温压条件下,由天然气与水分子结合形成的外观似冰的白色或浅灰色固态结晶物质,外貌极似冰雪,点火即可燃烧,故又称之为"可燃冰""气冰""固体瓦斯"。因其成分的 80% ~99.9% 为甲烷,又被称为"甲烷天然气水合物"。

作为一种新型的烃类资源,天然气水合物具有能量密度高、分布广、规模大、埋藏浅、成藏物化条件好、清洁环保等特点,被喻为未来石油的替代资源,是地球上尚未开发的最大未知能源库。从能源的角度看,"可燃冰"可视为被高度压缩的天然气资源,每立方米能分解释放出 $160 \sim 180 \ m^3$ 的天然气。科学家估计,地球海底天然可燃冰的蕴藏量约为 500 万亿 m^3,相当于全球传统化石能源(煤、石油、天然气、油页岩等)储量的两倍以上,是目前世界年能源消费量的 200 倍。全球的天然气水合物储量可供人类使用 1 000 年。

天然气水合物在自然界分布非常广泛。按照天然气水合物的保存条件,它通常分布在海洋大陆架外的陆坡、深海和深湖以及永久冰土带。大约 27% 的陆地(极地冰川土带和冰雪高山冻结岩)和 90% 的大洋水域是天然气水合物的潜在发育区,其中大洋水域的 30% 可能是其气藏的发育区。

我国科学家目前已在南海北部陆坡、西沙海槽和东海南坡 3 处发现天然气水合物存在的证据。从南海的水深、沉积物和地貌环境来看,是中国天然气水合物储量最丰富的地区。初步勘测结果表明,仅南海北部的天然气水合物储量就已达到我国陆上石油总储量的一半左右;此外,在西沙海槽也已初步圈出天然气水合物,分布面积为 5 242 km^2,其资源量估算达 4.1 万亿 m^3。按成矿条件推测,整个南海的天然气水合物的资源量相当于我国常规油气资源量的一半。

1.1.2　深海矿产资源

深海蕴藏着丰富的海底矿产资源,是支持人类生存的又一类重要资源。所谓深海,一般是指大陆架或大陆边缘以外的海域。深海占海洋面积的 92.4% 和地球面积的 65.4% ,尽管蕴藏着极为丰富的海底资源,但由于开发难度大,目前基本上还没有得到开发。扩大人类生存空间和储备人类生存资源的重要途径之一就是要向深海拓展,发现包括海底矿产在内的深海资源,对于整个人类的生存是一项具有深远意义的战略行动。

深海矿产资源主要包括多金属结核矿、富钴结壳矿、深海磷钙土和海底多金属硫化物矿等。世界大洋海底石油和锰结核分布见图 1。紫色圆点是海底石油分布,绿色填充区域是海底锰结核分布。

由于深海矿产资源的矿区基本位于国际海域的海底,对其开发必须经过联合国海底管理局的同意和批准,方可生效与合法。

（1）多金属结核矿

多金属结核矿是一种富含铁、锰、铜、钴、镍和钼等金属的大洋海底自生沉积物,呈结核状,主要分布在水深 4 000 ~6 000 m 的平坦洋底,是棕黑色的,像马铃薯、姜块一样的坚硬物质。个体大小不等,直径从几毫米到几十厘米,一般为 3 ~6 cm,少数可达 1 m 以上;重量从几克到几百、几千克,甚至几百千克。

分析表明,这种结核内含有 70 余种的元素,包括工业上所需要的铜、钴、镍、锰、铁等金属,其中 Ni、Co、Cu、Mn 的平均含量分别为 1.30% ,0.22% ,1.00% 和 25.00% ,总储量分别高出陆地相应储量的几十倍到几千倍,铁的品位可达30%左右,有些稀有分散元素和放射件元素的含量也很高,如铍、铈、锗、铌、铀、镭和钍的浓度,要比海水中的浓度高出几千、几万乃至百万倍,具有很高的经济价值,是一种重要的深海矿产资源。

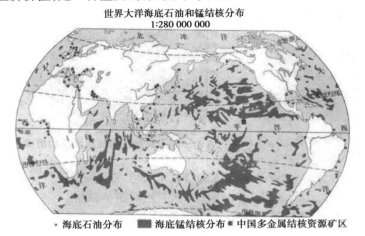

图1　世界大洋海底石油和锰结核分布图

多金属结核在太平洋、大西洋、印度洋的许多海区均有分布,唯太平洋分布最广,储量最大,并呈带状分布。世界深海多金属结核资源极为丰富,远景储量约3万亿t,仅太平洋的蕴藏量就达1.5万亿t。

中国是联合国批准的世界上第五个深海采矿先驱投资者,负责多金属结核调查的机构是中国大洋协会,在太平洋CC区内申请到30万km²区域开展勘查工作,获得了保留矿区7.5万km²,我国对该区拥有详细勘探权和开采权。经计算,获得约4.2亿t金属结核矿资源量,含锰1.11亿t、铜406万t、钴98万t和镍514万t的资源量,可满足年产300万t多金属结核矿开采20年的资源需求,如图2所示为多金属结核矿。

图2　多金属结核矿

（2）富钴结壳矿

富钴结壳矿是生长在海底岩石或岩屑表面的一种结壳状自生沉积物,主要由铁锰氧化物组成,富含锰、铜、铅、锌、镍、钴、铂及稀土元素,其中钴的平均品位高达 0.8% ~ 1.0%,是大洋锰结核中钴含量的 4 倍。金属壳厚 1 ~ 6 cm,平均 2 cm,最大厚度可达 20 cm。结壳主要分布在水深 800 ~ 3 000 m 的海山、海台及海岭的顶部或上部斜坡上。

由于富钴结壳资源量大,潜在经济价值高,产出部位相对较浅,且其矿区分布大多落在 200 海里的专属经济区范围之内,联合国海洋法公约规定沿海国家拥有开采权,在深海诸矿种之中是法律上争议最少的一种矿种。因此,是当前世界各国大洋勘探开发的重点矿种。自 20 世纪以来,富钴结壳已引起世界各国的关注,德、美、日、俄等国纷纷投入巨资开展富钴结壳资源的勘查研究。目前,工作比较多的地区是太平洋区的中太平洋山群、夏威夷海岭、莱恩海岭、天皇海岭、马绍尔海岭、马克萨斯海台以及南极海岭等。据估计,在太平洋地区专属经济区内,富钴结壳的潜在资源总量不少于 10 亿 t,钴资源量就有 600 ~ 800 万 t,镍 400 多万吨。在太平洋地区国际海域内,经俄罗斯对麦哲伦海山区开展调查,亦发现了富钴结壳矿床,资源量亦达数亿吨,还有近 2 亿 t 优质磷块岩矿床的共生。

在我国南海也发现有富钴结壳。所发现的富钴结壳中钴含量一般比大洋锰结核高出三倍左右,而镍是锰结核的 1/3,铜含量比较低,而铂的含量很高,稀土元素含量亦很高,具有工业利用价值。近年来,我国大洋协会又开始在太平洋深水海域进行了面积近 10 万 km² 的富钴结壳靶区的调查评价,其中有可能寻找到有商业开发潜力的区域。

（3）海底多金属硫化物矿床

海底多金属硫化物矿床是指海底热液作用下形成的富含铜、锰、锌等金属的火山沉积矿床,极具开采价值。

按产状可分为两类:一类是呈土状产出的松散含金属沉积物,如红海的含金属沉积物（金属软泥）;另一类是固结的坚硬块状硫化物,与洋脊"黑烟筒"热液喷溢沉积作用有关,如东太平洋洋脊的块状硫化物。

按化学成分可分为四类:第一类富含镉、铜和银,产于东太平洋加拉帕戈斯海岭;第二类富含银和锌,产于胡安德富卡海岭和瓜亚马斯海盆;第三类是富含铜和锌;第四类富含锌和金,与第三类同时产出。多金属硫化物也见于中国东海冲绳海槽轴部。海底多金属硫化物矿床与大洋锰结核或富钴结壳相比,具有水深较浅（从几百米到 2 000 m）、矿体富集度大、矿化过程快、易于开采和冶炼等特点。所以,更具现实经济意义。

海底多金属硫化物主要产于海底扩张中心地带,即大洋中脊、弧后盆地和岛弧地区。如东太平洋海隆、大西洋中脊、印度洋中脊、红海、北斐济海、马利亚纳海盆等地都有不同类型的热液多金属硫化物分布。富含金属的高温热水从海底喷出,在喷口四周沉淀下多金属氧化物和硫化物,堆砌成平台、小丘或烟囱状沉积柱。世界已有 70 多处发现有热液多金属硫化物产出,在东海冲绳海槽地区已发现 7 处热液多金属硫化物喷出场所。

目前,我国主要是对海底热液多金属硫化物矿进行了实验性的勘查。

（4）磷钙土矿

磷钙土是由磷灰石组成的海底自生沉积物。按产地可分为大陆边缘磷钙土和大洋磷钙土,呈层状、板状、贝壳状、团块状、结核状和碎砾状产出。

大陆边缘磷钙土主要分布在水深十几米到数百米的大陆架外侧或大陆坡上的浅海区,主要产地有非洲西南沿岸、秘鲁和智利西岸;大洋磷钙土主要产于太平洋海山区,往往和富钴结壳伴生。磷钙土生长年代为晚白垩世到全新世,太平洋海区磷钙土含有 15% ~ 20% 的 P_2O_5,

是磷的重要来源之一。另外,磷钙土常伴有高含量的铀和稀土金属铈、镧等。据推算,海区磷钙土资源量有 3 000 亿 t。

人类对深海的探索和研究相对于探索地球表面来说才刚刚开始。随着人类新需求的出现和科学技术的进步,随着我们对深海的不断探索,还会在深海底发现更多新的矿产、新的资源。

人类对大洋多金属结核、富钴结壳、海底多金属硫化物及磷钙土的大规模开发利用,估计到 2020 年以后才能实现。

1.2　海洋工程地质环境

海底地形示意如图 3 所示。

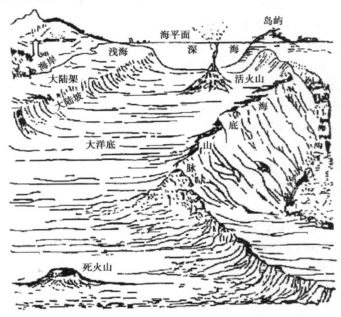

图 3　海底地形示意图

1.2.1　海洋沉积物的工程地质特性

海洋沉积物为未固结的矿物或有机物的结合体,主要有陆源碎屑(黏土、粉沙等)、生物颗粒(海底生物残骸)和化学成因颗粒(多金属结核)等。从近海至海底深部,沉积岩的颗粒由粗到细。近海岸和半深海底沉积物主要由陆源物质组成;随着进入到深海海底,生物碎屑和化学物质明显增多。

在海洋沉积环境中,由于物理变化、胶结和生物改造作用,使海洋沉积物与陆地沉积物的工程地质特性有很大差别。海底沉积物具有高含水量、高空隙率、高压缩性和低强度等特点。

海洋沉积物在波浪和潮汐等动力荷载的作用下,表现出液化性、触变性和蠕变性等力学特征。在深海环境中,由于生物颗粒的影响,海洋沉积物的比重明显下降。细颗粒的海洋沉积物具有高含水性,呈软塑状态和流塑状态。海洋沉积物的抗剪强度很小,有的几乎为零。

1.2.2　海底的不稳定性

对大陆架、大陆坡及浅海地区的调查证实,海底松散沉积物广泛存在滑移现象。在近海岸滑坡范围一般为几百米,在深海中大规模的滑移可达几百公里。海底的不稳定性是海洋采矿的最大潜在威胁。

海底的不稳定性有以下几种形式：

①沙波：海底沉积物的现代搬运作用。

②浅气层：海底地层由于有机物腐烂作用而生成，在特定条件下，气层气体喷出。

③埋藏河道：在现代海底水深 150 m 的范围内，普遍存在充填物为松散软塑的土质层。

④断裂作用和地震活动：断裂活动可以造成表层沉积物的位移，地震作用所产生的水平加速度能导致海底沉积物的液化及斜坡不稳定现象的发生。

⑤块体移动：表现为海底的滑坡、崩塌、泥流和其他类型的滑塌。

2　我国海洋矿产资源开发利用现状

滨海砂矿的开发起步早，但规模有限。我国滨海砂矿种类较多，已发现 60 多个矿种，估计地质储量达 1.6 万亿 t。根据现有技术经济条件，目前大多数具有工业价值的滨海砂矿都在开采，但开采规模有限，规模较大的主要有钛铁矿、锆石、金红石、铬铁矿、磷钇矿、砂金矿、石英砂、型砂、建筑用砂等 10 余种。

海洋油气开发已成重点，但主要局限在浅水区。渤海是中国第一个开发的海底油田。中国石油部门已开始在渤海进行开发，打出了一批高产油气井。1980 年开始，中法、中日在渤海中部、西部和南部进行联合勘探开发，发现日产原油千吨、天然气 60 万 m^3 的高产井，展示了渤海石油开发的乐观前景。

目前，我国共有 16 个海上油气田，其中产量位居前 6 名的海上油田，包括目前我国最大的海上油田在内，均在渤海。在渤海海域发现的蓬莱 19-3 油田是世界级的新发现。2004 年渤海海域油气产量首次突破 1 000 万 t，成为我国北方重要能源生产基地。

从 20 世纪 60 年代起，渤海湾继蓬莱 19-3 等大型海上油田相继成功开发以来，近几年投产的主要是以中小型为主的边际油田。据中海油高层人士披露，较之世界平均 25% 的商业成功率，渤海油田近几年的商业发现成功率要高得多。正是由于中海油依靠技术创新，不断提高油田勘探成功率和采收率，在油田产量逐年提高的同时，提高了勘探替代率，渤海湾正在逐渐成为中国第三大油田。据统计，在渤海湾共获得 8 个新发现，预计石油地质储量约 2 亿 m^3，天然气约 15 亿 m^3。

南黄海盆地是苏北含油气盆地向海的延伸，与陆地构成苏北—南黄海盆地，面积约 8.7 万 km^2。盆地有可储油气的构造圈闭达 40 多个，产生油岩的厚度达数千米。

东海盆地面积约 46 万 km^2，含油气构造圈闭成群成带，是中国发现 7 个大型沉积盆地中面积最大、油气远景最好的沉积盆地。国外有人认为，东海是世界石油远景最好的地区之一，东海天然气储量潜力可能比石油还要大。目前，已在浙江省以东海域的东海陆架盆地中部的西湖凹陷，发现了平湖、春晓、天外天、残雪、断桥、宝云亭、武云亭和孔雀亭等 8 个油气田。此外，还发现丁玉泉、龙井等若干个含油气构造。东海油气田已累计获知天然气探明储量加控制储量近 2 000 亿 m^3。据国家内外专家的估计，整个东海陆架盆地油气资源储量为 5 ~ 6 万亿 m^3 气当量，而目前的储量探明率还很低，勘探开发潜力非常大。

南海已探明石油储量为 6.4 亿 t，天然气储量 9 800 亿 m^3，是世界海底石油的富集区。某些国外石油专家认为，南海可能成为另一个波斯湾或北海油田。1980 年开始，中国又与法国、英国、美国等合作打出若干口原油质量好、比重轻、含硫低的高产油气井。2003 年，中海油下属的中国海洋石油有限公司也通过自营勘探，在南海西部获得一个新油气发现。2012 年 5 月

9 日,中国首座自主设计、建造的第六代深水半潜式钻井平台"海洋石油981"在中国南海海域正式开钻。

天然气水合物的开发正处于初期研究阶段。天然气水合物埋藏于海底的岩石中。和石油、天然气相比,天然气水合物不易开采和运输,世界上至今还没有完美的开采方案。目前,包括我国在内的世界许多国家正在积极研究天然气水合物资源开发利用技术。迄今为止,天然气水合物的开采方法主要有热激化法、减压法和注入剂法等三种。开采的最大难点是保证井底稳定,使甲烷气不泄漏、不引发温室效应。针对这些问题,日本提出了"分子控制"的开采方案。天然气水合物气藏的最终确定必须通过钻探,其难度比常规海上油气钻探要大得多,一方面是水太深,另一方面由于天然气水合物遇减压会迅速分解,极易造成井喷。日益增多的成果表明,由自然或人为因素所引起的温压变化,均可使水合物分解,造成海底滑坡、生物灭亡和气候变暖等环境灾害。

3 海洋矿产资源开采方法

3.1 影响海洋矿产资源开发的因素

影响海洋矿产资源开发的因素主要有以下几个方面:

①矿床位置。离岸距离决定是否需要大型海上基地,涉及精矿运输、人员往返等问题。

②气象和海况。台风与飓风要求海底集矿装置和海上作业基地具有灵和的可移动性,以便风暴来临时退避和确定采矿系统的工作参数。

③水深。高品位的结核矿石一般分布在水深大于 3 000 m 的海底;当水深为 6 000 m 时,采矿设备所承受的水压达 60 MPa。因此,必须保证采矿系统在高压下的安全。

④结核分布的丰度。结核分布情况决定生产规模、采矿成本等。

⑤海底地形与地质。海底的地形及地质力学性质决定集矿机械设备的适应条件。

⑥集矿方法。由于结核半埋于海底沉积层中,需要决定掘削的黏土厚度与采集方法。

3.2 海洋矿产资源开采方法

海洋矿产资源开采方法如表 1 所示。

表 1 海洋矿产资源开采方法

编号	海底矿产	可采用的开采方法	使用与研究现状	最终产品
1	石油、天然气	石油钻井平台、钻探装置、海底采油系统	已进入工业化生产,非常成熟的开采技术	提取石油、天然气
2	多金属结核矿	连续索斗提升采矿系统、管道提升采矿系统、穿梭潜水集矿机系统、海底自动采矿系统	基本完成小试,进入中试阶段。管道提升采矿系统被认为是非常有前途的开采方法	提炼出具有战略意义的多种金属
3	天然气水合物	热激化法、减压法、注入剂法	由于天然气水合物的开发利用有许多条件的严格限制,目前还暂不能用	天然气
4	其他矿产	各种采掘装置和大深度挖泥机	基本成熟的方法,进入工业化生产	提取铁砂、金砂、锡砂及其他矿物

3.2.1　深海油气资源开发研究

目前,深海石油勘查已经达到在 2 500 m 的深水区作业,钻探深度达到 1 万多 m;"智能完井"技术实现了实时数据的采集;钻探成本从 1980 年的平均每口井(深度平均在 3 000 m 以上)530 万美元降到 1999 年的 100 万~120 万美元。目前,在世界石油产量中,约 30% 来自海洋石油。

海底石油的开采过程包括钻生产井、采油气、集中、处理、贮存及输送等环节。海上石油生产与陆地上石油生产所不同的是要求海上油气生产设备体积小、质量小、高效可靠、自动化程度高、布置集中紧凑。

一个全海式的生产处理系统包括油气计量、油气分离稳定、原油和天然气净化处理、轻质油回收、污水处理、注水和注气系统、机械采油、天然气压缩、火炬系统、贮油及外输系统等。供海上钻生产井和开采油气的工程措施主要有:①人工岛,多用于近岸浅水中,较经济。②固定式采油气平台,其形式有桩式平台(如导管架平台)、拉索塔式平台、重力式平台(钢筋混凝土重力式平台、钢筋混凝土结构混合的重力式平台)。③浮式采油气平台:其形式又分:a.可迁移式平台(又称活动式平台),如坐底式平台(也称沉浮式平台)、自升式平台、半潜式平台和船式平台(即钻井船)。b.不迁移的浮式平台,如张力式平台、铰接式平台。④海底采油装置:采用钻水下井口的办法,将井口安装在海底,开采出的油气用管线直接送往陆上或输入海底集油气设施。

供开采生产的油气集中、处理、转输、贮存和外运的工程设施包括:①装有集油气、处理、计量以及动力和压缩设备的平台。②贮油设施,包括海上储油池、储油罐和储油船。③海底输油气管线。④油气外运码头,包括单点系泊装置和常规的海上码头(有固定式和浮式两种)(如图 4 所示)。

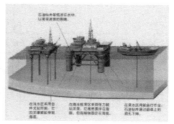

开发中的南海油田

图 4　固定式和浮式油气外运码头

3.2.2　天然气水合物开发研究

天然气水合物埋藏于海底的岩石中,和石油、天然气相比,不易开采和运输,世界上至今还没有完美的开采方案。天然气水合物的开采方法主要有热激化法、减压法和注入剂法等三种。热激化法,就是通过一些方法将可燃冰加热,使其温度升高,从而使水合物分解而开采;减压法,即采用物理方法给可燃冰减压,达到使之分解的目的;注入剂法,就是往可燃冰中加一些化学试剂,将"冰"转化成气。

天然气水合物开采的最大难点是保证井底稳定,使甲烷气不泄漏、不引发温室效应。针对这些问题,日本提出了"分子控制"的开采方案。天然气水合物气藏的最终确定必须通过钻探,其难度比常规海上油气钻探要大得多,一方面是水太深,另一方面由于天然气水合物遇减压会迅速分解,极易造成井喷。日益增多的成果表明,由自然或人为因素所引起的温压变化,均可使水合物分解,造成海底滑坡、生物灭亡和气候变暖等环境灾害。

3.2.3 海底固体矿产资源开发研究

海底固体矿产开发系统是一项复杂的高技术系统工程,包括在海底矿产开采过程中所进行的研究、实验和试生产等工作。整个开发系统的构成见图5。

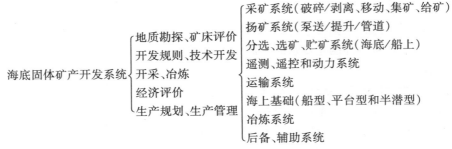

图5 海底固体矿产开发系统示意图

海洋地质与海洋采矿的研究内容:

①海洋地质调查。了解多金属结核等矿物资源的分布规律,探明其形态、类型、覆盖率、丰度、品位变化、赋存水深、地形特征及伴生沉积物类型和性质等。目前,采用的探矿设备包括海底采样器、光学探测仪及声学探测仪等。

②海底采矿系统。开发研究海底矿岩的物理力学性质,包括干密度、湿密度、松散密度、含水量、孔隙率、抗水性、渗透性、切割性、磨蚀性等。以现有的海底锰结核采矿技术为基础,不断研究改进采矿船(或平台)、水下提矿设备、海底其他采矿机械以及遥控装置等。深海采矿流程和采矿原理如图6、图7所示。

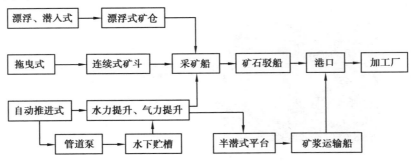

图6 深海采矿流程图

采用水力提升的海洋采矿原理如图8所示。该系统由集矿机、扬矿、监控、采矿船、运输支持五个子系统组成。

(1)集矿机子系统

在海底表面采集矿石的集矿机包括采矿装置、分离装置、行走装置、液压和电气系统等组成。集矿方法可分为两类:一是机械式集矿,利用类似于耙子的装置在沉积物中捞取结核;另一类是流体动力式集矿,根据射流原理,利用高速运动的流体产生的压差吸取结核和沉积物。分离装置利用高压水或格筛分离结核和沉积物,只将矿石供给扬矿管。集矿机在海底行走有两种方式:拖曳式和自行式。拖曳式集矿机的行走装置通常是采用滑板式结构;自行式集矿机采用独特的阿基米德螺线行走装置,该装置在集矿机两侧各装一个可绕固定轴转动的圆筒,圆筒上焊接的条形铜板形成阿基米德螺线。

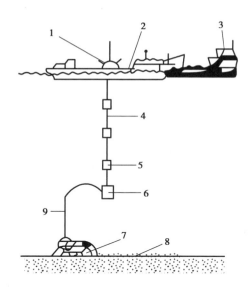

图 7　深海采矿原理示意图

1—分选系统；2—采矿船；3—远矿船；4—扬矿管；
5—泵；6—中继站；7—集矿机；8—结核；9—软管

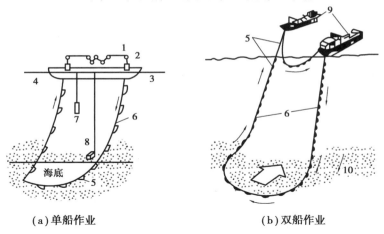

（a）单船作业　　　　　　　　　（b）双船作业

图 8　采用水力提升的海洋采矿原理图

（2）扬矿子系统

扬矿系统的功能是将采集的结核矿石经管道提升到海面采矿船上，主要由供矿装置、柔性软管、中继矿仓、离心泵组、主提升管道、避风浪解脱装置等组成。供矿装置安装在集矿机上，将采集的结核矿石经柔性软管送住中继矿仓；中继矿仓安装在刚性扬矿管道下端；离心泵组将矿仓内的结核矿石以 10% ~ 20% 的体积浓度从海底提升至海面采矿船上。

（3）操纵与监控子系统

操纵与监控系统主要包括各系统的数据采集和处理系统、控制系统及水中测位的声响系统，是控制从采矿船上将集矿机和扬矿管等海中设备迅速而安全地装卸、下放和回收的装置（转臂起重机等设备），监视并控制集矿和扬矿等作业安全而有效地进行。

（4）采矿船子系统

采矿船是深海采矿作业的平台，为海下设备提供支承、动力、存放和维修，同时完成结核矿石贮存并向运输船转运。

（5）运输支持子系统

运输支持系统将结核矿石运输到口岸；向采矿船供应补给品及人员轮换。

采矿工序为：采矿船到达采区后，将集矿机和提升管接好并逐步放入海底，提升管上端置于采矿船上，集矿机将结核收集到一起后，利用射流对结核进行冲洗，将大部分粘着沉积物冲洗掉，然后碾碎结核，允许破碎结核以较高的浓度输送，防止提升管道阻塞。提升管用一根4~5 km长的管道或一组连接管组成，通过提升管道把矿浆（包含破碎结核、底层水和沉积物）从海底集矿机系统传送到海面的采矿平台。这种技术主要借鉴于海上石油和天然气开采业。

从管道提上来的矿浆到达采矿平台后，进行脱水处理，最大限度地减少矿石的体积重量比，便于运输。经分离后的残留物经过排污软管排入海中。结核矿石暂时储存在采矿平台上，或转送到矿石运输船上，运到岸上冶炼厂。

处于研究阶段或工业性试验阶段的采矿系统有：

（1）连续索斗提升采矿系统

连续索斗提升采矿系统如图8所示，由采矿船、无极绳斗、绞车和万向支架等组成。无极绳斗由一条首尾相连的高强度无极绳和一系列铲斗组成，铲斗固定在无极绳上，铲斗间距25~50 m。采矿时，借助绞车、导向滑轮和方向支架等设备，将无极绳斗从采矿船上投入海中，使铲斗呈曲线接触海底，开动船上的绞车带动无极绳斗，使无极绳斗在采矿船与海底之间循环翻转，铲斗较低一侧在海底掠过，铲起结核、底部沉积物、底栖生物和其他物质，从海底提起，到船上倾倒。接触海底的铲斗不停地铲挖海底的结核，并提升到采矿船上，从而实现结核的连续开采。铲斗大多采用金属网或有眼的盒子，在绞起过程中，沉积物可以被冲掉，结核留在铲斗中。铲入海底沉积物的深度在某种程度上可以由采矿船速度和机动性加以综合控制，并且在铲斗上安装角齿和滑行架。

连续索斗提升采矿系有单船作业和双船作业两种方式。单船作业方式进出的两根绳索相距很近，易使绳斗互相缠绕，影响采矿作业的顺利进行。为克服单船作业的绳斗缠绕问题，可采用双船作业方式：一只船放绳入海，另一只船将装有多金属结核的绳斗从海中收进，卸完结核后，立即将空绳斗传递到第一条船，再送入海中。如此循环进行，实现结核的连续开采。

该系统有如下特点：设备简单，机械装置在船上，维修方便，准备及搬迁时间短；铲斗工作受水深和海底地形变化的影响不大；缆绳能平衡船的摇摆，减轻波浪对作业的影响；对多金属结核的块度要求不严格；设备投资少，生产成本低等。但也存在问题：该系统难以控制，结核的回收率低，日采矿能力低；铲斗铲起海床上的结核和沉积物时，造成近底羽状流，明显污染附近海底环境。

（2）管道提升采矿系统

管道提升采矿系统如图9所示，主要由集矿、扬矿、操纵和监控四个部分组成：①集矿。利用集矿机在海底表面采集矿石，集矿方法有水力式、机械式和水力-机械混合式等三种。②扬矿。扬矿是将集矿机采集到的结核提升到采矿船内。目前，管道提升方法有泵提升和气力提升两种方式。泵提升是在扬矿管道途中适当的位置安装多台大功率的潜水砂泵，通过流体静压力进行提升，该静压力足以克服由摩擦和锰结核自重产生的压力损失，将矿石提升至水面采矿船。气力提升是由装在船上的空压机将高压空气送入浸在水中3 000～6 000 m长的扬矿管道中,使管内密度减小,管内所形成的负压和管外的海水压力产生压差,形成上升流,将含锰结核的混合海水提升至水面采矿船。③操纵。采矿船上的操作机械用于集矿机和扬矿管道等设备的装卸、下放和回收。④监控。通过数据采集、数据处理和计算机集中控制,对集矿机、高压潜水泵或空压机以及海底检测分析仪器的监视、控制集矿和扬矿作业。

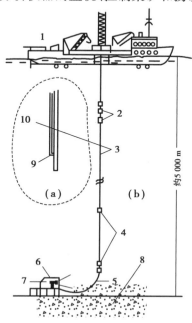

图9　管道提升采矿系统
(a)气升式;(b)泵举式
1—采矿船;2—泵;3—钢管;4—测量接头;5—柔性管;
6—集矿机;7—海底电视;8—锰结核;9—注入压气孔;10—压气管

该系统有如下特点:管道提升式采矿方法配用自行式遥控集矿机,具有灵活性好,能避开海底障碍物与不利地形,采矿效率较高,开采规模大,技术难度小等特点。

工作过程:当采矿船到达采区后,将集矿机和提升管接好后逐步放到海底,提升管上端悬置于采矿船;集矿机用于采集海底沉积物中的结核并进行初处理,在除去过大结核的同时,将合格尺寸的结核输入提升管底端,以水力或气力提升方式使管内的水以足够的速度向上运动,将结核输送到海面采矿船上。

(3)无人潜水穿梭机系统

无人潜水穿梭机系统如图10所示,该系统相当于装有集矿装置的潜水器,兼有多金属结核的采集和运输的功能。该系统由螺旋推进装置、支承系统、采集系统、车内传输系统、压载物和矿核存贮室、浮力材料、蓄电池和辅助推进系统等组成。

工作过程:先借自重把潜水穿梭机沉入海中,在接近海底时进行卸载,减慢下沉速度,使采矿车轻轻着地,抛弃部分压仓物,并收集结核。当采集的多金属结核装满采集矿仓时,抛弃剩余压仓物,从而使装满金属结核的潜水采矿器浮出水面,卸掉矿石,装满压仓物后再潜到海底进行下一次采矿。

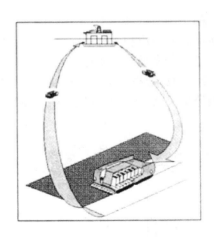

图 10　无人潜水穿梭机系统

特点:潜水采用高能蓄电池作为动力,是无缆的无人潜水器,可用履带行走,也可用螺旋桨潜行。由于安装了各种探测、TV 控制元件,可以自由行走,提高了采集效率。可根据产量要求配备多台穿梭机往来穿梭,类似陆地上的自行矿车或铲运机。

优点:各穿梭机相互独立,一台出现故障不会影响整个采矿系统;机动灵活,不需长距离铺设运输管道、泵送或压气设施;材料消耗和能耗较少。

缺点:装置制作需要较高的技术,成本昂贵,且每次采集量有限,沉浮时间长,不及管道提升开采法经济。此外,该系统集矿过程中有相当数量的压仓物留在海底,对环境有明显的危害。

(4)海底自动采矿系统

海底自动采矿系统是连续铲斗提升采矿系统和潜水穿梭机系统的结合体,是加设了提升管道的穿梭集矿系统,或是由遥控潜水采矿机代替连续铲斗的采矿系统。

4　海洋采矿面临问题及应对措施

4.1　技术问题

海洋采矿是一项涉及诸多学科的高技术密集型产业,也是一项极为复杂的系统工程。海洋采矿涉及海洋资源的勘探、采矿、选矿与冶炼方面的一系列复杂的技术问题。

海洋资源的勘探必须使用最先进的勘察手段,查明海底资源的分布及品质、资源数量、资源环境,技术难度很大。在深海海底,水的静压可达五、六百个大气压,必须借助仿生学研究潜入深海底的耐高压的采掘设备和机器人。

对于水下机器人来说,它是载体系统、电控系统、声学系统、水声通讯、图像压缩与处理、计算机体系结构、人工智能、高效能源、流体力学、深潜技术、水面收放技术等多项高技术的集成。

目前,美、日等国虽有可潜入 4 000～6 000 m 深的海底潜水器,我国也已研究成功可潜入 1 000 m 深处的水下机器人,但要达到采掘生产的实用阶段,还要走很长一段路。

目前,美国、日本、德国、法国、俄罗斯、印度等国都在研究深海底部锰结核的采集与扬升技术。至于深海钴壳矿床与热液矿床,因为是坚硬的固体矿床,比锰结核的开采难度要大,还需研究深海的水下破碎技术。

应对措施:研制更加精密可靠的海洋观测仪器,包括海洋物理观测仪器、海洋化学观测仪器、海洋生物观测仪器、海洋地质及地球物理观测仪器等,进一步加深对海洋环境状况或现象以及变化规律的了解;发展潜水装具,发展潜水技术,研制深潜器,完善深潜系统;完善各类用于水下打捞、水下勘探、水下救生、水下钻探、水下焊接、地质取样、标本采集等水下作业机械装备;提升海洋遥感技术、水声技术、海洋光学技术、水中摄像技术、海洋导航定位技术等各类技术,用于海洋资源开发开采;研制各种实用可靠、功能齐全的勘测、集矿、采矿机器人,为人类探索更多的神秘海底,做更多的人类所不能亲临的工作。

4.2　政治经济问题

海洋采矿的科学研究需要投入巨额的资金和集中大批优秀的科技人员。

海洋采矿的生产是以海洋采矿的综合成本(勘察、采矿、选矿、冶炼成本之总和)低于陆地采矿成本为前提。大陆架资源因其近陆和海水较浅,开发技术比深海开采容易,采矿成本不算很高。实际上,大陆架的矿产资源早已为多国所开采。从海水中提取所需元素和开采深海底的各类矿床则较困难,除政治和技术因素外,采矿综合成本大大高于陆地成本,经济问题制约深海采矿的发展。

周边国家抢采油气,引发与我国海域之争。目前,在东海、南海周边多个国家与我国有严重的海洋争端,出现了我国海洋岛屿被侵占、海洋区域被分割、海洋资源被掠夺的严重局面,仅南海争议海域面积就达到 150 余万 km^2,占我海域辖区的一半以上。

应对措施:将海洋开发纳入国家发展战略层面,加强海洋文明建设,加强海军建设,维护国土和领海安全,打造蓝水海军,维护、保护我国海洋利益,保障海洋资源开发安全。加大海洋开发经济投入和科研力度,集中优秀的科技人员进行技术攻关。加强海洋资源的调查评价,加强海底勘察工作,在公海积极开拓合法的开辟区(Pioneer Area),扩大我国海洋利益。

4.3　环境问题

保护海洋生态环境是海洋采矿必须重视的问题。深海采矿对海洋环境造成的影响主要包括改变海底地貌,破坏生物群落及其栖息环境,同时,还有维持生态环境所必需的物理过程的损害等。

应对措施:积极开展海洋环境保护与生态修复技术研究,主要包括污染物在环境中的行为和影响、局部海域自净能力和环境容量、污染的生态效应及局部生态过程等研究,以及海洋生态环境变异检测、预警、预报的控制和管理技术,海洋污染的测控技术、海域生态环境修复技术、生态工程技术和污染损害的应急处理技术等研究。利用原位生物和遗传工程等降解和消除海洋中的污染物,已得到深入发展和广泛应用。

应注重相关学科和技术方法的应用和转化,依据海洋环境特点形成独特适应性技术。

参考文献

[1] 潘继平,张大伟,岳来群,等.全球海洋油气勘探开发状况与发展趋势[J].中国矿业,2006,15(11):1-4.

[2] 苏斌,冯连勇,王思聪.世界海洋石油工业现状和发展趋势[J].中国石油企业,2006,138-141.

[3] 金翔龙.海洋金属矿产资源开发与利用研究[J].金属矿山,2005(z2):14-15.

[4] 白玉湖,李清平.基于海洋油气开采设施的海洋新能源一体化开采技术[J].可再生能源,2010,(28)2:137-140.

[5] 吴时国,姚伯初.天然气水合物赋存的对地质构造分析与资源评价[M].北京:科学出版社,2008.

［6］邹伟生.海洋采矿扬矿参数与泵的研究［D］.北京：北京科技大学,2005.

［7］邹伟生.锰结核开采的气力提升参数研究［J］.矿冶工程,1999(1):24-27.

［8］邹伟生,黄家桢.大洋锰结核深海开采扬矿技术［J］.矿冶工程,2006(3):1-5.

［9］Graham & Trotman. Analysis of Exploration and Mining Technology for Manganese Nodules［M］. Berlin：Springer,2011.

［10］Kroonenberg H H. A Novel Vertical Underwater Lifting System for Manganese Nodules Using Acapsule Pipeline,OTC 3365,1979:59-72.